t=0（引发剂开始
产生自由基）

t=t₁（第2个自由基出现，
第一个自由基已引发得到
大分子自由基）

t=t₂（第3个自由基出现，
前两个自由基都已引发得
到大分子自由基）

t=t₃（大分子自由基终止反应）

■ 彩图1-11　乙烯的自由基聚合过程的示意图

t=0（单体各10个）

t=t₁（单体、二聚体
和三聚体的混合物）

t=t₂（二聚体到四聚
体的混合物）

t=t₃（六聚体到八聚
体的混合物）

t=t₄（八聚体以上的
混合物）

■ 彩图1-16　缩聚过程示意图

■ 彩图1-32　四类共聚物的结构示意图

■ 彩图1-41　典型球晶的正交偏光显微镜照片

（a）聚丙烯球晶；（b）聚乙烯环带球晶

■ 彩图1-44　聚酯切片

（a）非晶态的透明切片；（b）晶态的乳白色切片

硬而脆　硬而韧　硬而强　软而韧　软而弱

■ 彩图1-47　高分子五类典型的应力－应变行为的卡通图

■ 彩图1-53　擦除不干胶的简易方法

■

■ 彩图2-1　蔡伦和造纸术的中国邮票

■ 彩图2-11　橡胶林（a）、割胶（b）和采集胶乳（c）

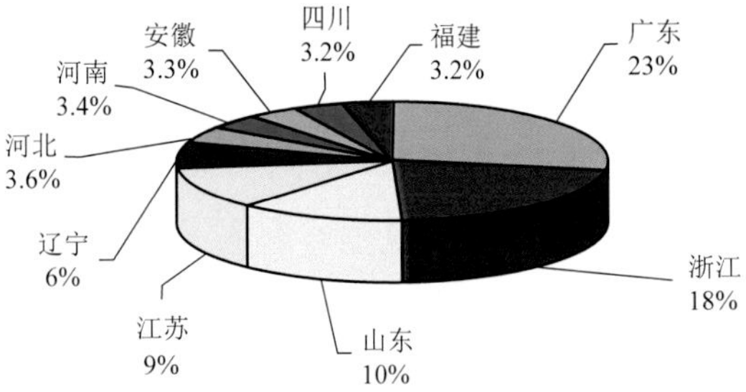

■ 彩图2-26　2009年我国塑料制品产量的区域分布图

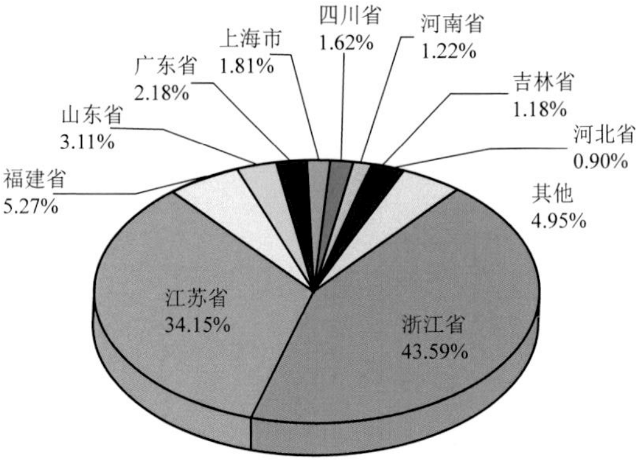

■ 彩图2-27　2008年我国化纤产量的区域分布图

■ 彩图2-37　含51个氨基酸残基的蛋白质牛胰岛素的晶体结构

■ 彩图2-40　导电高分子发明人的诺贝尔化学奖获奖证书

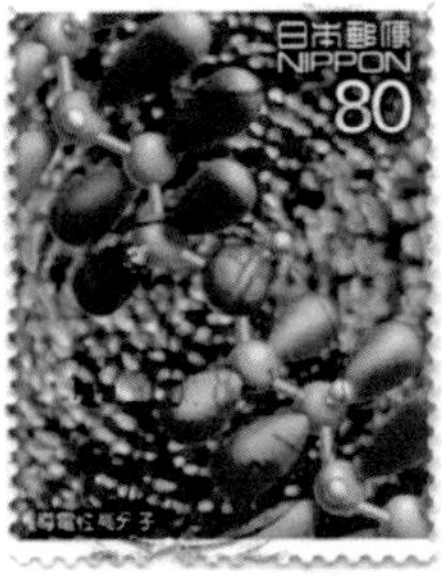

$$\left[CH=CH \right]_n$$

■ 彩图2-41　日本纪念导电高分子的邮票中聚乙炔的化学结构式

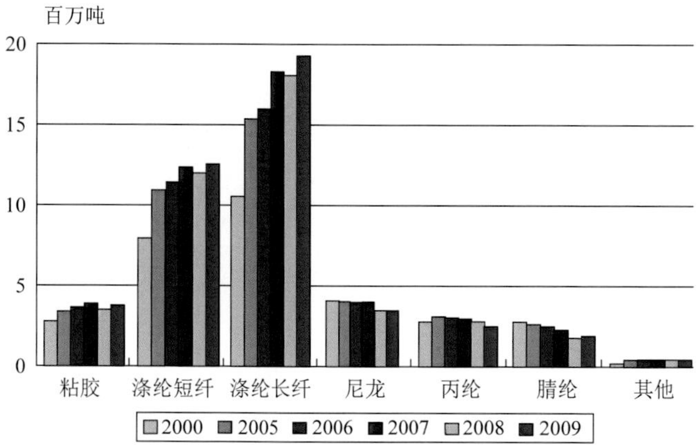

■ 彩图3-1　2000~2009年世界化学纤维的产量对比

■ 彩图3-6　尼龙拉链

■ 彩图3-7
用尼龙搭扣的鞋子

■ 彩图3-10　印有涤纶
结构的一枚德国邮票

■ 彩图3-13　遮阳伞（涤纶）

■ 彩图3-14　“绢花”（涤纶）

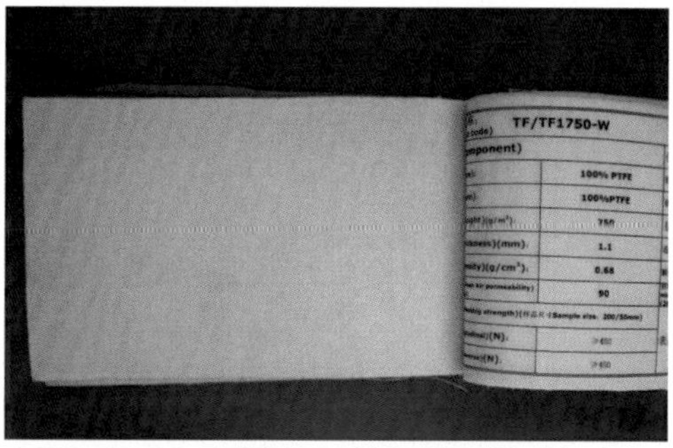

■ 彩图3-24　高温粉尘滤袋滤布（氟纶非织布）

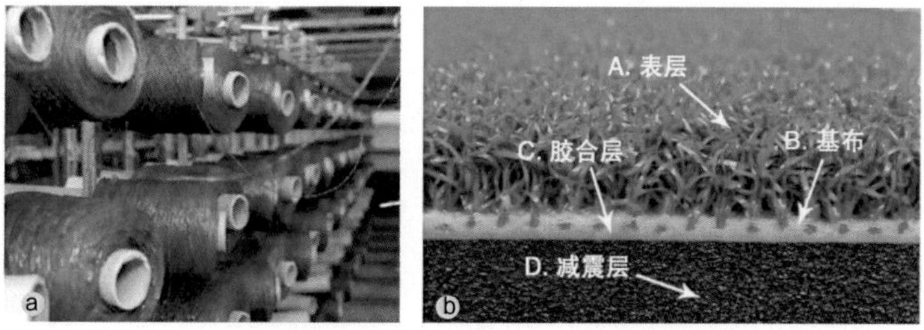

■ 彩图3-25　人工草坪丝（PE扁丝）

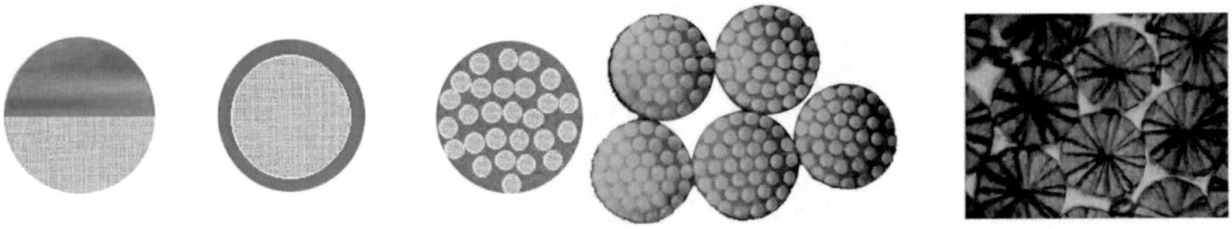

并列型　皮芯型　海岛型　桔瓣型

■ 彩图3-31　复合纤维的几种类型

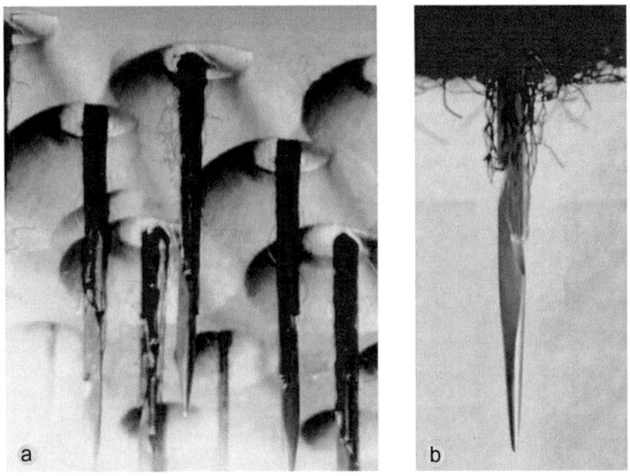

■ 彩图3-33　针刺工艺过程的近景照片

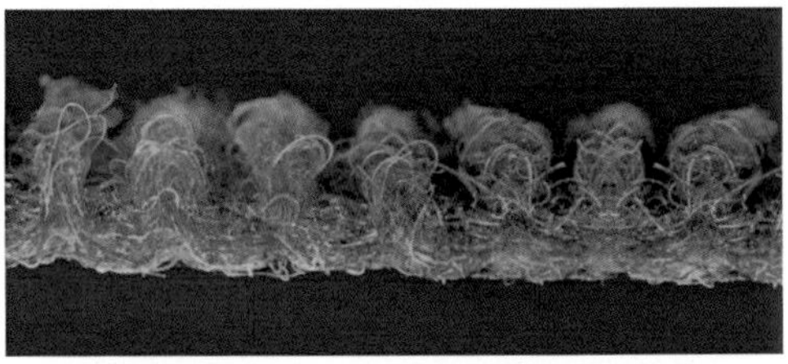

■ 彩图3-34　针刺法非织造布的结构

■ 彩图3-35　针刺法非织造布的设备

■ 彩图3-43　熔喷法环保袋（PP）

■ 彩图3-44　熔喷法非织造布用作保暖材料

■ 彩图3-45　熔喷法非织造布用作吸油材料

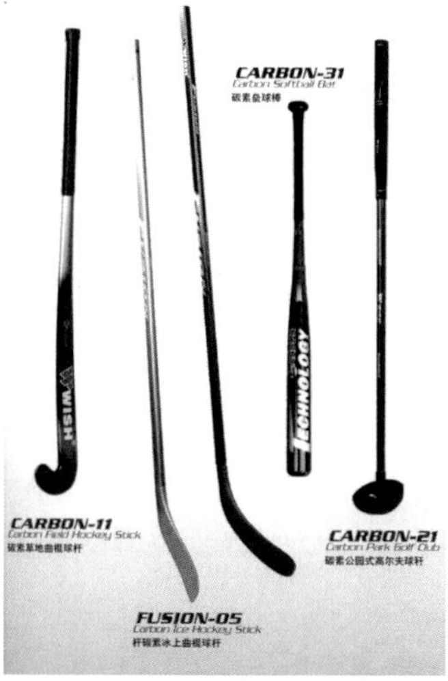

■ 彩图3-57 碳素草地曲棍球杆、碳素冰上曲棍球杆、碳素垒球棒和碳素高尔夫球杆

■ 彩图3-58 由碳纤维和铝合金制成的赛车底盘

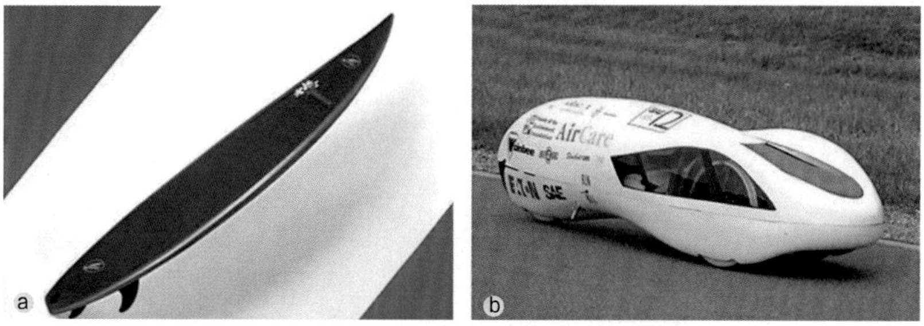

■ 彩图3-59 碳纤维复合材料制造的滑雪板（a）和碳纤维材料的轻骑兵——supermileage比赛的冠军赛车（b）

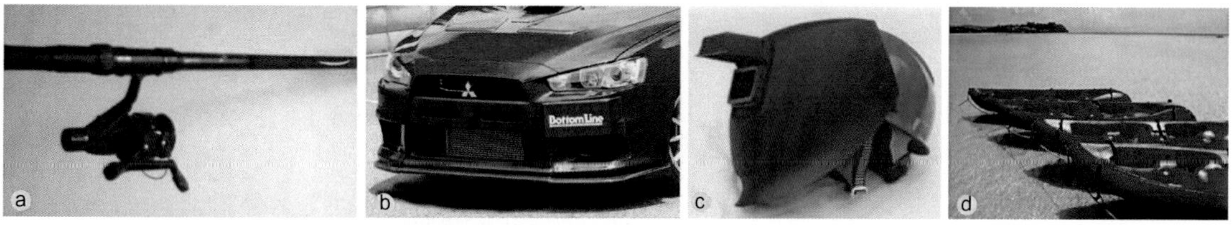

■ 彩图3-61 碳纤维复合材料的民用产品 （a）钓鱼竿；（b）汽车；（c）头盔；（d）游船

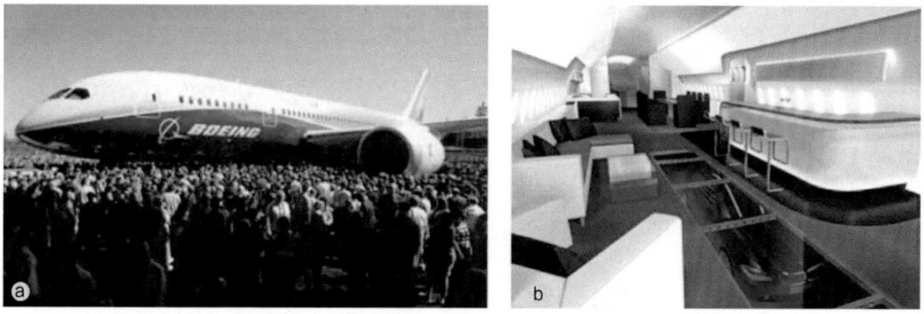

■ 彩图3-62 机身用碳纤维复合材料制作的波音787客机

（a）2010年12月15日的首飞测试；（b）机内的酒吧间

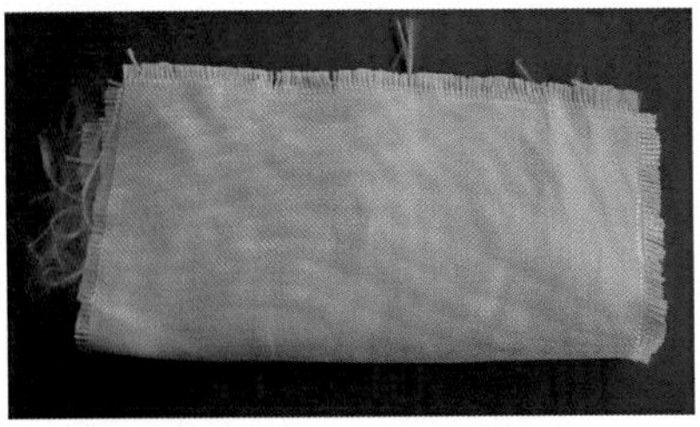

■ 彩图3-69　防弹衣原料——Kevlar®（芳纶1414）布

■ 彩图3-70　用Kevlar® 制造的美军的防弹衣（a）和头盔（b）

■ 彩图3-71　冲浪板（Kevlar® /PU）

■ 彩图3-72　Kevlar® 用于运动设备（杜邦公司）

■ 彩图3-73　Nomex®（芳纶1313）布

■ 彩图3-74　消防服（Nomex®）

■ 彩图3-76　大豆纤维

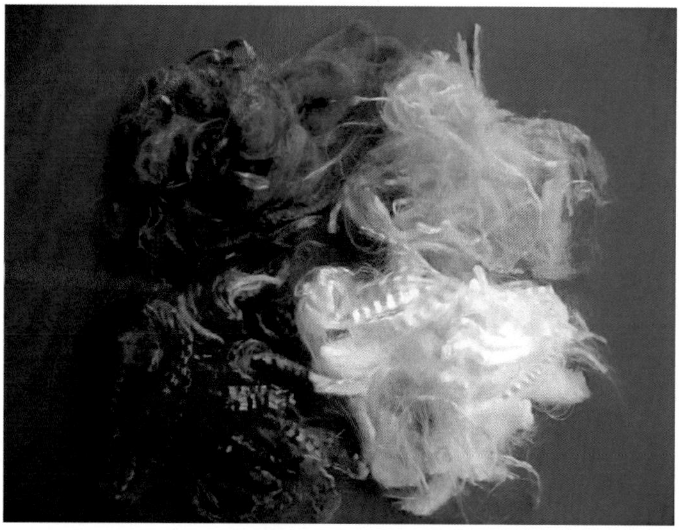

■ 彩图3-81　甲壳素纤维

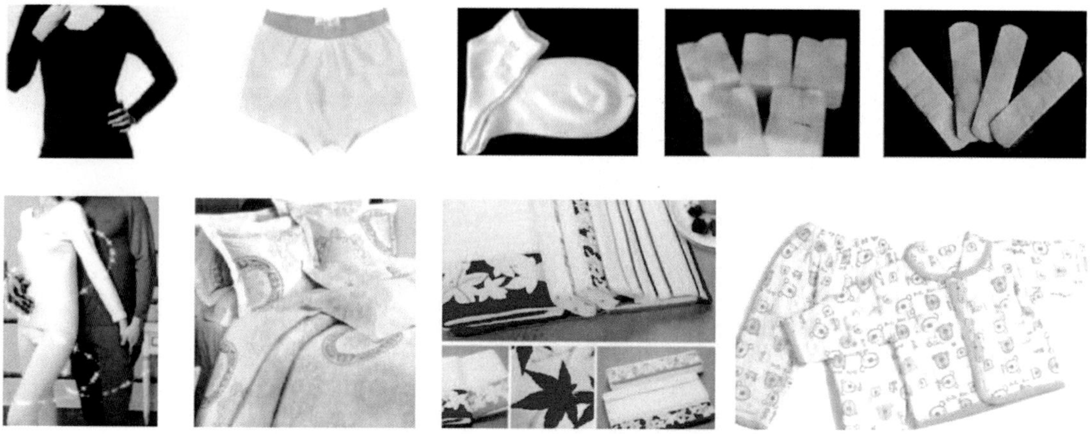

■ 彩图3-82　甲壳素纤维的应用

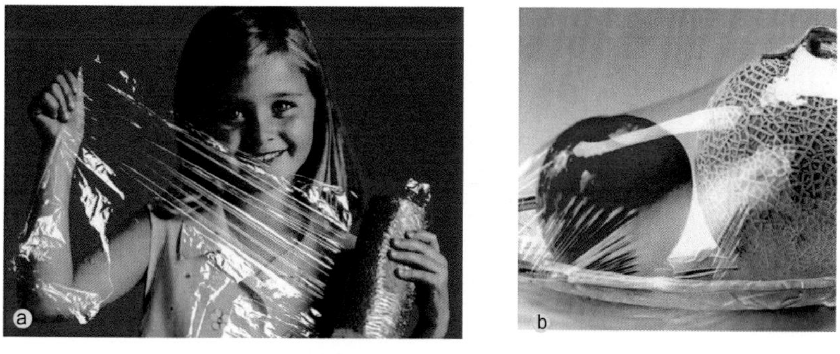

■ 彩图4-1　聚乙烯保鲜膜

（a）透明的保鲜膜；（b）水果保鲜

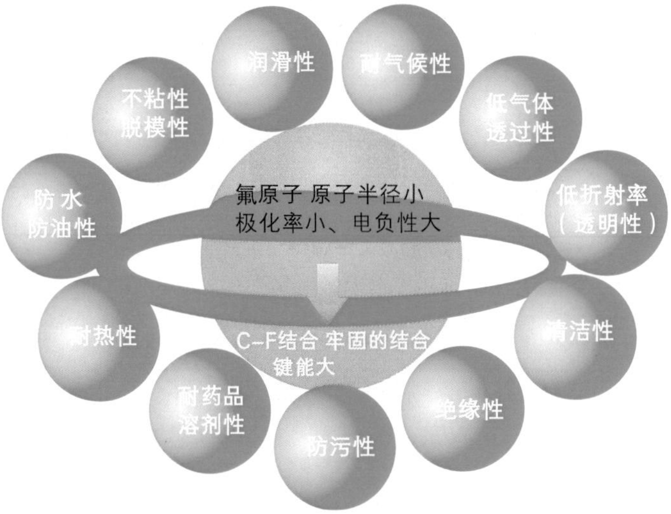

彩图4-10

氟原子的性质赋予了有机氟材料制品以各种特性

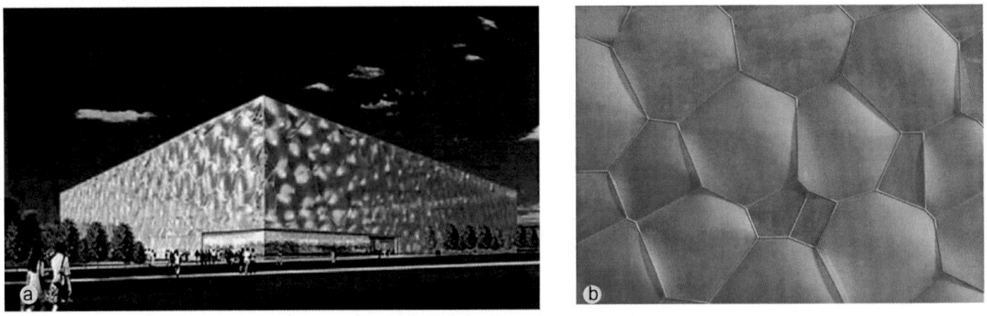

■ 彩图4-12　北京奥运场馆 "水立方" 的外景（a）和表面的ETFE膜（b）

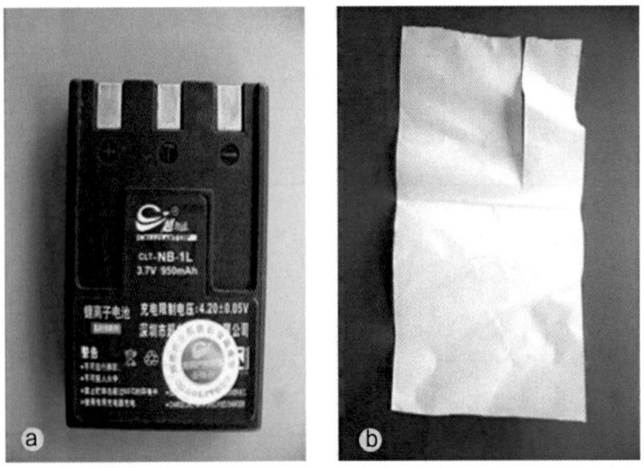

■ 彩图4-14　锂电池（a）和锂电池隔膜（b）

保护膜

TAC膜
PVA膜
TAC膜
压敏胶
离型膜

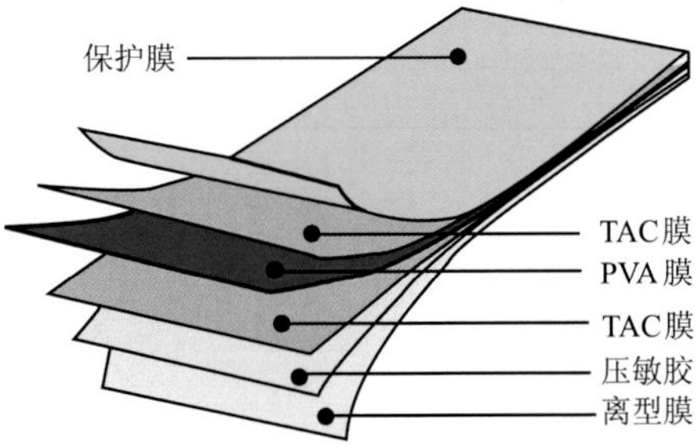

■ 彩图4-18　偏振片的结构
（PE／TAC／PVA／TAC／压敏胶／PE）

■

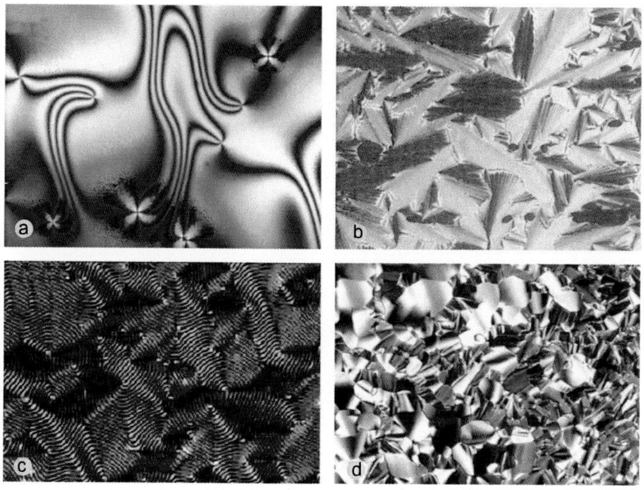

■ 彩图4-23
四种典型液晶在正交偏光显微镜下的织构
（a）向列型的纹影织构；（b）近晶型的焦锥织构；
（c）胆甾型的指纹织构；（d）柱状相的扇形织构

■ 彩图4-28　中国发行的塑料钞票

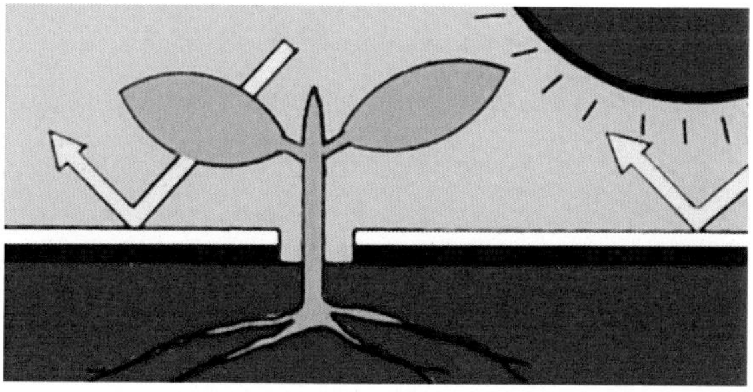

■ 彩图4-29　地膜的作用

■ 彩图4-41　涂料印花法印在运动衣上的广州亚运会图案

■ 彩图4-52　沙雕的表面固结剂是白乳胶

■ 彩图4-55　相片塑封膜（PET+EVA）

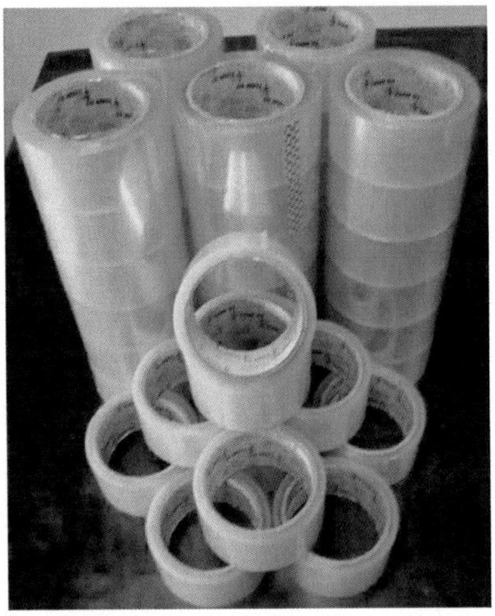

■ 彩图4-58　透明胶带（BOPP＋聚丙烯酸丁酯）

■ 彩图4-59　泡棉塑料挂钩

■ 彩图4-62　异常珍贵的绿面俑

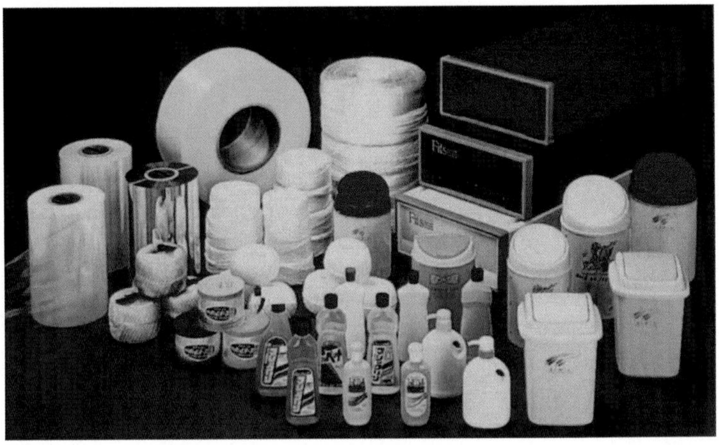

■ 彩图5-1　日常生活中的高分子材料

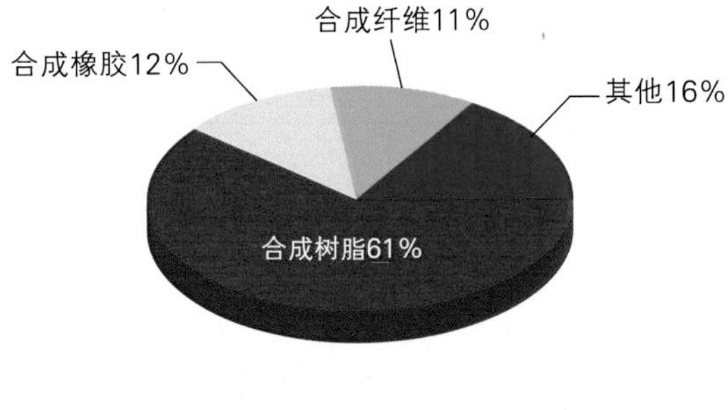

■ 彩图5-2　石化产品中三大高分子材料所占的比重

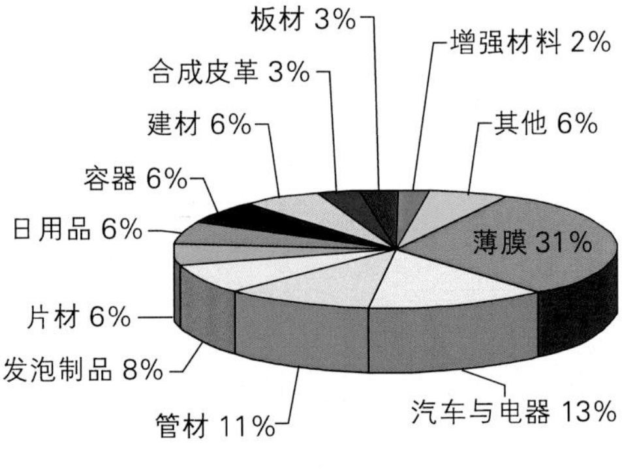

■ 彩图5-3　塑料各种应用的比重

■ 彩图5-8　塑料桶和洗脸盆(PP或PE)

■ 彩图5-9　塑料电热水壶（PP）

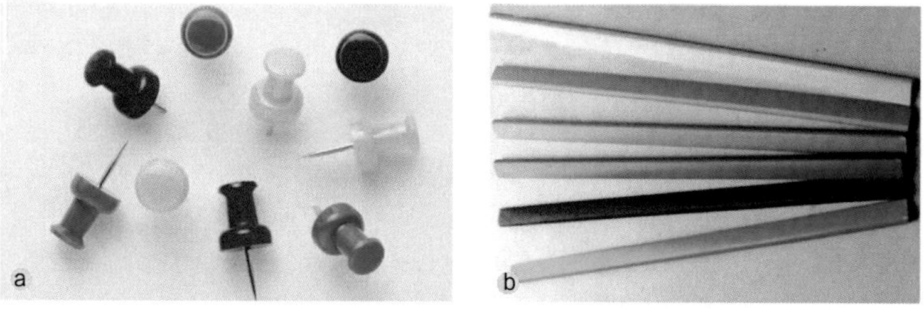

■ 彩图5-10　塑料（PE）图钉（a）和文件夹（b）

■ 彩图5-11
塑料周转箱（PP）

■ 彩图5-12
高跟鞋的鞋跟材料
（PP与PE的共混物）

■ 彩图5-14　美国街头的五彩报箱
（HDPE）

■ 彩图5-15　塑料玩具（HDPE）

■ 彩图5-16　用了33年的塑料衣架（HDPE）

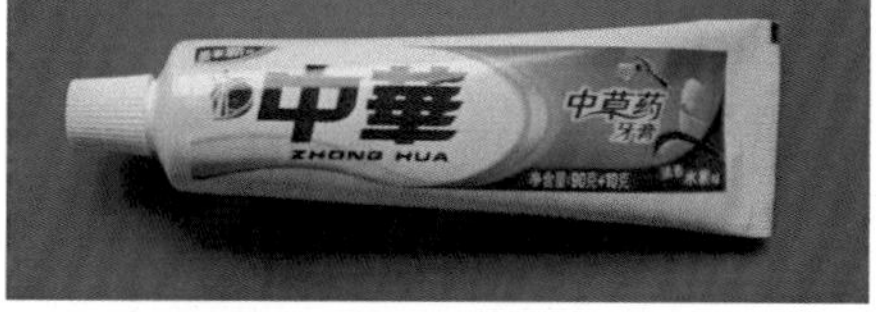

■ 彩图5-17　牙膏皮（LDPE）

■ 彩图5-18　各式容器（PE或PP）

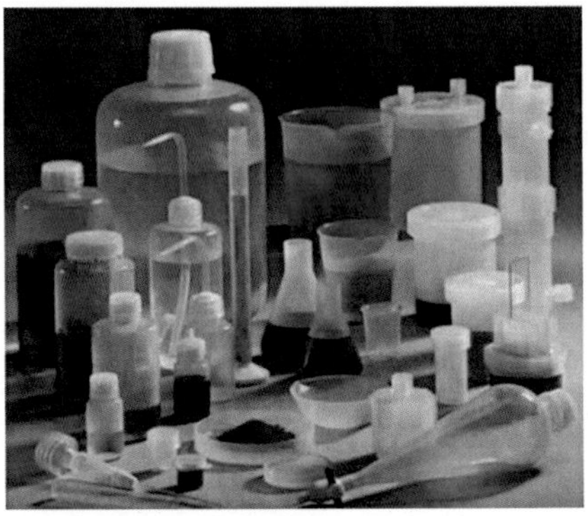

■ 彩图5-19　实验室用品（PE）

■ 彩图5-20
南非世界杯的“呜呜祖啦”（PE）

■ 彩图5-21
工艺蜡烛（石蜡＋聚乙烯蜡）

■ 彩图5-22
电缆绝缘包层（PVC）

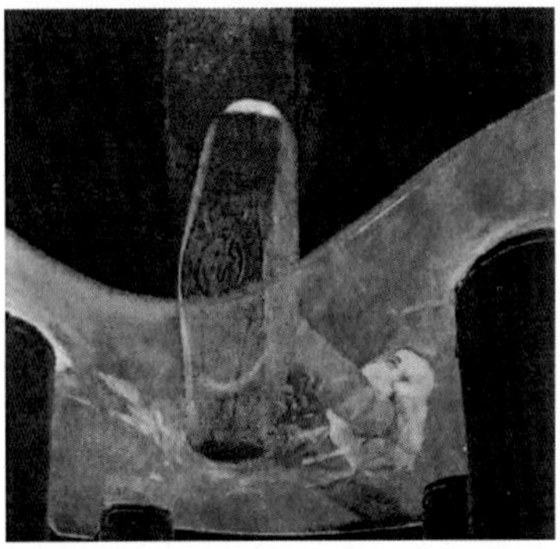

■ 彩图5-25　聚碳酸酯板被大锤砸而不断

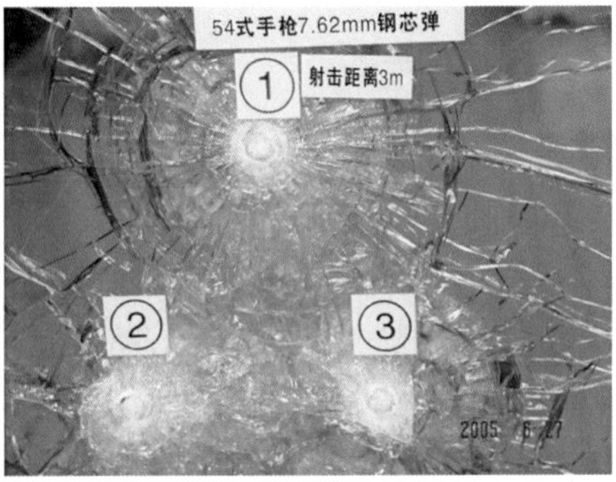

■ 彩图5-26　PC防弹玻璃能挡住子弹的射击

■ 彩图5-30　各种颜色树脂镜片的眼镜
（PC或PMMA）

■ 彩图5-31　蓝光可直达眼球的黄斑区

光子能量波长示意图

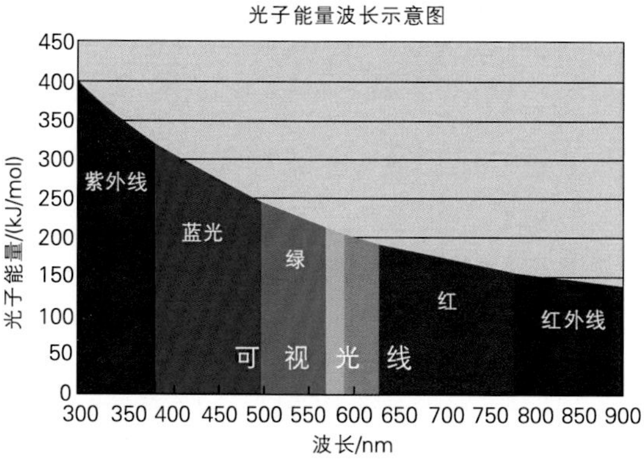

■ 彩图5-32 光的能量与波长（相应于颜色）的关系图

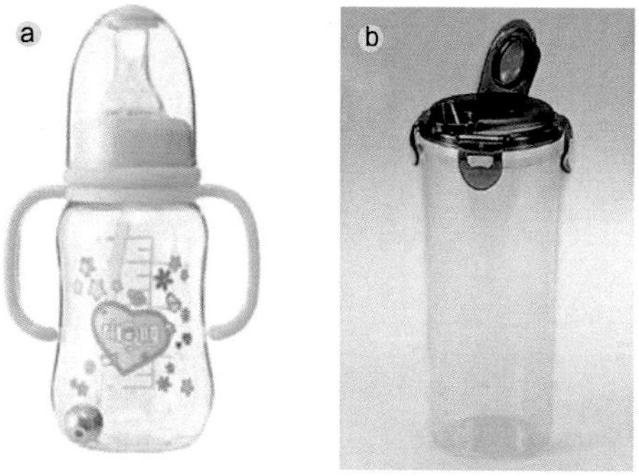

■ 彩图5-35 PC做的奶瓶（a）和太空杯（b）

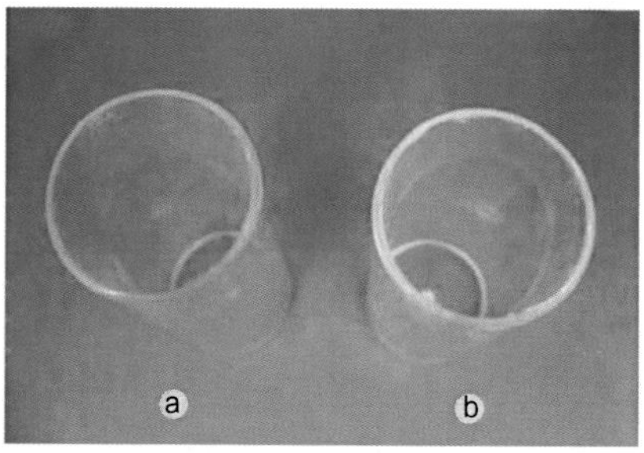

■ 彩图5-36 PC杯（a）和PS杯（b）

■ 彩图5-37 各种工程塑料制作的工件

■ 彩图5-38 旅行箱（ABS）

■ 彩图5-39 家用电器的外壳（ABS或HIPS）

■

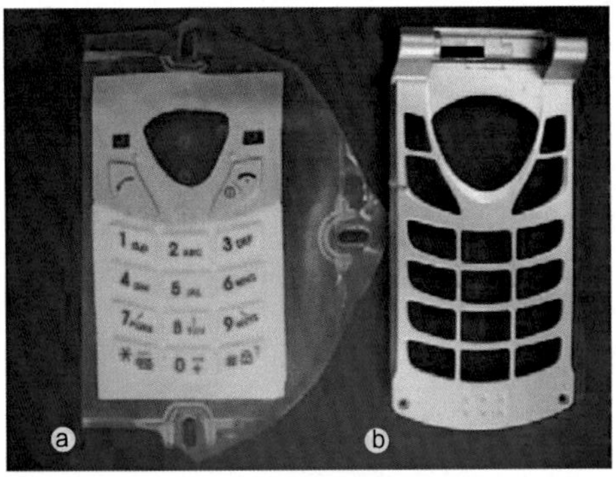

■ 彩图5-40　手机的硅橡胶按键（a）和ABS或PC的外壳（b）

■ 彩图5-42　由有机玻璃制成的360°圆柱形鱼缸

■ 彩图5-44　不燃的电插排（脲醛树脂）

■ 彩图5-45　麻将牌（脲醛树脂）

■ 彩图5-46　塑料餐具（蜜胺树脂）

■ 彩图5-47　电路板（环氧树脂）

■ 彩图5-48　工艺品（不饱和聚酯）

■ 彩图5-50　玻璃钢模特衣架
（不饱和聚酯＋玻璃纤维）

（a）街头的模特衣架；
（b）制作过程中的一段手臂（玻璃钢原色）

■ 彩图5-51　乐扣保温杯
（不锈钢＋PP＋天然橡胶＋硅橡胶）

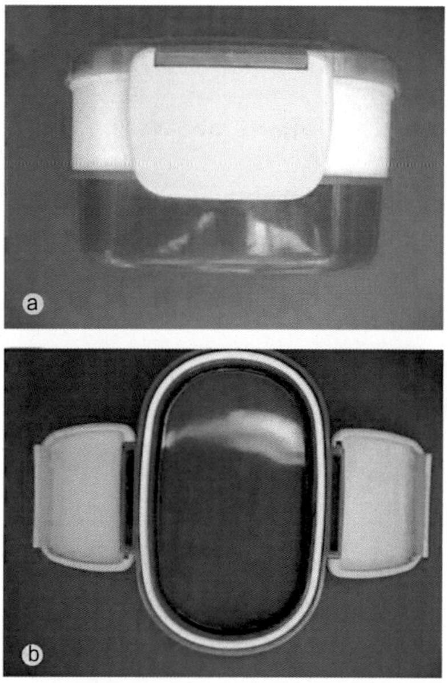

■ 彩图5-52　一个日本的普通便当
（PP＋ABS＋AS＋EVA）

■ 彩图5-57　住宅给水管（HDPE）
图右下角为水管截面

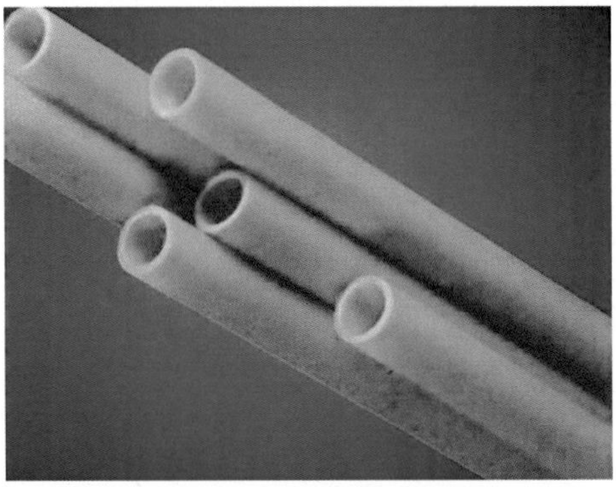

■ 彩图5-58　聚丙烯管材（PPR）

■ 彩图5-66　小游泳池（PVC）

■ 彩图5-67　瓦楞遮阳板（PC）

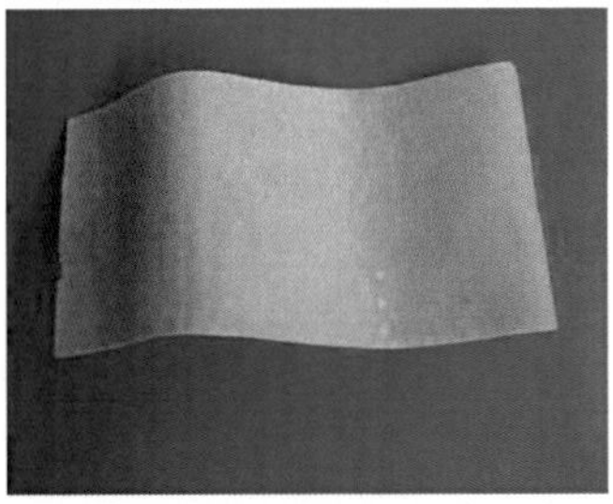

■ 彩图5-68　波纹遮阳板（不饱和聚酯）

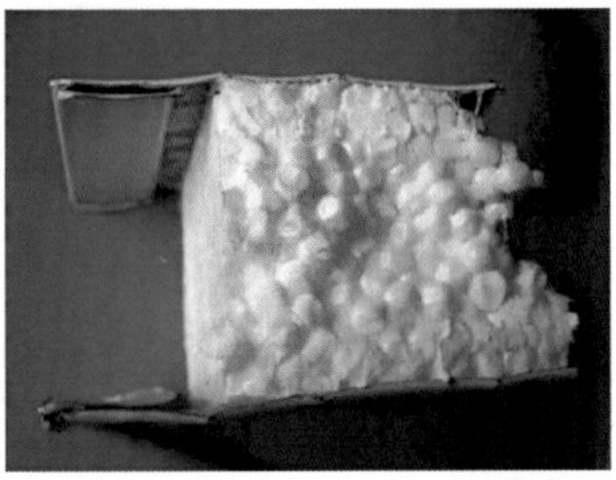

■ 彩图5-69　隔音板（Al＋PS泡沫＋Al）

■ 彩图5-70　百叶窗的塑料叶片（PVC）

■ 彩图5-71　新疆客运列车穿上软玻璃“防风衣”（软PVC）

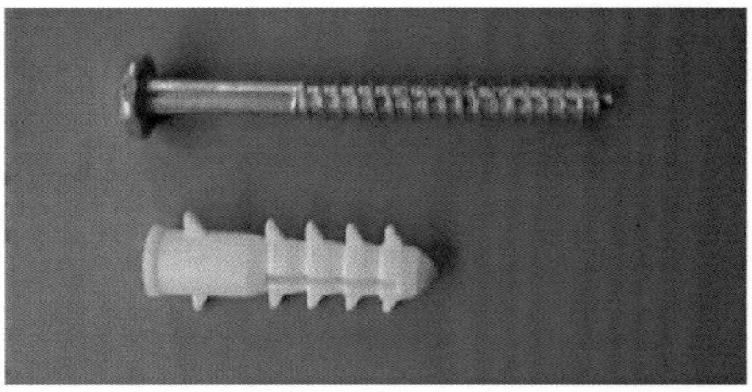

■ 彩图5-72　膨胀螺丝（PP）

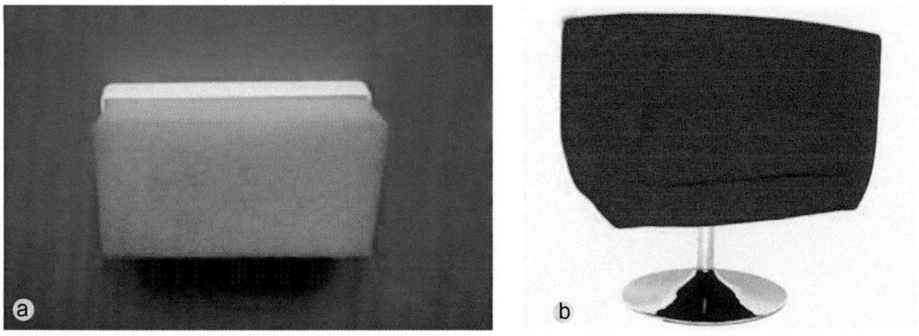

■ 彩图5-78　聚氨酯泡沫塑料的应用实例　（a）鞋擦；（b）沙发垫

■ 彩图5-81　水果的包装材料（聚乙烯泡沫塑料）

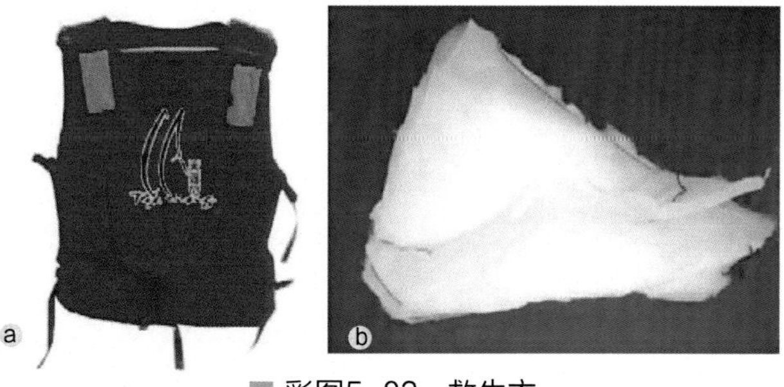

■ 彩图5-82　救生衣

（a）聚苯乙烯泡沫塑料救生衣；（b）救生衣内聚乙烯泡沫塑料

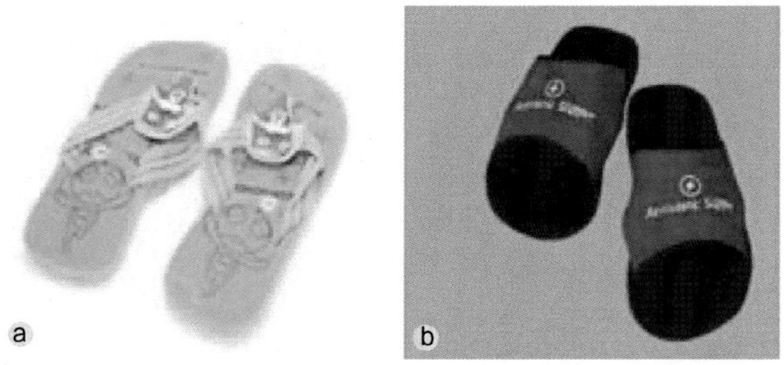

■ 彩图5-83　拖鞋（聚乙烯泡沫塑料）

（a）浅色；（b）深色

■ 彩图5-84　聚乙烯树脂　(a) 新料；(b) 回收料

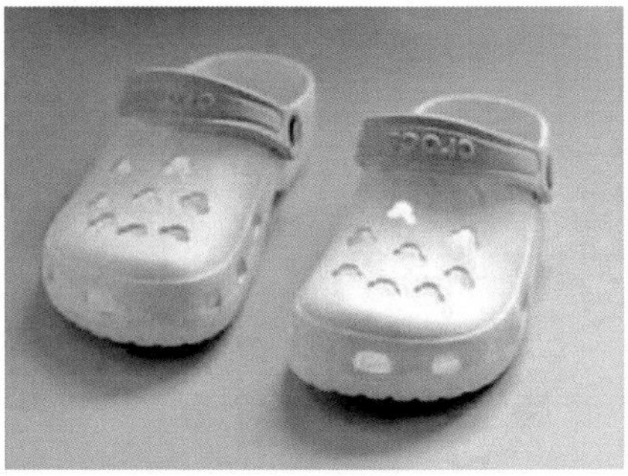

■ 彩图5-85　洞洞鞋（EVA）

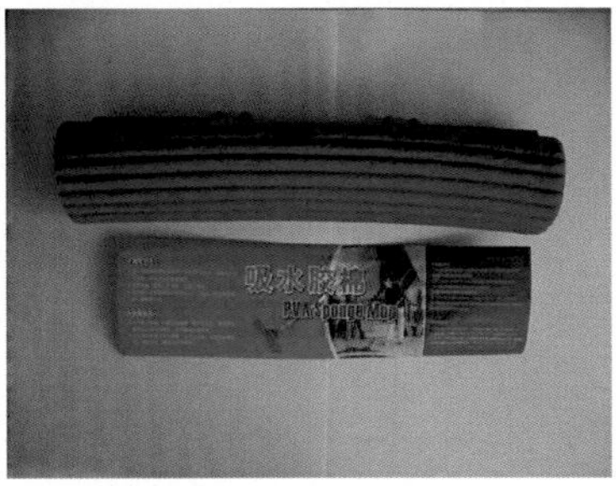

■ 彩图5-86　拖把上的吸水胶棉（PVA）

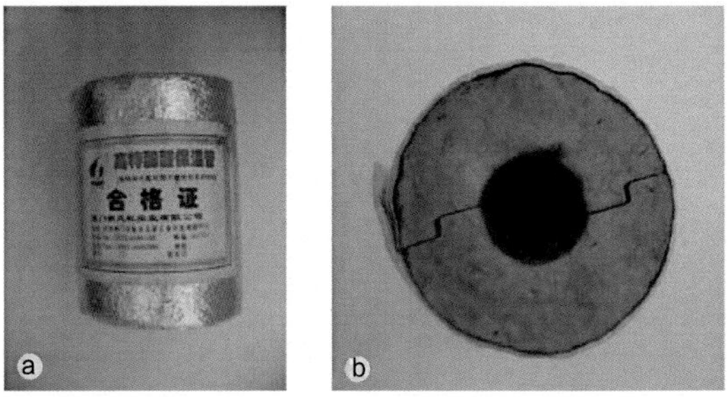

■ 彩图5-87　高温管道的保温材料（酚醛泡沫塑料）

■ 彩图5-88
人造花泥（酚醛泡沫塑料）

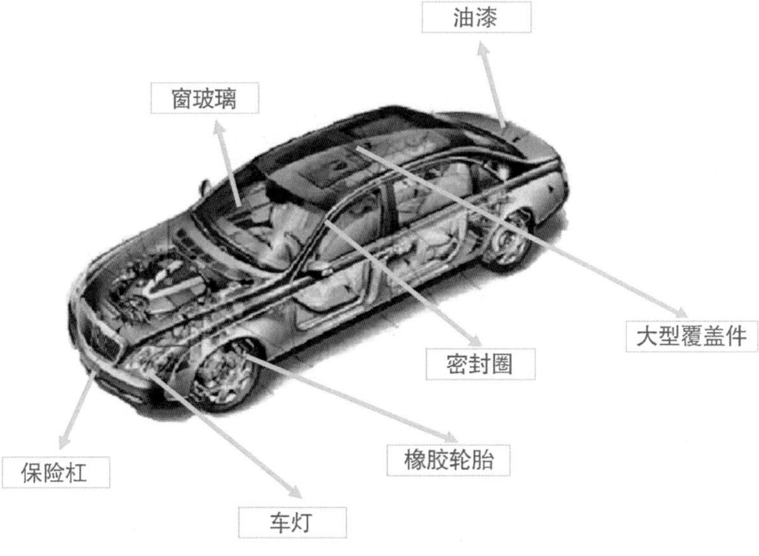

■ 彩图5-90　汽车上使用大量高分子材料

■ 彩图5-97　汽车灯罩（本图为英国邮票）

■ 彩图5-100　航天服

■ 彩图5-103　高楼火灾

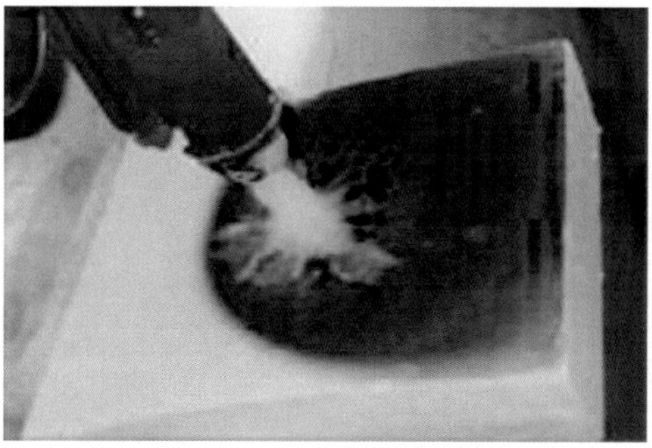

■ 彩图5-105　耐火的酚醛泡沫板

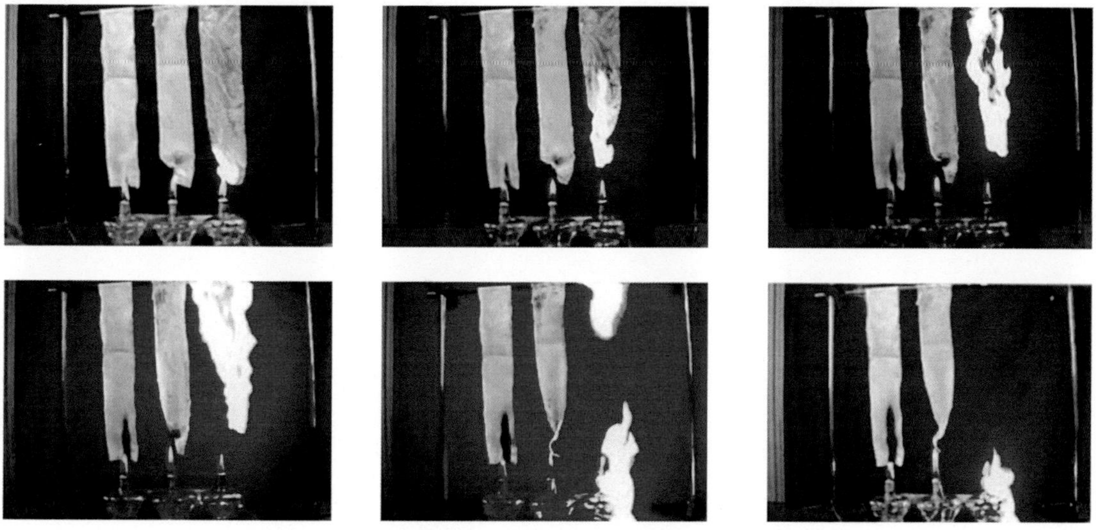

■ 彩图5-106　三种织物的燃烧情况比较

（左）添加无机矿物阻燃剂的黏胶纤维；（中）添加阻燃剂的合成纤维；（右）一般黏胶纤维

儿童玩具

交通工具

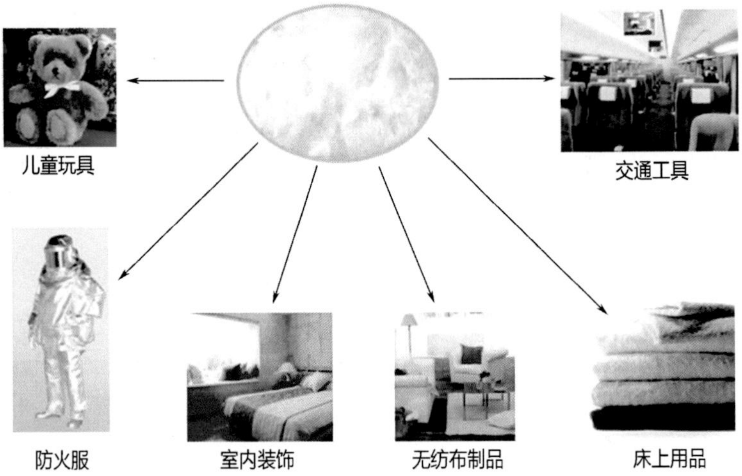

■ 彩图5-107
安芙赛阻燃纤维的应用

防火服

室内装饰

无纺布制品

床上用品

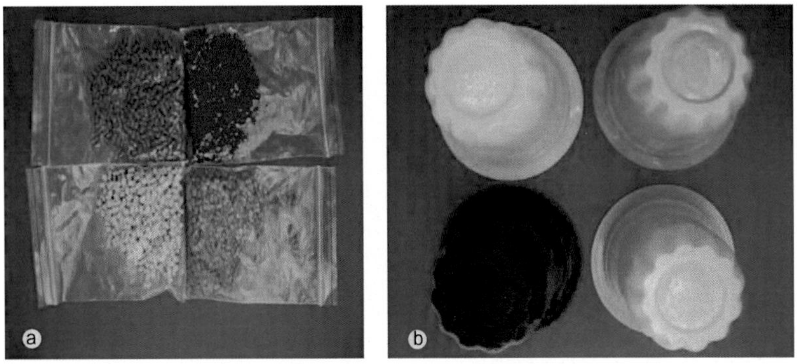

■ 彩图5-110
色母粒（a）和彩色制品（b）

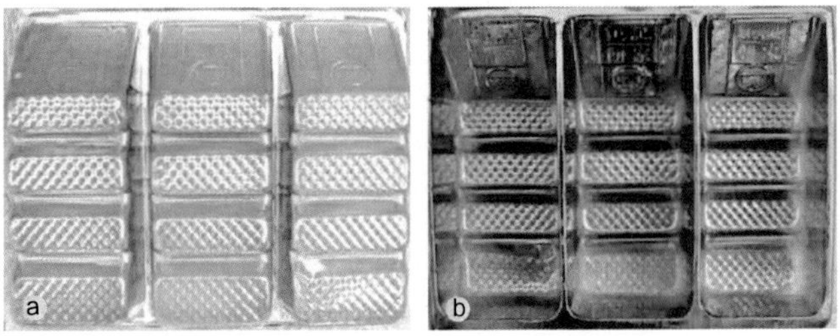

■ 彩图5-111
一种本身为橙色的PET食品托盘，
背面（a）镀铝呈银色，正面（b）因而呈金色

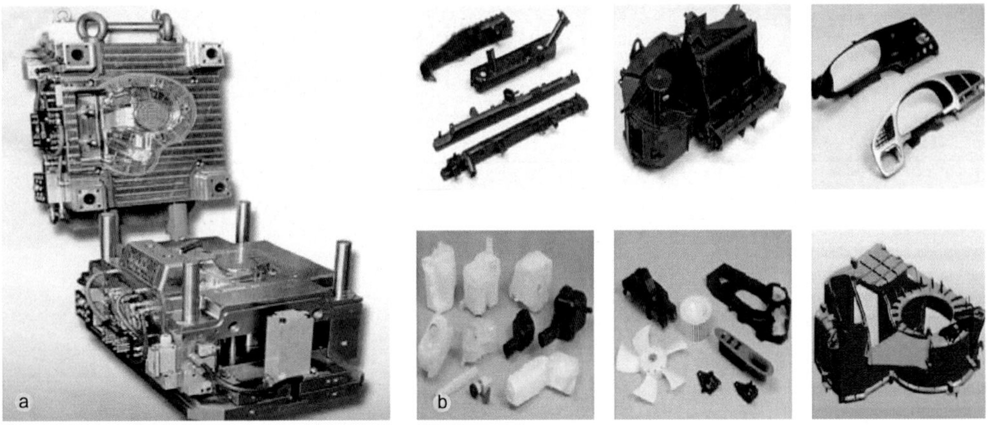

■ 彩图5-113　塑料模具（a）和制品（b）

■

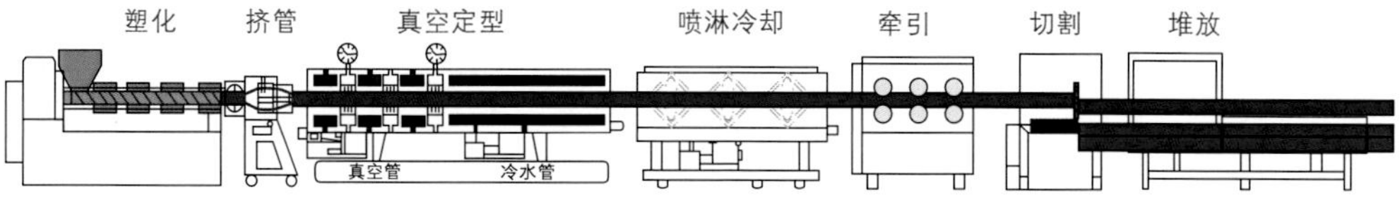

■ 彩图5-114　管材挤出成型示意图

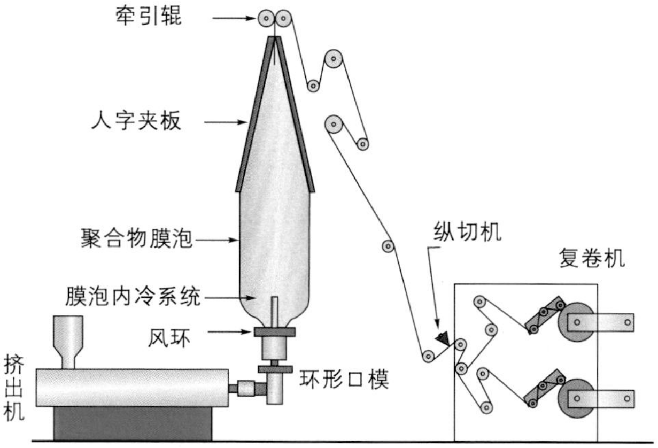

■ 彩图5-118　吹塑薄膜生产装置示意图

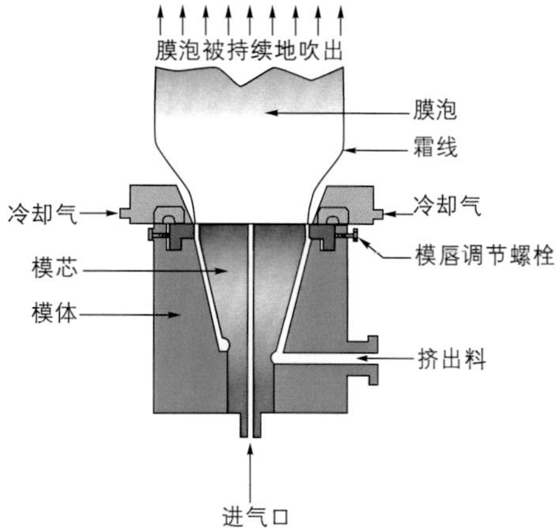

■ 彩图5-119　口模附近的结构示意图

■ 彩图5-120　吹塑薄膜生产装置照片

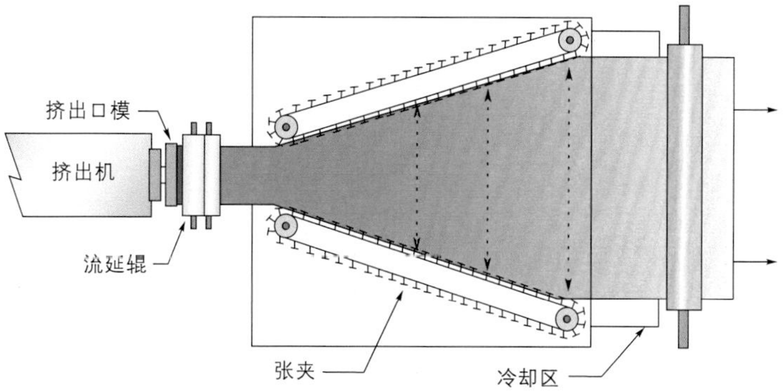

■ 彩图5-121　拉幅机的工作原理图

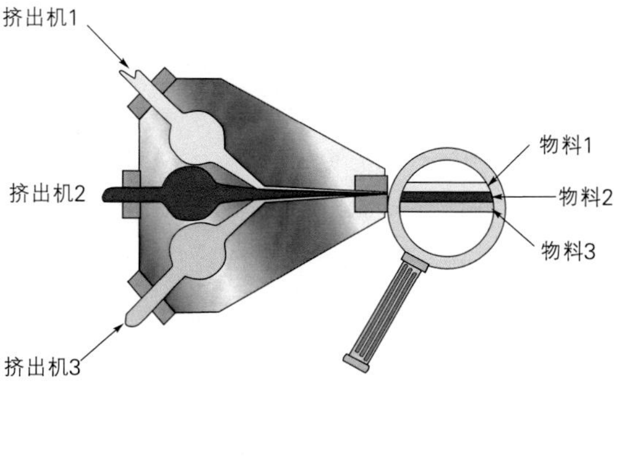

■ 彩图5-123
三层共挤薄膜的生产工艺示意图

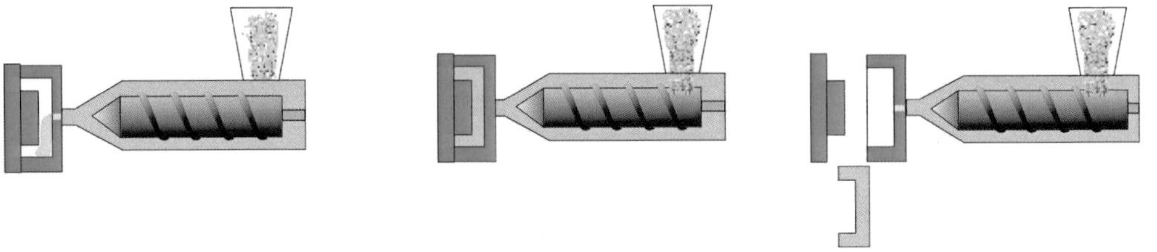

■ 彩图5-129　注塑工艺过程示意图

■ 彩图5-131
注塑件上有意保留下来的浇口和流道

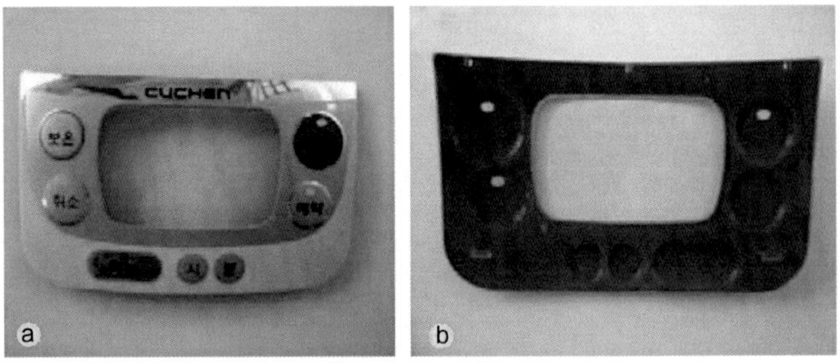

■ 彩图5-132
模内注射成型的电饭锅面板（a）及其背面（b）

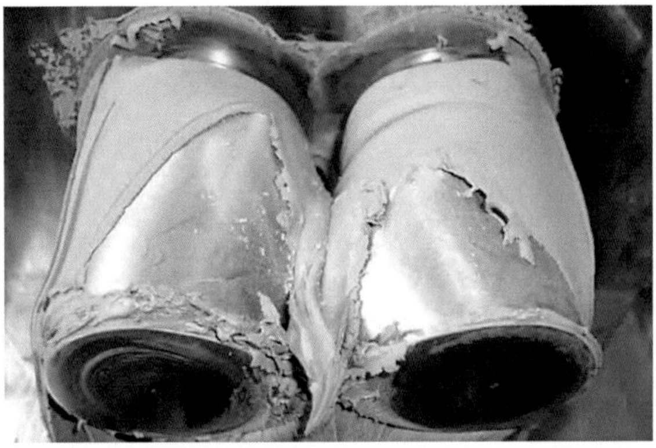

■ 彩图5-135　金属粉末与聚乙烯的混炼

■ 彩图5-136　粉末注射成型的零件尺寸可以比昆虫小得多

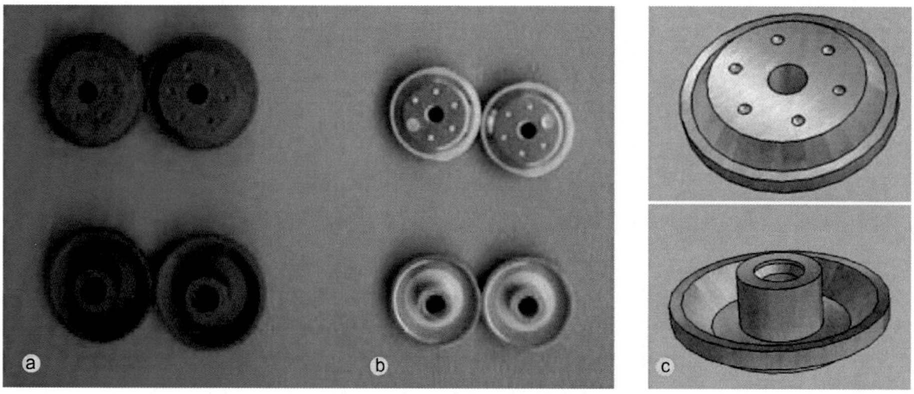

■ 彩图5-137　金属钼的高精度复杂形状的粉末注射成型品

（a）成型坯；（b）成品；（c）相应的结构图

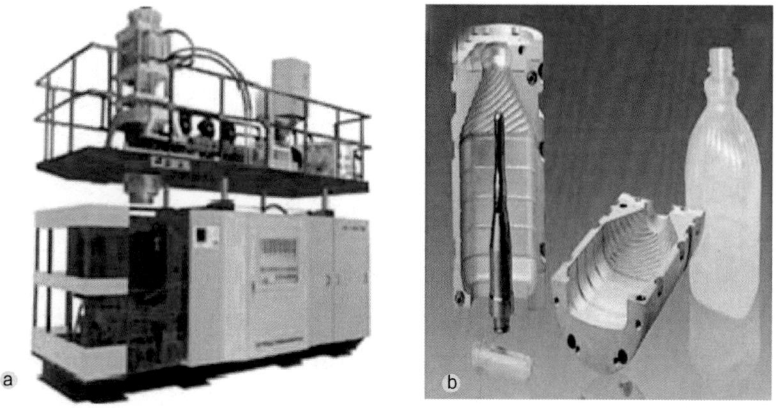

■ 彩图5-138
中空吹塑成型
的设备（a）和模具（b）

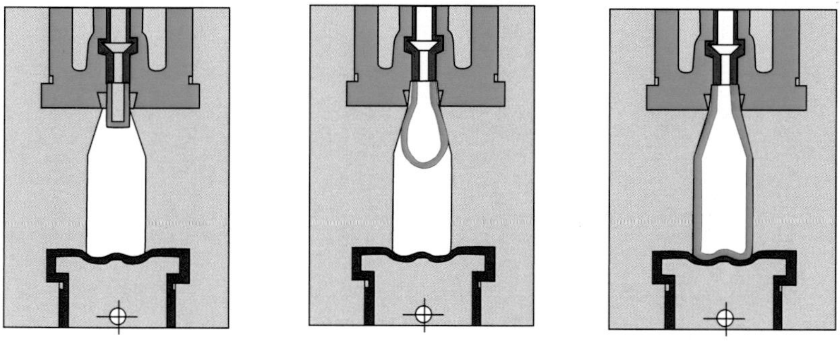

■ 彩图5-139　中空吹塑成型工艺示意图

■ 彩图5-140　各式中空产品

吹塑模具中的预制件
和固定的销钉

销钉下移拉伸
预制件

预制件被吹成
容器的形状

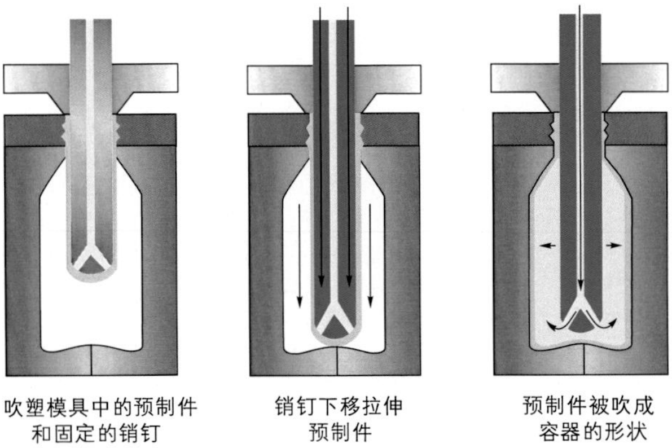

■ 彩图5-141　拉伸吹塑的工艺示意图

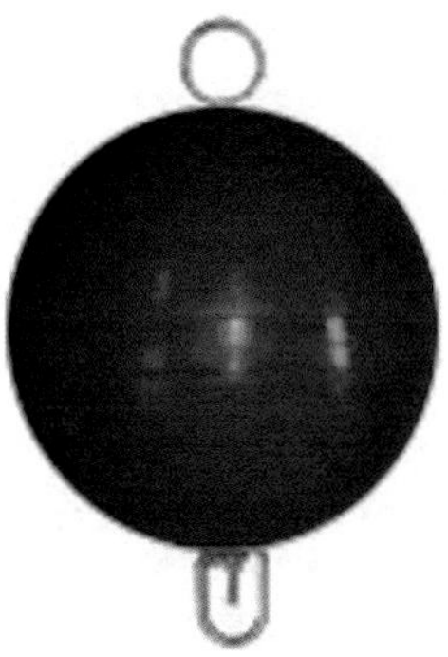

■ 彩图5-145
旋转成型的产品——塑料浮标（PE）

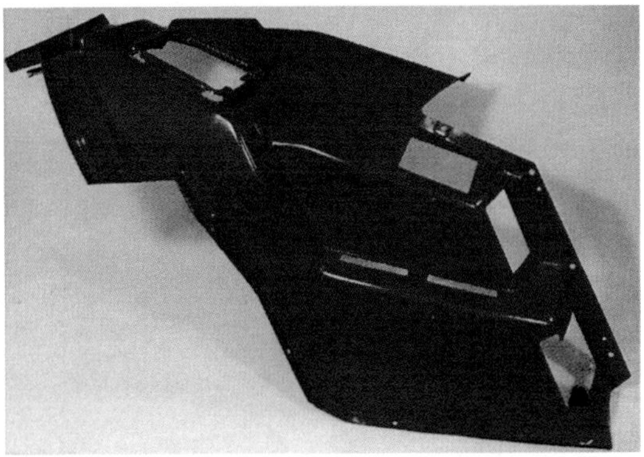

■ 彩图5-147　某真空成型产品

■ 彩图5-149　鼠标垫（橡胶）

■ 彩图5-150
热水袋（橡胶）

■ 彩图5-152
橡胶路锥

■ 彩图5-153
一种持香型口香糖

■ 彩图5-157　一个运动鞋底的多种组成

（a）内垫（EVA）；（b）灰色的底部中段（PVC）；（c）底部（天然橡胶＋丁苯胶）

■ 彩图5-158　厦门正新橡胶工业有限公司生产大型载重汽车轮胎

■ 彩图5-159　2004年某航空飞机轮胎爆裂，上演惊魂一幕

■ 彩图5-160　2000年协和客机空难事故

■ 彩图5-165　塑胶跑道（a）及其材料（b）

聚苯乙烯段　　　　　　　　　　　　　　　聚苯乙烯段

聚丁二烯段

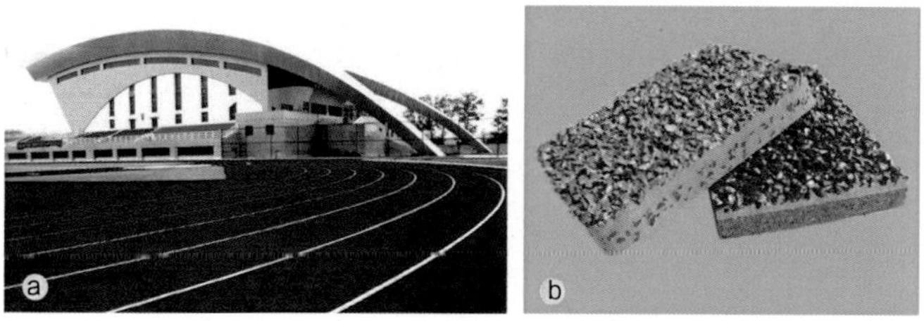

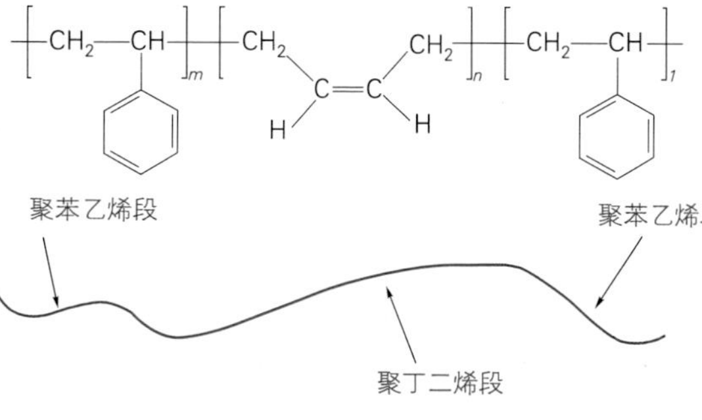

■ 彩图5-166　SBS的化学结构式和分子形态示意图

■

■ 彩图5-169　硅橡胶生胶

■ 彩图5-170　多彩的硅橡胶密封圈

■ 彩图5-171　能耐2000℃高温的硅橡胶板

■ 彩图5-177　用做假牙的牙龈的杜仲胶材料

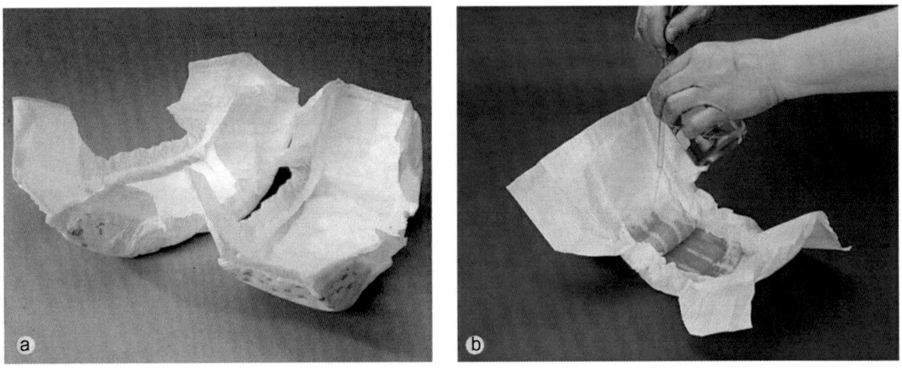

■ 彩图6-2　含超强吸水剂的纸尿裤（a）及其吸水实验（b）

■ 彩图6-9　长长的输油管道

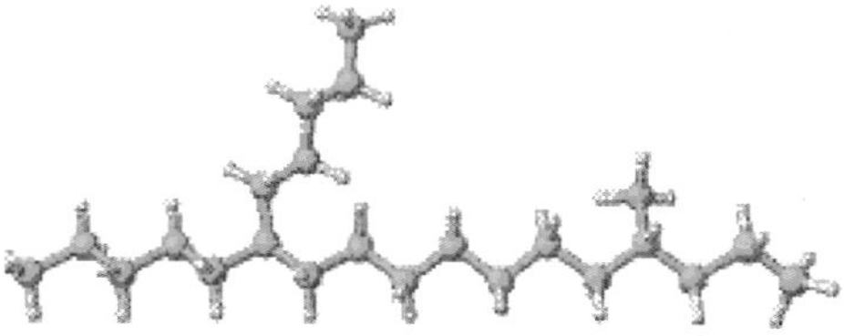

■ 彩图6-10　石油减阻剂分子的化学结构示意图

■ 彩图6-12　高锟获得2009年诺贝尔物理奖

■ 彩图6-13　能传输光的光导纤维

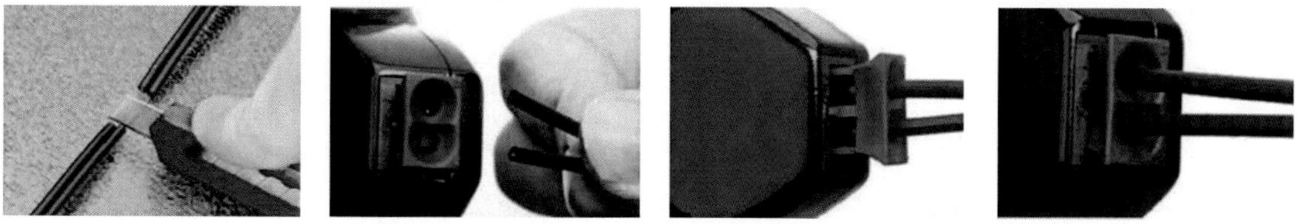

■ 彩图6-14　塑料光纤和它的安装

■ 彩图6-23
厚度只有0.3mm的
OLED显示屏

■ 彩图6-24
OLED显示屏可以弯曲

■ 彩图6-25
电视机的13英寸PLED面板

彩图6-26 甲壳素的主要来源 （a）蟹；（b）虾；（c）昆虫

■ 彩图6-27 甲壳素 （a）完整的"甲壳素"蟹壳；（b）甲壳素粉末

■ 彩图6-29 甲壳素/壳聚糖保湿剂对头发的保湿性能

（a）正常头发的表面结构呈鱼鳞状；（b）受损头发；（c）经甲壳素/壳聚糖保湿剂护发后恢复原状

手术前的状态　　　　放入壳聚糖敷料　　　　缝合状态

■ 彩图6-35 用医用敷料治疗宠物狗的创伤

蜘蛛制造蛛丝的基因被注入山羊的胚胎中。

成年后的山羊在产仔后分泌出的乳汁中含有蜘蛛基因。

蜘蛛丝蛋白过滤后成为可用于纺丝的原液。

原液从针管挤出形成丝线。这些丝线被拉紧以获得高强度。

■ 彩图6-38 "基因工程"制备重组蜘蛛丝蛋白纤维的流程

■ 彩图6-39 桑蚕的8字型吐丝并结茧的自然行为

■

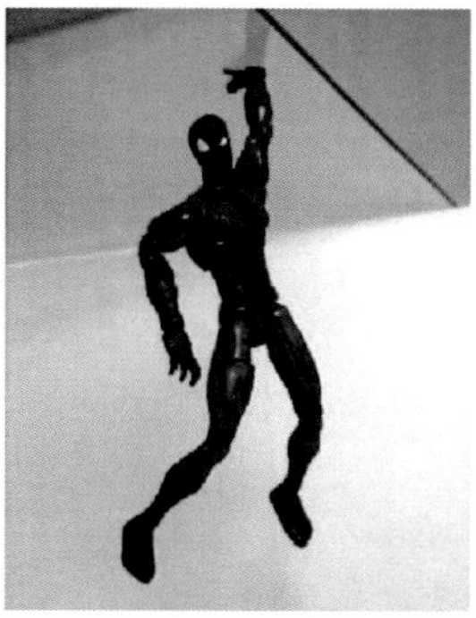

■ 彩图6-44　单手(覆盖0.5cm² 壁虎胶带)粘在水平光滑玻璃天花板上的蜘蛛人玩具

■ 彩图7-1　中国馆周围的塑木地板

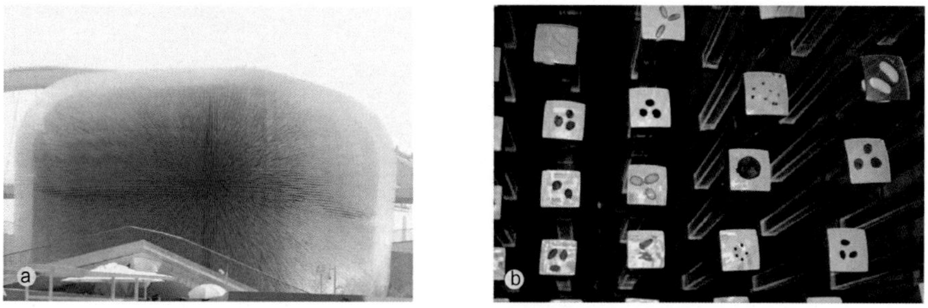

■ 彩图7-2　英国馆

(a)“种子殿堂”外观；(b)从内部看，每一根亚克力杆里都有不同种类、形态各异的种子

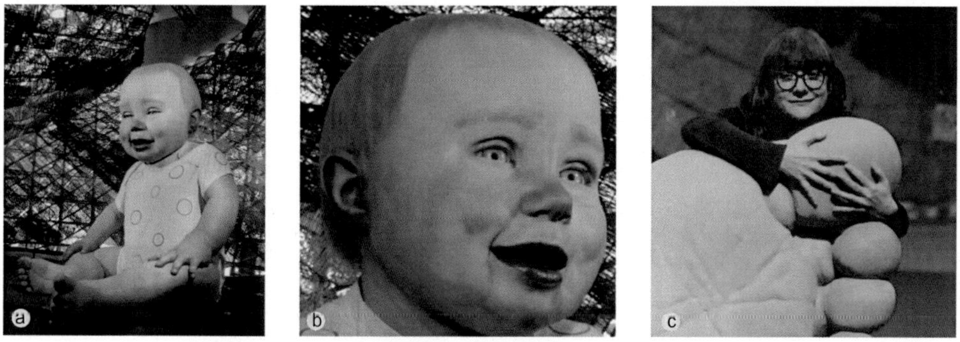

■ 彩图7-3　西班牙馆

(a)巨婴小米宝宝；(b)可爱的表情；(c)巨大的脚丫子的指纹也是惟妙惟肖的

■ 彩图7-4　韩国馆

(a)由合成树脂做成外立面；(b)世博韩国企业联合馆；(c)由韩国企业联合馆建筑外围材料制成的环保袋

■ 彩图7-5　日本馆是“膜结构”的太空堡垒

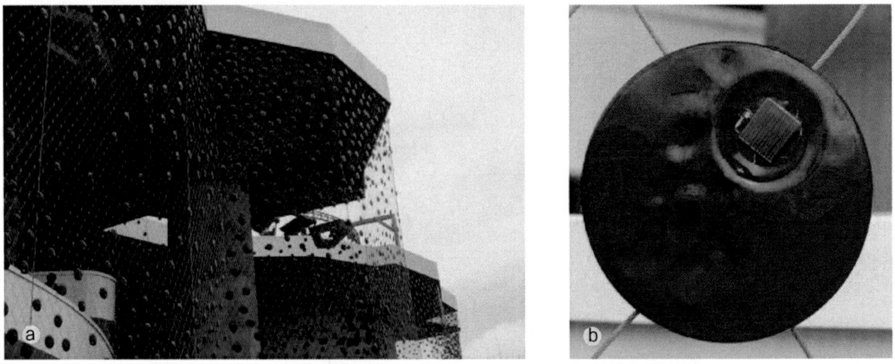

■ 彩图7-6　用大豆纤维幕帷装扮的瑞士馆

■ 彩图7-7　意大利馆的外墙是含热塑性树脂的“透明水泥”（a）白天室内的效果；（b）晚上室外的效果

■ 彩图7-8　芬兰馆的外墙是一种由废纸和塑料制作而成的特殊环保建材

■ 彩图7-9　石油馆里的碳纤维自行车

■ 彩图7-10　世博会上由废弃牛奶盒变身的环保长椅

■ 彩图7-11　世博会上废弃牛奶盒变身的垃圾桶

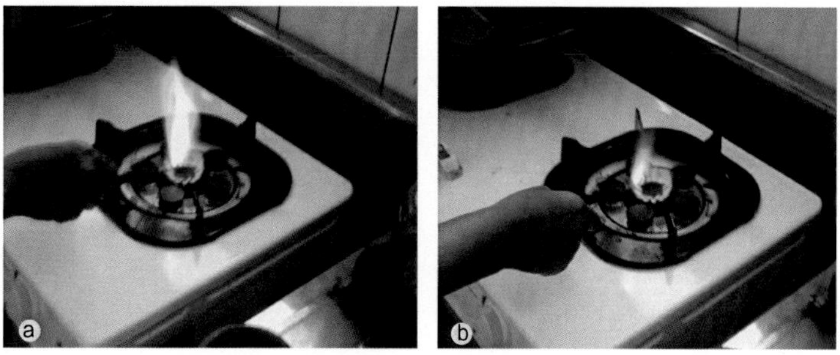

■ 彩图7-12　铜焰法鉴别PVC

■ 彩图7-17　你的毛线是真毛，还是假毛的?

■ 彩图7-27　聚乳酸产品

（a）日用品；（b）日本Pioneer公司研究人员2004年11月4日展示的聚乳酸光盘，DVD的储存容量多达25GB；（c）2002年6月富士通第一次将生物质塑料应用在笔记本电脑（FMV-BIBLO NB computer）外壳上，2004年已全面使用

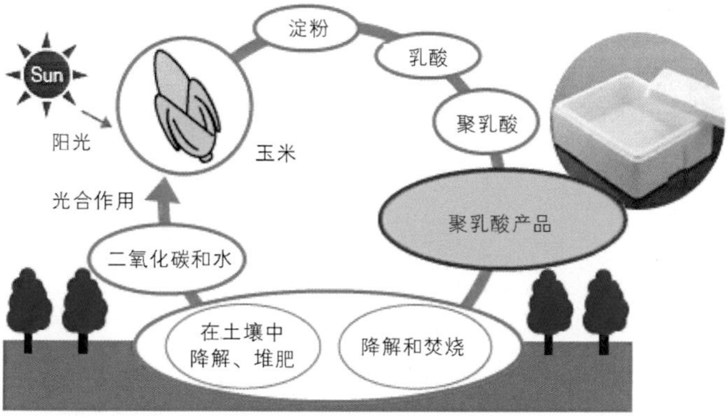

■ 彩图7-28　玉米塑料在自然环境中的循环

■ 彩图7-29　中国环境标志

■ 彩图7-31　这张挂历告诉居民各类垃圾的回收时间

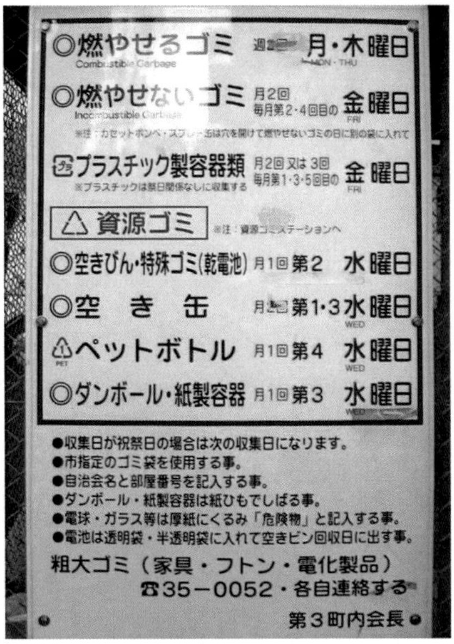

■ 彩图7-33

小区的垃圾站的分类垃圾回收时间表

■ 彩图7-32　这张挂历告诉居民当天回收什么垃圾

（各颜色对应于什么垃圾见图7-31）

■ 彩图7-36

广州实施垃圾分类

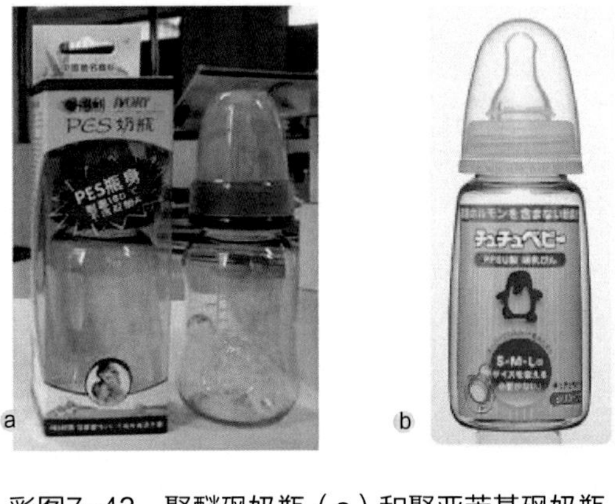

■ 彩图7-43　聚醚砜奶瓶（a）和聚亚苯基砜奶瓶（b）

■ 彩图7-44　特氟龙“不粘锅”

奇妙的高分子世界

董炎明　编著

化学工业出版社
·北京·

本书是一本普及高分子材料知识的趣味读物。全书共7章，第1章简要介绍高分子材料的基础知识。第2章是高分子发展史中的小故事和高分子科学大师的故事。此后的4章按材料的维数为序，即一维高分子材料——纤维（第3章），二维高分子材料——薄膜、涂料和黏合剂（第4章），三维高分子材料——塑料、橡胶（第5章）和4D高分子——功能高分子材料（第6章）。第7章是高分子杂谈。本文涉及的知识面很广，文字通俗易懂，500多张精美插图，大量有趣的小知识、小故事和应用实例。本书虽浅显，但又不失知识的严谨、新颖和系统。

本书可作为高等院校全校性选修课程（通识课程）的教材，以及具有高中化学基础知识的学生、工程技术人员和干部的入门级的高分子初级教材。也适合作为从事与高分子材料相关领域的工作者扩大知识面的阅读材料。对于高分子专业的教师和学生以及非高分子专业的高校教师和学生、中专和中学化学教师和学生也是很好的参考材料和课外兴趣读物。

图书在版编目(CIP)数据

奇妙的高分子世界/董炎明编著. —北京：化学工业出版社，2011.10（2024.8重印）
ISBN 978-7-122-12476-0

Ⅰ. 奇…　Ⅱ. 董…　Ⅲ. 高分子材料-普及读物
Ⅳ. TB324-49

中国版本图书馆CIP数据核字（2011）第201915号

责任编辑：杨　菁　　文字编辑：林　丹
责任校对：周梦华　　装帧设计：关　飞

出版发行：化学工业出版社(北京市东城区青年湖南街13号　邮政编码100011)
印　　装：北京建宏印刷有限公司
787mm×1092mm　1/16　印张17　彩插16　字数417千字　2024年8月北京第1版第4次印刷

购书咨询：010-64518888　　售后服务：010-64518899
网　　址：http://www.cip.com.cn
凡购买本书，如有缺损质量问题，本社销售中心负责调换。

定　　价：79.00元　

前言

高分子材料在国民经济、民生和国防中具有无比重要性，每个人实际上都生活在高分子世界中，普及高分子材料的知识成为非常重要的工作。

现在有许多高校开设全校性选修课程（通识课程），其中大多都有高分子材料及其应用的课程，但很难找到合适的教材。此外，大量具有高中化学基础知识的学生、工程技术人员和干部正在从事与高分子材料或相关领域的工作，他们也需要入门级的高分子初级教材。本书写作的切入点是高分子入门教育，不同基础的读者会有不同的收获。没学过高分子的读者能获得高分子的基本知识和各类鲜活的应用实例；学过高分子的读者也会在其中发现自己感兴趣的内容和看问题的新角度，从而开拓视野；高分子的教师则可以找到上课所需的趣闻故事、课件素材和教学思路。

本书的主要特点如下。

① 从身边的日用高分子入手，再扩展到工业上的应用、国防的应用等，让读者有亲切感，更容易接受。

② 高分子世界真奇妙。本书在科学性的基础上结合趣味性，把经凝练的科学原理贯穿于大量实例中，使读者接受科学原理时不会枯燥。

③ 紧扣“应用－性能－结构”的线索，从应用出发，每种高分子材料的应用都有其结构与性能关系的解释，使读者真正理解原理，融会贯通，学到有用的知识。

④ 独特的分章方法，按高分子材料的空间维数分成一维、二维、三维和四维。其中四维高分子用来叙述功能高分子。

⑤ 图文并茂，以500多幅精美图片更直观地表现内容。

相信通过本书的学习，能调动读者学习高分子知识的兴趣，为进一步阅读高分子科学其他书籍打下基础，为外专业读者扩大知识面。

作者现在致力于高分子的普及教育及非本专业的导论型教育，是国家精品课程“材料化学导论”的负责人，在该课程的教学中积累了高分子入门知识的许多资料。

本书编写过程中吸取了国内外诸多同类教材书之精华，尤其参阅和引用了书末所列的著作和文献；本书参阅和引用了网上资料，特别是“百度百科”；作者还以各种方式到访过上百家高分子企业，本书引用了某些企业的广告资料。陈顺凉提供了汽车自愈合漆的资料，杨柳林协助完成一些插图的处理，余紫岗和刘安华阅读全书并修改了一些错误，董原和赵雅青协助一些文字输入，在此一并致谢。

本文涉及领域很广，因为作者水平和编写时间所限，书中不足之处和疏忽在所难免，甚盼读者提出批评和建议，以便再版时改正。

作者

2011年7月于厦门大学

目 录

第 1 章 高分子基础知识 001

1.1 高分子的定义、分类和命名 001
1.1.1 高分子的定义 002
1.1.2 高分子的分类 003
1.1.3 高分子的命名 004

1.2 分子量 006

1.3 高分子的合成 007
1.3.1 多米诺骨牌式的链式聚合 007
1.3.2 串珍珠式的逐步聚合 009
1.3.3 聚合实施方法 010

1.4 高分子的结构 012
1.4.1 一级结构 013
1.4.2 二级结构 016
1.4.3 三级结构 017

1.5 高分子的性质 019
1.5.1 力学性质 019
1.5.2 热性质 021
1.5.3 溶解性 023

第 2 章 高分子史话 026

2.1 高分子发展史中的小故事 026
2.1.1 中国古代利用高分子材料的故事 026
2.1.2 从无机化学到有机化学的故事 027
2.1.3 第一种塑料的诞生 028
2.1.4 第一个人造聚合物——酚醛树脂 032
2.1.5 聚乙烯和聚四氟乙烯的发现 034
2.1.6 橡胶硫化方法的发明 035
2.1.7 尼龙的传奇 037
2.1.8 近代高分子工业的神速发展 041

2.2 高分子科学大师的故事 041
2.2.1 高分子科学的创始人施陶丁格的故事 041
2.2.2 齐格勒、纳塔与高分子合成的重大突破 043

2.2.3 弗洛里与其被誉为高分子科学的“圣经”的著作 …………046
2.2.4 梅里菲尔德与生命物质蛋白质的合成 …………047
2.2.5 德热纳的软物质学说 …………049
2.2.6 诺贝尔化学奖得主白川英树和导电塑料的故事 …………050

第3章 一维高分子材料——纤维 053

3.1 常见的化学纤维品种 053
3.1.1 最结实的纤维——尼龙 …………053
3.1.2 最挺括的纤维——涤纶 …………057
3.1.3 最轻的纤维——丙纶 …………060
3.1.4 人造羊毛——腈纶 …………061
3.1.5 人造棉花——维尼纶 …………061
3.1.6 人造丝——黏胶纤维 …………062
3.1.7 橡胶纤维——氨纶 …………063
3.1.8 其他合成纤维 …………065

3.2 形形色色的纺织技术 067
3.2.1 一般的纺丝工艺 …………067
3.2.2 差别化纤维 …………068
3.2.3 不必纺织的布——非织布（无纺布）…………069

3.3 神秘的碳纤维 073
3.3.1 碳纤维的结构和制备 …………073
3.3.2 体育运动与碳纤维的不解之缘 …………075
3.3.3 从碳纤骨迷你伞到波音787飞机 …………078

3.4 超细纤维 079
3.4.1 一克重就能绕地球几周的海岛丝 …………079
3.4.2 静电纺丝的纳米纤维 …………080

3.5 液晶纺丝的超强纤维 081
3.5.1 液晶纺丝是纺丝工艺的一大革命 …………081
3.5.2 “梦的纤维”——芳纶 …………082

3.6 保健纤维 085
3.6.1 大豆纤维 …………085
3.6.2 竹炭纤维 …………086
3.6.3 吸湿排汗纤维 …………087
3.6.4 甲壳素纤维 …………088

第4章 二维高分子材料——薄膜、涂料和黏合剂 089

4.1 薄膜 089
4.1.1 包装用塑料薄膜 …………089
4.1.2 奥运场馆“水立方”薄膜的奥妙 …………094

4.1.3 锂电池隔膜 …… 096
4.1.4 偏振膜和液晶 …… 098
4.1.5 石墨烯的传奇 …… 102
4.1.6 撕不破的纸——合成纸 …… 104
4.1.7 塑料钞票 …… 105
4.1.8 农业薄膜 …… 106

4.2 涂料 108
4.2.1 最早的涂料——生漆 …… 109
4.2.2 能自愈合的汽车漆——智能漆 …… 110
4.2.3 纺织品上的涂料 …… 113
4.2.4 塑料上的涂料 …… 114

4.3 黏合剂 115
4.3.1 中国墨已经开始了黏合剂的应用历史 …… 116
4.3.2 黏结力超强的两种黏合剂 …… 116
4.3.3 黏黏糊糊的高分子本身就是“胶水”的天然原料 …… 117
4.3.4 文物保护中的高分子 …… 123

第5章 三维高分子材料——塑料、橡胶 128

5.1 塑料 128
5.1.1 看图识材料——塑料日用品和某些工业品 …… 129
5.1.2 看图识材料——塑料建材 …… 144
5.1.3 看图识材料——泡沫塑料 …… 150
5.1.4 汽车高分子 …… 154
5.1.5 耐热高分子——航空航天高分子材料 …… 158
5.1.6 火也点不燃的高分子——阻燃高分子材料 …… 161

5.2 塑料的加工成型 164
5.2.1 塑料的加工成型基础 …… 165
5.2.2 只需口模的成型方式 …… 166
5.2.3 有模具的成型方式 …… 169

5.3 橡胶 174
5.3.1 从轮胎和口香糖讲起——天然橡胶 …… 174
5.3.2 从鲨鱼皮、Jaked泳衣的神话谈起——聚氨酯 …… 179
5.3.3 可以回炉再加工的橡胶——热塑性弹性体 …… 181
5.3.4 最耐温和耐寒的橡胶——硅橡胶 …… 182
5.3.5 “没用的”硬橡皮——杜仲胶 …… 183

第6章 4D高分子——功能高分子材料 186

6.1 特能“喝”水的树脂——超强吸水剂 186
6.2 从絮凝剂到油田高分子——聚丙烯酰胺 188
6.2.1 絮凝剂 …… 188

6.2.2 驱油剂 …… 189
6.2.3 输油减阻剂 …… 189
6.3 利用光的高分子 —— 190
6.3.1 高分子光导纤维 …… 191
6.3.2 光敏高分子在印刷和电脑芯片的应用 …… 194
6.3.3 使光变电或电变光的高分子 …… 196
6.4 小甲壳的大功效——神奇的甲壳素 —— 200
6.4.1 壳聚糖有很多“爪子”——螯合作用带来的功能 …… 201
6.4.2 生命的第六要素——碱性带来的生物医学功能 …… 203
6.5 从生物得到的启示——仿生高分子 —— 205
6.5.1 仿蜘蛛丝——超高强度的天然丝 …… 206
6.5.2 仿贻贝——超强黏合剂 …… 208
6.5.3 壁虎胶带 …… 209
6.6 生物医用高分子 —— 211
6.6.1 硅橡胶人造器官 …… 212
6.6.2 人工血管 …… 213
6.6.3 隐形眼镜 …… 214
6.6.4 骨内固定材料 …… 214
6.6.5 人造关节 …… 215
6.6.6 人造皮肤 …… 215
6.6.7 人造血液 …… 216
6.6.8 人工肾 …… 216
6.6.9 神经再生导管 …… 216
6.6.10 组织工程与高分子 …… 217
6.6.11 药物助剂 …… 218
第7章 高分子杂谈 219
7.1 世博高分子 —— 219
7.1.1 中国馆 …… 219
7.1.2 英国馆 …… 220
7.1.3 西班牙馆 …… 220
7.1.4 韩国馆 …… 221
7.1.5 日本馆 …… 221
7.1.6 瑞士馆 …… 222
7.1.7 意大利馆 …… 222
7.1.8 芬兰馆 …… 222
7.1.9 石油馆 …… 223
7.1.10 长椅和垃圾桶 …… 223

7.2 高分子材料的简单鉴别方法 224
7.2.1 塑料薄膜的简单鉴别法 224
7.2.2 最简易的普通塑料鉴别流程 225
7.2.3 纤维的简单鉴别法 225
7.2.4 橡胶的简单鉴别法 228
7.3 高分子材料与环保 229
7.3.1 我国防治“白色污染”的方法和存在的问题 230
7.3.2 发达国家采取的措施 239
7.3.3 塑料（包括塑料袋）符合环保3R原则 244
7.3.4 “白色污染”难题的化解 246
7.4 食品安全与拗口的化学名词 247
7.4.1 塑料都有毒吗? 247
7.4.2 有机高分子与食品安全 252
参考文献 260

第1章

高分子基础知识

棉、麻、丝、木材、淀粉等都是天然高分子化合物，从某种意义上来说，甚至连人体自身也是一个复杂的高分子体系。在过去漫长的岁月中，人们虽然天天与天然高分子物质打交道，对它们的本性却一无所知。现在我们已认识什么是高分子，并建立了颇具规模的高分子合成工业，生产出五光十色的塑料、美观耐用的合成纤维、性能优异的合成橡胶，致使高分子合成材料与金属材料、无机非金属材料并列构成材料世界的三大支柱。高分子化合物的产能占当今化学工业产量的一半以上，它们在国民经济、日常生活和科学技术领域中起着不可替代的作用。

1.1 高分子的定义、分类和命名

首先我们来看看所讨论的奇妙的高分子是属于哪个层次的世界。如果按物质尺寸每1亿倍的数量级来划分，可以有四种世界，无疑高分子属最小层次的微观世界（图1–1）。而微观世界本身又有许多层次（或称亚层次）。在微观世界中，由基本粒子夸克组成质子，由质子和中子组成原子核，由原子核和电子组成原子，由原子组成分子。以前化学家认为一切物质都是由分子组成的，所以化学是研究分子的科学，这里所说的分子是指小分子化合物。后来人们认识到，实际上微观世界还存在一个最高的层次，一个越来越重要的层次，那就是高分子（图1–2）。地球上有了天然高分子（蛋白质、多糖、核糖核酸等）的诞生才导致了生物的出现。后来人们发展了合成高分子，高分子的结构、性质与应用完全有别于小分子，必须作为一门科学单独进行讨论。

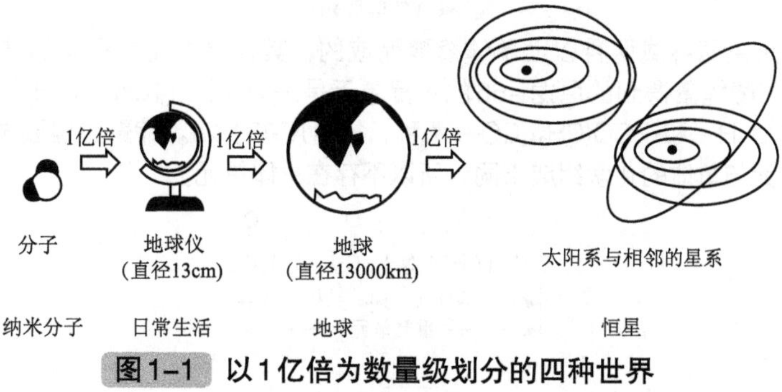

图1–1 以1亿倍为数量级划分的四种世界

夸克　质子　原子核　碳原子　甲烷分子　高分子聚乙烯

图1-2 高分子是微观世界的一个结构层次

$$\left[CH_2-CH_2 \right]_n$$

图1-3 聚乙烯的结构

（a）把线型聚乙烯分子想象为手拉手的队列；（b）聚乙烯的
分子链结构示意图（大球代表碳原子，小球代表氢原子）

1.1.1 高分子的定义

　　聚合物（又称高分子）是由小分子（单体）相互反应而形成的。高分子与低分子（小分子）的区别在于前者分子量很高。分子量多大才算是高分子？其实，并无明确界限，一般将分子量（即相对分子质量）高于1万的称为高分子，分子量低于约1000的称为低分子。分子量介于高分子和低分子之间的称为低聚物。一般聚合物的分子量为$10^4 \sim 10^6$，分子量大于这个范围的称为超高分子量聚合物。有时把聚合物称为"高聚物"或"高分子聚合物"，但"高"和"聚"是重复的，不建议这样称呼。

　　下面以烯类单体的自由基加成聚合物为例，解释高分子的基本概念。以乙烯$CH_2=CH_2$来说，聚合时其中一个键打开，形成$\cdot CH_2-CH_2 \cdot$（这里用点表示自由基）。因而可以把一个乙烯分子想象为一个小孩，有两只空闲的手，许多小孩相互拉起来，就会形成一个很长的队列图[图1-3（a）]，这一队列就是高分子链，其中每一个小孩就是一个单体单元，单体单元在这里也是重复单元，而小孩的数目就是聚合度。图1-3（b）是聚乙烯分子链的结构示意图。

　　如果高分子是由一种单体加成聚合而成的，其单体单元、结构单元和重复单元相同，聚合度等于n。例如聚氯乙烯：

$$\left[CH_2-CH \right]_n$$
$$\qquad\quad\; | $$
$$\qquad\quad\; Cl$$

结构单元
重复单元
单体单元

　　如果高分子是由两种或两种以上单体缩聚而成的，其重复单元由不同的结构单元组成。例如由己二胺和己二酸缩聚得到的尼龙—66的重复单元是$-NH(CH_2)_6NHCO(CH_2)_4CO-$，结构单元分别是$-NH(CH_2)_6NH-$和$-CO(CH_2)_4CO-$两种，聚合度等于$2n$。缩聚过程要失去小分子（此例是$H_2O$），结构单元与单体的化学组成不同，所以不存在单体单元。

$$\left[HN-(CH_2)_6-NH-\overset{O}{\overset{||}{C}}-(CH_2)_4-\overset{O}{\overset{||}{C}} \right]_n$$

结构单元　　结构单元
重复单元

1.1.2 高分子的分类

高分子分类主要有以下方法。

（1）按高分子主链结构分

① 碳链高分子，主链完全由碳原子组成，如聚乙烯、聚丙烯、聚四氟乙烯等。

② 杂链高分子，主链除碳原子外，还含氧、氮、硫等杂原子，如尼龙66、聚甲醛等。

③ 元素有机高分子(主链上没有碳原子)，如硅橡胶 $\begin{array}{c} CH_3 \\ +Si-O+ \\ CH_3 \end{array}$。

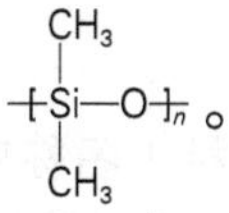

（2）按用途分

① 塑料　以聚合物为基础，加入（或不加）各种助剂和填料，经加工形成的塑性材料或刚性材料。

② 橡胶（弹性体）　具有可逆形变的高弹性材料。

③ 纤维　纤细而柔软的丝状物，长度至少为直径的100倍。

④ 涂料　涂布于物体表面能形成坚韧的薄膜、起装饰和保护作用的高分子材料。

⑤ 黏合剂（胶黏剂）　能通过黏合的方法将两种以上的物体连接在一起的高分子材料。

⑥ 功能高分子　具有特殊功能与用途，但用量不大的精细高分子材料。

（3）按高分子受热后的形态变化（图1-4）分

① 热塑性高分子　在受热后会从固体状态逐步转变为流动状态的高分子。这种转变理论上可重复无穷多次，或者说，热塑性高分子是可以再生的。聚乙烯、聚丙烯、聚氯乙烯、聚苯乙烯、尼龙和涤纶树脂等均为热塑性高分子（热塑性树脂）。

② 热固性高分子　在受热后先转变为流动状态，进一步加热则转变为固体状态。这种转变是不可逆的。换言之，热固性高分子是不可再生的。通过加入固化剂使流体状转变为固体状的高分子，也称为热固性高分子（热固性树脂）。典型的热固性高分子如

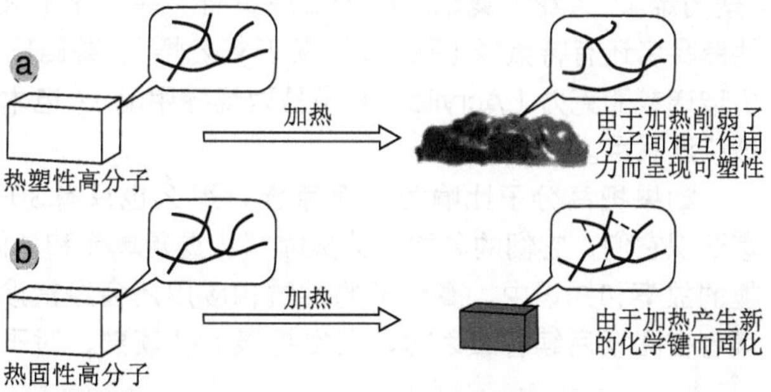

图1-4　热塑性高分子（a）与热固性高分子（b）的不同热性质示意图

酚醛树脂、环氧树脂、氨基树脂、不饱和聚酯、聚氨酯、硫化橡胶等。

热塑性高分子的分子形状是线形（或称线型的）[图1-5（a）]，而热固性高分子的分子形状是交联（或称网状、或体型）的 [图1-5（c）和图1-6]，另有一种高分子的形状为支化的 [图1-5（b）]。线型分子链加热会软化或流动；交联的分子链就像被五花大绑似的，加热不会软化或流动（图1-4）。支化的性质介于线型高分子和网状高分子之间，支化程度较低时接近于前者，较高时接近于后者。注意：线型高分子不能称为"线性高分子"。

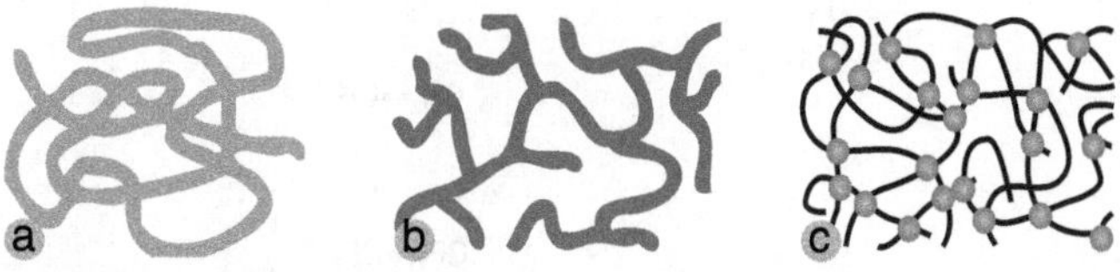

图1-5　线型高分子（a）、支化高分子（b）和网状高分子（c）的结构示意图

图1-6　用队列来表示的交联聚合物的分子形状

1.1.3 高分子的命名

高分子的习惯命名法有下列数种。

（1）以单体名称前加一个"聚"字（聚乙烯醇是例外，乙烯醇只是假想单体），如

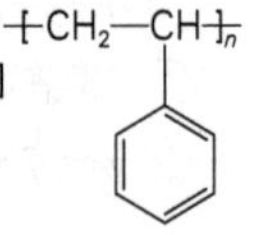

称"聚苯乙烯"。

（2）取单体（一种或两种）名称或简称，后缀为"树脂"、"塑料"或"橡胶"。如醇酸树脂、酚醛塑料、丁苯橡胶、氯丁橡胶等。

（3）以高分子的特征结构命名一类高分子，如以下聚合物称为聚酰胺（尼龙610），因为含酰胺基团（圆形符号内）。类似的还有聚酯、聚醚、聚氨酯等。

$$+C-(CH_2)_8-C-NH-(CH_2)_6-NH \,]_n$$
$$\quad \parallel \qquad\qquad \parallel$$
$$\quad O \qquad\qquad O$$

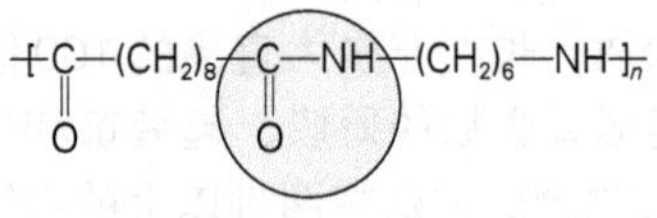

（4）译名、商品名或俗名。

合成纤维在我国称之为"纶"（来自 –lon 的译音），如锦纶（尼龙66）、涤纶（聚对苯二甲酸乙二酯）、维尼纶或维纶（聚乙烯醇缩甲醛）、腈纶（聚丙烯腈）、氯纶（聚氯乙烯）、丙纶（聚丙烯）、芳纶（聚苯二酰苯二胺纤维）等。聚酰胺常用其商品名的译名尼龙（Nylon）。其他商品名还有特氟隆（Teflon，聚四氟乙烯）、赛璐珞（Celluloid，硝酸纤维素）等。而俗名有机玻璃或亚克力（Acrylic，聚甲基丙烯酸甲酯）、电木（酚醛树脂）、电玉（脲醛塑料）等也已被广泛采用。

如果把高分子比喻为一个家族，那么也只有30多个成员是常见的。所以有必要先让大家认识它们，它们的名称、英文缩写、重复单元和单体均列于表1-1。以后各章介绍高分子有趣的故事和知识中，高分子的性质和应用还会经常涉及这些结构。希望对化学不是很了解的读者在阅读后续各章之前，反复把表1-1读熟，对于理解会有很大帮助。

<p align="center">表1-1 常见聚合物的名称（英文缩写）、重复单元和单体</p>

序号	名称	重复单元	单体
1	聚乙烯（PE）	—CH₂—CH₂—	CH₂=CH₂
2	聚丙烯（PP）	—CH₂—CH— 　　　\| 　　　CH₃	CH₂=CH— 　　　\| 　　　CH₃
3	聚异丁烯（PIB）	CH₃ 　　　\| —CH₂—C— 　　　\| 　　　CH₃	CH₃ 　　　\| CH₂=C— 　　　\| 　　　CH₃
4	聚苯乙烯（PS）	—CH₂—CH— （苯环）	CH₂=CH— （苯环）
5	聚氯乙烯（PVC）	—CH₂—CH— 　　　\| 　　　Cl	CH₂=CH— 　　　\| 　　　Cl
6	聚四氟乙烯（PTFE）	—CF₂—CF₂—	CF₂=CF₂
7	聚丙烯酸（PAA）	—CH₂—CH— 　　　\| 　　　COOH	CH₂=CH— 　　　\| 　　　COOH

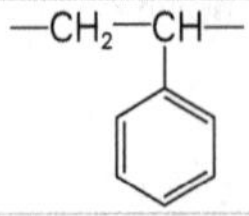

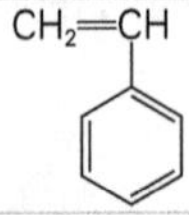

续表

序号	名称	重复单元	单体
8	聚丙烯酰胺（PAAm或PAM）	$—CH_2—CH(CONH_2)—$	$CH_2{=}CH(CONH_2)$
9	聚丙烯酸甲酯(PMA)	$—CH_2—CH(COOCH_3)—$	$CH_2{=}CH(COOCH_3)$
10	聚甲基丙烯酸甲酯(PMMA)	$—CH_2—C(CH_3)(COOCH_3)—$	$CH_2{=}C(CH_3)(COOCH_3)$
11	聚丙烯腈(PAN)	$—CH_2—CH(CN)—$	$CH_2{=}CH(CN)$
12	聚乙酸乙烯酯(PVAc)	$—CH_2—CH(OCOCH_3)—$	$CH_2{=}CH(OCOCH_3)$
13	聚乙烯醇(PVA)	$—CH_2—CH(OH)—$	$CH_2{=}CH(OH)$（假想）
14	聚丁二烯(PB)	$—CH_2—CH{=}CH—CH_2—$	$CH_2{=}CH—CH{=}CH_2$
15	聚异戊二烯(PIP)	$—CH_2—C(CH_3){=}CH—CH_2—$	$CH_2{=}C(CH_3)—CH{=}CH_2$
16	聚氯丁二烯(PCP)	$—CH_2—C(Cl){=}CH—CH_2—$	$CH_2{=}C(Cl)—CH{=}CH_2$
17	聚偏氯乙烯(PVDC)	$—CH_2—CCl_2—$	$CH_2{=}CCl_2$
18	聚氟乙烯(PVF)	$—CH_2—CH(F)—$	$CH_2{=}CH(F)$
19	聚三氟氯乙烯(PCTFE)	$—CF_2—CFCl—$	$CF_2{=}CFCl$
20	聚酰胺-66或尼龙66(PA66)	$—NH(CH_2)_6NHCO(CH_2)_4CO—$	$H_2N(CH_2)_6NH_2 + HOOC(CH_2)_4COOH$
21	聚酰胺-6或尼龙6 (PA6)	$—NH(CH_2)_5CO—$	或 $NH_2(CH_2)_5COOH$
22	酚醛树脂(PF)		+ CH_2O
23	脲醛树脂(UF)	$—NH—CO—NH—CH_2—$	$NH_2—CO—NH_2 + CH_2O$
24	三聚氰胺-甲醛树脂(MF)		+ CH_2O
25	聚甲醛(POM)	$—O—CH_2—$	CH_2O 或

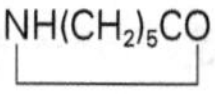

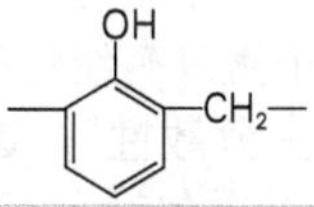

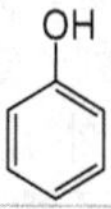

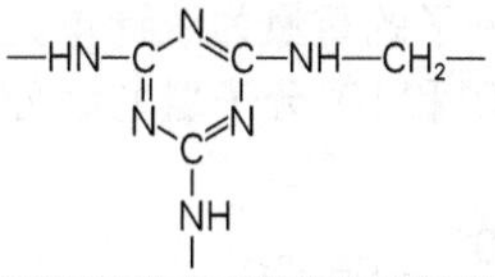

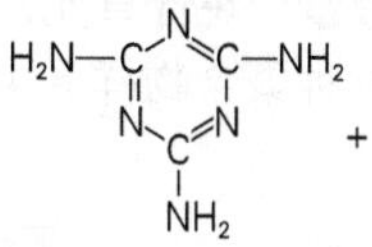

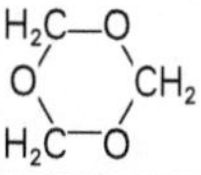

序号	名称	重复单元	单体
26	聚环氧乙烷或聚乙二醇(PEO或PEG)	$-O-CH_2-CH_2-$	H_2C-CH_2（环氧）或 $HOCH_2CH_2OH$
27	聚苯醚(PPO)	（含两个CH_3取代的苯环醚结构）	（含两个CH_3取代的苯酚，HO）
28	聚对苯二甲酸乙二醇酯（PET）	$-OCH_2CH_2O-C(=O)-苯-C(=O)-$	$HOCH_2CH_2OH + HOOC-苯-COOH$
29	不饱和聚酯(UP)	$-OCH_2CH_2O-C(=O)-CH=CH-C(=O)-$	$HOCH_2CH_2OH + HC=CH$（马来酸酐）
30	聚碳酸酯(PC)	（双酚A碳酸酯结构，含CH_3、$C(=O)$）	$HO-双酚A-OH + Cl-C(=O)-Cl$
31	环氧树脂(EP)	（双酚A-$O-CH_2CHCH_2$-OH结构）	$HO-双酚A-OH + H_2C-CHCH_2Cl$
32	聚砜（PSU）	（双酚A-O-苯-SO_2-苯结构）	$HO-双酚A-OH + Cl-苯-SO_2-苯-Cl$
33	聚氨酯(PU)	$-O(CH_2)_2O-C(=O)-NH(CH_2)_6NH-C(=O)-$	$HO(CH_2)_2OH + OCN(CH_2)_6NCO$
34	聚二甲基硅氧烷或硅橡胶(SI)	$-Si(CH_3)_2-O-$	$Cl-Si(CH_3)_2-Cl + H_2O$

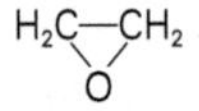

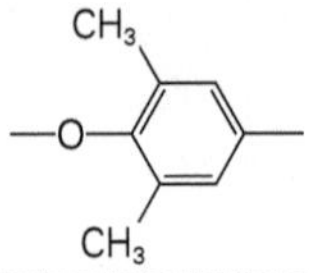

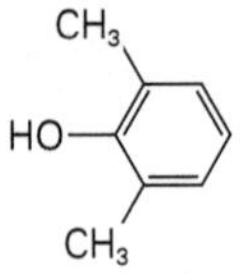

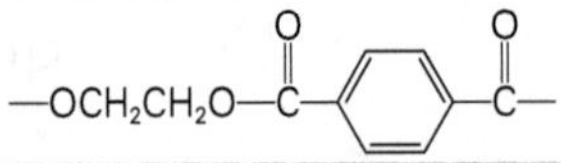

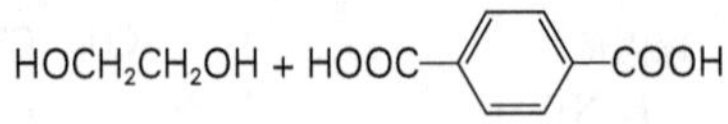

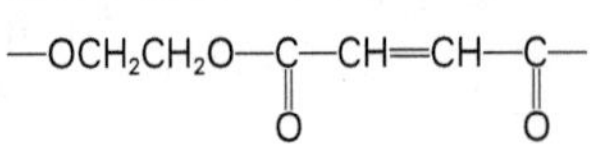

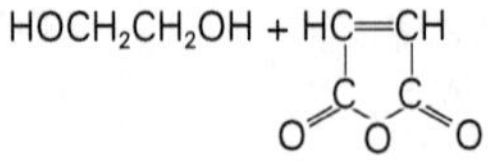

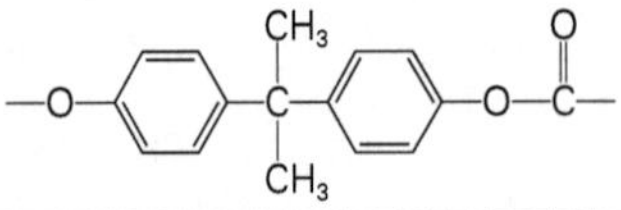

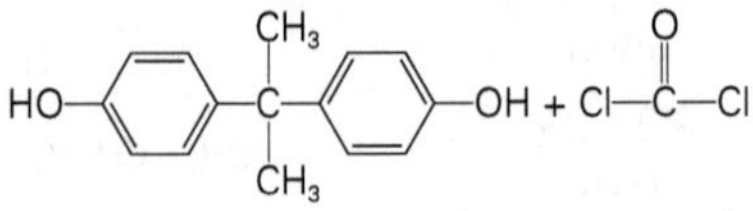

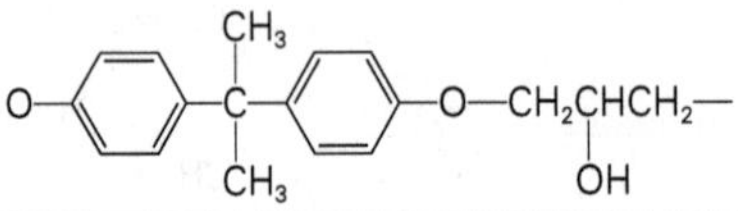

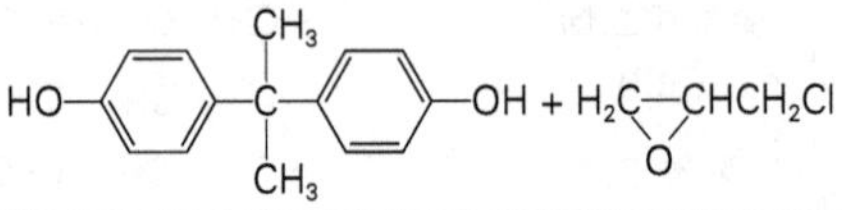

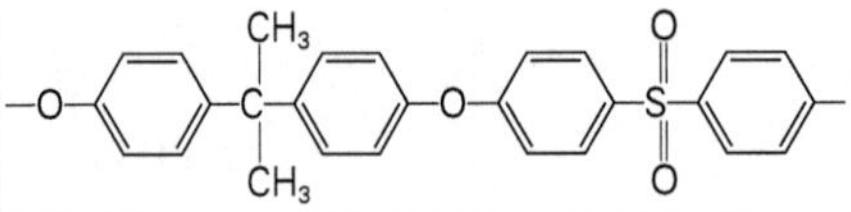

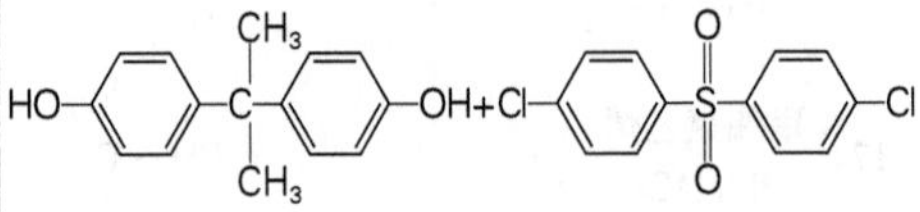

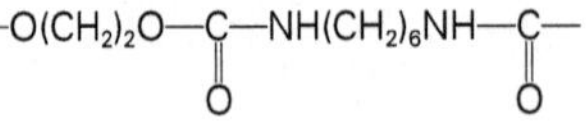

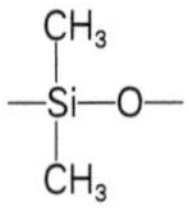

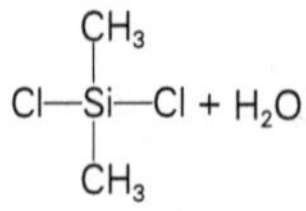

1.2 分子量

分子链的长度决定了分子量，但其聚合过程是随机的。以一袋子聚乙烯来说，同样的产品，但其分子的分子量却有的低，有的高，实际上是一个相同化学组成的分子的混合物，就像上面比喻的小孩的队列长短不一那样。也就是说，分子量只有统计的意义（除了少数天然高分子如蛋白质、DNA等外），这种性质称为分子量的"多分散性"，这是高分子不同于小分子的地方。比如乙醇的分子量很明确就是46g/mol（即Da，道尔顿），而高分子则要根据不同的统计平均方法，得到不同的统计平均值，主要的统计值有数均分子量\overline{M}_n和重均分子量\overline{M}_w，数均分子量以分子数量为统计单元，而重均分子量以分子的重量为统计单元。

例如：设一种聚合物样品中各含有1mol的10^4和10^5分子量的组分。计算两种平均分子量如下：

$$\overline{M}_n = \frac{1 \times 10^4 + 1 \times 10^5}{1 + 1} = 55000$$

$$\overline{M}_w = \frac{1 \times (10^4)^2 + 1 \times (10^5)^2}{1 \times 10^4 + 1 \times 10^5} = 91820$$

可见，$\overline{M}_w > \overline{M}_n$，人们用$d=\overline{M}_w / \overline{M}_n$来表示分子量分布的宽度，称为多分散性系数。当分子量完全均一时d=1，分子量分布越宽，d值越大。

为了便于理解，这里举一个粗浅的例子。例如一个小贩卖苹果和梨两种水果，它们分别有200个和100个，价格分别是1元/个和2元/个，问平均每个水果多少钱？回答肯定不是两种价格的平均值1.5元，而要考虑水果的数量，这样按数量的平均值应为1.33元/个。

如果改为分别有100斤苹果和50斤梨，价格分别是2元/斤和4元/斤，则按质量的平均价格应为2.66元/斤。

曾有这样一个有趣的比喻，有一只大象和4只蚊子（图1-7），大象重10000kg。蚊子每只重1kg（有些夸张），问每只动物的平均质量是多少？答案显然是（1×10000+4×1）÷5 = 2000.8 kg。如果问每公斤动物的平均质量是多少？结果是（10000×10000+4×1）÷10004≈10000 kg。每公斤动物平均质量的问题有点傻，但高分子有时需要以质量为统计单元来求平均分子量，因为实际上某些测定方法（如光散射法）得到的结果直接就是重均分子量。从这个例子可见，质量大的成分对重均分子量贡献较大。

平均分子量及其分布是控制聚合物性能的重要指标。橡胶一般分子量较高，为了便于成型，要预先进行炼胶以减少分子量至2×10^5左右，合成纤维的分子量较低，通常为几万，否则不易流出喷丝孔，塑料的分子量一般介于橡胶和纤维之间。

图1-7 大象和蚊子的平均质量统计方法

1.3 高分子的合成

高分子的合成方法按机理划分主要有两类，一类是链式聚合，另一类是逐步聚合。

1.3.1 多米诺骨牌式的链式聚合

在链式聚合反应过程中，有活性中心（自由基或离子）形成，且可以在很短的时间内，使许多单体聚合在一起，形成分子量很大的大分子。这种反应是聚合反应的一大种类，主要包括三个基元反应，即链引发、链增长和链终止。有时还伴随有链转移反应发生。按链活性中心的不同，可细分为自由基聚合、阳离子聚合、阴离子聚合和配位聚合四种类型。链式聚合反应都是加成反应，聚合物产物的结构单元的化学组成与单体一样。

大多数链式聚合的单体是烯类单体，而链式聚合又以自由基聚合占多数，所以下面以乙烯的自由基聚合为例来说明。

图1-8是原子序数为6的碳原子的结构，其活泼的外层电子有4个，意味着能形成4个单（共价）键。乙烯的两个碳原子间有一个单键，称为σ键，由两个s电子轨道相互交叠作用而成；作为双键，乙烯的两个碳原子间还有另一个共价键，由两个哑铃形的p电子轨道相互交叠作用而成，形成上下两片电子云，称为π电子云或π键（图1-9）。

从热力学方面看，打开一个π键需要供给264 kJ/mol的能量，形成两个σ键放出348 kJ/mol的能量。ΔH=-348 + 264=-84（kJ/mol），是一个放热反应，似乎无需提供能量就能聚合。但从动力学方面看，一开始需给予打开第一个单体π键的能量，这就是所谓的“引发”。就像多米诺骨牌一样，只要一开始给一个力，就能连续推倒一条“长龙阵”（图1-10）。

一旦有引发剂分子分解出自由基，由于自由基很活泼，每个自由基几秒钟内立刻长出一条聚乙烯高分子链，也就是说，分子量很快达到很大的数值。但总的来说，刚开始乙烯单体是大

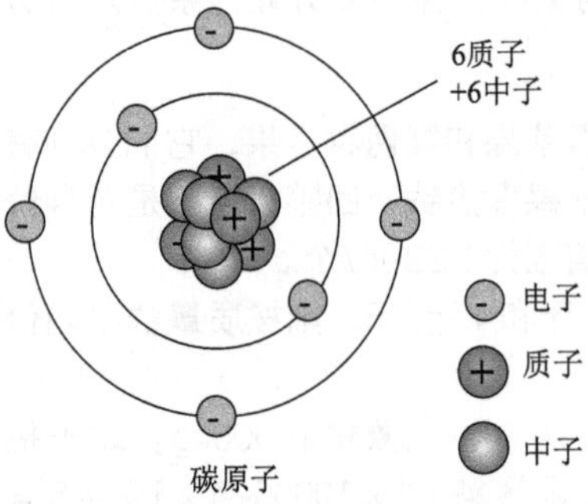

图1-8 碳原子的结构

电子
质子
中子

碳原子

p 轨道

π 电子云

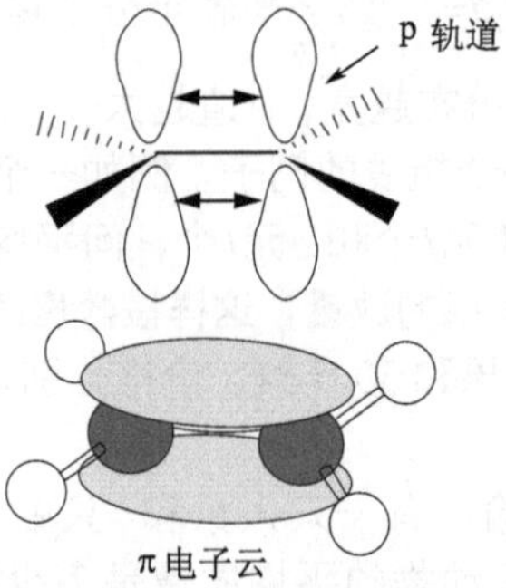

图1-9 乙烯的结构示意图

图1-10 自由基聚合（一种链式聚合）就像多米诺骨牌

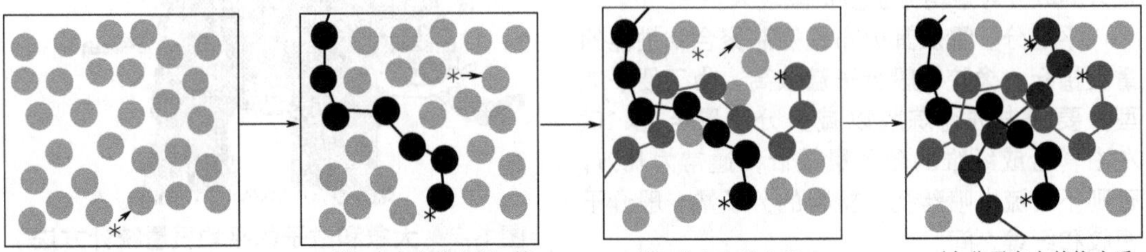

$t=0$（引发剂开始产生自由基）

$t=t_1$（第2个自由基出现，第一个自由基已引发得到大分子自由基）

$t=t_2$（第3个自由基出现，前两个自由基都已引发得到大分子自由基）

$t=t_3$（大分子自由基终止反应）

图1-11 乙烯的自由基聚合过程的示意图

链式聚合

图1-12 乙烯的自由基聚合过程的卡通图

量的，乙烯单体的消耗慢慢进行，反应速率取决于引发剂分子分解的速率，这一聚合过程如图1-11所示。图1-12的卡通图形象地表现了链式聚合，把自由基想象为烫手的鞭炮，在"击鼓传花"似的传递时谁都想尽快把它传走，所以链增长很快。

以有机过氧化物引发剂为例，1分子引发剂分解得到两个自由基，乙烯按图1-13聚合得到聚乙烯。

能够进行链式聚合的单体基本上都可以看成乙烯或丁二烯的衍生物，即 $CH_2=CRR'$ 或 $CH_2=CHR—CH=CH_2$，即表1-1中的聚合物序号1~聚合物序号19。

$$RO-OR \longrightarrow 2RO\cdot$$

$$CH_2{=}CH_2 \xrightarrow{RO\cdot} RO-CH_2-CH_2\cdot \xrightarrow{(n-1)CH_2=CH_2} \left[CH_2-CH_2 \right]_n$$

图1-13 合成聚乙烯的聚合反应简式

还有一类是环状化合物，例如表1-1中序号21、25、26的单体，也可以链式聚合。这类单体只能进行离子型聚合，而不是自由基聚合。环状化合物可以看成一些自己双手相握的小孩打开双手连成一列（图1-14），称为开环聚合，也是链式加成机理，不失任何小分子。表1-2列出能进行开环聚合的单体类型。

图1-14 开环聚合示意图

表1-2 开环聚合的单体和聚合物

环状化合物	结构式	可能聚合的环数	聚合物
环醚		3，4，5，7	聚醚 $\left[C_m-O \right]_n$
内酯		4，6，7，8	聚酯 $\left[\underset{\underset{O}{\Vert}}{C}-O \right]_n$
内酰胺		4，5，7，8，9	聚酰胺 $\left[\underset{\underset{O}{\Vert}}{C}-NH \right]_n$

1.3.2 串珍珠式的逐步聚合

逐步聚合反应主要又分缩聚和逐步加成聚合两类，缩聚占绝大多数。

缩聚反应：带有两个或两个以上官能团（或称功能基）的单体之间连续、重复进行的缩合反应，即缩掉小分子而进行的聚合。缩聚又分线型缩聚和体型缩聚两种，前者合成热塑性树脂，后者合成热固性树脂。聚酰胺、聚酯、聚碳酸酯、醇酸树脂、硅橡胶等都是重要的缩聚物。聚酰亚胺、梯形聚合物等耐高温聚合物也由缩聚而成。蛋白质、淀粉、纤维素、糊精、核酸等天然生物高分子也通过缩聚反应合成。

逐步加成聚合（又称为聚加成反应）：单体分子通过反复加成，使分子间形成共价键，逐步生成聚合物的过程，其聚合物形成的同时没有小分子析出，例如聚氨酯的合成。

逐步聚合的聚合度是逐渐增加的，就像串珍珠一样（图1-15）。缩聚物大分子的生长是官能团相互反应的结果。缩聚早期，单体很快消失，转变成二聚体、三聚体、四聚体等低聚物，转化率很高，以后的缩聚反应则在低聚物之间进行。缩聚反应就是这样逐步进行下去的，聚合度随时间或反应程度而逐渐增加。延长聚合时间主要目的在于提高产物分子量，而不是提高转化率。缩聚早期，单体的转化率就很高，而分子量却很低。

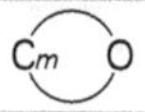

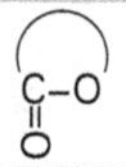

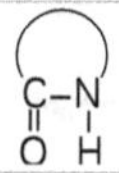

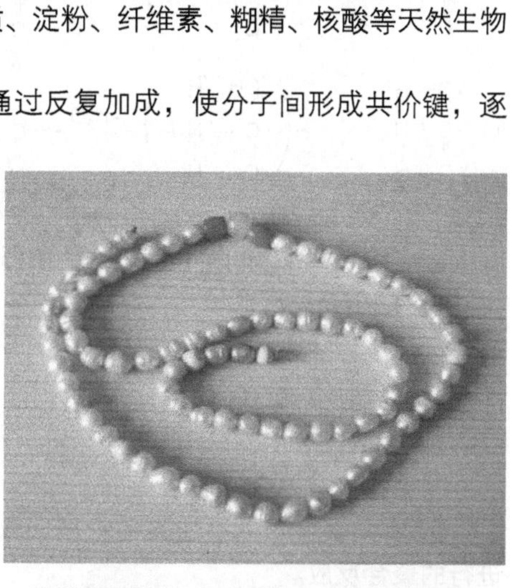

图1-15 逐步聚合反应就像串珍珠

缩聚过程如图1-16所示。在图1-17的卡通图中，把单体的功能基之间的选择性反应想象成男孩和女孩间的拉手，假设男孩原来戴着手套，拉手时要扔掉手套（比喻为小分子）。形成队列的过程进展较慢，但一开始所有的男孩和女孩间都拉手了，形成二聚体以上，很快不存在单个小孩，即单体很快就转化了。

　　能够进行线型缩聚的单体为表1-1中的聚合物序号20、21、27~32、34；能够进行体型缩聚的单体为表1-1中的聚合物序号22~24。而29和31可通过加交联剂交联成体型高分子。

　　典型的两类缩聚是形成聚酯和聚酰胺的反应，反应式见图1-18。典型的逐步加成聚合是形成聚氨酯（序号33）的反应，反应式见图1-19。

$t=0$（单体各10个）　　$t=t_1$（单体、二聚体和三聚体的混合物）　　$t=t_2$（二聚体到四聚体的混合物）　　$t=t_3$（六聚体到八聚体的混合物）　　$t=t_4$（八聚体以上的混合物）

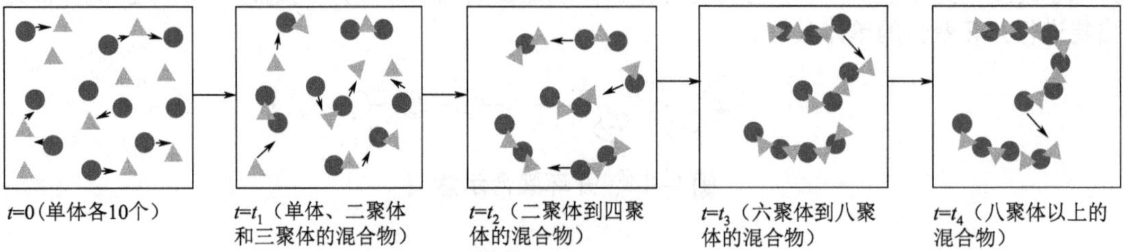

图1-16 缩聚过程示意图

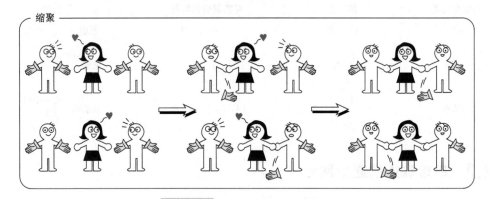

图1-17 缩聚过程的卡通图

图1-18（略）

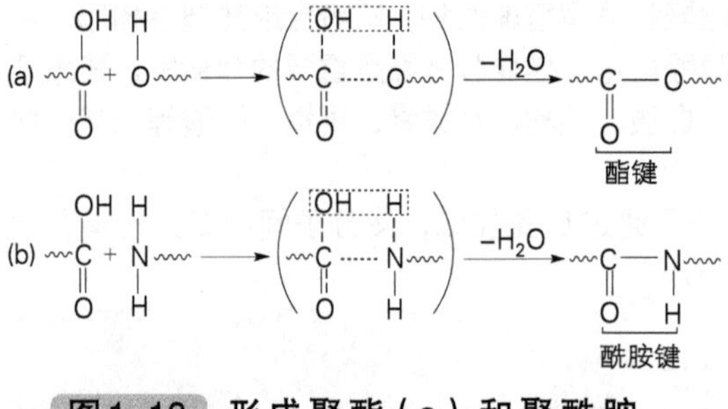

图1-18 形成聚酯（a）和聚酰胺（b）的缩聚反应式

图1-19（略）

图1-19 形成聚氨酯的逐步加成聚合反应式

1.3.3 聚合实施方法

（1）自由基聚合方法

① **本体聚合**　指不加其他介质，仅有单体和少量引发剂（或热、光、辐照等引发条件）进行的聚合反应。

本法的优点是产物无杂质，纯度高，聚合设备简单。本法的缺点是本体聚合体系黏度大，不易散热。轻则造成局部过热，使分子量分布变宽，最后影响到聚合物的力学强度，重则温度失控，引起爆聚。

工业生产实例：聚甲基丙烯酸甲酯（有机玻璃板）、聚苯乙烯粒料、聚氯乙烯粉料、聚乙烯（高压）粒料。

② 溶液聚合　将单体和引发剂溶于适当溶剂中进行的聚合反应。

溶液聚合的优点是：a.聚合热易扩散，聚合反应温度易控制；b.体系黏度低，自动加速作用不明显，反应物料易输送；c.体系中聚合物浓度低，向大分子链转移生成支化或交联产物较少，因而产物分子量易控制，分子量分布较窄；d.可以溶液方式直接形成成品。溶液聚合的缺点是：a.由于单体浓度较低，溶液聚合速率较慢，设备生产能力和利用率较低；b.单体浓度低和链自由基向溶剂链转移的结果，使聚合物分子量较低；c.溶剂分离回收费用高，溶剂的使用导致环境污染问题。

工业生产实例：聚丙烯腈纺丝液、用于制备聚乙烯醇和维纶的聚乙酸乙烯酯、用于涂料或黏合剂的聚丙烯酸酯类、用作絮凝剂的聚丙烯酰胺等的制备。

③ 悬浮聚合　指非水溶性单体在溶有分散剂（或称悬浮剂）的水中借助于搅拌作用分散成细小液滴而进行的聚合反应。溶有引发剂的一个单体小液滴，就相当本体聚合的一个小单元。

悬浮聚合的优点是：a.体系黏度低，散热和温度控制比较容易；b.产物分子量高于溶液聚合而与本体聚合接近，其分子量分布较本体聚合窄；c.聚合物纯净度高于溶液聚合而稍低于本体聚合，杂质含量比乳液聚合产品中的少；d.后处理工序比溶液聚合、乳液聚合简单，生产成本较低，粒状树脂可以直接用来加工。悬浮聚合的缺点是：a.必须使用分散剂，且在聚合完成后，分散剂很难从聚合产物中除去，会影响聚合产物的性能；b.设备利用率较低。

工业生产实例：80%～85%的聚氯乙烯，全部苯乙烯型离子交换树脂母体，很大一部分聚苯乙烯、聚甲基丙烯酸甲酯等的生产。

④ 乳液聚合　指非水溶性或低水溶性单体借助搅拌作用以乳状液形式分散在溶解有乳化剂的水中进行的聚合反应。

乳液聚合的优点是：a.以水做介质，价廉安全，乳液聚合中，聚合物的分子量可以很高，但体系的黏度却可以很低，故有利于传热、搅拌和管道输送，便于连续操作；b.聚合速率大，聚合物分子量高，利用氧化还原引发剂可以在较低温度下进行聚合；c.直接利用乳液的场合更宜采用乳液聚合。

乳液聚合的缺点是：a.需要固体聚合物时，乳液需要经凝聚、过滤、洗涤、干燥等工序，生产成本较悬浮聚合高；b.产品中的乳化剂难以除净，影响聚合物的电性能。

工业生产实例：水性乳胶漆、黏合剂、纸张、皮革及织物处理剂等。还用于生产丁苯、丁腈及氯丁等合成橡胶乳液。

（2）缩聚的方法

① 熔融缩聚　将单体、催化剂和分子量调节剂等投入反应器中，加热熔融逐步形成聚合物的过程。

熔融缩聚的优点：a.体系中组分少，设备利用率高，生产能力大；b.反应设备比较简单，产品比较纯净，不需后处理，可直接用于抽丝、切拉、干燥、包装。熔融缩聚的缺点：a.要求生产高分子量的聚合物时有困难，因为要尽可能地排除小分子，要求复杂的真空系统，而且要求设备的气密性非常好，一般不易做到；b.要求官能团摩尔比例严格，条件比较苛刻；c.长时间高温加热会引起氧化降解等副反应，对聚合物分子量和聚合物的质量有影响；为了避免生成的聚合物氧化降解，反应必须在惰性气体中进行（水蒸气、氮气、二氧化碳）；d.当聚合物熔点不超过300℃时，才能考虑采用熔融缩聚，因而熔融缩聚不适宜制备耐热聚合物。

熔融缩聚法应用得很广，如合成涤纶，酯交换法合成聚碳酸酯、聚酰胺等。

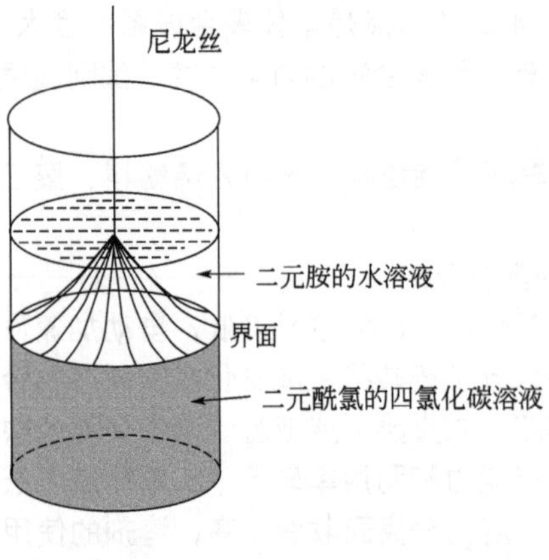

图1-20　尼龙的界面缩聚示意图

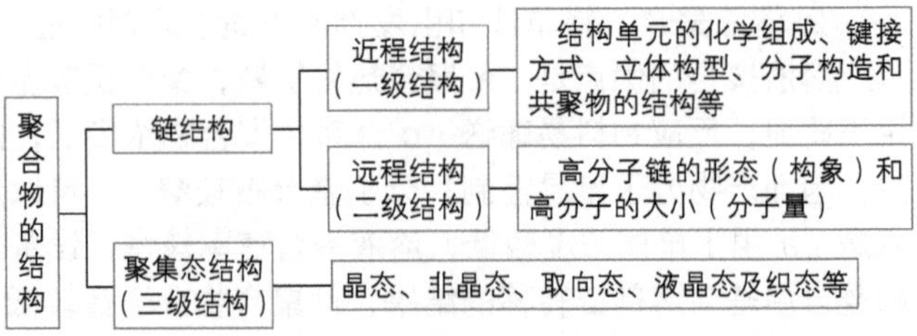

图1-21　高分子结构的三个层次

② 溶液缩聚　单体加催化剂在适当溶剂（包括水）中进行缩聚反应制备聚合物的过程。

溶液缩聚的特点：a.溶液缩聚反应温度较低，溶液缩聚反应温度一般为40 ~ 100℃，有时甚至为0℃，由于反应温度低，需采用高活性单体；b.溶液缩聚是不平衡缩聚，没有平衡问题不需要真空操作，反应设备简单；c.由于溶剂的引入，使设备利用率降低，由于溶剂的回收和处理，而使工艺过程复杂化，因此溶液缩聚的应用受到一定限制，不如熔融缩聚应用广泛。

溶液缩聚工业上应用实例：一些新型的耐高温缩聚物，如聚砜、尼龙-66、聚苯醚、聚酰亚胺以及油漆、涂料的生产。

③ 界面缩聚　在两种互不相溶、分别溶解有两种单体的溶液的界面附近进行的缩聚反应。

界面缩聚的特点：a.复相反应，将两单体分别溶于互不相溶的溶剂中，b.不可逆，界面缩聚单体活性高、反应温度低，能及时除去小分子副产物，因此一般是不可逆；c.界面缩聚的总速率取决于扩散速率；d.分子量对配料比敏感性小；e.反应温度低，分子量高，界面缩聚在低反应程度时就可以得到高分子量产物。缺点是：界面缩聚由于需要高反应活性单体，大量溶剂的消耗，使设备体积庞大，利用率低，因此到目前为止工业上采用界面缩聚的例子还是有限的。

界面缩聚的工业上应用实例：聚碳酸酯。界面缩聚的实验室合成是很有趣的实验，以二元胺与二元酰氯反应制备尼龙为例（图1-20），将二元胺溶解在碱性水溶液中，将二元酰氯溶解在四氯化碳中，在反应器中分成两相，在两相的界面上立刻形成尼龙薄膜，可以直接拉出丝连续缠绕在棒上，反应源源不断地进行。

④ 固相缩聚　在聚合物熔点以下进行的缩聚反应。固相聚合往往作为一种辅助手段用于进一步提高熔融缩聚物的分子量，一般不可能单独用来进行以单体为原料的缩聚反应。

固相聚合的特点：a.反应速率比熔融缩聚小得多，反应得完成常常需要几十个小时；b.固相缩聚为扩散控制过程，缩聚过程中单体由一个晶相扩散到另一个晶相；c.固相缩聚有显著的自催化效应，反应速率随时间的延长而增加，到后期由于官能团浓度很小，反应速率才迅速下降；d.在固相缩聚中，结晶部分与非晶部分反应速率相差很大，一般得到的分子量分布比较宽。

固相缩聚应用实例：相对分子质量在30000以上的涤纶（用于降落伞）。

1.4　高分子的结构

由于高分子的分子链很庞大且组成可能不均一，所以高分子的结构很复杂。整个高分子结构主要由三个不同层次组成，如图1-21所示。

1.4.1 一级结构

（1）键接方式　单烯类单体聚合时可能出现两种键接方式，一种是头-尾键接，一种是头-头（或尾-尾）键接（图1-22）。由于位阻效应和端基活性物种的共振稳定性两方面原因，一般聚合物以头-尾键接占大多数。

（头-尾键接）

（头-头键接）

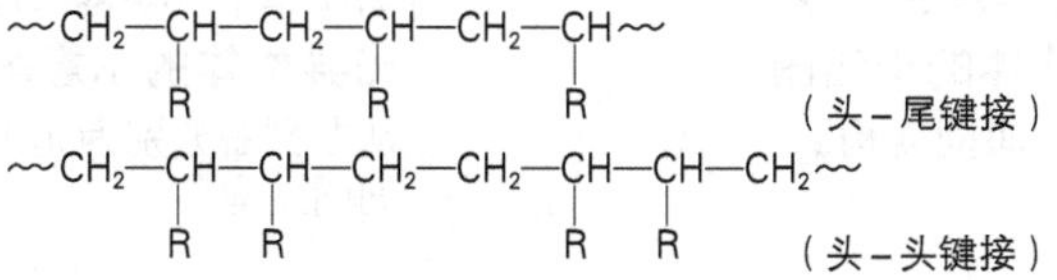

图1-22　单烯类单体聚合时的两种键接方式

（2）构型　构型是指分子中由化学键所固定的原子在空间的排列。这种排列是稳定的，要改变构型，必须经过化学键的断裂和重组。有两类构型不同的异构体，即旋光异构体和几何异构体。

① 旋光异构　CH_4中碳原子的四个价键形成正四面体结构，键角都是109.5°（图1-23）。当四个取代基团或原子都不一样，即不对称时就产生旋光异构体，这样的中心碳原子叫不对称碳原子。比如乳酸有两种旋光异构体，它们互为镜影结构，就如同左手和右手互为镜影而不能实际重合一样（图1-24）。高分子也有类似的旋光异构（图1-25）。

结构单元为 $\overset{CH_2CH}{\underset{R}{|}}$ 型的单烯类高分子中，每一个结构单元有一个不对称碳原子，因而每一个链节就有D型和L型两种旋光异构体。若将C—C链放在一个平面上，则不对称碳原子上的R和H分别处于平面的上或下侧。当取代基全部处于平面的一侧时，称为全同立构高分子。

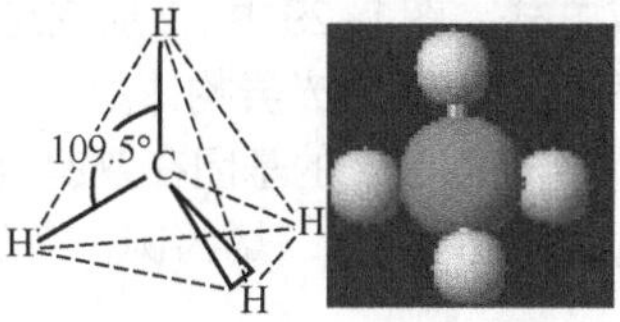

图1-23　CH₄分子构型

D型　　　　L型

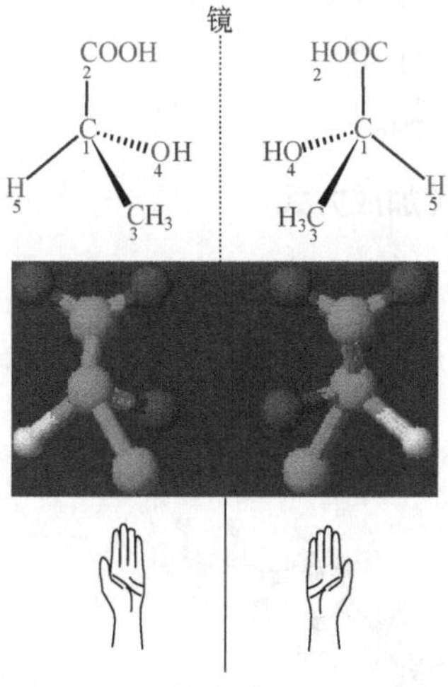

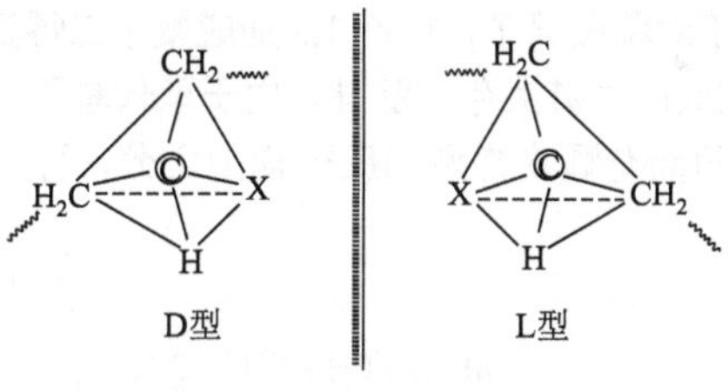

两者互为旋光异构体

图1-25　高分子的旋光异构体的互为镜影关系

图1-24　乳酸旋光异构体的互为镜影关系

●C
●H

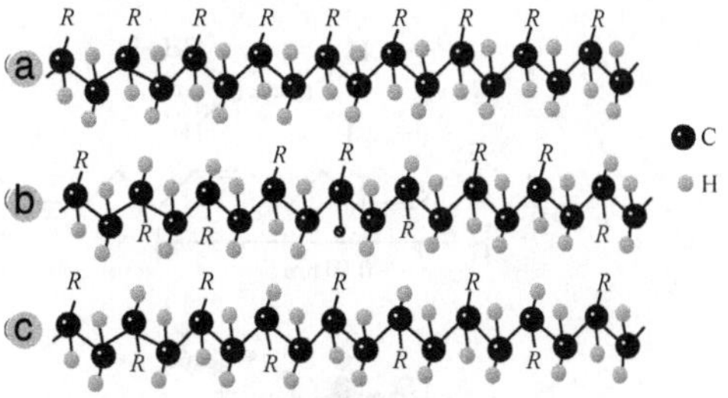

图1-26　单取代单烯类高分子中三类不同旋光异构体的示意图
（a）全同立构；（b）无规立构；（c）间同立构

第1章　高分子基础知识

013

图1-27 单取代单烯类高分子中三类不同旋光异构体的卡通图

（a）全同立构；（b）间同立构；（c）无规立构

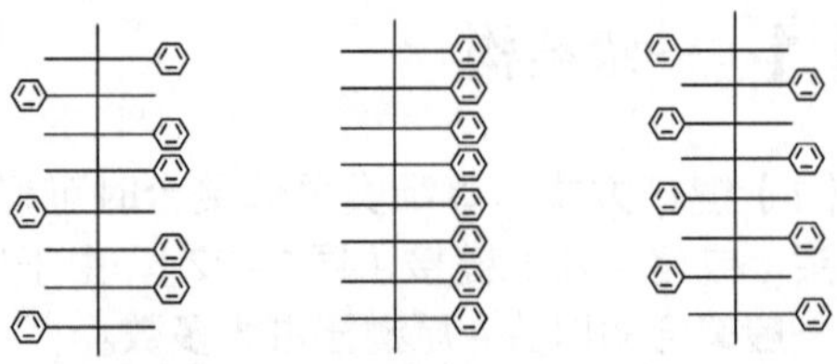

图1-28 聚苯乙烯的三类不同旋光异构体的示意图

从左到右分别为无规立构、全同立构和间同立构

当取代基相间地分布于平面上下两侧时，称为间同立构高分子。而不规则分布时称为无规立构高分子。图1-26是单取代单烯类高分子中三类不同旋光异构体的示意图，可以简单比喻为小孩队列里小孩的面朝向不同引起的立体空间的三种序列（图1-27）。

有规立构聚合物结晶度高、熔点高、力学性能更好。例如无规立构的聚苯乙烯（即一般的聚苯乙烯）虽然有良好的成型性、耐水性、电气性能等，但耐热性、尺寸稳定性、耐化学性并不好。而有规立构聚苯乙烯在保持无规立构原有的性能外，还具有良好的耐热性、尺寸稳定性和耐化学性。聚苯乙烯的三类不同旋光异构体的结构示于图1-28，性能比较见表1-3。

表1-3 无规立构与有规立构聚苯乙烯的性能比较

性能	无规立构聚苯乙烯	全同立构聚苯乙烯	间同立构聚苯乙烯
结晶性	不能	很慢	很快
玻璃化温度T_g/℃	100	100	100
熔点T_m/℃	无	240	270

② 几何异构　双烯类高分子有不同的加成方式，例如聚丁二烯有1,2和1,4两种加成方式（图1-29），而聚异戊二烯则有1,2、1,4和3,4加成三种加成方式。图1-29中1,2加成结构中的星号表示不对称碳原子，因而1,2加成聚丁二烯还有全同、间同两种有规旋光异构体。

1,4加成的主链上存在双键。由于取代基不能绕双键旋转，因而双键上的基团在双键两侧排列的方式不同而有顺式构型和反式构型之分，称为几何异构体。以聚1,4-丁二烯为例，有顺1,4和

$$nH_2C=CH-CH=CH_2 \xrightarrow[1,2加成]{1,4加成} \begin{array}{l} -\!\!\!\!\!\left(CH_2-CH=CH-CH_2\right)\!\!\!\!\!-_n \\[2mm] -\!\!\!\!\!\left(CH_2-\overset{\star}{C}H\right)\!\!\!\!\!-_n \\ \quad\quad\;\; | \\ \quad\quad\; CH=CH_2 \end{array}$$

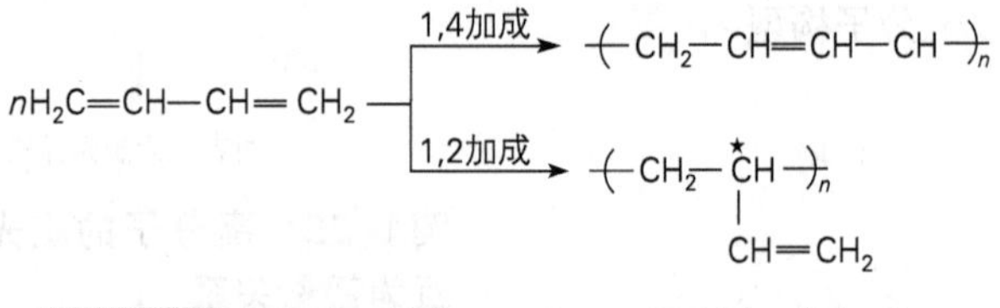

图1-29 聚丁二烯有1,2和1,4两种加成方式

顺式　0.91nm

反式　0.51nm

(a)　(b)

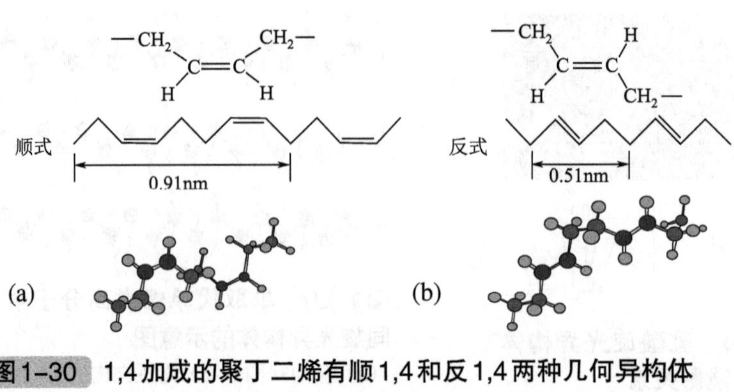

图1-30 1,4加成的聚丁二烯有顺1,4和反1,4两种几何异构体

反1,4两种几何异构体。顺式结构重复周期较长为0.91nm［图1–30（a）］，不易于结晶，是室温下弹性很好的橡胶；反之，反式结构重复周期仅为0.51nm［图1–30（b）］，比较规整，易于结晶，在室温下是弹性很差的塑料。类似地，聚1,4-异戊二烯也只有顺式才能成为橡胶（即天然橡胶）。

（3）分子构造　分子构造指的是高分子链的几何形状。一般高分子链为线型，也有支化或交联网状结构（图1–5）。热固性塑料是交联高分子，橡胶是轻度交联的高分子。交联后强度和热稳定性都大为提高，例如聚乙烯用γ射线辐射交联后，耐热性提高，可用作电线电缆的保护层。低密度聚乙烯是支化高分子的例子，支化的原因是聚乙烯自由基聚合过程中发生向自身分子链的链转移，转移的形式是自由基“回咬”，想象为一条蛇咬其自身一口，示意于图1–31。

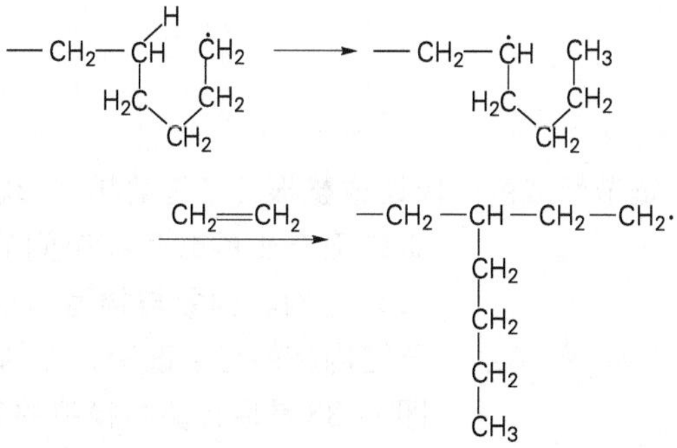

图1–31　低密度聚乙烯自由基聚合时发生支化的机理

（4）共聚物的序列结构　高分子如果只由一种单体反应而成，称为均聚物，如果由两种以上单体合成，则称为共聚物。例如，丁苯橡胶是丁二烯和苯乙烯的共聚物，结构式写成：

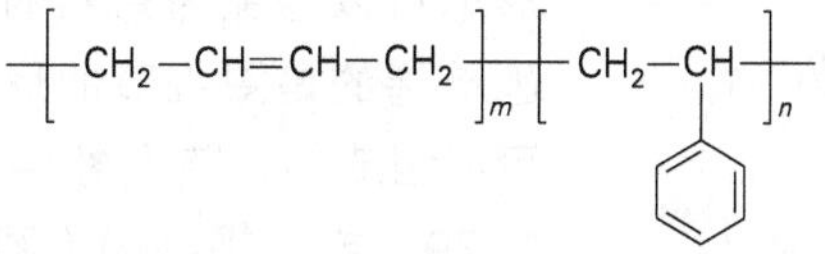

由两种单体通过链式聚合反应合成的共聚物命名可用两单体名称或简称之间加“-”，最后加“共聚物”。如乙烯（E）和乙酸乙烯酯（VAc）的共聚产物叫“乙烯-乙酸乙烯酯共聚物”（简称EVA）。

以●、●两种单体的二元共聚物为例，有无规共聚物（a）、交替共聚物（b）、嵌段共聚物（c）和接枝共聚物（d）共四类共聚物（图1–32）。

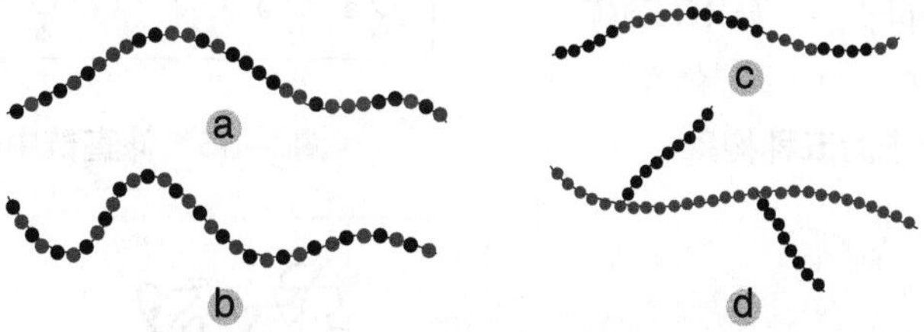

图1–32　四类共聚物的结构示意图

共聚物的性质常常是均聚物的综合，ABS就是一个典型的例子。丙烯腈组分耐化学腐蚀，提高了制品的拉伸强度和硬度；丁二烯组分呈橡胶弹性，改善了冲击强度；苯乙烯组分利于高温流动性，便于加工。因而ABS是具有质硬、耐腐蚀、坚韧、抗冲击的性能优良的热塑性塑料。ABS的结构式如下：

$$\left[CH_2-CH\right]_m \quad CH_2-CH=CH-CH_2 \left]_n \quad CH_2-CH\right]_l$$

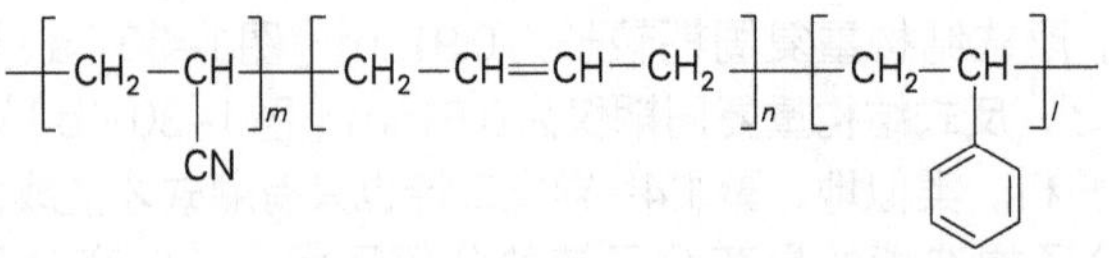

但有时共聚物的性质却与均聚物有很大差异，例如聚乙烯和聚丙烯都是塑料，但乙丙无规共聚物却是橡胶（称乙丙橡胶），这是因为共聚破坏了结构有序性，从而破坏了结晶性。一般来说，无规和交替共聚物改变了结构单元的相互作用状况，因此其性能与相应的均聚物有很大差别。而嵌段和接枝共聚物保留了部分原均聚物的结构特点，因而其性能与相应的均聚物有一定的联系。

1.4.2 二级结构

二级结构指的是若干链节组成的一段链或整根分子链的排列形状。高分子链由于单键内旋转而产生的分子在空间的不同形态称为构象，属二级结构。构象与构型的根本区别在于，构象通过单键内旋转可以改变，而构型无法通过内旋转改变。图1-33是用计算机模拟的200个碳的一段高分子链的无规线团构象。

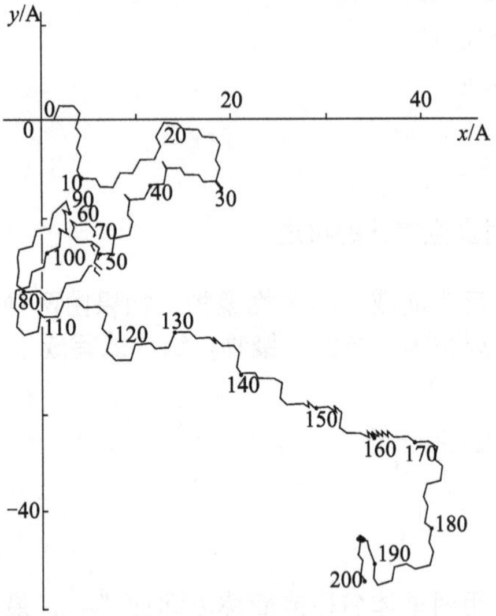

图1-33 用计算机模拟的200个碳的一段高分子链的构象

总的来说，高分子链有五种构象，即无规线团、伸直链、折叠链、锯齿链和螺旋链（图1-34）。无规线团是线型高分子在溶液和熔体中的主要形态。这种形态可以想象为煮熟的面条或一团乱毛线。其中锯齿链指的是更细节的形状，由碳链形成的锯齿形状可以组成伸直链（图1-35），也可以组成折叠链（图1-39）或无规线团（图1-36），因而有时也不把锯齿链看成一种单独的构象。

图1-34 高分子的五种构象

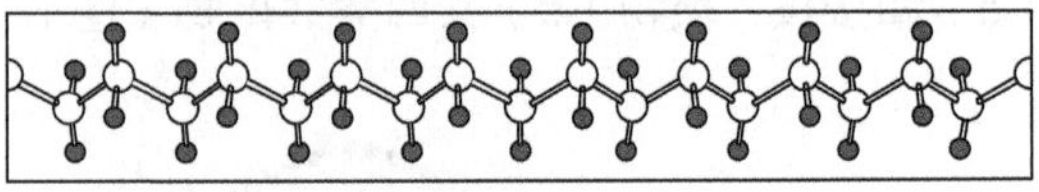

图1-35 伸直链中的锯齿形细节

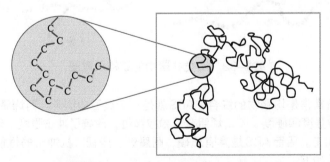

图1-36 无规线团中的锯齿形细节

1.4.3　三级结构

　　三级结构（又称聚集态结构或超分子结构）指在单个大分子二级结构基础上，许多这样的大分子聚集在一起而成的结构。三级结构包括结晶结构、非晶结构、液晶结构、取向结构和共混物两相结构等，其中最重要的是结晶结构。

　　高分子可以有很漂亮的晶体结构，如单晶和球晶等。

　　（1）单晶　凡是能够结晶的聚合物，在适当的条件下，都可以形成单晶（图1-37）。在稀溶液（<0.01%）中加热，并缓慢降温处理，可形成几至几百微米大小的薄片状晶体，晶片厚度约10nm。晶片中分子链是垂直于晶面方向的，而且是折叠排列的（图1-38）。高分子链不仅反复折叠，并且自我整齐排列成片晶（图1-39）。用X射线衍射可以测得，聚乙烯的晶胞（结晶的最小单元）结构如图1-40所示，为正交晶系。结晶C轴为分子链方向，C轴重复周期为0.255nm，即一个结构重复单元的长度。

　　（2）球晶　球晶是聚合物最常见的结晶形态，它是由浓溶液或熔体冷却得到的一种多晶聚集体。在正交偏光显微镜下观察到黑十字消光图形［图1-41（a）］。有时观察到规则的同心消光环，这种美丽的球晶称为"环带球晶"［图1-41（b）］。生长过程中球晶确实是球形的，但当长满整个空间时会相互截顶成为多边形。

　　球晶也由晶片组成，其中分子链一般垂直于球晶半径方向（图1-42），当晶片发生周期性

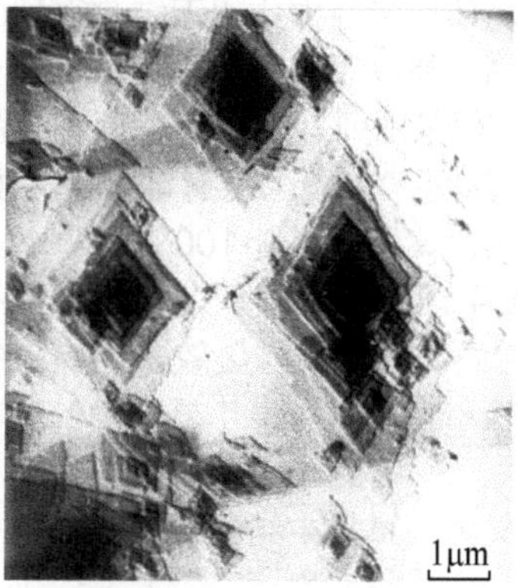

图1-37　聚乙烯单晶的透射电镜照片

约10nm

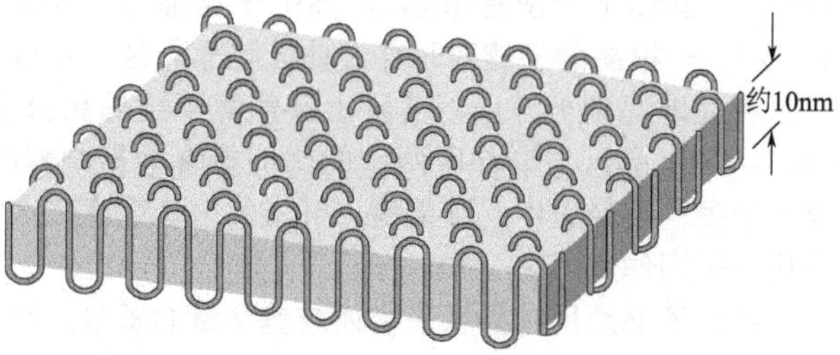

图1-38　聚乙烯单晶内分子链折叠排列的示意图

图1-39　高分子链反复折叠，
且自我整齐堆砌成片晶

0.255nm

0.741nm　　0.494nm

●C ○H

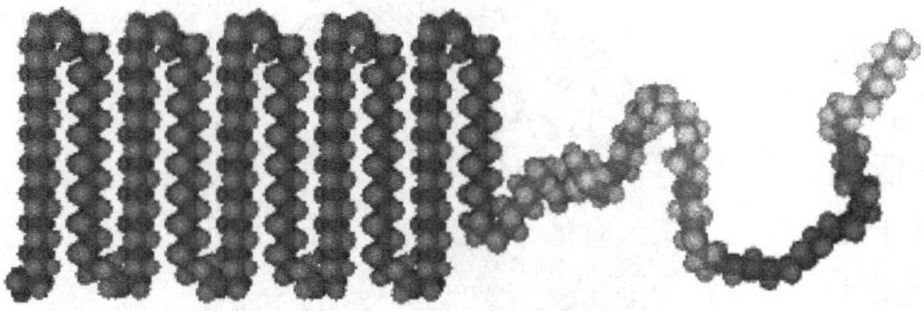

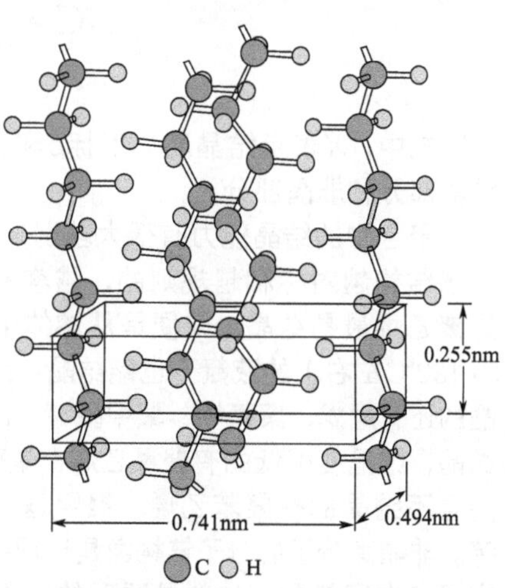

图1-40　聚乙烯的晶胞结构

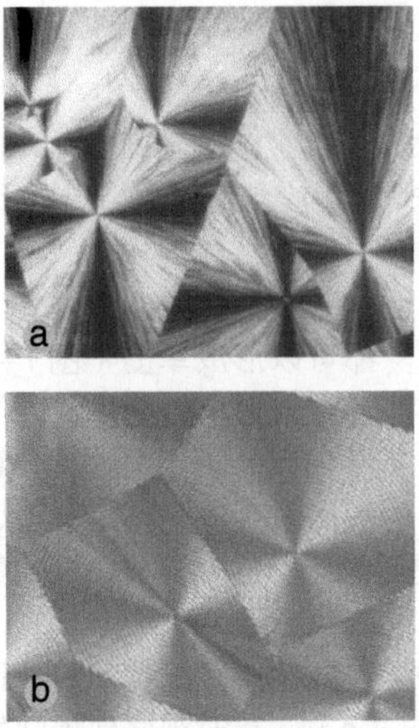

图1-41 典型球晶的正交偏光显微镜照片

（a）聚丙烯球晶；（b）聚乙烯环带球晶

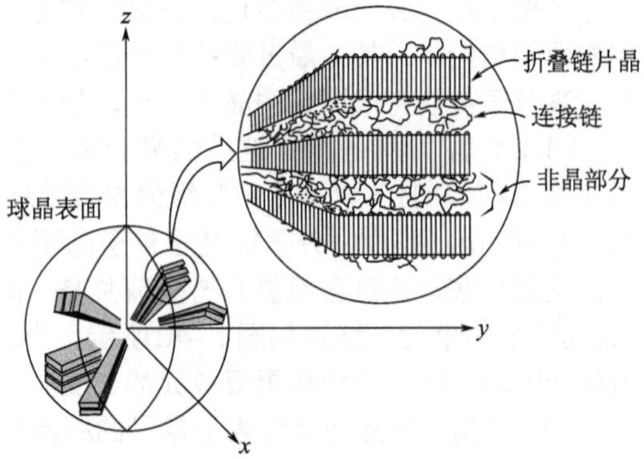

图1-42 球晶结构示意图

折叠链片晶
连接链
非晶部分

球晶表面

扭转（如同麻花）时，就出现环带球晶。

其他结晶形态还有，在极高的压力下结晶得到的伸直链晶体，在应力作用下结晶得到的串晶和纤维状晶，以及沿垂直于应力方向生长成柱状晶体（柱晶）等。

低分子化合物的结晶结构通常是完善的，结晶中分子均有序排列。但高分子没有结晶度100%的晶体（即使是单晶），高分子结晶结构通常是不完善的，有晶区也有非晶区（如图1-42）。一根高分子链同时穿过晶区与非晶区。也就是说，结晶高分子不能100%结晶，其中总是存在非晶部分，所以实际上只能算半结晶高分子，可以用缨状胶束模型来描述这种结构（图1-43）。晶区与非晶区两者的比例显著地影响着材料的性质。纤维的晶区较多，橡胶的非晶区较多，塑料居中。结果是，纤维的力学强度较大，橡胶较小，塑料居中（更准确的解释应当用分子间作用力）。

高分子必须用结晶度来描述结晶含量的多少。结晶度定义为：试样中结晶部分所占的质量分数。

$$X_c^m = \frac{m_c}{m_c + m_a} \times 100\%$$

式中，X表示结晶度；下标c和a分别代表结晶部分和非晶部分。

聚合物的结晶能力有很大差别，一般来说，分子结构越对称和越规则的，越容易结晶。于是聚乙烯最易结晶，即便是从熔体中丢到低温（-190℃左右）的液氮下也能结晶；比较易于结晶的还有尼龙、聚丙烯、聚甲醛等；比较不易于结晶，结晶度很低的有聚氯乙烯、聚碳酸酯等；完全不结晶的有聚苯乙烯、聚甲基丙烯酸甲酯等。非晶高分子的分子链构象是无规线团，由于它是各向同性的，材料是透明的，所以聚碳酸酯、聚苯乙烯和聚甲基丙烯酸甲酯的透明性很

晶区
非晶区

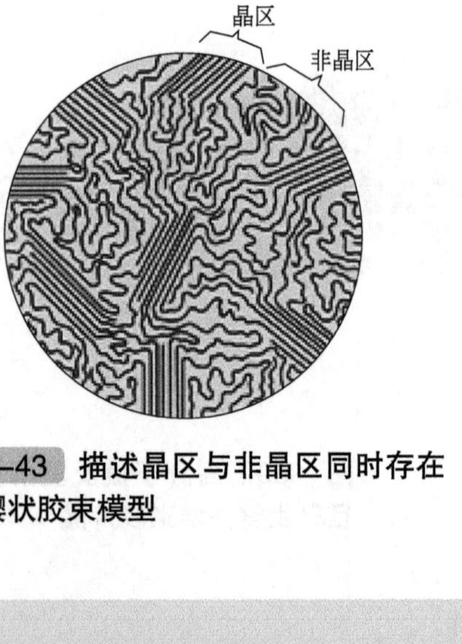

图1-43 描述晶区与非晶区同时存在的缨状胶束模型

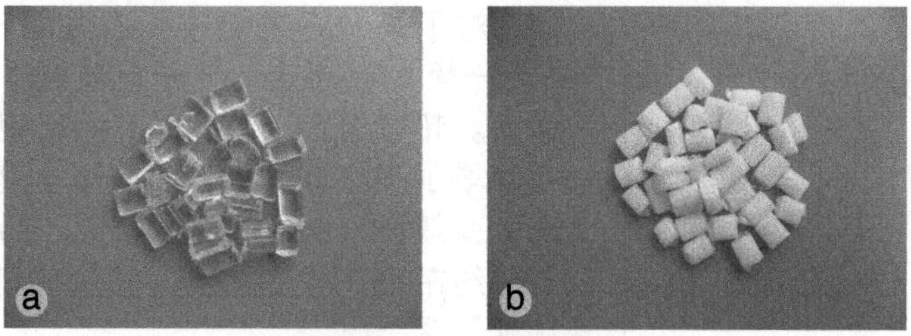

图1-44　聚酯切片

(a) 非晶态的透明切片；(b) 晶态的乳白色切片

好，可用作有机光学玻璃；而结晶高分子不透明，由于晶体是各向异性的，会发生光的散射等。

聚对苯二甲酸乙二醇酯（简称聚酯）是典型的能结晶，但结晶速度较慢的高分子。当熔体冷却速度很快（称为“淬火”）时，聚酯不结晶，成透明体；而冷却速度较慢或有意在较高温度下热处理（称为“退火”）时，聚酯结晶，呈乳白色（图1-44）。

取向是指非晶聚合物的分子链段或整个高分子链，以及结晶聚合物的晶带、晶片、晶粒等，在外力作用下，沿外力作用的方向进行有序排列的现象。取向的目的是增加拉伸方向上的强度。取向与结晶的区别是，结晶是三维有序，而取向只是一维或二维有序。

取向在高分子工业上很重要。例如纤维制品，通过单轴拉伸实现单轴取向，否则纤维没有足够的强度。薄膜制品则通过双轴拉伸实现双轴取向，使沿薄膜平面的两个方向的强度都提高。

1.5 高分子的性质

由于聚合物的分子量很大，所以其力学性质、热性质、溶解性等与小分子化合物大为不同。

1.5.1 力学性质

烷烃的分子量与性质之间的关系就能很好地说明这个问题(表1-4)。从甲烷到丁烷是气体，戊烷以上是液体，十几个碳的烷烃是半固体或固体，就是通常的凡士林或石蜡，它们没有强度。当碳数增加到2000以后，就成了聚乙烯，是一种强韧的固体。由于高分子之间总的相互作用力非常之大，甚至超过碳－碳之间的化学键力，所以高分子有很大的强度。

表1-4　烷烃同系物 $H{+}CH_2{+}_nH$ 的分子量与性质

n	分子量	性状	名称	用途
1	16	气体，沸点-164℃	甲烷	天然气，用于都市燃气等
2	30	气体，沸点-88.6℃	乙烷	都市燃气等
3	44	气体，沸点-42.1℃	丙烷	同上，以及制冷剂等
4	58	气体，沸点-0.5℃	丁烷	同上，以及打火机气体等
5	72	易挥发液体，沸点36.1℃	戊烷	同上，以及发泡剂等
6～8	86～114	液体，沸点90～120℃	石油英	溶剂
18～22	254～310	半固体，油脂状，沸点300℃以上	凡士林	医药、化妆品等
20～30	282～422	固体，熔点45～60℃	石蜡	蜡烛等蜡制品
2000～20000	28000～280000	强韧的固体，熔点110～137℃	聚乙烯	薄膜等

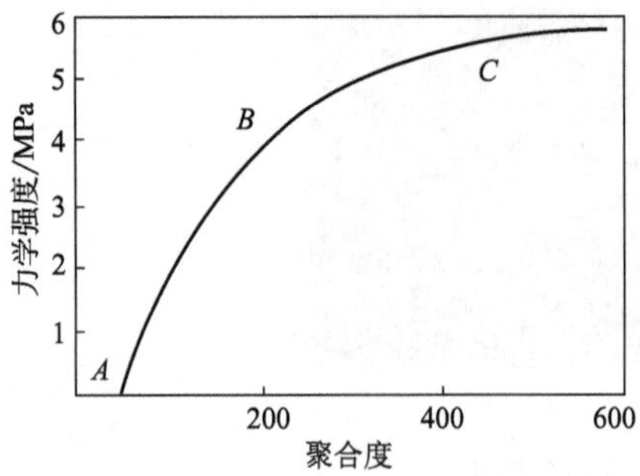

图1–45 高分子的强度与聚合度的关系

对于高分子的强度，存在着一个最低聚合度*A*，一般在40以上，低于此值时，聚合物完全没有强度。超过这个聚合度时开始出现强度，并随聚合度的增加强度急剧上升。当聚合度超过*B*时强度上升又变缓慢，以后趋于一定值。*B*点为临界聚合度，一般约在200以上。图1–45说明了强度与聚合度的这种关系。

分子量提高，有利于材料的力学性能提高。但过高的分子量会导致材料熔融时的黏度较大，不利于材料的加工。在满足材料的力学性能的前提下，高分子的分子量应尽可能小一些，以有利于材料的加工。

高分子的力学性质变化范围很大，从软的橡胶状到硬的金属状。高分子普遍有很好的强度、断裂伸长率、弹性、硬度、耐磨性等力学性质。高分子的密度小（0.91~2.3g/cm^3），因而其比强度可与金属匹敌。如把10kg高分子材料与金属材料各制成100m长的绳子，可吊起物体的质量见表1–5。

表1–5 高分子绳与金属绳的力学性质的比较

材料品种	高分子材料		金属材料	
可吊起物体的质量 / kg	锦纶绳	涤纶绳	金属钛绳	碳钢绳
	15500	12000	7700	6500

把高分子样条放在拉力机上拉伸，形变（又称应变ε）与单位面积上的力（又称应力σ）的关系示于图1–46（称应力–应变曲线）。从应力–应变曲线上可以得到以下重要力学指标：第一阶段的斜率越大，表明模量越大，说明材料越硬，相反则越软；断裂（即曲线终止）时应力越大，说明材料越强，相反则越弱；断裂时应变越大，说明材料越韧，相反则越脆。

高分子材料典型的应力–应变曲线有五类（图1–46），其代表性聚合物是：①软而弱——聚合物凝胶；②硬而脆——聚苯乙烯、聚甲基丙烯酸甲酯、酚醛塑料；③软而韧——橡胶、增

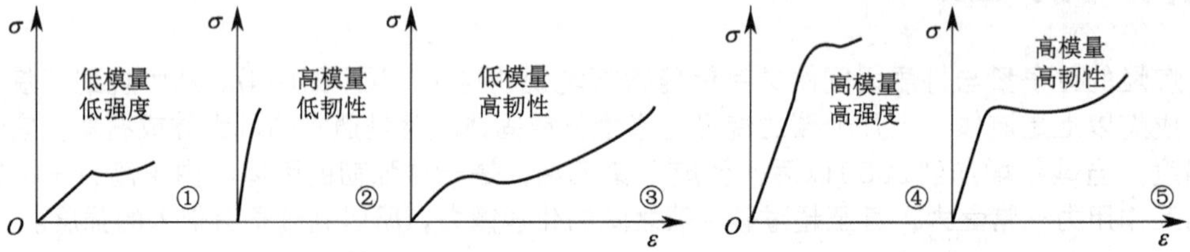

图1–46 高分子材料有五类典型的应力–应变曲线

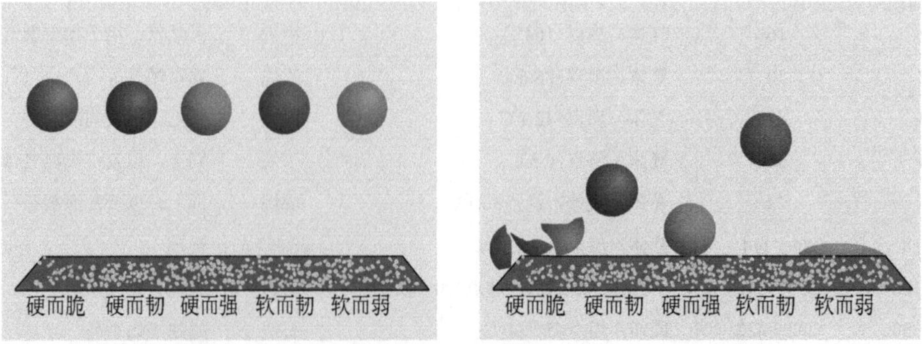

图1–47 高分子五类典型的应力–应变行为的卡通图

塑聚氯乙烯、聚乙烯、聚四氟乙烯；④硬而强——硬聚氯乙烯；⑤硬而韧——尼龙、聚碳酸酯、聚丙烯、醋酸纤维素。图1–47形象地表现了这五类应力–应变行为的不同。

1.5.2 热性质

低分子有明确的沸点和熔点，可成为固相、液相和气相。高分子没有气相。虽然大多数高分子的单体可以汽化，但形成高分子量的聚合物后直至分解也无法汽化。就像单只鸽子（比作单体）可以飞上蓝天，但用一根长绳子把鸽子拴成一串，很难想象它们能一起飞到天上（图1–48）。况且不止结构单元间有化学键，高分子链之间还有很强的相互作用力，更难以汽化。

人们都有这样的常识，麦芽糖在夏天时是黏黏糊糊的东西，可是到了冬天却像一块石头一样硬，这是由于冷却后分子的运动变得迟钝。温度越高，材料越软，高分子也是一样的。其实，从软到硬是有一个突变温度的，这个温度是“玻璃化温度”，用T_g表示。低于这个温度，材料像玻璃、塑料一样硬；高于这个温度，材料像橡胶一样软。换句话说，T_g高于室温的我们称为塑料，T_g低于室温的我们称为橡胶（或弹性体）。

不同聚合物的玻璃化温度是不同的，橡皮筋即使在冬天也有很好的弹性，但如果把它放到液氮中浸一下，那么橡皮筋就会像干米粉一样脆，因为天然橡胶的T_g是–73℃。涤纶衣服用蒸汽熨斗可以把褶皱熨平，因为涤纶的T_g是69℃，超过这个温度涤纶就会软化。有机玻璃板在开水中可以随意弯曲，因为此时已接近它的T_g。所以我们室温下所观察到的橡胶或塑料是相对的，难以划一条绝对的界限，仅仅温度的变化便能引起性质很大的变化，这是高分子的一个特征。

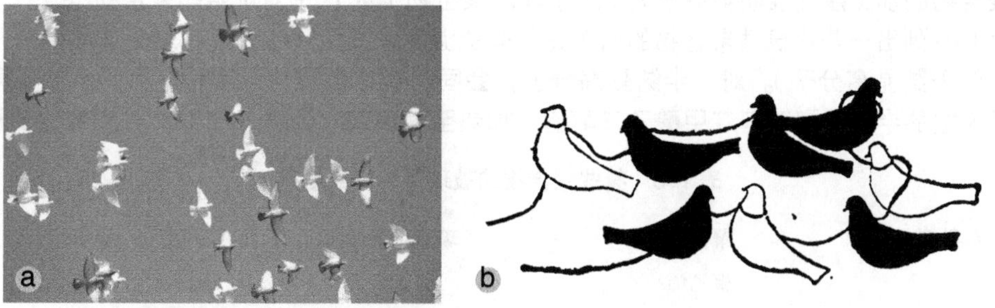

图1–48　把单体比喻为鸽子（a），高分子比喻为一串鸽子（b）

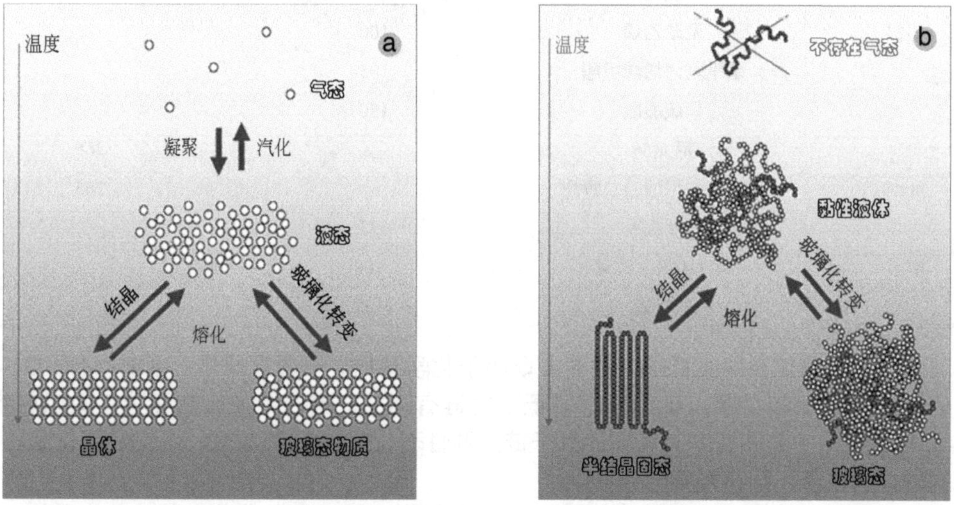

图1–49　小分子（a）和高分子（b）受热时相态的改变

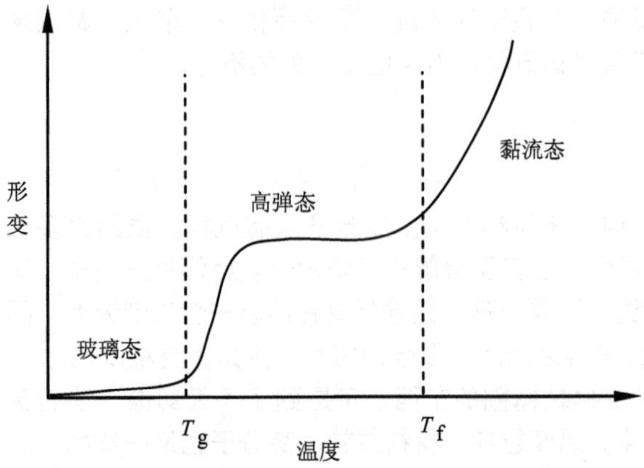

图1-50 非晶聚合物的典型形变-温度曲线

由于高分子链中的单键旋转时互相牵制，即一个键转动，要带动附近一段链一起运动，这样每个键不能成为一个独立运动的单元，而是由若干键组成的一段链作为一个独立运动单元，称为“链段”。T_g就是升温时链段开始运动或降温时链段运动被冻结的温度。

如果高分子（所有纤维和部分塑料）处于结晶态，则T_g常观察不到，加热时观察到的变化是结晶熔融，成为黏性液体，突变温度是熔点T_m。图1-49概括比较了高分子和小分子的热性质的区别。

实际上非晶聚合物从玻璃态向黏性液体变化过程中除了T_g外还要经历一个转变，就是流动温度T_f。如果将非晶聚合物在一个恒定压力的条件下加热，会记录下如图1-50所示的曲线，称为形变-温度曲线。在T_g以下，形变量很小，处于玻璃态，也就是“塑料态”（虽然行内不这么称呼！）；在T_g以上的第二阶段，形变量很大（最多可达1000%），属高弹态，也就是“橡胶态”；在T_f以上的第三阶段，进入黏流态，分子链可以运动。如果还是把分子链比喻成小孩的队列，当温度较低时，分子链中的所有小孩都被冻僵了，不能活动。只有在T_g以上，一部分比较活泼的小孩才开始运动。当温度进一步升高至T_f以上，所有小孩都动了，整根分子链就可以位移了。

聚合物的加工温度要明显高于T_f（对于非晶聚合物）或T_m（对于结晶聚合物）。

表1-6列出一些代表性聚合物的两个重要转变温度，即玻璃化温度（对于非晶高分子）或熔点（对于结晶高分子）。对于半结晶高分子，会同时存在玻璃化温度和熔点，例如矿泉水瓶是非晶为主的半结晶聚对苯二甲酸乙二醇酯，加热至其玻璃化温度（74℃）时会软化变形。

表1-6 某些聚合物的玻璃化温度或熔点

材料类别	聚合物	玻璃化温度/℃	熔点/℃
塑料	聚乙烯		137
	聚丙烯		176
	聚氯乙烯	78	
	聚苯乙烯	100	
	聚甲基丙烯酸甲酯	105	
	聚碳酸酯	150	
纤维	尼龙66		265
	聚对苯二甲酸乙二醇酯		265
橡胶	天然橡胶	-73	
	顺-1,4-聚丁二烯	-108	
	硅橡胶	-122	

玻璃化温度或熔点的高低很大程度上取决于化学结构。一般规律是：主链有N、O、Si等杂原子的分子链比较柔顺，T_g和T_m都较低；主链有孤立双键时（如天然橡胶）柔顺性特好，T_g和T_m都很低；主链和侧基有苯环的分子链柔顺性差，T_g和T_m都较高；主链和侧基极性大或有氢键时柔顺性差，T_g和T_m都较高。

上述柔顺性差也就是刚性较大。其实这些化学结构影响因素也常决定了高分子的力学性能，刚性大的聚合物，T_g高（耐热好），强度也较高，往往是工程塑料，如聚碳酸酯。

1.5.3 溶解性

一般来说，高分子有较好的抗化学性，即抗酸、抗碱和抗有机溶剂的侵蚀。低分子溶解很快，例如食盐入水即化；但高分子是很长很长的东西，溶解起来就需要时间，通常要过夜，甚至数天才能观察到溶解。高分子溶解的第一步是溶胀，由于高分子难以摆脱分子间相互作用而在溶剂中扩散，所以第一步总是体积较小的溶剂分子先扩散入高分子“线团”中使之胀大（图1-51）。如果是线型高分子，由溶胀会逐渐变为溶解；如果是交联高分子，只能达到溶胀平衡而不溶解。

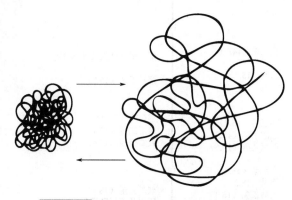

图1-51 高分子“线团”的溶胀示意图

高分子的溶解性受化学结构、分子量、结晶性、支化或交联结构等的影响。总的来说有如下关系。分子量越高，溶解越难；结晶度越高，溶解越难；支化或交联程度越高，溶解越难。

无论是小分子或高分子，粗略地看可以分为两类，一类是非极性（或极性较小）的，另一类是极性的或极性较大的。简单地说，含氧和含氮的高分子都有极性，含氯的高分子有低的极性，只有碳、氢的高分子是非极性的。非极性的如油，极性的如水，水和油互不相溶；但水和硫酸都是极性的，两者能互溶。这是一种粗略判断分子能否相溶的原则，称为“（极性或结构）相似相溶”经验规律。

其实更准确地应当用分子间作用力的强弱，即内聚能的大小来衡量。内聚能定义为消除1mol物质全部分子间作用力时内能的增加。单位体积内的内聚能称为内聚能密度，它可用于比较不同种高分子内分子间作用力的大小。其实，聚合物的分子间作用力更常用另一个物理量——溶度参数δ表示，δ定义为内聚能密度的平方根，单位为（J/cm^3）$^{1/2}$。当聚合物与溶剂的溶度参数差小于2时可以互溶，即溶解的条件为：

$$|\delta_2 - \delta_1| < 2$$

式中，δ的下标1表示溶剂，2表示高分子。

图1-52给出了常见溶剂和聚合物的δ，从图中可以直观地读出聚合物的可能溶剂。要注意，对于非极性的结晶聚合物与非极性溶剂（图中靠上方的部分），即使δ相近，也必须在接近T_m的温度下使结晶熔融后才能溶解。一个根据元素的粗浅记忆极性的规律是：C、H、F、Si的δ较低；Cl中等；N、O较高。当有—NH或—OH基团时，进一步还会形成比极性更强的分子相互作用力——氢键，从而其δ值很高，出现在图的下方。

一些典型聚合物的最佳溶剂如下：

① PE、PP —— 二甲苯（120℃以上才溶）；

② PVC —— 环己酮；

③ PS、NR —— 甲苯；

④ PMMA、PC —— 氯仿；

⑤ PAN —— 二甲基甲酰胺（DMF）；

⑥ 尼龙 —— 甲酸；

⑦ PET —— 间甲酚、苯酚/四氯化碳（1:1）；

⑧ PVA、聚乙二醇 —— 水；

⑨ 通用溶剂 —— 四氢呋喃（THF）。

溶剂（δ）	δ	高分子（δ）
	12	
		聚四氟乙烯（12.7）
正丁烷（13.5）		
	14	
正己烷（14.7）		聚二甲基硅氧烷（14.9）
乙醚（15.7）		聚异丁烯（15.7）
	16	
		聚乙烯（16.5）
环己烷（16.7） 乙酸丁酯（17.3） 四氯化碳（17.6）		聚丁二烯（17.1） 天然橡胶（17.4）
十氢萘（18.0） 甲苯（18.2） 乙酸乙酯（18.4） 苯（18.8） 环己酮（19.0） 氯仿（19.2） 丙酮（20.0）	18	聚苯乙烯（18.6） 聚甲基丙烯酸甲酯（18.9） 聚醋酸乙烯酯（19.2） 聚氯乙烯（19.6）
四氢呋喃（20.2） 二氧六环（20.6）	20	聚碳酸酯（20.3）聚砜（20.3） 聚氨酯（20.5） 聚甲醛（20.9） 硝酸纤维素（DS=2）（21.4） 聚甲基丙烯酸（21.8） 聚对苯二甲酸乙二醇酯（21.9）
吡啶（22.0） 异丁醇（22.4） 异丙醇（22.8） 间甲酚（23.3）	22	尼龙6（22.5） 醋酸纤维素（23.2）
	24	
乙腈（24.3） 二甲基甲酰胺（24.5） 苯酚（25.6） 乙酸（25.7）		
	26	聚丙烯腈（26.0） 聚乙烯醇（26.0）
乙醇（26.5） 二甲亚砜（26.7）		
甲酸（27.6）		尼龙66（27.8）
	≈	
乙二醇（29.0） 苯酚（29.6） 甲醇（30.2）		
水（47.8）		

图1-52 常见溶剂和聚合物的δ/（J/cm^3）$^{1/2}$

图1-53 擦除不干胶的简易方法

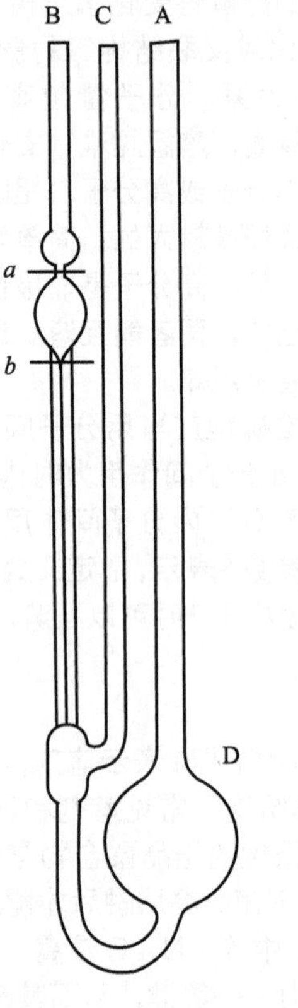

图1-54 毛细管黏度计

A、B、C为三根支管，C管吸液时封闭，测定时敞开，D为贮液球

生活上就经常会遇到需要选择高分子的溶剂。比如有机玻璃制品破裂了，可以用氯仿修补；尼龙袜子破了，可以剪一块废尼龙袜，用甲酸黏上；聚氯乙烯制品损坏了，用环己酮修复。塑料制品上的残余或旧标签纸（不干胶）去不掉，搞得很难看，它的主要成分是橡胶，可以用非极性的风油精或驱风油一类的油剂浸润，再用橡皮擦除去，或利用橘子皮的植物油脂擦除（图1-53）。

高分子溶液的一个重要应用是分子量的测定，经典的方法是黏度法。由于在同一黏度计中黏度正比于流出时间，所以有以下关系式。

相对黏度：$\eta_r=\eta/\eta_0=t/t_0$

增比黏度：$\eta_{sp}=\eta_r-1=(t-t_0)/t_0$

而高分子溶液的黏度与浓度间的关系为：

$$\frac{\eta_{sp}}{c}=[\eta]+k[\eta]^2c \text{ (Huggins式)和} \left[\frac{\ln\eta_r}{c}=[\eta]-m[\eta]^2c \text{ (Kraemer式)}\right]$$

式中，$[\eta]$称特性黏数，是浓度趋于零时的比浓黏度或比浓对数黏度，即：

$$[\eta]=(\eta_{sp}/c)_{c\to 0}=(\ln\eta_r/c)_{c\to 0}$$

这样，只要利用毛细管黏度计（图1–54）分别测定不同浓度高分子稀溶液和纯溶剂的液位从a流到b的时间t和t_0，就可以用外推法求得$[\eta]$（图1–55）。然后再利用Mark–Houwink关系式计算分子量：

$$[\eta]=KM^a$$

式中，M为分子量；K和a为常数（利用文献值或预先用已知分子量样品求出）。

当今常用的分子量测定方法是凝胶色谱（GPC）。其分离机理一般认为是体积排除，所以又被称为体积排除色谱（SEC）。当被分析的试样随着淋洗溶剂引入柱子后，溶质分子即向填料内部孔洞扩散。较小的分子除了能进入大的孔外，还能进入较小的孔；较大分子则只能进入较大的孔；而比最大的孔还要大的分子就只能留在填料颗粒之间的空隙中。因此，随着溶剂的淋洗，大小不同的分子就得到分离，较大的分子先被淋洗出来，较小的分子较晚被淋洗出来（图1–56）。从而快速、定量地得到分子量及分子量分布的数据。

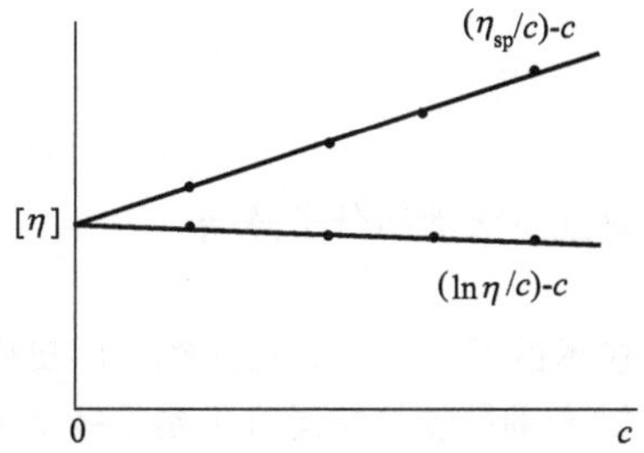

图1–55 外推法求特性黏数的曲线

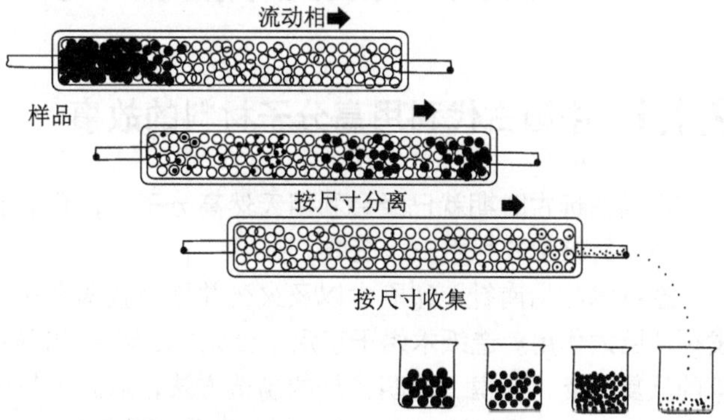

图1–56 GPC分离原理示意图

第2章

高分子史话

2.1 高分子发展史中的小故事

2.1.1 中国古代利用高分子材料的故事

中国在远古时期就已经会利用天然高分子了，我们的故事就从天然高分子开始。

（1）纤维素的利用——造纸

造纸术与指南针、印刷术以及火药并称为我国古代科学技术的四大发明，在人类文明史中发挥了巨大作用。造纸术始于东汉（公元105年），当时主管制造御用器物的尚方令蔡伦经十多年的反复试验，向皇上奏明了纸的制造方法，从此纸的应用得到推广。从中央到地方逐渐建立了专门从事造纸的作坊，这种纸当时被称为“蔡侯纸”。

造纸术向国外的传播最初是朝鲜，然后是越南。7世纪传到日本、东南亚和印度。8世纪（751年）大唐与中亚的大食国发生战争，唐兵失败被俘虏后其中造纸工人为邻邦献技，传授造纸技术，于是造纸术传到中亚及阿拉伯。阿拉伯纸大批生产后，不断向欧洲各国输出，于是又随之传到欧洲。12世纪纸张开始流行全欧洲，终于取代了传统的羊皮纸。

图2-1 蔡伦和造纸术的中国邮票

造纸是人类最早对天然高分子纤维素的利用。纤维素是自然界蕴藏量最大的可再生资源，据估计自然界每年产1000亿吨，木材是纤维素的主要来源。

就是在现代，纤维素的最重要的应用之一也是造纸。造纸的步骤大致可分为三步：①打浆；②抄造；③施胶。图2-1是我国1962年发行的两枚纪念发明造纸术的邮票。

纤维素的结构式如下：

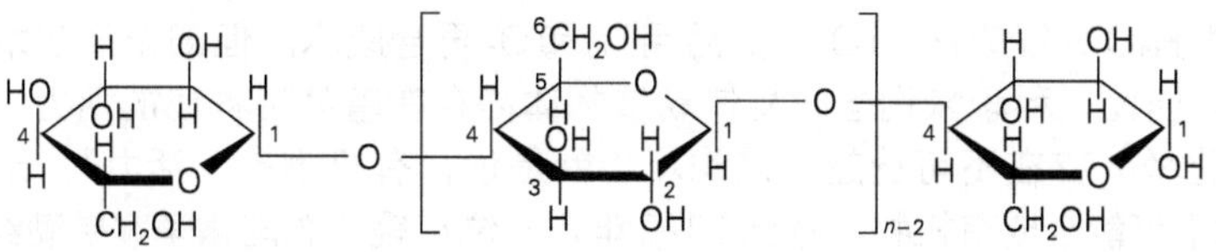

纤维素的每个结构单元（即葡萄糖残基）的2、3、6位上有三个活泼的羟基，所以有纤维素酯类和纤维素醚类两类衍生物，它们有着许多工业用途。

（2）蛋白质的利用——制豆腐、练丝和鞣革

① 豆腐　豆腐是我国传统食品。相传西汉淮南王刘安发明了豆腐，但缺乏文献佐证。最早有关豆腐的文字记载见于五代人陶谷的《清异录》。制豆腐实质是用盐卤（主要成为 $MgCl_2 \cdot 6H_2O$）或石膏（$CaSO_4 \cdot 2H_2O$）使大豆球蛋白的水溶液形成凝胶，过滤压成形后就成了豆腐。这个例子说明人们发现钙、镁离子能使大豆球蛋白的水溶液产生沉淀。而明代王士祯的《食宪鸿秘》介绍了冻豆腐的制法，这是对蛋白质冻结变性的早期记述。

② 练丝　一根蚕丝由两根丝纤合并组成，外围包着丝胶，“练”就是用浓碱去掉丝胶，生丝才成为可染色的熟丝（图2-2、图2-3）。《周礼·考工记》记录的练丝方法是：先用较浓的碱性溶液（楝灰水）使丝胶完全膨化、溶解，然后用大量的较稀的碱性溶液（蜃灰水）把丝胶洗下来。可见，古代工匠已经发现碱水对丝蛋白的膨润、溶解作用。

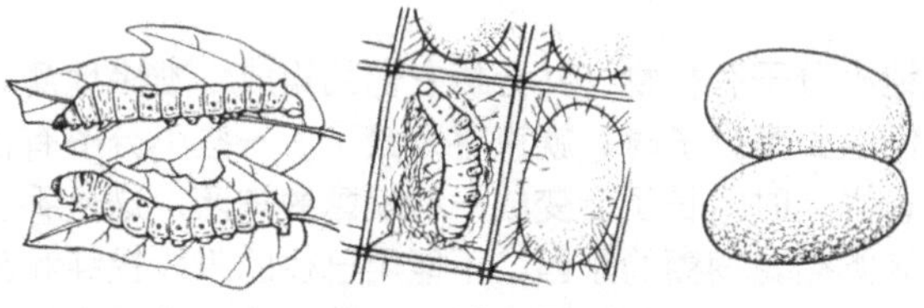

图2-2　家蚕织茧

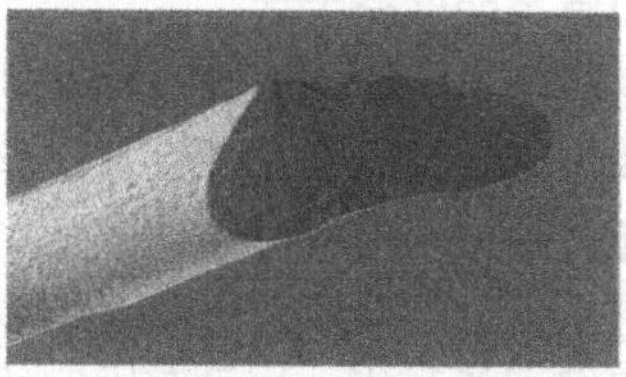

图2-3　一根蚕丝由两根丝纤合并组成

③ 鞣革　兽皮的主要成分是动物蛋白质纤维。鞣制的实质是对这些动物蛋白质纤维进行化学与物理加工，是鞣革剂与蛋白质中的氨基交联反应的过程。最原始的方法是油脂法和烟熏法，即利用油氧化时生成的醛或烟中的醛作为鞣革剂。据《中国大百科全书·轻工卷》记载，这种工艺大约在一万年至五千年前就出现了。到了周代，皮革生产已具相当规模。《周礼·考工记》记载，周设“金、玉、皮、工、后”五种职司，对皮革的质量也规定了鉴定标准。秦皇陵出土的秦俑身穿彩色皮甲，显示了当时的皮革染色水平。汉代以后，与西域皮毛和革制品的贸易往来增多，制革技术交流扩大，植物鞣革剂和矿物鞣革剂相继被采用。据通史记载，元太祖时在燕大都设立军需甸皮厂，用植物鞣法制革。明代李时珍的《本草纲目》介绍五倍子可作鞣革剂。宋应星的《天工开物》记载，“麂皮去毛，硝熟为袄裤”则是采用矿物（芒硝）制革。宣化七星皮是把植物鞣法和矿物鞣法结合起来，先用烟熏，再用明矾和槐黄鞣制而成的。

中国古代的能工巧匠们在实践活动中获得了有关天然高分子材料的某些特性的知识，并在生产中广泛应用。但这些技术知识只是停留在直观和经验的阶段，而未被综合和提升成为系统的科学。

2.1.2　从无机化学到有机化学的故事

从1754年英国的布莱克用加热或加酸的方法使石灰石放出 CO_2 气后，人们对原子、分子开始有了认识。到19世纪初，人们已经认识了几十种元素，对于矿物质或无生命的物

质，已经能熟练地将它们分解，然后又重新组成新的化合物。也就是现在我们熟知的各种无机反应。

人们可以把H_2O分解成H_2和O_2，然后用H_2和O_2再合成水。但却无法使木材烧成的灰烬再复原成木材。因此，科学家们当时相信动植物体内存在着某种神秘的活力。认为“无机化学”和“有机化学”存在不可逾越的鸿沟。也就是说，有机物有“活力”，无机物没有“活力”，用无机物不可能合成有机物。直到1828年，一位年轻的德国化学家韦勒终于证明，这道鸿沟是可以逾越的。他当时正在研究氰酸盐，将氰化银和氯化铵溶液加热，生成了氰酸铵，这是当时人们已知的无机反应：

$$2AgCN + O_2 + 2NH_4Cl \longrightarrow 2NH_4OCN + 2AgCl$$

当韦勒对氰酸铵溶液再加热进行浓缩时，生成了一种无色晶体，这晶体不是氰酸铵，而与有机物尿素的化学成分完全相同。而当时尿素是不能合成的，人们只能从动物的尿中提取。他兴奋地写信告诉他的老师：“我既不需要肾脏或动物，也不需要人或者狗就能制造尿素”。现在大家都知道氰酸铵和尿素是同分异构体，加热能使其中一种变为另一种。这是人类合成的第一种有机化合物，是化学发展的一个重要里程碑。

很快，人们发现了合成醋酸、油脂类物质等，特别是英国科学家克库莱解释了有机化合物的链状和环状化合物中碳原子相连接的独特的结构以后，有机化学就完全建立起来了。据说，克库莱是根据梦中得到的启示，提出这些结构概念的。他在梦中看到翩翩飞舞的碳原子，原子排成长排，密集地连在一起，像蛇一样蠕动，突然，其中一条蛇咬住了自己的尾巴，从而解释了苯中原子的结合方式。

这时，有机化学家可以熟练地合成和提纯小分子有机物，并分析它们的组成，准确地测定它们的熔点、沸点和分子量等。但是，当它们遇到高分子时，就束手无策了。一些小分子有机物常能自动聚合成大分子，如放在浴室里的香水，时间长了会变成一种发黏的东西，这是香水中萜烯单体自动聚合成树脂状的多萜烯。对这类黏黏糊糊的东西，不能用已往的手段提纯和分析，它们不能升华，也没有固定的熔点和沸点，连表征化合物最重要的参数——分子量也捉摸不定。因此，当时有机化学家们认为这种物质不是纯粹的化合物，而是由小分子通过“次价”力结合而成的聚集体，即所谓“胶体缔合论”。

高分子科学从有机化学中脱颖而出的过程，首先也是从合成开始突破的，然后才有结构和理论解释，高分子学说的建立经过了50年的争论，直到20世纪的20年代才真正建立起来。

2.1.3 第一种塑料的诞生

1845年的一天，居住在瑞士西北部城市巴塞尔的巴塞尔大学的化学教授舍恩拜因（Schonbein，1799~1868）在自家的厨房里做实验，那时的化学家经常在自家做实验，尽管他妻子禁止他这么做。舍恩拜因一不小心把正在蒸馏硝酸和硫酸的烧瓶打破在木地板上，因为找不到抹布，他顺手用他妻子的布围裙把地擦干，然后把洗过的布围裙挂在壁炉旁烘干。就在围裙快要烘干时，突然出现一道闪光，整个围裙消失了。为了揭开布围裙自燃的秘密，舍恩拜因带着这个“重大发现”回到实验室，不断重复发生的“事故”。他找来了一些棉花把它们浸泡在硝酸和硫酸的混合液中，然后用水洗净，很小心地烘干，最后得到一种淡黄色的棉花。现在人们知道，纤维素在硫酸的催化下与硝酸反应，形成硝酸纤维素（即硝化纤维）。它很易燃烧，甚至爆炸，被称为火棉，可用于制造炸药，难怪舍恩拜因妻子的布围裙在一道闪光中消失。这是人类制备的第一种高分子合成物。虽然远在这之前，中国人就知道利用纤维素造纸，但是改变纤维素的成分，使它成为一种新的高分子化合物，这还是第一次。下面是舍恩拜因发现的纤维素硝化反应方程式。

$$\text{CH}_2\text{OH} \quad \text{H} \quad \text{OH} \qquad \xrightarrow{\text{HNO}_3 \atop \text{H}_2\text{SO}_4} \qquad \text{CH}_2\text{ONO}_2 \quad \text{H} \quad \text{OH}$$

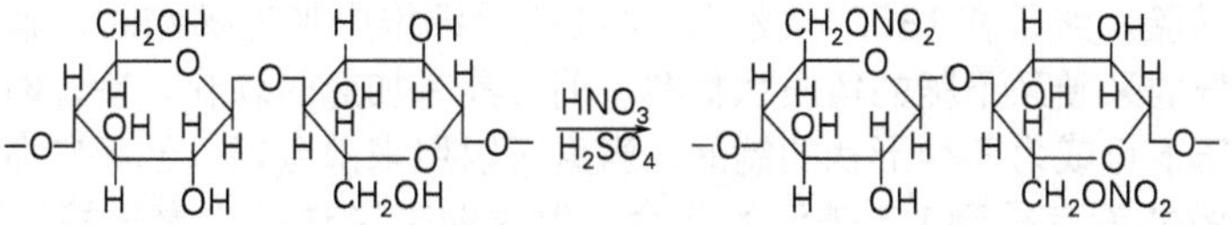

其实在火棉（硝酸纤维素）发明之前，中国人早已发明了火药。火药的主要缺点是产生的烟太多，在战场上看不清敌友，而火棉产生的烟少，它的威力也比火药大3倍。

舍恩拜因深知这个发现的重要商业价值，他在杂志上只发表了新炸药的化学式，却没有公布反应式，而把反应式卖给了奥地利政府和一个英国商人。俄国、法国和德国都没有买他的反应式，却用不到一年的时间自行研制生产了火棉。但由于生产太不安全，1847年7月伦敦的火棉厂刚开工几个月就发生大爆炸，工厂炸毁，还炸死了20个工人。俄国、法国和德国的火棉厂也相继发生类似的事故，1862年奥地利的两家火棉厂也炸毁了。这些悲剧终于使火棉生产暂时停止了。可是化学家们对硝酸纤维素的研究并没有中止。

英国冶金学家、化学家亚历山大·帕克斯（Alexander Parkes）有许多爱好，摄影是其中之一。19世纪时，人们还不能够像今天这样购买现成的照相胶片和化学药品，必须经常自己制作需要的东西。所以每个摄影师同时也必须是一个化学家。摄影中使用的材料之一是"胶棉"，将硝酸纤维素溶解在乙醚和酒精中，这种溶液在空气中蒸发了溶剂后可得到一种透明的凝胶状物质，它在空气中会立即变成一层坚硬、无色透明的膜，称为"胶棉"。当时它被用于把光敏的化学药品粘在玻璃上，来制作火棉胶干板（照相底板）。火棉胶干板在摄影业曾经流行了二十几年，后来被白明胶干板取代。

在19世纪50年代，帕克斯查阅了处理胶棉的不同方法的文献。一天，他试着把胶棉与樟脑混合。使他惊奇的是，混合后产生了一种可弯曲的硬材料。帕克斯称该物质为"帕克辛"，那便是最早的塑料。

帕克斯用"帕克辛"制作出了各类物品：梳子、笔、纽扣和饰品等。然而，帕克斯不大有商业意识，并且还在自己的商业冒险上赔了钱。继续发展帕克斯的成果并从中获利的事就留给其他发明家去做了。

19世纪60年代，美国人约翰·海阿特（J. W. Hyatt，1837~1920）发明了赛璐珞。赛璐珞可以算是塑料的老祖宗了，赛璐珞是英文"Celluloid"的译音，从纤维素Cellulose衍生出来。这个英文单词有两个意思，一是假象牙，二是叫电影胶片。你也许会奇怪，赛璐珞和这两种东西有什么关系？但一查历史还真有点关系。爱好体育的人都知道，台球运动起源于欧洲，至今已有六七百年的历史，到19世纪，在美国已非常盛行。最早的台球是用木材或黄铜做的，后来用象牙做，显得很高雅。当然，这种球在当时也只有王公贵族才有可能享受，因为在赛璐珞出现之前，一只大象的牙只能做十颗台球。当时为了获取象牙，每年要杀死2万头以上的大象，价值高达200万英镑。最坚硬、最企求的是西非象的象牙，因而西非象所受到的厄运最大并且已经到了非保护不可的地步。尽管法律不容许偷猎和交易，但偷猎者每年继续杀死几千头大象，这并非是为了食肉，而是为了其身上那非常值钱的牙。当时由于非洲的大象不断减少，美国差不多得不到象牙来制作台球，这可愁坏了台球制造厂的老板。于是宣布：谁能发明一种代替象牙做台球的材料，谁就能得到1万美元的奖金。这在当时可不是一笔小数目。

有句话叫"重赏之下必有勇夫"，虽不完全符合事实，但的确有点儿刺激性。1868年，在美国的阿尔邦尼有一位叫海阿特的印刷工人，是一位业余化学爱好者，他对台球也很感兴趣，于是他决定发明出一种代替象牙制作台球的材料。他夜以继日地冥思苦想。开始他在木屑里加上天然树脂虫胶，使木屑结成块并搓成球，样子倒像是象牙台球，但一碰就碎。以后又不知试了多少东西，但都没有找到一种又硬又不易碎的材料。他把胶棉的膜凝结起来做成球，但在试验时一次又一次地失败了。海阿特真是个不屈不挠的人，他并不灰心，仍然一如既往地进行探索。

海阿特有阅览各种报刊杂志的爱好，尤其对化学，他一直都留心地去研读，经常自己搞些小发明和小试验。有一天，他在一本化学刊物上了解到帕克斯的研究。海阿特大受启发，依照这种方法进行试验，终于在1869年发现，当在硝化纤维中加进樟脑时，硝化纤维竟变成了一种柔韧性相当好的又硬又不脆的角质状材料。而且具有加热时软化，冷却时变硬的可塑性，很易加工。在热压下可成为各种形状的制品，当真可以用来做台球。他将它命名为“赛璐珞”。

据说海阿特并没有得到1万美元的奖金。但对他来说这是小事一桩，因为这时他已成了一个大发明家，他用自己的发明获得更多的效益。海阿特兄弟（J. W. Hyatt & I. S. Hyatt）于1870年建立奥尔巴尼（Albany）牙托公司生产赛璐珞假牙托，成功以后在1871年注册商标，并在美国奥尔巴尼建立了赛璐珞制造公司。1872年他把公司设备迁移到新泽西州的纽瓦克（Newark），除用来生产台球外，还用来做马车和汽车的风挡及电影胶片，从此开创了塑料工业的先河。1877年，英国也开始用赛璐珞生产假象牙和台球等塑料制品。

赛璐珞是一种坚韧的材料，具有很大的抗张强度，耐水、耐油、耐酸。由于赛璐珞有优越的性能，所以一开始就使用在笔杆的制造上了。加工赛璐珞笔杆可以使用车削或热卷曲的方法。该材料几乎在所有的著名笔厂都有使用，第一个使用赛璐珞生产笔的是犀飞利，他于1924年推出了叫Radite的材料制造的笔。1926年派克也推出了叫Pemnatnite的材料。它们都是赛璐珞产品。但是赛璐珞产品也有自己的缺点，就是燃点低、加工困难（不能注塑）、耐腐蚀性不如其他树脂、价格贵、成型后需要等待六个月至1年以上的定型时间以消除应力。所以现在只有高档的笔才使用这种材料。

赛璐珞更薄和更韧的薄片可以用作胶状银化合物的片基，这样它就成了第一种实用的照相底片。1889年，美国摄影业的发明家伊士曼（Eastman）用赛璐珞来制造柔韧的摄影胶卷后，赛璐珞开始广为人知。1884年柯达公司用它生产胶卷，但这种电影胶片毕竟主成分是硝化纤维，放映时常摩擦而燃烧，所以那时放电影要有消防队员在放映室值班。放电影时还经常要停下来“接片”，而且放映着的片子中间常常有一些由于“接片”而断了的片段。1890年时美国摄影普及并促使了电影制片技术及电影工业的发展，遗憾的是许多历史上有意义的早期活动的电影档案资料是用赛璐珞制作的，由于火警或磨损业已永远消失。

赛璐珞非常适合用来制作纽扣和梳子，而这些东西以前是用天然材料制作的。毛发、蹄脚、角质物、羽毛等纤维蛋白都是含硫量较高的天然高分子。它们对于溶剂和化学品是不溶性的，相对说来不起化学作用。这些天然塑性物质浸入热水中会变形，而后冷却至室温可以成型，早期就是直接用这些动物材料制造纽扣和梳子。18世纪时改而通过磨碎动物蹄脚，然后用热压模法制造纽扣，因为自然存在于蹄脚中的天然胶适合作为模压纽扣的胶结剂。1760年美国的罗伊斯（E. Noyes）用蹄脚制造装饰梳，当时美国的莱明斯特（Leominster）成为著名的“梳城”。在莱明斯特集中了一批制梳工厂，使得许多塑料制造器械得以发展，经过不断改进迄今仍在使用。由于制梳工厂云集，莱明斯特变成美国最早的塑料“首府”。

这里还要特别说一下绅士的衬衫领子，以往是需要上浆（如米浆）再熨烫后才能挺括的，衬了赛璐珞后，可以免去上浆的程序，而且比原先上了厚厚的浆的衣领还要挺、防水且不易皱折，成为市面上的畅销货。但由于极易燃烧，男人穿上这种衣领就不敢抽烟。当然，现在衬衫领子已经不用赛璐珞了，早已用聚酯薄片代替了。

赛璐珞的用途是多种多样的，远远超出了台球桌的范围。它能够在水的沸点温度下模塑成型；它可以在较低的温度下被切割、钻孔或锯开；它可以是坚硬的团块，也可以制成柔软的薄片。广泛用来制造汽车风挡、钢琴键、箱子、纽扣、钢笔杆、直尺、刀柄、镜框、乒乓球、指甲油、眼镜架、儿童玩具、安全(不碎）玻璃及弹子球等。赛璐珞的用途还包括化工、航天、机械、印染等许多方面。

其实，现在眼镜架、梳子、电影胶片等已被其他更适合的高分子代替，唯有乒乓球还没有被其他高分子材料代替（图2-4），乒乓球的组成是硝化棉（74%）、樟脑（24%）、乙醇和水（2%）。人们一直熟悉赛璐珞乒乓球的弹性和感觉，换种材料的影响将是很大的。

乒乓球起源于英国，由网球发展而来。19世纪末，欧洲盛行网球运动，但由于受到场地和天气的限制，英国一些大学生便把网球移到室内，以餐桌作球台，书作球网，用羊皮纸做球拍，在餐桌上打起“桌上的网球”（Table tennis）。1890年，英国运动员詹姆斯－吉布（Jame-Gibb）从美国带回一些作为玩具的赛璐珞球代替软木球，用于乒乓球运动。因使用羊羔皮纸球拍打起来有类似“乒乓”的声音，故将这种运动名为“乒乓球”。20世纪初，乒乓球运动传到欧洲和亚洲，并蓬勃开展起来。1926年，在德国柏林举行了国际乒乓球邀请赛，后被追认为第一届世界乒乓球锦标赛。目前，国际乒联批准的比赛用球，其材质依然是赛璐珞。但据媒体报道，在2012年伦敦奥运会后国际乒联将引入全新的乒乓球，材料将由易燃的赛璐珞改为阻燃的环保材料制作，但具体材料没有透露。而且这种乒乓球将是真正无缝的。在之前的制造技术中，乒乓球一直是由两个半球组成的，市面上的所谓“无缝”乒乓球实际上也是有缝的，只是把表面磨平而已。有缝乒乓球在比赛过程中，两部分受力不均后会出现软硬程度不同，从而导致弹性改变。已有中国专利介绍用旋转成型方法制备制作真正无缝的乒乓球，旋转成型方法参见5.2.3.4节。

1884年法国人夏尔多内伯爵（Hilaire de Chardonnet）产生了将硝酸纤维素溶液纺成一种新纤维的想法，就是模仿蚕宝宝吐丝的方法，让胶棉溶液穿过像淋浴喷头那样的小孔，喷出来凝固，即成为有光泽的丝（图2–5）。他制造了第一种具有光泽的人造丝（图2–6）。当1889年这种新的纤维在巴黎首次向公众展示时曾引起了轰动。这种人造丝有丝的光泽和手感，也能洗涤，可惜这种人造丝极易着火燃烧。纺织厂的工人们似乎很不喜欢他们的岳母大人，便把这种丝鄙称为“岳母丝”。后来硝酸纤维素人造丝被更为防火的两个品种所取代，一种是醋酸纤维素（硝酸纤维素的兄弟），另一种是再生纤维素。今天这两种人造丝的产量已是生丝的65倍。

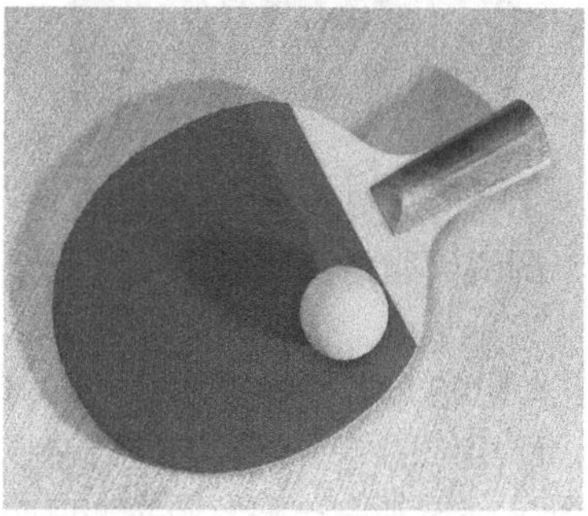

图2–4　乒乓球（硝酸纤维素）

图2–5　纤维从喷丝头“纺”出

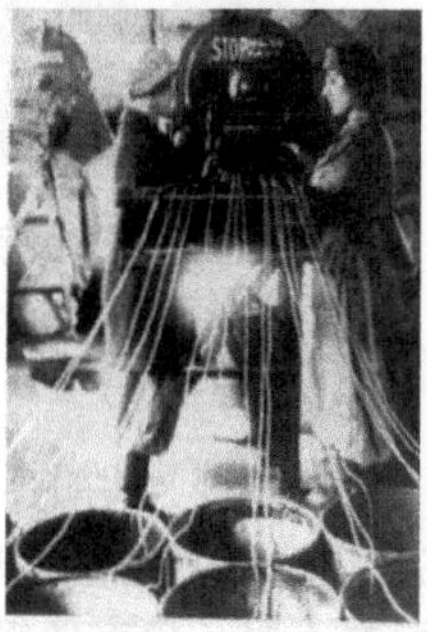

图2–6　英国女工正在生产人造丝

再生纤维素又叫“黏胶丝”，人们找到一种方法能溶解纤维素，纺丝后再复原成纤维素，所以再生纤维素是纯纤维素。由于它可以利用纤维素废料，如废木、废布、废纸、棉短绒等，所以这一技术很有价值。它的性质与棉相近，但强度会略差一些。制造再生纤维素的化学反应式如下（纤维素写成Cell—OH）：

$$\text{Cell}-\text{OH} + \text{NaOH} + \text{CS}_2 \longrightarrow \underset{\text{纤维素黄酸钠}}{\text{Cell}-\text{O}-\underset{\underset{\text{S}}{\|}}{\text{C}}-\text{SNa}} + \text{H}_2\text{O}$$

$$\text{Cell}-\text{O}-\underset{\underset{\text{S}}{\|}}{\text{C}}-\text{SNa} + \frac{1}{2}\text{H}_2\text{SO}_4 \longrightarrow \underset{\text{再生纤维素}}{\text{Cell}-\text{OH}} + \text{CS}_2 + \frac{1}{2}\text{Na}_2\text{SO}_4$$

黏胶法还用来生产再生纤维素的薄膜，即“玻璃纸”，又称为赛璐玢（英文名Celluphane也是从纤维素Cellulose衍生出来的），是一种广泛应用的内衬纸和装饰性包装用纸。舍恩拜因的偶然发现已经引起了19世纪后半叶欧洲和美洲化学工业的巨大发展。

2.1.4 第一个人造聚合物——酚醛树脂

酚醛塑料的发明者是贝克兰德（Leo Baekeland，1863~1944，图2-7）。贝克兰德是鞋匠和女仆的儿子，1863年生于比利时根特。1884年，21岁的贝克兰德获得根特大学博士学位，24岁时就成为比利时布鲁日高等师范学院的物理和化学教授。1889年，贝克兰德娶了大学导师的女儿，同时获得了一笔旅行奖学金。他来到美国，在哥伦比亚大学的查尔斯·钱德勒教授鼓励下，贝克兰德留在美国，为纽约一家摄影供应商工作。这使他几年后发明了Velox照相纸，这种相纸可以在灯光下而不是必须在阳光下才能显影。1893年，贝克兰德辞职创办了Nepera化学公司。

图2-7 贝克兰德（1863-1944）美国化学家

图2-8 贝克兰德用来合成酚醛树脂的反应釜

在新产品冲击下，摄影器材商伊士曼·柯达吃不消了。1898年，经过两次谈判，柯达方以75万美元（相当于现在1500万美元）的价格购得Velox照相纸的专利权。不过柯达很快发现配方不灵，贝克兰德的回答是：这很正常，发明家在专利文件里都会省略一两步，以防被侵权使用。柯达被告知：他们买的是专利，但不是全部知识。又付了10万美元，柯达方知秘密在一种溶液里。掘得了第一桶金，贝克兰德买下了纽约附近扬克斯的一座俯瞰哈德逊河的豪宅，将一个谷仓改成设备齐全的私人实验室，还与人合作在布鲁克林建起试验工厂。

当时刚刚萌芽的电力工业蕴藏着绝缘材料的巨大市场。贝克兰德嗅到的第一个诱惑是天然的绝缘材料虫胶价格的飞涨。虫胶是东南亚的一种昆虫即紫胶虫的分泌物。15万只微小的紫胶虫差不多要在半年内才能分泌出0.454kg重的虫胶树脂，由虫胶树脂制成的虫胶漆在当时是非常高档的油漆。几个世纪以来，这种材料一直依靠南亚的家庭手工业生产。经过考察，贝克兰德把寻找虫胶的替代品作为第一个商业目标。

贝克兰德首先查阅了有关文献，他发现早在1872年著名的德国化学家、合成染料工业的奠基人贝耶尔（Adolf Von Vaeyer）曾把苯酚和甲醛混合，产生一种树脂状物质。这种物质极难溶解，从而使反应容器报废，所以当时的化学家很讨厌反应中产生这类物质，那篇文章认为应该防止它的产生。但贝克兰德却独具慧眼，他意识到这种树脂可能会成为无价之宝。他反其道而行之，加热加压来加快反应过程（图2-8），反应结束后他发现反应器里有一种像琥珀一样的物质。他通过改变原料配比和反应条件，得到不同反应阶段的三种产品，称为A阶、B阶和C阶产物。A阶产物是反应进行到一定阶段得到的，这种产品加热时呈液态，冷却时是很脆的固体。A阶产物进一步加热反应会得到B阶产物，在加热时很软，但冷却后变得十分坚硬。再进一步加热就变成在加热和冷却时都十分坚硬的固体，称C阶产物。

贝克兰德将这种物质添加木屑加热、加压模塑成各种制品，并以他的姓氏命名为“贝克莱特”（Bakelite），今天我们俗称为“电木”，是加了木屑的电绝缘体。1907年7月14日贝克兰德注册了Bakelite的专利。他很幸运，英国同行詹姆斯·斯温伯恩爵士只比他晚一天提交专利申请，否则英文里酚醛塑料可能要叫“斯温伯莱特”。从这一天起，第一种合成塑料——以煤焦油为原料合成的酚醛塑料诞生了，标志着人类社会正式进入了塑料时代。1909年2月8日，贝克兰德在美国化学协会纽约分会的一次会议上公开了这种塑料。贝克兰德的研究持续了5年，获得100多项专利。这一发明被认为是20世纪的炼金术，发明人贝克兰德于1924年被选为美国化学学会会长。1939年贝克兰德打算金盆洗手，儿子乔治·华盛顿·贝克兰德却无意从商，公司以1650万美元（相当于今天2亿美元）出售给联碳公司。1940年5月20日的《时代》周刊称他为“塑料之父”。

苯酚和甲醛都是结构非常简单的单体，但酚醛塑料却极为复杂，C阶产物是由苯环组成的网状结构，苯环与苯环之间是靠每一个苯环上箭头所指的一个、两个或三个位置上的氢与甲醛反应而连接起来的（图2-9）。

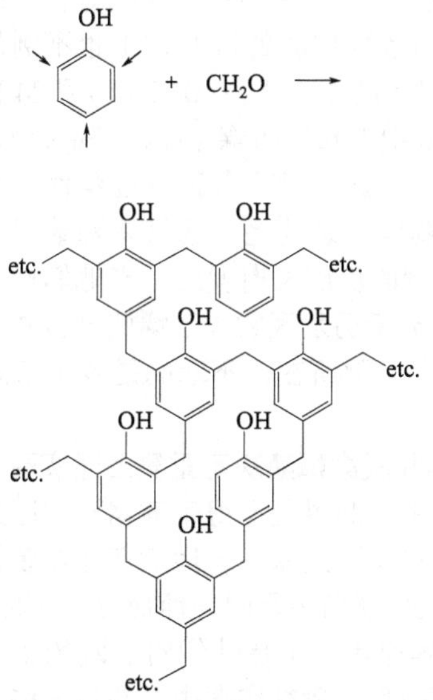

图2-9 C阶酚醛树脂的网状结构

图2-10 酚醛树脂的典型应用——电器元件

不同于这之前硝酸纤维素等的发明只是对天然高分子的改性，酚醛塑料是人类首次从小分子化合物出发合成的真正的人造聚合物。于是人们把1907年视为塑料诞生的元年。时隔百年之后的2007年5月23日，英国伦敦科学博物馆举办了一次别开生面的展览，庆祝世界塑料诞生100周年。

自从1907年贝克兰德发明了人造的塑料，其后塑料制品迅速走入世界各国人们的日常生活。第一次世界大战后，无线电、收音机等电气工业迅猛发展，更增加了对电木的需求，一直被使用到今天。化学工业中需要不被酸腐蚀的器械，曾用特种钢制造，价格昂贵，用耐酸的电木取代，便宜多了。但是电木却不耐碱。现在，酚醛树脂已广泛应用于电器（图2-10）、纽扣、棋子、计算机外壳、刀柄、锅柄等。汽车和拖拉机里的一些零件也是用它制造的。

1918年奥地利化学家约翰制得脲醛树脂，是以尿素为原料生产的。用它制成的塑料无色而有耐光性，并有很高的硬度和强度，更不易燃，能透过光线，又称电玉。20世纪20年代，曾在欧洲被用作玻璃代用品。到20世纪30年代，又出现了三聚氰胺－甲醛树脂。三聚氰胺－甲醛树脂可以制造耐电弧的材料，它耐火、耐水、耐油。此后聚乙烯、聚氯乙烯、聚苯乙烯、有机玻璃等塑料陆续出现。这不能不说是由电木打开的门路。

塑料的发明堪称为20世纪人类的一大杰作。塑料无疑已成为现代文明社会不可或缺的重要材料。目前塑料已广泛应用于航空、航天、通信工程、计算机、军事以及农业、轻工业、食品工业等各行各业之中。

2.1.5 聚乙烯和聚四氟乙烯的发现

乙烯是无色无味的气体。乙烯存在于自然界，在植物果实成熟过程中，植物会释放微量的乙烯气体，作为果实的催熟剂。如果尚未成熟的果实暴露在有微量乙烯的环境里，也会加速成熟。乙烯的催熟效应是偶然发现的。法国农民过去把收获的青柠檬储放在仓库里，用煤气灯保温催熟。后来改用电灯了，温度没变，但催熟过程明显变慢了，后来知道这是由于煤气中的少量乙烯起了作用，这才发现了乙烯的催熟效应。

19世纪30年代时，经济大萧条，化工公司急需新的“拳头产品”，好冲出困境。同时，科技新发现如雨后春笋，此起彼伏，但很多发现都是“撞”上的，并没有理论指导，所以很多公司的实验室里，都是四处撒网，希望捕到大鱼，英国的帝国化学公司（ICI）也不例外。由于合成氨工业的发展，人们在有机合成反应中开始广泛采用高压技术。1933年3月24日，那是一个星期五，ICI公司的两个化学家福西特（E.W. Fawcett）和吉布森（R.O. Gibson）一口气搭起了好几十个实验，把有希望的基本有机物质有放在一起，设定各种反应条件，尤其是高温高压，希望“撞上”一个重大发现。其中有一个容器里，装的是乙烯气体和苯甲醛，在140MPa的高压和170℃温度下进行反应。星期一了，预期的反应没有发生，当他们打开反应釜清理时，发现器壁上有一层白色蜡状的固体薄膜，取下分析后发现它是乙烯的聚合物。这使他们感到十分惊奇，于是他们重复了上述实验，试图找出原因所在，不幸的是发生了爆炸事故，使实验不得不终止下来。

1935年，帝国化学公司的另几位研究人员帕林、巴顿和威廉姆斯决定重复上述实验。他们在一个高压容器中进行实验，实验过程中，由于高压容器的密封性能不好，容器里的压力不断降低，虽然采取了补救措施，实验还是不得不终止。不过在实验结束后，他们还是在装置中发现有少量的白色固体，经分析，它与两年前被福西特发现的蜡状薄膜是同一种物质——聚乙烯。

这种貌似偶然的巧合使他们意识到可能存在着必然的原因，于是他们对实验的每一步骤进行分析。实验是按原计划进行的，只是在发现容器漏气以后，曾往容器中补充过一些乙烯气体。显然，问题的症结就在这里。在这一过程中，一定带进去某些物质，这种物质可能是乙烯聚合反应的催化剂。他们认为带进去的物质除了氧气别无可能。他们重新设计了操作工艺，在聚合系统中引入了少量的氧气，经过多次试验，终于制得了聚乙烯。由于这种聚乙烯是在高压条件下制得的，被称为高压聚乙烯。科学家们发现聚乙烯具有极好的化学稳定性，防水，无异味，耐酸，耐碱，尤其出色的是绝缘性。

这时，第二次世界大战的阴云已经笼罩在欧洲上空。聚乙烯出色的绝缘性能被寄予很大希望，尤其是用于潜艇通信设备或雷达的电缆绝缘，聚乙烯的性质和生产也成了机密。ICI公司根据实验室里合成的8g聚乙烯，断然决定建立一个年产100t的聚乙烯厂，产量是根据潜艇部队的需要而定的。1939年9月1日，ICI公司的聚乙烯厂投产了。同一天，德国入侵波兰。由于阴差阳错的原因，潜艇没有用上聚乙烯，但聚乙烯绝缘用于反潜飞机的机载雷达，在大西洋之战中，为猎获德国潜艇立下了汗马功劳。

战后，战时的很多机密都得以见天日，聚乙烯也是其中的一个。聚乙烯生产工艺也进步了，最大的进步是连续生产。20世纪50年代开始，高压管式反应器开始用于聚乙烯。管式反应器就是一根长管子，一头进原料气体，一头出固体产品（以及没有反应掉的气体和惰性气体）。理想的管式反应器里的气体在管子里面“齐头并进”，没有返混，像一串活塞往前行进一样，所以也称活塞流反应器。气体不能在管子里太悠闲地“踱方步”，否则混合、反流都成问题，所以要有相当的流速；聚乙烯反应又需要一定的时间，这样管子就变得巨长，只好来回绕起来，缩小占地，工业规模的管式聚乙烯反应器可以有几公里长。高压管式反应器比高压釜式反应器要先进，压力降下来了一点，连续生产的效率高很多，产量大，质量控制容易一些，但压力还是太高，一旦发生事故，爆炸威力巨大，所以都是埋在实心的巨型混凝土结构里，设备、施工的成本都很高。

令人称奇的是，被称为“塑料之王”的聚四氟乙烯也是一次偶然的实验事故而被发现的。1938年，美国化学家普鲁姆凯特和他的助手雷博克开始研究聚四氟乙烯的实验。由于原料四氟乙烯的沸点很低，通常被储存在钢瓶里。实验时，他们把钢瓶同反应器相连接，想把四氟乙烯输入到反应器中，结果发现并没有四氟乙烯流入到反应器的迹象，因为反应器上的流量计没有任何指示。可是，奇怪的是，钢瓶上的气压表却不断下降，最后指示为零。那么钢瓶中的气体都到哪里去了呢？检查阀门，没有任何毛病；称量钢瓶，质量不变。实验就这样莫名其妙地失败了。

普鲁姆凯特和雷博克闷闷不乐地坐在椅子上，思考失败的原因。过了一会儿，普鲁姆凯特打破沉默，提议再作一次检查。他们拆下了反应器，里面是空的；他们又打开钢瓶的阀门，没有四氟乙烯气体逸出。四氟乙烯哪里去了？普鲁姆凯特扶着钢瓶呆呆地站着，无意中将钢瓶晃动了几下，似乎听到什么响声。他不禁愣了一下，四氟乙烯的沸点很低，在室温下是不可能以固体形式存在的。这时，他突然意识到，是不是四氟乙烯已经在钢瓶中发生了聚合反应？他同雷博克一起，立即从钢瓶上拆下压力表和阀门，果然从钢瓶中倒出了许多白色粉末。经鉴定，这种白色粉末就是他们想要的聚合物。同时，他们找到了四氟乙烯聚合的条件，那就是有压力和氧存在。

2.1.6 橡胶硫化方法的发明

从生物学的角度看，橡胶在天然高分子中无疑是最不重要的，因为不仅只有少数植物才产生橡胶，而且也很难说橡胶在生命过程中起什么重要作用。但是从高分子科学的历史来看，橡胶的研究对高分子科学的发展所起的推动作用比天然多糖和蛋白质都大。这不仅因为橡胶独特的弹性使它成为工业上非常重要的材料，而且还在于天然高分子中唯独橡胶能裂解成已知结构的简单分子(即异戊二烯)，并且还能从这些单体再生成橡胶。这一特性使人们认识到不必完全按照天然物质的精细结构就能制备对人类有用的材料。

橡胶树原来是亚马逊河流域的一种植物。橡胶林和采胶过程见图2-11。据早期的历史记载，在公元8世纪的中美洲，有人在洪都拉斯附近发掘出“橡胶球”，引起了人们的极大兴趣，称之为“魔球”。据猜测，洪都拉斯“魔球”是印第安人嬉戏时的玩具，也可能是也已消失的玛雅文明的宫廷遗物。

欧洲著名探险家克里斯托弗·哥伦布在1493~1496年第二次航海至拉丁美洲的海地时，

图2-11 橡胶林（a）、割胶（b）和采集胶乳（c）

与当地姑娘们玩“魔球”的舞蹈和杂耍，一位热情的印第安女郎送给他一只玩具“魔球”。哥伦布在航海日志里，详细记载了美洲印第安人用橡胶树汁制造的这种“魔球”的神奇，这种球比西方人的充气球要重，但弹性更好。回国后，他把“魔球”献给了西班牙国王。

土著人把从这种“三叶树”的切口里流出的白色树汁（乳胶）倒在木质的模子上，用熏蒸的办法去掉水分，固化成球。将这种乳胶涂在织物上硬化后可做成简陋的风雨衣。当地居民甚至把胶乳倒在他们的脚上和腿上，干后便成了雨靴。但是在发明橡胶的硫化方法之前，生胶的用途还很有限，因为它的强度很差，弹性难以恢复，温度稍高它就会变软变黏，而且有臭味。

橡胶的英文名字“Rubber”，意为“擦子”，是1770年由英国化学家普里斯特利给它取的，因为发现它能擦掉铅笔的痕迹。闽南话就更有意思了，称橡胶为“树奶”，很形象地说明了它的来源。

天然橡胶硫化方法的发现还有个小故事。查尔斯·古德伊尔（Charles Goodyear）决心研究橡胶的改性。他既不是化学家，也不是科学家。在工厂中，他就像工人一样不停地劳作，不停把各种材料拿来与橡胶一起试验（图2-12）。经过持之以恒的工作，古德伊尔的研究不断取得突破。1838年他将硫磺掺进胶乳，然后放在阳光下曝晒，但这种黏性消除的改进只限于制品的表面。

图2-12　古德伊尔（1800~1860）

图2-13　马来西亚邮票中的天然橡胶及其结构式

1839年1月，古德伊尔的试验有了重大突破，他不小心把胶乳和硫磺的混合物泼洒在热火炉上。把它刮起来冷却后，发现这东西已没有黏性，拉长或扭曲时还有弹性，能恢复原状，原来能溶解生胶的溶剂对它不再起作用了。现在我们知道是硫使橡胶分子发生了适当的交联。后来人们知道，天然橡胶的结构是聚异戊二烯（图2-13），橡胶树的树汁是含有约35%聚异戊二烯的水乳液。橡胶交联前分子链是线型的，受力后分子链互相滑移，弹性难以恢复。橡胶交联后形成了网状结构（图2-14），具有可回复的弹性（图2-15）。

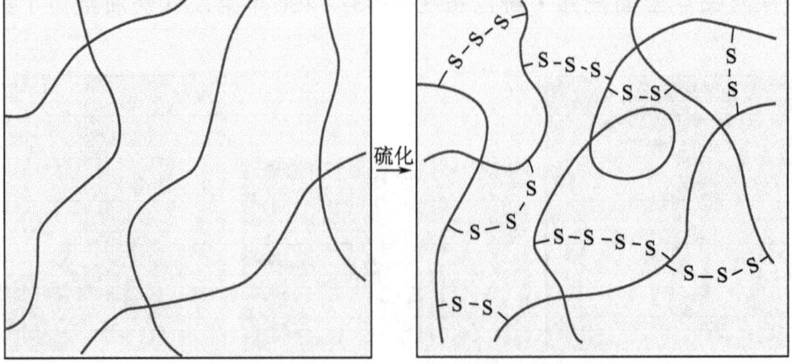

图2-14　橡胶硫化前后结构的变化

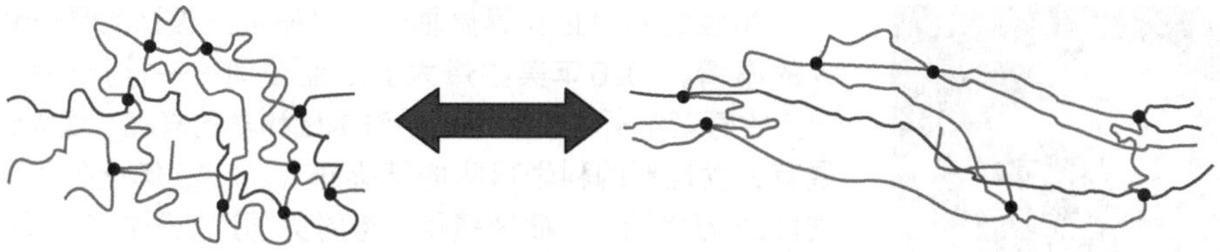

图2-15 橡胶受力前后结构的对比

这一发明是令人兴奋的，但在实际应用中存在许多困难，使得古德伊尔经过4年才在美国申请了专利。他在专利中提供了一个示例配方，20份硫磺、28份铅白(用作硫化促进剂)和188份橡胶，混合后加热到132.2℃。

但延迟申请专利使他付出了惨重的代价。由于硫化技术“太容易”掌握，许多橡胶厂都在无偿享受他用辛苦换来的成果。古德伊尔陷入与侵权者无休止的斗争，诉讼大量消耗了古德伊尔的时间和金钱。

1851年5月1日，古德伊尔靠借来的3万美元参加了维多利亚女王主办的展览会，他的展品从家具到地毯，从梳子到纽扣都是由橡胶制成的，有成千上万的人参观了他的作品。他因此被授予国会勋章以及拿破仑三世的英雄荣誉勋章、军团英雄十字勋章。但他的债权人以他的发明得不到收益为由将他告上法庭，这次他挂着勋章进了牢房。1860年6月1日，古德伊尔在纽约因贫病去世。他死后负债估计为20万~60万美元之间。但古德伊尔的发现却促进了橡胶业的大发展，是今天数十亿美元工业的基础。

汤姆森发明充气轮胎后使橡胶的应用有了重大的突破。在过去的千百年间，人们所坐的车使用的一直是木制轮子，或者再在轮子周围加上金属轮辋。1845年，英国工程师汤姆森（R.W.Thomson）在车轮周围套上一个合适的充气橡胶管，并获得了这项设备的专利。到了1890年，轮胎被正式用在自行车上，到了1895年，被用在各种老式汽车上（图2-16）。尽管橡胶是一种柔软而易破损的物质，但却比木头或金属更加耐磨。橡胶的耐用、减震等性能，加上充气轮胎的巧妙设计，使乘车的人觉得比以往任何时候都更加舒适。

1898年弗兰克希柏林兄弟创建了美国固特异轮胎橡胶公司，至今已有百余年的历史。固特异公司是世界上最大规模的轮胎生产公司，在全世界的员工达到8万多。公司的取名是为了纪念硫化发明人Goodyear。商标“飞足”，取其优美、迅捷之意（图2-17）。

图2-16 老式汽车的轮胎

图2-17 美国固特异轮胎橡胶公司的商标

2.1.7 尼龙的传奇

人们对尼龙并不陌生，在日常生活中尼龙制品比比皆是，但是知道它的历史的人就很少了。尼龙是世界上首先研制出的一种合成纤维。

图2-18 卡罗瑟斯

20世纪初，企业界搞基础科学研究还被认为是一种不可思议的事情。1926年美国最大的工业公司——杜邦公司的董事、研究主管查尔斯·斯泰恩出于对基础科学的兴趣，建议该公司开展有关发现新的科学事实的基础研究。1927年该公司决定每年支付25万美元作为研究费用，当时美国还处于经济大萧条时期，拿出这样一大笔巨款投入基础研究，是需要敏锐的眼光和巨大的勇气的。1928年杜邦公司在特拉华州威尔明顿的总部所在地成立了基础化学研究所，年仅32岁的华莱士·卡罗瑟斯（Wallace H.Carothers，1896~1937，图2-18）博士受聘担任该所有机化学部的负责人。斯泰恩的要求是："只探求有关各种物质的特质与性能的客观现象，不在乎发现的现象有什么具体用途。"

卡罗瑟斯是美国有机化学家，1896年4月27日出生于美国艾奥瓦州顿。1924年他获伊利诺伊大学博士学位后，先后在该大学和哈佛大学担任有机化学的教学和研究工作，加入杜邦可以使他逃离他认为是受罪一般的哈佛大学讲台。

卡罗瑟斯来到杜邦公司的时候，正值国际上对德国有机化学家施陶丁格提出的高分子理论展开了激烈的争论，卡罗瑟斯赞扬并支持斯陶丁格的观点，决心通过实验来证实这一理论的正确性，因此他把对高分子的探索作为有机化学部的主要研究方向。一开始卡罗瑟斯选择了二元醇与二元羧酸的反应，想通过这一被人熟知的反应来了解有机分子的结构及其性质间的关系。在进行缩聚反应的实验中，得到了分子量约为5000的聚酯分子。为了进一步提高聚合度，卡罗瑟斯改进了高真空蒸馏器并严格控制反应的配比，使反应进行得很完全，在不到两年的时间里使聚合物的分子量达到10000~20000。1930年卡罗瑟斯用乙二醇和癸二酸缩合制取聚酯，在实验中卡罗瑟斯的同事朱利安·希尔斯在从反应器中取出熔融的聚酯时发现了一种有趣的现象：这种熔融的聚合物能像棉花糖那样抽出丝来，而且这种纤维状的细丝即使冷却后还能继续拉伸，拉伸长度可以达到原来的几倍，经过冷拉伸后纤维的强度和弹性大大增加（图2-19）。卡罗瑟斯意识到这是纺丝原料的特性。他们随后又对一系列的聚酯化合物进行了深入的研究。由于当时所研究的聚酯都是脂肪酸和脂肪醇的聚合物，易水解、熔点低（<100℃），不符合纺丝工艺要求。卡罗瑟斯因此得出了聚酯不具备制取合成纤维的错误结论，最终放弃了对聚酯的研究。顺便指出，过了10年，英国的温费尔特和狄克逊在卡罗瑟斯和希尔斯的研究基础上，找出了失败原因，他们改用芳香族羧酸(对苯二甲酸) 和乙二醇为原料缩聚合成了聚酯纤维（即涤纶），并于1950年投入工业化生产，成为化学纤维的新秀，这对卡罗瑟斯不能不说是一件很遗憾的事情。

当时聚酯纤维的制备虽然失败了，卡罗瑟斯并没有灰心。在以后的4年时间里，他领导的研究室继续进行了几千种单体的组合，试验了几百种不同的纤维，但结果都不理想。1935年卡罗瑟斯把研究重点改为研究二元酸和二元胺的缩聚反应。终于在1935年2月28 日用己二胺和己二酸作原料进行缩聚反应生成聚合物，由于这两个组分中均含有6个碳原子，当时称为聚合物66。他又将这一聚合物熔融后经注射针压出，在张力下拉伸成为纤维。1938年7月，杜邦公司首次生产出该聚酰胺纤维。同月，以它为刷毛的牙刷投放市场，还取了个不同凡响的名字——Nylon（原意为"奇迹丛"）。1938年10月27日正式宣布世界上第一种合成纤维诞生了，这种纤维即尼龙66纤维。1939年实现工业化后定名为Nylon（中译为"耐纶"）。由于在结构和性质上更接近天然丝，它具有丝的外观和光泽，其耐磨性和强度超过当时任何一种纤维，而且不溶于普通溶剂，具有265℃的高熔点，原料价格也比较便宜。现在大家知道它叫"尼龙66"。尼龙66是最早的一种有实用价值的人工合成纤维。尼龙的发明不仅有重要的实用价值，而且对高分子学说的确立也立了汗马功劳，由于尼龙的发明彻底证明了缩聚反应的理论，标志着高分子是由共价键结合的学说获得了最终的胜利。

杜邦公司从没有明确应用目的的基础研究开始，历时11年，耗资2700万美元，有230名专

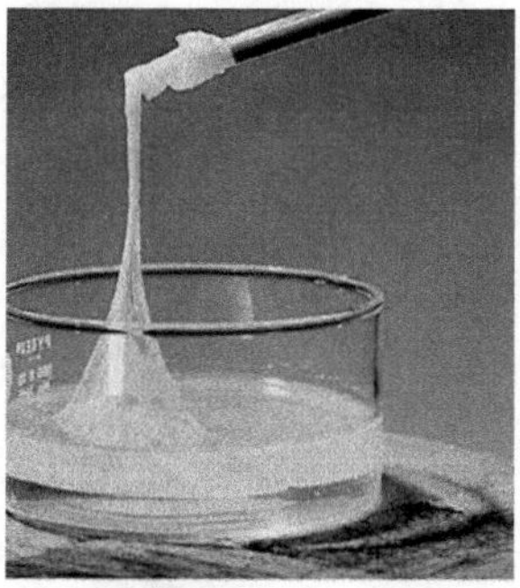

图2-19 从搅拌棒可以拉出的高分子丝

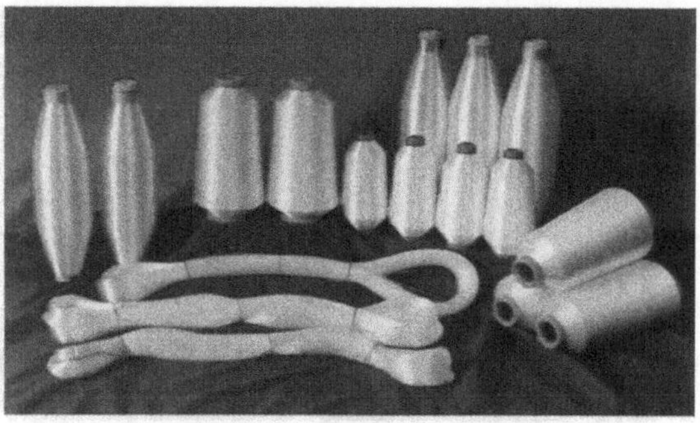

图2-20 尼龙66长丝

家参加了有关的工作，终于在1939年底实现了工业化生产，生产出尼龙66长丝（图2-20）。

尼龙的合成奠定了合成纤维工业的基础，尼龙的出现使纺织品的面貌焕然一新。用这种实际上是由煤、空气和水作原料制造的纤维织成的尼龙丝袜既透明又比丝袜耐穿。1939年10月24日杜邦在总部所在地威明顿的百货商店首次公开销售尼龙长袜时引起轰动，要求每人限买3双，还要提供当地住址，为此来自全国的时尚女性必须首先抢订城内的旅馆。人们排长队竞相购买，混乱的局面迫使治安机关出动警察来维持秩序。有的妇女一买到就迫不及待地坐在人行道上穿起来（图2-21）。首批供应的四百万双长袜仅用4天就销售一空，令有经验的商人为之目瞪口呆。1940年5月15日，杜邦在全美首次发售，尽管每人限购1双，500万双还是当天告罄。7个月内尼龙丝袜带来300万美元的利润。买不到的女人很多在裸腿上画纹路冒充丝袜。到1940年5月尼龙纤维织品的销售遍及美国各地。人们曾用“像蛛丝一样细，像钢丝一样强，像绢丝一样美”的词句来赞誉这种纤维。一根直径6mm的尼龙绳强到竟然可以吊起重量为2t的汽车（图2-22）。

图2-21 在人行道上穿尼龙长袜的妇女

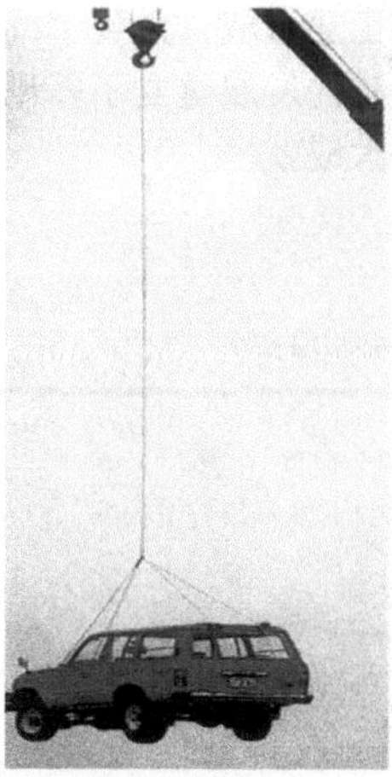

图2-22 尼龙绳吊起小轿车

从第二次世界大战爆发直到1945年，尼龙从民用市场消失，尼龙工业被转向制降落伞、飞机轮胎帘子布、军用帐篷、军服等军工产品。由于尼龙的特性和广泛的用途，战后发展非常迅速，90%的尼龙转向内衣生产。战后最初10年，尼龙产量猛增25倍，到1964年已占到合成纤维的一半以上，至今，仍是三大合成纤维之一。现尼龙广泛用作衣服、地毯、缆绳、安全皮带、帐篷、牙刷毛、外科缝线、渔网、降落伞和热气球（图2-23）等，应用方式难以计数。

图2-23　尼龙用于降落伞（a）和热气球（b）

胎面
帘线
胎体
胎缘

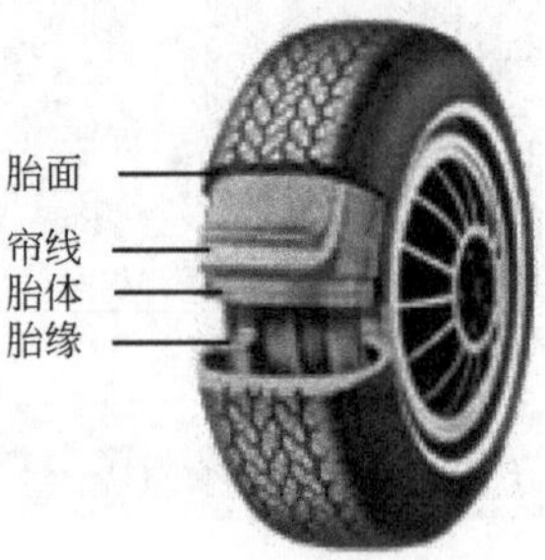

图2-24　轮胎的帘线

如果看过用旧轮胎的断面就会发现，轮胎是用帘子线或帘子布来增强的。原来用的是棉线，尼龙出现后帘子线成了尼龙重要的应用之一，图2-24显示了轮胎帘子线的结构。

遗憾的是，卡罗瑟斯没能看到这一成果，尼龙的成功故事却出现了悲剧性结局：1936年4月，刚刚入选国家科学院的卡罗瑟斯被送往医院治疗严重抑郁症，1936年他喜爱的孪生姐姐去世，使他的心情更加沉重。1937年4月29日，这位在聚合物化学领域作出了杰出贡献的41岁的化学家在费城一家饭店的房间里饮用了掺有氰化钾的柠檬汁而自杀身亡。《塑料》一书的作者史蒂文·芬尼切尔说："我在读了卡罗瑟斯的日记以后得出的印象是：卡罗瑟斯对于自己发明的材料被用于生产供女人穿的袜子感到非常沮丧。他是一位学者，这使他感到受不了。"他觉得人们会认为他的主要成就只不过是发明了一种"平凡的商业产品"。为了纪念卡罗瑟斯的功绩，1946年杜邦公司将乌米尔特工厂的尼龙研究室改名为卡罗瑟斯研究室。

卡罗瑟斯在研究尼龙缩聚时，提出了缩聚反应理论，并科学地把聚合反应分为加聚反应和缩聚反应，这种分类一直沿用至今，缩聚反应成为高分子合成的两大重要支柱之一。后来，卡罗瑟斯的助手、学生弗洛里进一步完善了缩聚反应理论，于1974年获得了诺贝尔化学奖。此外，尼龙的工业合成，为整个缩聚反应合成提供了一套完整的工艺模式；尼龙纤维的制造，为其他合成纤维的发展建立了基础。总之，尼龙的发明不仅是化学工业的伟大成就，同时也是纺织工业的重大成就。

合成树脂产量（单位：万吨）

2007/1978年倍数　45.3
2007/1978年年均增长率：13.6%

3073.6

2007年

1096.7

2000年

570

1997年

3.8

4.0

67.9

112.1

1959年

1960年

1978年

1983年

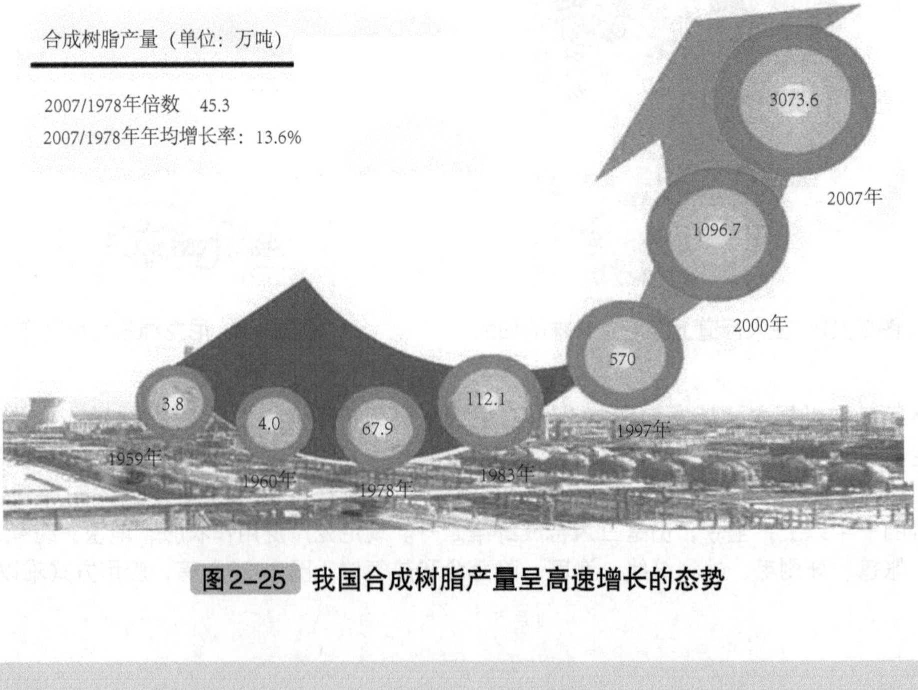

图2-25　我国合成树脂产量呈高速增长的态势

2.1.8 近代高分子工业的神速发展

从20世纪20年代高分子科学创立以来，高分子工业飞速发展，一大批实用的高分子材料相继问世。代表性的塑料是：醇酸树脂(1927)、聚氯乙烯(1929)、脲醛树脂(1929)、聚苯乙烯(1933)、聚甲基丙烯酸甲酯(1936)、高压聚乙烯(1939)、聚醋酸乙烯(1936)、丁基橡胶(1940)、涤纶纤维(1941)、聚氨酯(1943)、环氧树脂(1947)、ABS(1948) 、低压聚乙烯(1953)、聚丙烯(1954)、聚甲醛(1956)、聚碳酸酯(1958)、顺丁橡胶(1958)、异戊橡胶(1959)，乙丙橡胶(1960)，聚酰亚胺(1963)、聚砜(1965)、聚苯硫醚(1968)等。

我国的高分子材料发展极为迅猛。塑料的产量已在世界上占第2位（其中五大合成树脂占第1位）；合成纤维占第1位；合成橡胶占第3位。图2–25表示我国合成树脂在改革开放以来的神速发展。从地域分布来说，主要还是在沿海地区（图2–26，图2–27）。

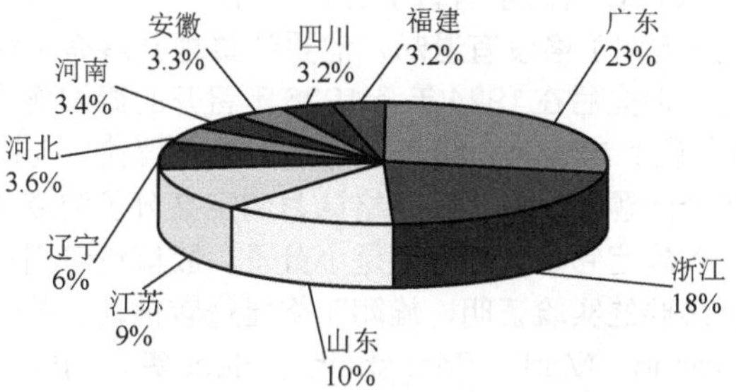

图2–26 2009年我国塑料制品产量的区域分布图

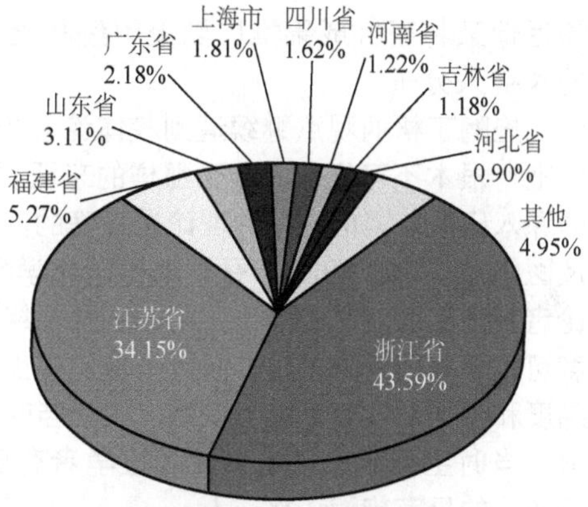

图2–27 2008年我国化纤产量的区域分布图

2.2 高分子科学大师的故事

自从1953年以来，高分子科学界多次获诺贝尔奖，成为了高分子发展史的一个又一个丰碑。以下介绍他们的故事。

2.2.1 高分子科学的创始人施陶丁格的故事

1953年施陶丁格（Hermann Staudinger，1881~1965年）获诺贝尔化学奖，主要贡献是创建高分子学说，颁奖词是“For his discoveries in the field of macromolecular chemistry”。

施陶丁格（图2–28）1881年3月23日生于德国莱因兰–法耳次州的沃尔姆斯。1907年毕业于施特拉斯堡大学，获博士学位。同年聘为卡尔斯鲁厄工业大学副教授。1912年于苏黎世工业大学任为化学教授。1965年9月8日在弗赖堡逝世，享年84岁。

早在1861年，胶体化学的奠基人英国化学家格雷阿姆曾将高分子与胶体进行比较，并从高分子溶液具有丁达尔效应等胶体性质出发，提出了高分子是胶体的理论。胶体论者拿胶体化学的理论来套高分子物质，认为纤维素是葡萄糖的缔合体（即小分子的物理集合）。该理论在一定程度上解释了某些高分子的性质，得到许多化学家的支持。在当时只有德国有机化学家施陶丁格不同意胶体论者的上述看法。1920年施陶丁格发表了“论聚合”的论文（H.Staudinger,Berichite, 52, 1073,1920），他从研究甲醛和丙二烯的聚合反应出发，认为聚合不同于缔合，分子靠正常的化学键结合起来。这篇论文的发表，就像在一潭平静的湖水中扔进

图2-28 施陶丁格

一块石头，引起了一场激烈而又严肃的学术论战。

1922年，施陶丁格进而提出了高分子是由长链大分子构成的观点，动摇了传统的胶体理论的基础。胶体论者坚持认为，天然橡胶是通过部分价键缔合起来的，这种缔合归结于异戊二烯的不饱和状态。他们自信地预言：橡胶加氢将会破坏这种缔合，得到的产物将是一种低沸点的低分子烷烃。针对这一点，施陶丁格研究了天然橡胶的加氢过程，结果得到的是加氢橡胶而不是低分子烷烃，而且加氢橡胶在性质上与天然橡胶几乎没有什么区别。结论增强了他关于天然橡胶是由长链大分子构成的信念。随后他又将研究成果推广到聚甲醛和聚苯乙烯，指出它们的结构同样是由共价键结合形成的长链大分子。

施陶丁格的观点继续遭到胶体论者的激烈反对，有的学者曾劝告说："离开大分子这个概念吧！根本不可能有大分子那样的东西。"但是施陶丁格没有退却，他更认真地开展有关课题的深入研究，坚信自己的理论是正确的。为此，他先后在1924年及1926年召开的德国博物学及医学会议上、1925年召开的德国化学会的会议上详细地介绍了自己的大分子理论，与胶体论者展开了面对面的辩论。辩论主要围绕着两个问题：一是施陶丁格认为测定高分子溶液的黏度可以换算出其分子量，而分子量的多少就可以确定它是大分子还是小分子。胶体论者则认为黏度和分子量没有直接的联系。由于当时缺乏必要的实验证明，施陶丁格显得较被动，处于劣势。当时主张小分子论的代表性学者有Bergmann、Mark、Pringsheim、Hess等，而主张高分子论的只有施陶丁格一人。

施陶丁格没有却步，而是通过反复的研究，终于在黏度和分子量之间建立了定量关系式（即著名的施陶丁格方程）。辩论的另一个问题是高分子结构中晶胞与其分子的关系。双方都使用X射线衍射法来观测纤维素，都发现单体与晶胞大小很接近，对此双方的看法截然不同。胶体论者认为一个晶胞就是一个分子，晶胞通过晶格力相互缔合形成高分子。施陶丁格认为晶胞大小与高分子本身大小无关，一个高分子可以穿过许多晶胞。对同一实验事实有不同解释，可见正确的解释与正确的实验同样重要。

在这个关键的问题上，1926年瑞典化学家斯维德伯格用超高速离心机成功地测量了血红蛋白的平衡沉降，由此证明高分子的分子量的确是从几万到几百万。而在美国，卡罗瑟斯通过缩合反应得到了分子量在20000以上的聚合物，支持了大分子的概念。事实上，参加这场论战的科学家都是严肃认真和热烈友好的，他们为了追求科学的真理，都投入了缜密的实验研究，都尊重客观的实验事实。当许多实验逐渐证明施陶丁格的理论更符合事实时，支持施陶丁格的队伍也随之壮大，到1932年的德国化学会上除Hess一人持保留态度外，大分子的概念已得到与会者的一致公认。在大分子理论被接受的过程中，最使人感动的是原先大分子理论的两位主要反对者，晶胞学说的权威马克（Mark）和迈雅（Meyer）在1928年公开地承认了自己的错误，同时高度评价了施陶丁格的出色工作和坚韧不拔的精神，并且还具体地帮助施陶丁格完善和发展了大分子理论。这就是真正的科学精神。

1932年，施陶丁格总结了自己的大分子理论，出版了《有机高分子化合物——橡胶和纤维素》，成为高分子科学诞生的标志。

施陶丁格还是分子生物学的先驱。他在高分子科学研究取得成功之后，顺理成章地将大分子的概念引入生物化学。要证明大分子同样存在于动植物等生物体内，最好能找到除了黏度法之外的其他方法，证明大分子的存在和存在的形式。经过两年多的努力，利用了电子显微镜等现代实验观测手段，终于用事实证明了生物体内存在着大分子。他还提出生命可以由大分子合成的理论。当时，这个理论在科学家中引起了很大的争论，有的科学家对这一理论提出异议：“如果施陶丁格是正确的话，那么就有可能在试管中产生生命。”施陶丁格力排众议，他提出：“现在并没有发现大分子的结构里有什么神秘和不正常的地方。根据简单的有机化学理论，只要正常的有机化合物通过一系列的化学反应，转变为足够大和复杂的大分子，就可以成为生命的源泉。”后来，科学的发展确实证明了施陶丁格的论点是正确的，例如人工合成牛胰岛素无疑就是向合成蛋白质迈出了可喜的一步。1947年施陶丁格出版了著作《大分子化学及生物学》，为分子生物学这一前沿学科的建立和发展奠定了基础。

为了配合高分子科学的发展，1947年起他主持编辑了《高分子化学》(Diemakromolekulare Chemie)这一国际专业杂志。他一生培养了许多高分子研究人才。1965年9月8日，施陶丁格安然去世，享年84岁。

2.2.2 齐格勒、纳塔与高分子合成的重大突破

1963年齐格勒(Karl Ziegler，1903~1979年)和纳塔(Giulio Natta，1898~1973年)(图2-29)获诺贝尔化学奖，主要贡献是发明了金属络合催化剂。由于他们的贡献使得低压聚乙烯、全同聚丙烯和顺丁橡胶的合成成为可能。颁奖词是“For their discoveries in the field of the chemistry and technology of high polymers ”。

图2-29 齐格勒(a)和纳塔(b)

齐格勒及其同事们发现，乙烯可以在低压下用配位催化剂聚合，这是聚合物发展历史中最令人振奋的事件之一。1953年，齐格勒等从一次以$AlEt_3$为催化剂从乙烯合成高级烯烃的失败实验出发，意外地发现以乙酰丙酮的锆盐和$AlEt_3$催化时得到的是高分子量的乙烯聚合物，并在此基础上开发了的乙烯聚合催化剂$TiCl_4-AlEt_3$。

齐格勒于1928~1934年期间在丁二烯负离子聚合方面进行过开拓性工作，但是他对制备聚合物材料并无特殊兴趣。齐格勒对三乙基铝存在下能使乙烯转变成高级烯烃的催化剂特别感兴趣，那时已能反应得到10个碳的烯烃了。有一天，奇怪的事情发生了，生成物只有丁烯。究其原因，发现可能是耐压容器不锈钢中的镍阻止了反应，于是他用酸清洗了反应釜，令镍溶出，就又恢复正常。后来发现除了镍，其他过渡金属也有这样的作用。

于是齐格勒给他的博士生Breil的论文题目是“系统地试验整个周期表的元素”。具有讽刺意味的是，他试验的本来目的是寻找使取代反应超过增长反应的催化剂，结果却相反地发现三乙基铝与某些过渡金属化合物共存时可使乙烯催化聚合成高分子。这结果首先是从乙酰基丙酮锆中观察得到的，后来发现钛化合物特别有效，即使在大气压和室温下也可以使乙烯聚合。

他指出从用他的催化剂合成得到的聚乙烯的红外光谱来看，这种聚乙烯含有很少量的甲基基团，因此“它很可能是线型聚合物”，并发现此聚合物于130~150℃熔融，大大高于高压过

程所得聚乙烯的熔点。而且由于线型分子链排列紧密，密度较高，于是低压法聚合的聚乙烯又称为“高密度聚乙烯”（HDPE）。

查阅文献时，Breil发现早在1943年M.Fischer转让给染料工业公司的一个专利中描述了与乙烯聚合非常相似的过程。那时希望找到能使乙烯聚合成润滑油的方法，而Fischer发现“当三氯化铝与四氯化钛并用作催化剂时，液态产物减少而有利于生成固态物”，因此似乎是失望多于合成聚乙烯新途径的希望。不管怎样，Fischer在齐格勒的发明之前已有行动。后来染料工业公司的继任者BASF公司采取了威胁要争夺齐格勒的专利的立场。论战终于解决了，BASF公司获得了特许权。

接着，1954年Natta等把Ziegler催化剂中的主要组分$TiCl_4$还原成$TiCl_3$后与烷基铝复合成功地进行了丙烯聚合。谈到发明配位聚合的第二个主要人物纳塔，他在许多方面与齐格勒不相同。Ziegler很不愿意从大学转到凯泽·威廉煤炭研究所去，因为他担心将被迫将研究方向从纯科学研究转到以产品为主的方面去。而纳塔则从他与蒙特卡蒂尼公司的紧密结合中实现了最大的科学满足，并且他的大多数研究成员也是由公司提供的。

纳塔也曾派过他的几个同事到Ziegler的实验室去观察这些研究的进展，当齐格勒发明低压聚乙烯时，纳塔让他的人也在这个过程中接受指导，同时安排了齐格勒与蒙特卡蒂尼公司间的协作。早在1954年，纳塔就安排他的研究小组用齐格勒催化剂试验丙烯聚合，希望获得一个高分子量的线型聚合物并预期它是橡胶。实验结果乍看是橡胶，但分级后使纳塔大为吃惊地发现它含有高结晶部分。1954年12月10日，纳塔向美国化学会志投寄了一篇短文，其中报道了他们“用各种非均相催化剂合成了线型结晶聚丙烯、聚α-丁烯以及聚苯乙烯。至于催化剂将在另外描述”。他确定了聚丙烯的等同周期为0.65nm，并认为“单元晶胞中包含的主链部分相当于三个单体单元”。这个事实导致他“把新的结晶聚合物的结构归之于主链或至少相当长部分的主链上的不对称碳原子都采取了相同的构型”。同时由于链取代基的立体结构要求“主链必定发生了螺旋化”。他建议用“等规（Isotactic）”术语来描述在这类聚合物中所观察到的立构规整性。这就是人们现在已经熟知的全同立构聚丙烯的结构。

纳塔的原稿起先被评审稿件者否决了，因为文中未披露催化剂的本质。后来由该杂志的编辑Flory更改了裁决，他认为文章有着不寻常的意义。纳塔的大多数文章中缺乏详细的实验描述是因为他与蒙特卡蒂尼公司密切合作的缘故。1958年4月在美国纽约布鲁克林多科工学院举行的“定向聚合合成”学术会议上，纳塔作了一个讲演，他的许多幻灯片是模糊不清的，有些听众怀疑这是有意这样做的。无疑，纳塔与蒙特卡蒂尼公司的关系限制了他坦率地进行科学交流的自由。

人们可能会奇怪为什么齐格勒发明了低压聚乙烯后没立即跨到聚丙烯。齐格勒的一个学生H.Wesslan用$TiCl_4$-三烷基铝催化剂聚合丙烯时，得到了固态聚合物，但当他测得这个物质的熔点高于聚乙烯时，他肯定自己有错误，因为他不相信支化会提高石蜡烃的熔点。

McMillan述说了一个异乎寻常的故事：在石油化学公司工厂内正用齐格勒方法生产着聚乙烯。一天工厂里的乙烯用完了，负责的工艺师要求批准用丙烯来代替，获得了聚合物，但没有一个人感到惊奇，也没有一个人想到要去申请一个专利。

纳塔组织的这个有才华的研究队伍，在立构规整性聚合物研究方面取得了飞快的进展，因此Natta在提交美国化学会志第一个简报后7个月就向大分子化学杂志投寄一篇文章。文中确立了等规聚丙烯、等规聚（α-丁烯）和等规聚苯乙烯的链构象；宣称首次制备了间规聚合物（1，2-聚丁二烯），富顺式或富反式1，4-聚丁二烯及非晶高分子量橡胶态聚丙烯。

配位聚合固有的潜力当然不会被美国橡胶工业放过。正当纳塔小组对较易得到的丁二烯进行研究时，古德里奇实验室的Horne宣称用配位催化剂使异戊二烯聚合制得了比弗尔斯通公司的Staveley所制得的产品更近似于天然橡胶的顺式聚异戊二烯。

尽管纳塔在发现定向聚合后5年中病瘫在床，但仍顽强工作，在妻子的帮助下共完成了700多篇论文。1963年纳塔和齐格勒共享的诺贝尔化学奖是对他们贡献的最好承认。

纳塔与工业界的紧密联系可能是Ziegler–Natta催化剂能迅速产业化的一个原因。在Ziegler–Natta催化剂发现后仅2~3年便实现了工业化，1954年和1957年乙烯低压聚合制备高密度聚乙烯和丙烯定向聚合制备全同聚丙烯实现工业化，由此把高分子工业带入了一个崭新的时代。

　　聚乙烯工艺也发生的根本性的变化。搞化工的人喜欢液相反应。液体，让它流动，它就流动；让它乖乖待着，它就乖乖待着。泵、阀门、管道、容器，都可以用上。要控制温度、压力、流量、液位，几个龙头左一拧右一拧，反应产物就哗哗地往外跑。而气体怕泄漏，固体要靠传送带和装卸机，都不如液体方便。所以，聚乙烯工艺从低密度聚乙烯的高压管式气相反应器转向高密度聚乙烯的液相连续搅拌釜反应器。

　　但是新问题又出来了。线型分子结构的高密度聚乙烯的剪切性能很好，但抗撕裂性能却不好，有时在很不苛刻的条件下，也一点经受不起考验。一时间，聚乙烯囤积如山。幸好有一家Wham–O Toys公司生产聚乙烯呼啦圈，正好呼啦圈在青少年中大流行。与此同时，Earl Tupper发明了Tupperware，就是带气密盖子的聚乙烯塑料罐，可以把食物装起来，存冰箱。聚乙烯生产厂家真是久旱逢甘霖。

　　1960年，加拿大的杜邦公司（Dupont of Canada）首先工业化生产了线型低密度聚乙烯（LLDPE），被称为聚乙烯生产的一次革命。在聚合乙烯的同时，加少量（8%~12%）更大的α–烯烃（如1–丁烯、1–己烯、1–辛烯，分别简称为C$_4$、C$_6$、C$_8$）进行共聚，有控制地造成含有一定数目的碳数为2~6的侧基，其支化数多于HDPE，而少于LDPE。由于侧链不长，密度与线型的高密度聚乙烯差不多，整根分子链仍维持线型（图2–30）。为了便于区分，这种新型的线型聚乙烯被称作线型低密度聚乙烯，又称为第三代聚乙烯。

LLDPE　　　　　　　HDPE　　　　　　　LDPE

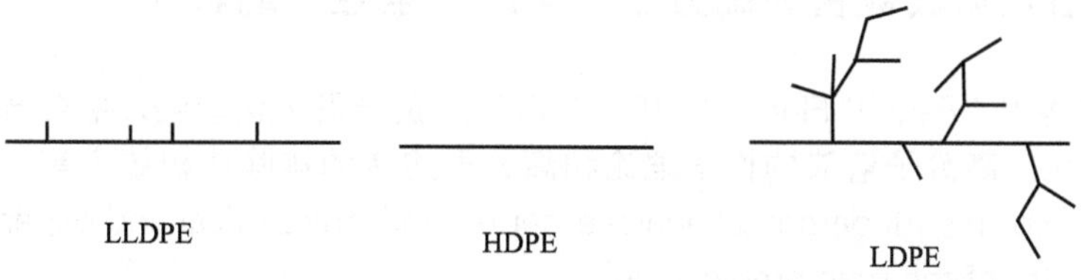

图2–30 LLDPE、HDPE和LDPE的结构比较示意图

　　例如，美国联合碳化合物公司采用C$_4$（1–丁烯）为共聚烯烃，反应温度为85~100℃，压力为2MPa，采用Ziegler型催化剂。反应方程如下：

$$x\,CH_2{=}CH_2 + y\,CH_2{=}CH\underset{\displaystyle CH_2{-}CH_3}{} \longrightarrow \left[\!\!\!\begin{array}{c}CH_2{-}CH_2\end{array}\!\!\!\right]_x \left[\!\!\!\begin{array}{c}CH_2{-}CH\\CH_2\\CH_3\end{array}\!\!\!\right]_y$$

　　LLDPE提高了抗撕裂性能，因为短侧基反而有利于主链和主链之间不分家。这就像一堆光洁的直木棍，一推就倒了；但一堆鱼骨头一样的木棍，交叉缠在一起，要推倒还真不容易（图2–31）。LLDPE的可加工型和透明性接近于LDPE，比HDPE好得多。但LDPE需要高温高压制备，产品价格无法降低，而LLDPE的生产条件相对温和，不仅耗能少，产量高，而且兼有LDPE和HDPE的优点。总的来说，其结构接近HDPE，而性质接近LDPE（表2–1）。

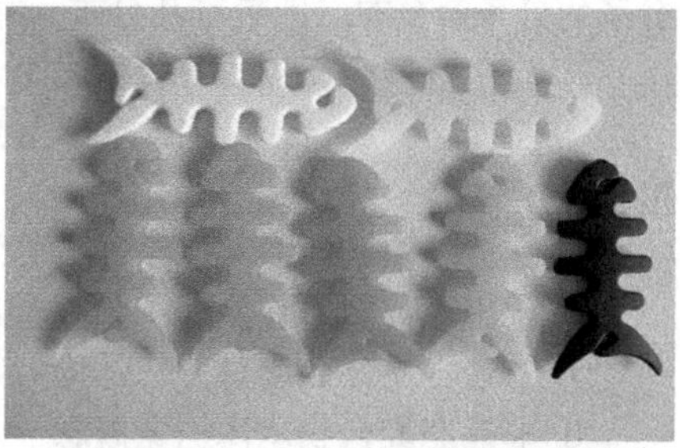

　　低密度聚乙烯LDPE（高压聚乙烯），支化破坏了分子的规整性，使其结晶度大大降低；高密度聚乙烯HDPE（低压聚乙烯），线型分子，易于结晶，故

图2–31 LLDPE的结构像鱼骨

表2-1 三种聚乙烯的结构与性能比较

品 种	密度/(g/cm³)	制备方法	结 构	熔点/℃	结晶度/%	透明性	用 途
LDPE	0.910~0.930	高压法	支化	105	45~50	透明	塑料袋、农业薄膜等
LLDPE	0.910~0.940	低压法	线型	120	50~55	透明	缠绕膜等
HDPE	0.940~0.970	低压法	线型	135	60~80	不透明	瓶、管、棒、袋等

密度、熔点、结晶度和硬度方面都高于LDPE。

Ziegler–Natta催化剂其实有一个缺点，即产物的分子量分布相对较宽，相当于用一把长短不齐的木棍做篱笆，产品的性质不整齐划一，限制了进一步提高产品的品质。后来科学家又推出金属茂催化剂，所长出的聚乙烯链特别均匀，分子量分布特别窄，从而使这种新型聚乙烯有特别优越的物理性能，现在市面上各个公司有很多商品名，但统称MPE（金属茂聚乙烯）。2010年，世界聚乙烯总年产能力达8300万吨，金属茂聚乙烯达700万吨，成为十分重要的聚乙烯品种。金属茂还用于全同聚丙烯、间同聚丙烯、间同聚苯乙烯、乙丙橡胶和聚环烯烃等的工业生产。

MPE的分子量分布窄，对制成的聚乙烯产品的性能非常有利，但对聚乙烯产品的制造过程却带来了不少麻烦。本来挤塑机可以借助低分子量部分的润滑作用，现在润滑作用没有了，不光挤塑过程要耗费大得多的功率，挤塑件的表面光洁度、模具内部的填充均匀性，都成了问题。

这时，高分子工艺解决了这个问题。一个反应器里聚合出来的聚乙烯有一个分布，如果把两个反应器串联起来，设定不同的条件，不就可以形成像骆驼背一样的双峰了吗？适当调节两个峰的高度和间距，有控制地引入一定的低分子量的成分，并以高强度的高分子量作为主体，可以在聚乙烯的强度和易加工性之间作无穷多的文章，于是又出现了双反应器聚乙烯。

2.2.3 弗洛里与其被誉为高分子科学的“圣经”的著作

1974年弗洛里（Paul J. Flory，1910~1985年）获诺贝尔化学奖，主要贡献是缩聚和加聚机理的系统化、高分子溶液的格子理论和高分子溶液的排除体积效应等一系列高分子理论。颁奖词是“For his fundamental achievements, both theoretical and experimental, in the physical chemistry of the macromolecules”。

弗洛里[图2-32(a)]于1910年6月19日生于伊利诺伊州斯特灵。1931年毕业于印第安纳州Manchester学院化工系，1934年在俄亥俄州州立大学获物理化学博士学位，后任职于杜邦公司，进行高分子基础理论研究。1948年在康奈尔大学任教授。1953年当选为美国科学院院士。1957年任梅隆科学研究所执行所长。1961年任斯坦福大学化学系教授。1975年退休。1985年9月9日弗洛里因心力衰竭在冰岛参加学术会议时病逝，享年75岁。弗洛里在高分子物理化学方面的贡献，几乎遍及各个领域。他是实验家又是理论家，是高分子科学理论的主要开拓者和奠基人之一。

弗洛里在半个多世纪里的研究范围广泛、硕果累累。其中主要有：

① 缩聚反应过程中的分子量分布理论，利用等活性假设及直接的统计方法，他计算了高分子的分子量分布，即最可几分布，并利用动力学实验证实了等活性假设；

② 自由基聚合反应的链转移理论；

③ 将聚合物统计理论用于非线型分子，产生了体型缩聚反应的凝胶化理论；

④ 橡胶弹性理论；

⑤ 高分子溶液热力学理论，被称为Flory–Huggins格子理论；

⑥ 提出“排除体积”理论和θ温度概念；

⑦ 溶液或熔体黏度与分子结构关系；

⑧ 非晶态聚合物本体构象概念；

⑨ 半结晶聚合物的分子形态、液晶聚合物理论等。

这些成果每一项都包括一个广大的领域。例如在高分子溶液的研究方面，20世纪40年代初提出的Flory–Huggins理论揭示了高分子溶液与理想溶液存在巨大偏差的实质，至今仍是高分子科学的里程碑之一。该理论是用于浓溶液体系，对液－液平衡、熔点降低、弹性体溶胀等的处理都获得了满意的结果。弗洛里在1948年开始研究排斥体积效应，提出θ温度的概念，明确了聚合物分子与溶剂分子间的相互作用、无扰链分子尺寸以及稀溶液黏度等之间的相互关系。20世纪50年代提出Flory–Krigbaum稀溶液理论是该领域的代表性成果。60年代，他利用溶液状态方程处理溶剂、聚合物和溶液，推导出混合体积变化、混合热以及由他提出的“作用参数”与浓度的关系，将高分子溶液理论又推进一步。由他建立的溶液理论不仅适用于高分子溶液，用于处理其他溶液体系同样获得成功。可以这样说，在高分子物理化学中几乎没有未被弗洛里研究过的领域，在半个多世纪中他共发表论文300余篇。Flory曾出版过两本著名的学术专著《高分子化学原理》(1953年)和《链状分子的统计力学》，其中前一本在美国再版达10次之多，被誉为高分子科学的“圣经”，是高分子科学工作者和学生的必读书目[图2–32(b)]。这本书没有中译本，钱人元先生主张大家看其原著。

图2–32 弗洛里(a)和被称为“圣经”的《高分子化学原理》(b)

人们常常将弗洛里视为高分子科学的奠基者和开拓者，他本人则说，如果要他再从头干一遍的话，它仍然选择高分子，因为“高分子更伟大的发现还在后头”。

弗洛里曾于1978年和1979年两度访华。作为美方代表团团长，他参加了1979年在北京召开的“中美双边高分子化学及物理学讨论会”，这是在我国首次召开的国际化学学术会议，弗洛里在会上作了“刚性链高分子的向列型液晶序理论”的报告，交流了最新成果，增进了两国科学界的友谊与合作。当钱人元先生问弗洛里对中国的高分子研究有何评价时，弗洛里出人意料地说：“Nothing”，使我国高分子界产生很大震撼。的确，在改革开放以前，中国学术界几乎与世界隔绝，外界对中国不了解。钱人元先生在1958年参加于捷克斯洛伐克举行的学术会议论文是1978年以前唯一在西方杂志发表的中国学者的论文(Chien JY, Shih LH, Yu SC. J Polym Sci, 29, 117, 1958)，而且由于是在社会主义国家举行才得以参加。如今，我国学者在许多国际高分子期刊的论文比例为10%~30%，在论文数量上已属高分子大国。

2.2.4 梅里菲尔德与生命物质蛋白质的合成

在经典的人工合成多肽的溶液反应中，大部分时间消耗在对中间体的精制上，由于这些中间体溶解性差更加大了提纯操作的难度。我们知道蛋白质或DNA等都是由上百个肽键组成的，每一步都要提得很纯才能进行下一步，而且越长的分子溶解性越差，越到后来，提纯越困难。

1963年，梅里菲尔德(Robert. B. Merrifield，1921~2006年)(图2–33)创立了将氨基酸

图2-33 梅里菲尔德

的C末端固定在不溶性树脂——氯甲基化聚苯乙烯珠粒（图2-34）上，然后在此树脂上依次缩合氨基酸，延长肽链、合成蛋白质的固相合成法。在固相法中，每步反应后只需简单地洗涤树脂，便可达到纯化目的，克服了经典液相合成法中的每一步产物都需纯化的困难，大大缩短了分离时间，同时提高了中间产物和最终产物的收率，为自动化合成肽奠定了基础。

1963年，梅里菲尔德以液相法合成舒缓激肽（九肽）用了一年时间，而1964年用固相法只花了8天时间，总收率达32%。

最辉煌的成就应归功于Gutt和Merrifield在1969年公布的核糖核酸酶A的合成，完成这种124肽需要经过369次化学反应，11931次操作步骤。

梅里菲尔德由于创立“多肽固相合成方法”获得1983年诺贝尔化学奖。梅里菲尔德是有机化学家，但他的主要贡献是创立天然高分子蛋白质的合成方法，而且采用的是高分子试剂——氯甲基化聚苯乙烯珠粒（后被称为梅里菲尔德树脂），因而他的贡献应当属于高分子领域。梅里菲尔德的蛋白质固相合成法，推动了实用的蛋白质合成技术的巨大进步。随着现代蛋白质自动合成仪（图2-35）和相应试剂的出现，合成70个氨基酸以下的小蛋白质分子已不是难事。

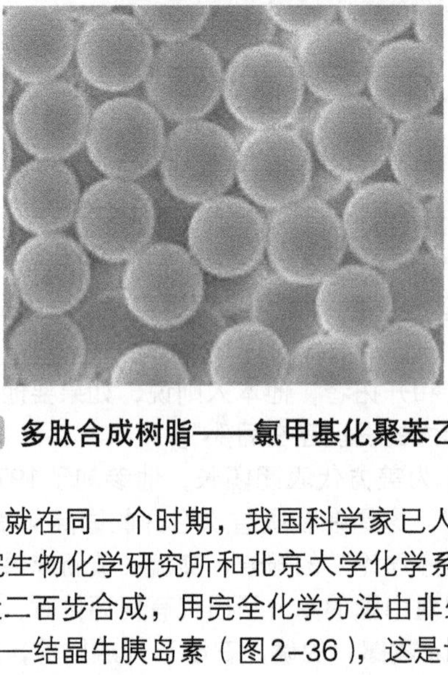

图2-34 多肽合成树脂——氯甲基化聚苯乙烯珠粒

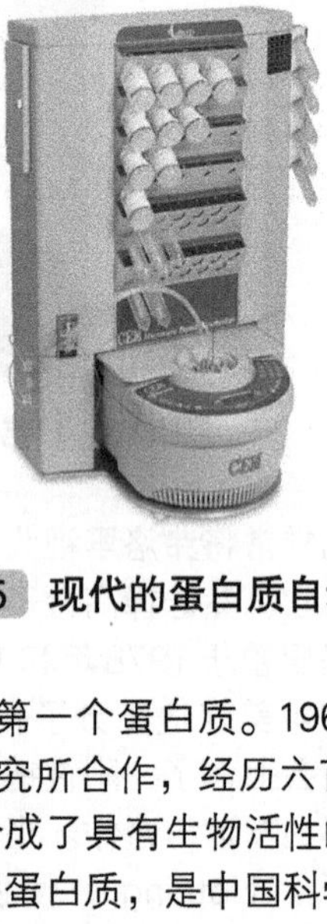

图2-35 现代的蛋白质自动合成仪

其实，就在同一个时期，我国科学家已人工全合成了世界上第一个蛋白质。1965年8月中国科学院生物化学研究所和北京大学化学系、上海有机化学研究所合作，经历六百多次失败、经过近二百步合成，用完全化学方法由非生命的物质人工全合成了具有生物活性的一种蛋白质分子——结晶牛胰岛素（图2-36），这是世界上第一个合成的蛋白质，是中国科学家在科研方面的一项世界冠军。

我国合成的牛胰岛素具有与天然牛胰岛素分子完全相同的结构，通过小鼠惊厥实验证明了纯化的人工合成胰岛素确实具有和天然胰岛素相同的活性。合成的牛胰岛素之所以要结晶，是因为只有结晶才能有生物活性。

胰岛素是动物胰脏中的胰岛分泌出来的一种激素，糖尿病就是体内胰岛素分泌不足引起的疾病。牛、羊、马、猪等家畜的胰岛素与人的胰岛素的结构和功能基本相同，可以用它们代替来治疗糖尿病。但移植动物胰脏会引起排斥反应，所以糖尿病人通常要频繁打胰岛素针。因而合成动物胰岛素有重要意义。

胰岛素由两段肽链共51个氨基酸组成，是当时唯一已知一级序列的蛋白质。生化所负责30肽的B链的合成和两段链间的拆合，北大和有机所负责21肽的A链的合成。该成果于1982年7月获国家自然科学奖一等奖。1975年我国发行了一枚邮票以纪念这一成果，票面图案是分辨率为0.18nm的牛胰岛素晶体结构（图2-37）。我国科学家的这一重大基础研究成果，是在当时多肽化学薄弱、专门人才缺乏、各种氨基酸和特种试剂国内不能生产等不利情况下，同科学发达的美国、联邦德国有关实验室的激烈竞争中取得的。

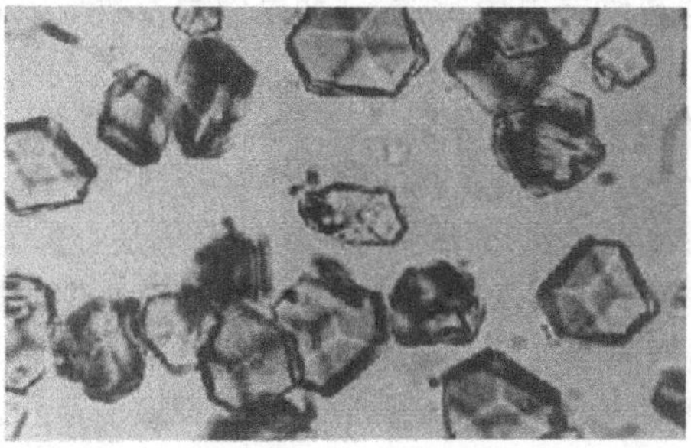

图2-36 我国人工合成的结晶牛胰岛素照片

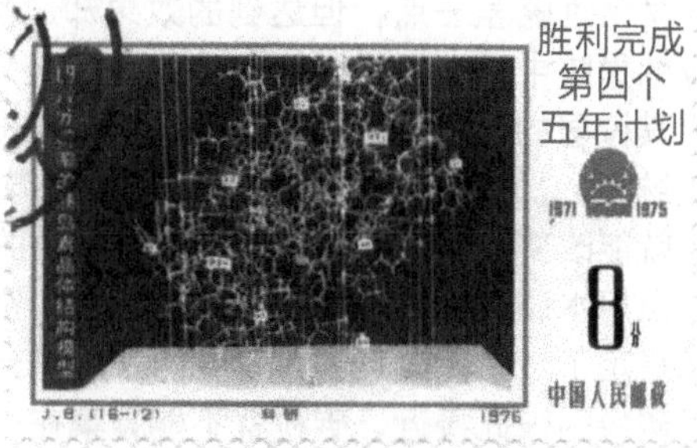

图2-37 含51个氨基酸残基的蛋白质牛胰岛素的晶体结构

2.2.5 德热纳的软物质学说

1991年法国科学家德热纳（Pierre-Gilles de Gennes，1932~2007年）(图2-38)获诺贝尔物理学奖，主要贡献是成功地将研究简单体系中有序现象的方法推广到高分子、液晶等复杂体系。颁奖词是“For discovering that methods developed for studying order phenomena in simple systems can be generalized to more complex forms of matter, in particular to liquid crystals and polymers ”。德热纳把现代凝聚态物理学的新概念、新理论和新实验方法嫁接到高分子科学的研究中来。比如他引入了软物质、普适性、标度律、分形、魔梯、图样动力学、临界动力学等让一般研究者都犯晕的概念，最著名的是他的软物质学说。

1991年，德热纳在诺贝尔奖颁奖会上以“软物质”（Soft matter）为演讲题目，用“软物质”一词概括复杂液体等一类物质，得到广泛认可。从此，“软物质”这个词逐步取代美国人所说的“复杂流体”，开始推动一门跨越物理、化学、生物三大学科的交叉学科的发展。软物质如液晶、聚合物、胶体、膜、泡沫、颗粒物质、生命体系等，在自然界、生命体、日常生活和生产中广泛存在。它们与人们生活息息相关，如橡胶、墨水、洗涤液、饮料、乳液及药品和化妆品等；在技术上也有广泛应用，如液晶、聚合物等；生物体基本上由软物质组成，如细胞、体液、蛋白、DNA等。然而，软物质与一般硬物质的运动变化规律有许多本质区别。对软物质的深入研究将对生命科学、化学化工、医学、药物、食品、材料、环境、工程等领域及人们日常生活有广泛影响。在我们日常所说的“软”的概念里，主要的特征就是容易形变。在软物质这个名词里也有类似的含义。对于软物质，德热纳给出一个重要的特征：弱力引起大变化。典型例子如：电子表内的液晶物质，当电压发生微小变化，即能显著地将其转换成光信号；只需在水中加入极少量表面活性剂，即可显著增强液相的表面活性；在非网状高分子中加入少量交联剂，即可生成力学强度成倍上升的网状高分子。

图2-38 德热纳

德热纳在1991年诺贝尔物理奖获奖后，热心于科普工作，到各个学校作报告，介绍他开创的称之为“软物质”的新学科领域，他的助手根据他的讲稿和录音整理出了当代科普名著《软物质与硬科学》。德热纳的讲演总是从印第安人的橡胶靴子开始的，印第安人把白色的橡胶树的乳汁涂在脚上，20分钟后就凝固成为一双靴子，这是2500年前的发明。乳汁的凝固是由于氧的作用，但这种橡胶非常不结实，很容易就会因为空气的继续氧化而破碎。后来发现了橡胶的硫化使橡胶变得非常耐用，不容易破碎，就使橡胶的应用到了新阶段。与氧同族的硫元素仅仅比氧的化学活性略差一点，但达到的效果却迥然不同。德热纳在书中写道："如果你数一数与硫磺反应的橡胶中的碳原子数目，你会发现硫只占1/200，这是一个具有代表性的数据。然而，这种极其微弱的化学反应已经足可以引起物质的物理状态从液态变到固态，流体变成了橡胶。"德热纳说："这就证明物质状态能够通过微弱的外来作用而改变，就如雕塑家轻轻地压一压大拇指就能改变黏土的形状。这便是软物质的核心和基本定义。"德热纳最喜欢的例子是中国墨汁，炭黑用水调了就可以用来写字，但是放置后炭黑会沉降，解决的办法是加一点胶在水中，墨汁就稳定了。为什么？因为胶中的长链糖分子——透明质酸，附着在碳粒的几个点上，从而阻挡了碳粒的彼此接近，碳粒就不能凝集在一起了。德热纳说："中国墨汁发明了4000多年后，才得到这份完满的解释，那还不过是十年前，因为了解了聚合物的稳定机制才获得的解释，发明与获得解释之间，前后相差数千年。这说明，发明要远远早于解释的出现。"

2.2.6 诺贝尔化学奖得主白川英树和导电塑料的故事

2000年，黑格尔（Alan J. Heeger，1936年~）、马克迪尔米德(Alan G. MacDiarmid，1927~2007年)和白川英树（Hideki Shirakawa，1936年~）（图2-39）获诺贝尔化学奖，主要贡献是发现和发展导电高分子。颁奖词是"For the discovery and development of conductive polymers"。图2-40是他们的获奖证书。

图2-39 马克迪尔米德、白川英树和黑格尔（从左到右）

塑料不导电，所以能用作电线包层、插座开关等的绝缘材料，这是人们的常识。如果说塑料也能导电，肯定被认为是天方夜谭。然而，20世纪70年代中期发现了导电高分子，改变了长期以来人们对高分子只能是绝缘体的观念，进而开发出了具有光、电活性的被称之为"电子聚合物"的高分子材料，有可能为21世纪提供可进行信息传递的新功能材料。

1967年9月，时任日本东京工业大学池田研究室助理的白川英树博士指导韩籍研究生边衡直研究乙炔聚合机理，所用的是常用的乙炔聚合配方，催化剂是三乙基铝/四丁氧钛，浓度是0.25mmol/L。由于研究生已非新人，且这个聚合并不难，白川英树也就没有跟随在旁。不久研究生边衡直发现，乙炔压力不下降，反应不进行，好像失败了。原来为了使单体乙炔能溶入溶液，都会施加搅拌，由于所得的聚乙炔不溶于溶剂，所以产物必然是搅碎的粉末。当白川英树前往观看实验时，果

图2-40 导电高分子发明人的诺贝尔化学奖获奖证书

奇·妙·的·高·分·子·世·界

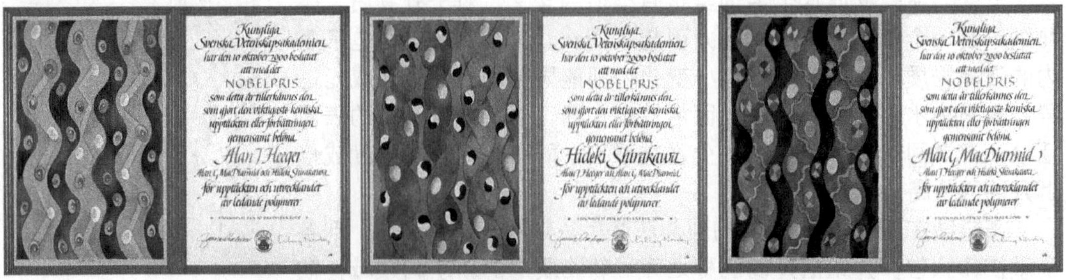

然反应瓶中没有粉末，搅拌器也呈停止状态，但在溶液表面似乎有一层银色薄膜状物。经分析，确定是聚乙炔膜。后来白川英树想要再现聚乙炔膜的合成，经检查上次实验之配方，这才发现催化剂浓度居然加的是0.25mol/L，是正常配方浓度的一千倍。事后推断，可能是研究生将毫摩尔听成摩尔之故。偶然的错误，又加上搅拌器又凑巧停止，才使聚乙炔膜因催化剂浓度提高而生成，又因无搅拌而没被搅成粉末，真是一个“无意的”、“偶然的”和“很幸运的”的发现。这简直与1910年前古德伊尔发现炭黑对橡胶的增强作用如出一辙。当时炭黑是用量很少的着色剂，后来由于配料员搞错了，多加了100包，这样才发现了炭黑的补强作用。

为什么聚乙炔膜这么重要呢？因为以前合成的聚乙炔粉末不是材料，而薄膜状的聚乙炔却可能作为功能高分子材料。但纯聚乙炔膜的电导率还是很小。

马克迪尔米德教授1955年起担任美国宾州大学化学系教授，1975年开始对有机导电性高分子发生兴趣，就在该年前往日本访问时经介绍与时任东京工业大学资源化学研究所助理的白川英树见面。目睹如同铝箔状的聚乙炔膜后，遂邀请白川英树前往宾州大学，并与在半导体与导电性高分子材料的基础物性方面有相当成就的黑格尔教授共同研究。三人于1976年发现在掺杂碘及AsF_6后居然使聚乙炔的电导率提高了十个数量级，达到10^3S/cm，相当于金属铋的电导率，进入导体的范围。德国BASF公司1987年宣布已合成出很纯的聚乙炔，经掺杂后室温下电导率达到1.47×10^5S/cm，比体积电导是铜的25%，比重量电导是铜的2倍。这个现象的发现，开启了导电性高分子的时代。因为“导电性高分子的发现与开发”日本筑波大学物质工学系白川英树名誉教授、马克迪尔米德教授和黑格尔教授共同获得2000年诺贝尔化学奖。

白川英树是获得高分子领域诺贝尔奖的第一个亚洲人，日本在20世纪末发行的一套纪念20世纪成就的邮票中导电性高分子是其中的一枚（图2–41），邮票中的球–棍结构模型是聚乙炔的化学结构。

除了最早的聚乙炔（PA）外，导电高分子主要有聚吡咯、聚噻吩、聚对苯乙烯、聚苯胺以及它们的衍生物等。结构式示于图2–42。

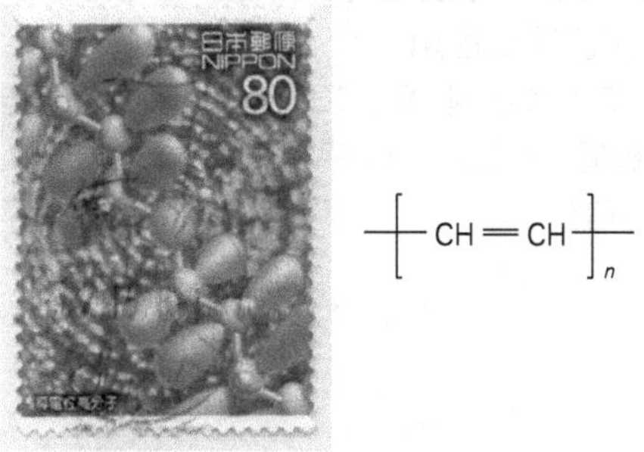

图2–41　日本纪念导电高分子的邮票中聚乙炔的化学结构式

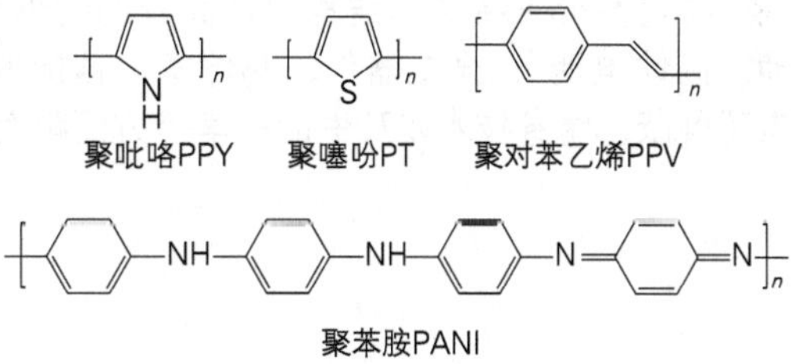

图2–42　其他导电高分子的结构

导电高分子的外观具有金属一样的颜色和光泽，力学性质较脆，与普通塑料很不一样。导电高分子的导电性，源自其大共轭π键结构。所谓共轭π键是碳碳双键的P电子能互相重叠而形成的电子流动通道。从最简单的苯环和丁二烯的共轭π键说起，苯环C_6H_6每个碳原子外层的4个电子除了形成6元环的两个单键和与氢原子相连的一个单键外还剩下一个电子，这是一个垂直于苯环平面的P电子，呈哑铃形[图2–43(a)]。6个P电子会互相交盖，称为“共轭”，形成上下两个轮胎状的所谓π电子云[图2–43(b)]。苯分子中的碳–碳也完全平均化，无单、双键之分。这种具有π电子闭合共轭体系，使得苯环具有高度的对称性和特殊的稳定性。丁二烯也类似（图2–44）。π电子共轭体系的特点就是电子云可以在其间自由流动。如果π电子共轭体系存在于整根高分子链，π电子云能随意流动，就形成了高分子能导电的基础。

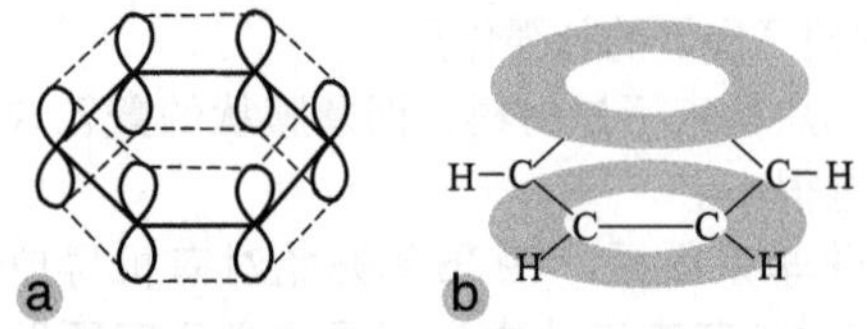

图2–43 苯环的π电子闭合共轭体系

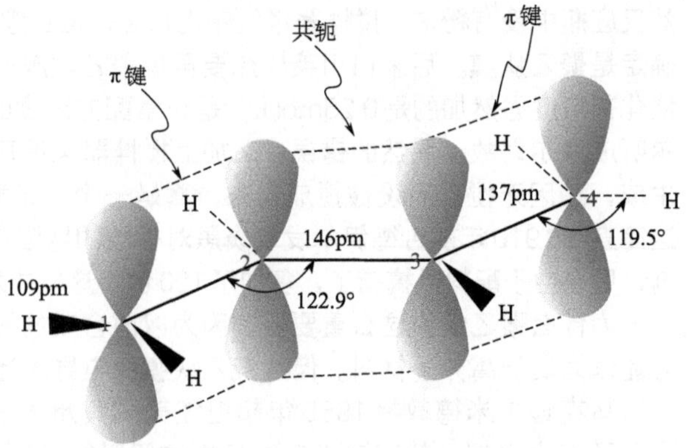

图2–44 丁二烯的π电子共轭体系

日益发展的电子工业越来越强烈地需要导电性能良好，同时又具备密度小、可塑性好、综合力学性能理想的新型功能高分子材料来取代传统的金属等导电体材料。目前，人们习惯上把导电高分子材料分成三大类。第一类是以各种高分子材料为基料，与炭黑、金属等材料复合成型，称复合型导电塑料。第二类是具有高度共轭结构的聚合物体系本身或经掺杂后具备导电性，称结构型导电高聚物。第三类是以带极性基团的聚合物，如聚醚、聚酯等为母体聚合物，与金属盐化合物络合而成的复合有机高分子固体电解质。

近年来，随着电子工业的迅猛发展，电磁波污染已成为严重的社会公害。许多国家制订了有关防止电磁波干扰危害的各种法规。各种各样电子机器的罩壳都需要用导电塑料来制造，以屏蔽机器本身发出的电磁波。因此导致导电塑料的市场需求量剧增。

导电聚合物潜在的用途很广，其中最突出者是制造大功率蓄电池。由于导电聚合物重量轻，可挠曲，所以可提高电池的功率密度。用聚乙炔/锂制造的电池，有希望达到比目前所用铅蓄电池的功率密度高30倍。最近，日本布利特斯顿公司宣布他们已将聚苯胺/锂电池商品化，充放电次数达2000次以上，已在计算机辅助电源等方面得到应用。

导电高分子特殊的结构以及优异的物理化学性能，使得其在能源（二次电池、太阳能电池、固体电池）、光电器件、晶体管、镇流器、发光二极管（LED）、传感器（气体和生物）、电磁屏蔽、隐身技术以及生命科学等方面都有诱人的应用前景。

第3章

一维高分子材料——纤维

人们把长径比为上百倍以上的均匀的线条状或丝状的材料称为纤维。“衣食住行”衣为首，可见纤维与人类生活的关系和重要性。

纤维可分为天然纤维和化学纤维两大类。天然纤维直接从自然界得到，如棉花；化学纤维包括人造纤维和合成纤维两类。合成纤维是指把低分子化合物聚合成线型高分子，再经过纺丝和后处理加工制得的纺织纤维，如涤纶、尼龙等。而人造纤维是利用天然高分子为原料，经化学加工制得的纤维，如黏胶纤维、醋酸纤维等。几乎所有的合成纤维的高分子原料都可以做成塑料（当然两者的分子量要求不同），例如聚对苯二甲酸乙二醇酯是涤纶的原料，它可以做成可乐瓶；但反过来不一定成立，因为高分子要有成纤性（可纺性）才能纺丝。

一般来说，高分子的成纤条件如下。

① 线型分子，而不能是支化高分子。线型分子能较好取向而具有较高的拉伸强度和伸长率。

② 适宜的分子量，聚合度至少100。分子量太小影响强度；分子量太大也不行，因为黏度大而纺丝困难。

③ 超分子结构具有取向并部分结晶。有足够的分子间作用力，往往有氢键或极性较大的基团，当次价力大于21kJ/mol时纤维才具有足够的强度。

④ 有可溶性或熔融性。

3.1 常见的化学纤维品种

发展化学纤维的一个目的是解决穿衣问题。一个大型化学纤维厂，年产量20万吨，相当于400万亩高产棉田一年的产棉量，或相当于4000万头绵羊一年的产毛量。20万吨合成纤维可纺15亿米布，相当于10亿人每人1件衣服。

常见的化学纤维是：涤纶、尼龙、腈纶、丙纶和黏胶（图3-1）。其他还有氨纶、氯纶、芳纶等。

3.1.1 最结实的纤维——尼龙

尼龙是由饱和的二元胺与二元酸或ω-氨基酸通过缩聚反应制得的线型缩聚物。产量占合

百万吨

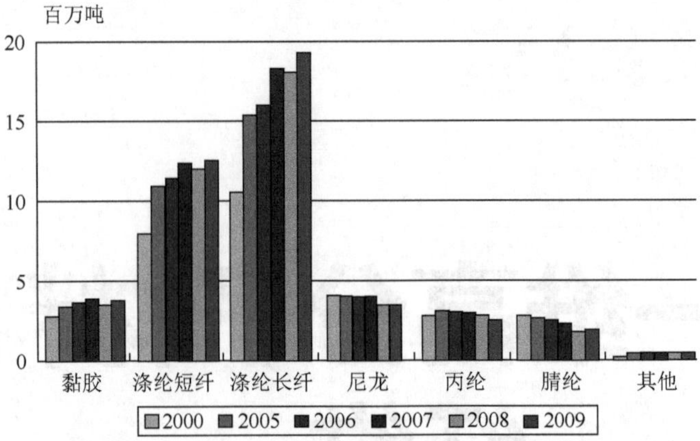

图3-1 2000~2009年世界化学纤维的产量对比

成纤维的第2位。尼龙的主要品种有尼龙66、尼龙6、尼龙610、尼龙1010、尼龙11、尼龙12等。其中尼龙66产量最大，是己二胺与己二酸缩聚的产物，其纤维称为锦纶，是用熔融纺丝得到的，结构如下：

$$\left[NH(CH_2)_6NHC(CH_2)_4C \right]_n$$

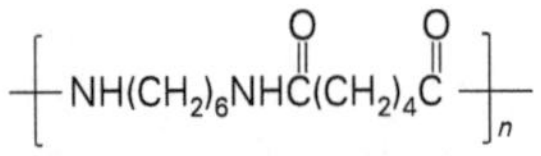

由于酰氨基的存在，大分子形成氢键，使分子间作用力增大。具有耐磨性好、弹性好、耐疲劳强度和断裂强度高、抗冲击负荷性能优异、容易染色及与橡胶的附着力好等突出性能。多用于衣料和轮胎帘子线，其他还有渔网、运输带、绳索（图3-2）、滤布、降落伞、牙刷、网袋等。

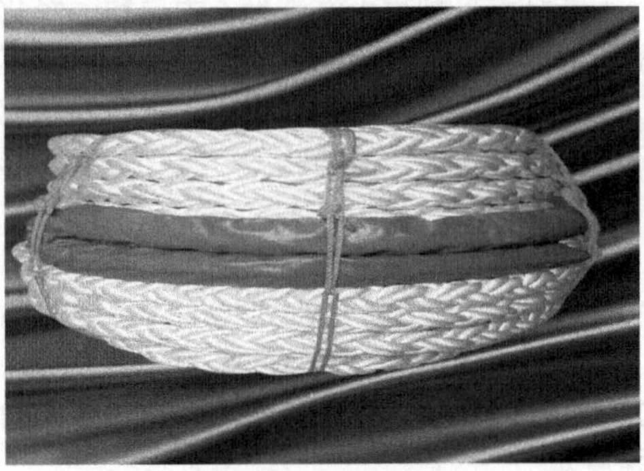

图3-2 尼龙绳

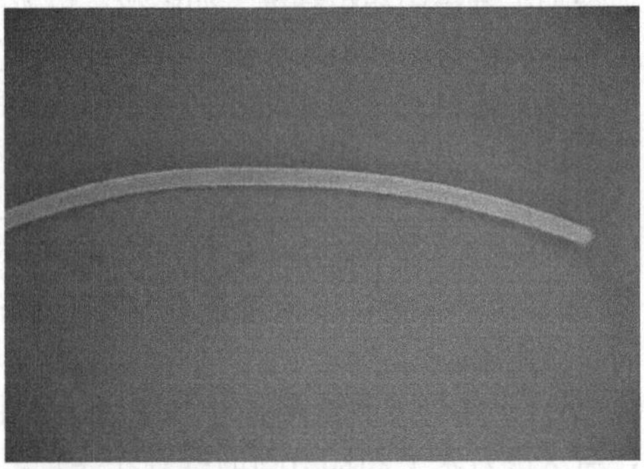

图3-3 捕金枪鱼用的尼龙鬃丝（直径3~6mm）

3.1.1.1 尼龙渔网

"三天打鱼，两天晒网"是传统渔业的形象写照。因为过去渔民用的是棉麻做成的渔网，每次打鱼时浸了海水的渔网重量骤增，加上渔网的强度差，每次捕鱼后非得把渔网晒干、补好后才能进行下一次的出海作业。现在的尼龙渔网轻巧、结实、耐腐蚀又不吸水，渔民们不必再晒网了。

图3-3的尼龙丝是较粗的，业内称为尼龙鬃丝。这种尼龙鬃丝可用于远洋渔船捕金枪鱼，即所谓"金枪鱼延绳钓"。金枪鱼延绳钓是悬浮于大洋表层，随风漂移，钓捕个体较大的金枪鱼的一种有效渔具。其捕鱼原理（见图3-4）是：从船尾放出一根尼龙鬃丝或尼龙复丝干线（长达120~150km）于海中，有一定数量的支线（尼龙单丝）和浮子以一定间距系在干线上。

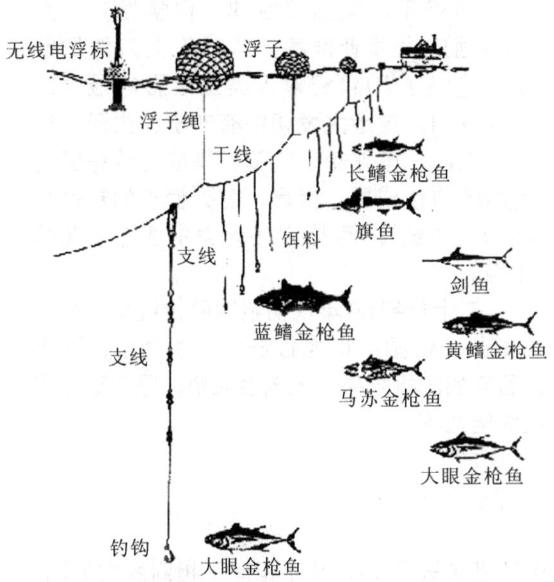

图3–4 金枪鱼延绳钓的原理

图3–5 金枪鱼上钩了

借助浮子的浮力使支线（一端带有鱼饵）悬浮在一定深度的水中，用鱼饵（或似饵）诱引金枪鱼上钩，从而达到捕捞的目的（见图3–5）。

3.1.1.2 尼龙拉链

话从19世纪末拉链的发明说起。那时候的时髦衣服要有很沉重厚实的内衣衬在外衣里，一层一层的，包括衬衣、背心和外罩，所有衣服都要用带子、布条或一排排的纽扣拉紧。有时穿或脱一次衣服要用半个小时，就连应时的靴子也用纽扣或鞋带紧紧地绑到膝盖。

1896年5月18日，美国芝加哥市有一个名叫贾德森的工程师，他看到他妻子做衣服钉纽扣钉得手指都磨破了，很心疼。为减轻妻子痛苦，他想出一个办法：在两条布边上镶嵌了一个个U形的金属牙，再利用一个两端开口、前大后小的元件，让它骑在金属牙上，通过它的滑动使两边金属牙啮合在一起，从而发明了“滑动绑紧器”。他把自己的发明送到芝加哥国际博览会上展出，人们把贾德森的发明叫作“可移动的扣子”。这就是拉链的雏形。

贾德森发明的“可移动的扣子”存在着严重的缺点，即容易自动绷开，如果用在裙子和裤子上，突然绷开就会令人十分尴尬。新产品还不能弯折、扭曲或洗涤。贾德森与伍尔科一起办起了“宇宙绑紧器公司”和“新泽西郝伯肯钩眼公司”，并为继续研制新产品而努力。到了1913年，他们雇用的一位瑞典工程师桑帕克改进了贾德森的设计，将链齿改成凹凸形的，使它们一个紧套一个，这样，金属牙就不会自己分开了，非常类似于今天的拉链。1924年，美国固定公司从桑帕克处购买了这种拉链专利，将它投入生产，并在商品交易会上当场表演。新的“可移动的扣子”引起了人们极大的兴趣。根据它开合时发出的摩擦声，固定公司为它起了个形象的名字，叫作“Zipper”，也就是“拉链”。

在第一次世界大战期间，由于参战国要赶制大量的军服、皮靴，因此大量使用了拉链。到20世纪30年代，英国威尔士亲王穿起了一条以拉链代替纽扣的裤子，从此，拉链开始进入了服装业并变得时髦起来。

1937年，法国巴黎的著名时装设计师在礼服设计中第一次使用了尼龙拉链；两年之后，一部好莱坞影片《绿色》的主题曲唱到了“拉链”。拉链开始风靡全球：衣裤、背包、裙子、鞋子、睡袋、枕套、公文包、笔记本、沙发垫等，众多物品都用上了拉链（图3–6）。

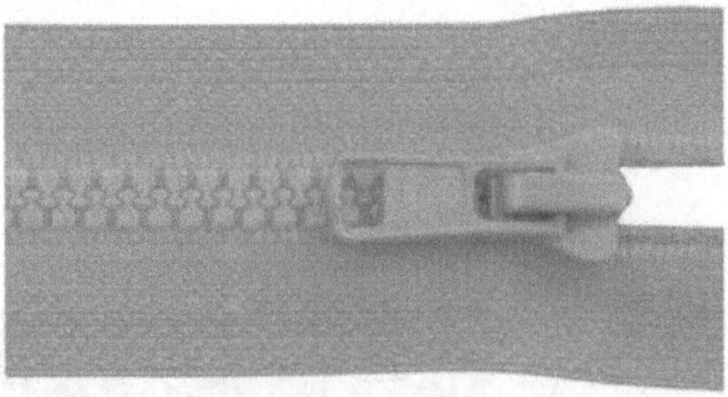

图3-6 尼龙拉链

1986年，美国著名的《科学世界》杂志根据广大读者推荐，从成千上万件发明中，选出了20世纪对人类生活影响最大的十大发明，这十大发明中有飞机、火箭、尼龙、电视、电冰箱、飞艇、集成电路等赫赫有名的科技成果，但是，名列榜首的却是小小的"拉链"。可见它在人类生活中所起的作用。

二十世纪80年代初我国的拉链是用尼龙6做的，但国产尼龙拉链的力学强度、耐磨性、耐热性和使用寿命等总赶不上进口尼龙拉链，后来的剖析结果让人恍然大悟，原来进口尼龙拉链的原料是尼龙66，差别仅此而已。尼龙6的结构如下：

$$\left[(CH_2)_5 - \overset{\overset{\displaystyle O}{\|}}{C} - \overset{\overset{\displaystyle H}{|}}{N} \right]_n$$

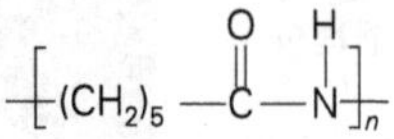

尼龙6由己内酰胺通过缩聚得到。尼龙6的化学组成与尼龙66几乎相同，相同的官能团、相同的元素比，性质也很相似，但聚集态有明显差别。尼龙66相邻分子间的氢键结合得更加牢固，更容易结晶，它的熔点高达260℃，比尼龙6要高出40℃左右，耐热性能比较优越，弹性模量较高，尼龙66比尼龙6更硬12%，在帘子线的用途上，尼龙66更加优秀。相反，尼龙6因结晶度较低，韧性和延性较好，抗冲性较高。尼龙在这里的应用已不是作为纤维，而是一种最重要的工程塑料，尼龙的产量在五大通用工程塑料中居首位。

拉链也可以用PET做，行内称为"树脂拉链"，用于与尼龙拉链相区别。尼龙、PET和金属是三大类拉链。

3.1.1.3 尼龙搭扣

1948年，瑞士工程师梅斯特拉尔带着爱狗到森林散步，回家后发现外套上和狗身上都粘满了一种草籽——苍耳。草籽粘在狗毛上很牢，要花一定功夫才能把草籽拉下来。在用显微镜进行观察后，他发现苍耳是利用细小的钩子粘在衣服和狗身上的。他想，如果采用这两种形状的结构不就可以发明一个搭扣吗？8年后，世界上第一个尼龙搭扣最终在梅斯特拉尔手上诞生。从此，人们的生活中多了一个好帮手。今天，我们穿的鞋或背的书包有的就是用尼龙搭扣扣上的。

尼龙搭扣是由尼龙钩带和尼龙绒带两部分组成的连接用带织物。钩带和绒带复合起来略加轻压，就能产生较大的扣合力和撕揭力，广泛应用于服装、鞋、背包、篷帐、降落伞、窗帘、沙发套等方面（图3-7），可用以代替拉链、揿钮、纽扣等连接材料。尼龙搭扣带采用锦纶做原料，由平纹组织和成圈组织交织而成。钩带用0.25mm直径的锦纶鬃丝成圈，经热定形、涂胶、破钩等处理，获得硬挺直立、不易变形的钩子。绒带用锦纶复丝成圈，经热定形、涂胶处理获得直立、柔软略带疏散性的圈状结构。钩带和绒带复合起来时，硬挺的钩子很容易钩住柔软的绒圈而起搭扣作用。尼龙搭扣双

图3-7 用尼龙搭扣的鞋子

面黏合可反复使用高达一万次以上，非常耐用。

3.1.1.4　安全气囊高分子量尼龙面料

当汽车发生事故时，会快速停止。系上安全带的乘客的前冲力会受限，安全带使其缓慢停止。通过在乘客和汽车内部之间的空间，提供一个安全气囊来减轻作用力和降低受伤的风险。气囊和安全带互补，共同起保护作用。

前气囊展开大约30~55ms，即比眨眼睛还快（眨眼睛大约100ms）。侧气囊一般展开速度更快。前气囊完全展开后立即开始放气。一些侧气囊膨胀时间更久以便在车子翻转时保护乘客。安全气囊和安全带结合使用可以降低40%~55%的严重伤害和死亡的风险。如果所有的汽车都有安全气囊，仅仅在美国，每年可以挽救接近11000个生命。

图3-8(a)显示了汽车安全气囊的作用。图3-8(b)分别显示了安全气囊的位置：驾驶气囊（主气囊）、乘客气囊、侧气囊、帘式气囊和膝气囊。安全气囊织物要选择高性能纤维（如高性能聚酰胺纤维、高性能聚酯纤维等），并涂以氯丁橡胶或硅胶。比如高分子量尼龙面料具有质量轻、手感好、强度高等性能，而且具有良好折叠性，在有限的空间内能够进行很好的装配，且在撞车过程中，保证气囊的成形效果好、很好地控制了气体流量，有效保护司乘人员的安全。

高分子量尼龙具有比一般尼龙更高的强度，可用于军工，如制成军用手电筒的筒身（图3-9）。

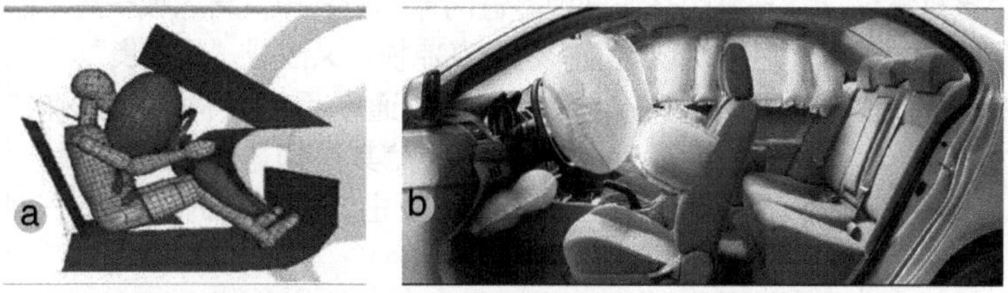

图3-8　汽车安全气囊面料（高分子量尼龙）
（a）安全气囊的作用示意图；（b）安全气囊的位置

图3-9　军用手电筒
（高分子量尼龙）

3.1.2　最挺括的纤维——涤纶

产量占合成纤维第一位的聚酯是饱和的二元酸与二元醇通过缩聚反应制得的一类线型缩聚物。聚酯纤维中最常见的是聚对苯二甲酸乙二醇酯纤维（又称为涤纶），它是对苯二甲酸与乙二醇缩聚的产物，经熔融纺丝得到。其结构被绘在德国的一枚邮票上（图3-10）。

$$\left[\text{O}-\text{CH}_2-\text{CH}_2\text{O}-\overset{\text{O}}{\overset{\|}{\text{C}}}-\text{\Large\bigcirc}-\overset{\text{O}}{\overset{\|}{\text{C}}}\right]_n$$

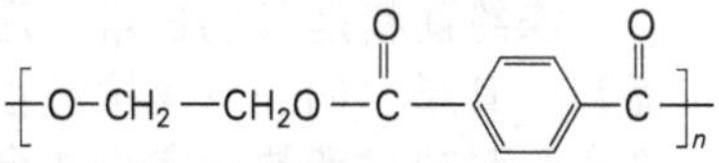

涤纶的结构为高度对称芳环的线型聚合物，易于取向和结晶，具有较高的强度和良好的成纤性及成膜性，结晶度为40%~60%，结晶速度慢。

涤纶一般为乳白色，回潮率很低，具有易洗快干的特性。在纺织时，容易产生静电，纺织品尺寸稳定性好，使用过程中褶裥持久。耐磨性仅次于聚酰胺纤维。

涤纶既可以纯纺也可以与其他纤维混纺制成各种机织物和针织物。涤纶长丝（图3-11）可用于织造薄纱女衫、帘幕窗帘等，与其他纤维混纺可制成各种棉型、毛型及中长纤维纺织品。涤纶在工业上可作为轮胎帘子线、制作运输带、篷帆、绳索等。

图3-10 印有涤纶结构的一枚德国邮票

图3-11 涤纶长丝

3.1.2.1 涤纶面料史话

“的确良”对生活在20世纪70年代中国的一代人是无人不知无人不晓的，已成了那个年代的标志性的符号。

“的确良”是英语涤纶“decron”的粤语音译，广州人写成“的确靓”。靓是漂亮的意思，比如靓仔就是漂亮男孩。所以“的确靓”是典型的粤语译法，追求音近意佳的。但20世纪六七十年代的确良从广州进口时，粤语还不像现在这么普及，北方人弄不清“靓”是什么东西（甚至也不会读），就改成“的确凉”。那个年代的小孩打雪仗，会把雪团恶作剧地塞进同伴的脖领里，再大喊一声“的确凉”。可见当时“的确良”风靡中国的程度。后来发现这面料也未必凉快，又改成“的确良”。

的确良，即涤纶的纺织物，有纯纺的，也有与棉、毛混纺的，通常用来做衬衫。的确良做的衣物耐磨，挺括滑爽，耐穿易干，不用烫，颜色艳，不褪色，尤其是印染出的鲜亮颜色，对习惯了单一灰暗色调的中国人来说，不能不说是一次巨大的视觉冲击。在那个时代拥有一件的确良衬衫是“酷哥”“靓女”们必有的行头（图3-12）。

1976年之前，人们穿的、盖的都是全棉制品。1976~1979年，中国大量进口化纤设备，引发了国人在“穿衣”上的革命。20世纪70年代中期，这种叫“的确良”的面料开始走俏。按今天的眼光看来，这种化纤面料“的确良”其实很“不良”，全棉制品才高级。但改革开放初期人们的想法恰好相反。当时买布料要凭布票，“新三年，旧三年，缝缝补补又三年”是人们的穿衣习惯。跟棉布相比，“的确良”布挺括不皱、结实耐用，因此即使当时价格比棉质布料要贵不少，也挡不住人们对它的追捧，按当时普通人家的生活水平，拥有一件的确良衬衫或的卡外衣裤简直就是“身份的象征”，因为当时普遍认为“的确良”要比棉布好，高级。

图3-12 “的确良”衬衫

现在涤纶仍然主要用于衣料、床上用品、各种装饰布料、国防军工特殊织物等纺织品，其次用于其他工业用纤维制品，如过滤材料、绝缘材料、轮胎帘子线、传送带等。

涤纶面料是我们日常生活中用的非常多的一种化纤服装面料。其最大的优点是抗皱性和保形性很好，坚牢耐用，强度高，耐热性和热稳定性在合成纤维织物中是最好的，弹性接近羊毛，耐磨性仅次于锦纶，耐光性仅次于腈纶。因此，适合做外套服装。主要缺点是不容易吸水、染色性较差，一般不做贴身穿的衣服。因而，涤纶纤维常与棉、黏胶、麻等天然纤维混纺，得到涤棉等，以改善服装的舒适性。另一方面，纯棉制品现在重新受到喜爱，然而纯棉也有很多明显的缺点，比如不耐磨，不容易干等。因而现在“纯棉”的国家标准不是100%棉花，而是95%以上棉花，允许5%的化纤（主要是涤纶），以提高综合性能。

3.1.2.2 “尼龙伞”可能是涤纶伞

尼龙伞不一定是尼龙做的，绢花也不一定是丝织品。如果仔细研究材质，你会发现有很多名不副实的情况。

一般说来，雨伞的伞面确实用尼龙较常见，因为尼龙强度比涤纶高，不易破损。两者的防水性相比差距不明显，织物的防水性是由织造工艺决定的，经纬纱线紧度和密度达到一定程度就可以起到拒水作用，但要注意，尼龙本身是吸水性的而普通涤纶是不吸湿的，故尼龙伞面两面都是湿的，而涤纶伞面只有一面是湿的。

作为遮阳伞（图3–13），则涤纶伞较为常见。因为众多面料中涤纶纤维的抗紫外线性能最好。化学纤维中绵纶（尼龙）、黏胶（人造棉、人造丝），以及天然纤维中棉、丝的抗紫外线性能都不太理想。涤纶的抗紫外线性能较好，这与其分子结构中的苯环具有吸收紫外线的作用有关。

实验表明，用不同材料所制作的伞，其防紫外线透过率的能力大不一样。如银胶面伞，紫外线透过率仅为0.01%；白布面伞透过率为0.98%；亚麻布面伞为2.17%；花布面伞为9.92%；尼龙绸面伞为10.34%，紫外线透过率最高，防护防晒能力也最差。尼龙不耐晒，因尼龙纤维分子的长链，在紫外线的照射下，极易被氧化断裂，使其强度降低从而缩短使用寿命。

这就是说，尼龙伞差不多都不防紫外线，不适宜做太阳伞，而更适合于雨伞。

图3–13 **遮阳伞（涤纶）**

绢花也称“京花儿”，是我国具有悠久历史和浓厚装饰色彩的手工艺品，指用各种颜色的丝织品仿制的花卉。传统的绢花应是丝绸制品，但现在市面的“绢花”则很多都是涤纶做的（图3–14）。绢花是人造花的一种，人造花的原料还可以用塑料、布、纱、皱纸、水晶等，此外还用到金属丝、玻璃管、纤维丝、装饰纸、彩带等。

图3–14 **“绢花”（涤纶）**

人造花的制作技巧非常细腻、精致、逼真。例如玫瑰花瓣的厚度、色调和质感，几乎同真花无异。那盛开的非洲菊还洒有滴滴“露珠”；有的剑花的花尖上竟爬动着一两条虫子；也有些木本海棠，利用自然树桩作枝干，用丝绸做花朵，显得栩栩如生，楚楚动人。总之，人造花的可塑性强，绿色环保，受环境影响小，可长久保持，维护简便，价格不高。

由于鲜花的开放多则十天半月，少则两日三天，转眼芳容凋零，只能成为瞬间的回忆，且维护清洁麻烦。人造花的出现与应用，满足了人们对花卉观赏时间性的要求，使花卉作品的生命得以延长。

3.1.3 最轻的纤维——丙纶

聚丙烯纤维（丙纶纤维）是以聚丙烯树脂为原料制得的一种合成纤维，英文Pylen，音译为帕纶。其结构与聚丙烯相同：

$$\left[CH_2 - \underset{\displaystyle CH_3}{\underset{|}{CH}} \right]_n$$

聚丙烯纤维外观似毛戎丝或棉，有蜡状手感和光泽，密度是化纤中最小的、强度高、吸湿性小、化学稳定性好、耐磨、不易起皱、保温性能好、电性能好，服装舒适性好，能更快传递汗水使皮肤保持舒适感；但耐光性和耐气候性差，耐热性不好，100℃以上开始收缩，弹性和回复性一般，染色困难。

图3-15 丙纶地毯

聚丙烯纤维可与棉、毛、黏胶纤维等混纺作衣料用，主要用于制作毛衫、运动衫、袜子、比赛服、内衣、尿不湿等，还可用作被絮，保暖填料和室内外地毯（图3-15）等。在工业上聚丙烯纤维主要用途有绳索、网具、滤布、帆布、水龙带、混凝土增强材料等；医学上用于代替棉纱布，作外科手术衣服而耐高温高压消毒。

著名的Adidas运动服是用超细旦（旦为纤度的单位）丙纶与棉织造的双面织物制造的。美国以细旦丙纶长丝做原料，加工军用防寒起绒针织内衣，被美国国防部选定为标准军需装备。可以预期，随着时间的推移，丙纶在服用领域里的应用比例将有所增加，研究开发细旦丙纶生产技术前景良好。

香烟的过滤嘴是什么材料制成的呢？许多人会以为是泡沫塑料，因为按上去软绵绵的，实际上过滤嘴的填充材料是纤维（图3-16）。高档香烟用醋酸纤维素纤维，低档香烟用丙纶。采用醋酸纤维滤嘴的香烟成本比较高，但过滤效果好，丙纶则相反。吸烟时，过滤嘴有过滤卷烟焦油的功能。焦油对人体

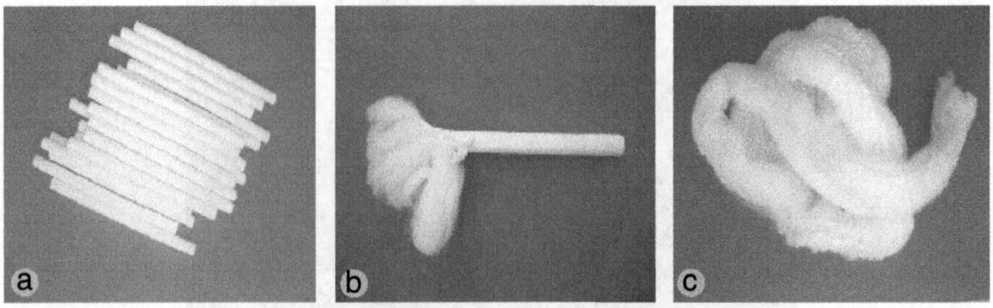

图3-16 香烟过滤嘴材料

（a）香烟过滤嘴；（b）打开一看是纤维；（c）制造过滤嘴用的丙纶丝束

的害处很大，国家烟草总局已发了文件，从2011年底开始，政策性要求所有香烟无一例外每支的焦油含量要低于12mg。

3.1.4 人造羊毛——腈纶

腈纶（聚丙烯腈纤维）是以丙烯腈为主要单体（含量大于85%）与少量其他单体共聚而得的聚合物。第二单体：丙烯酸酯、甲基丙烯酸酯、醋酸乙烯酯等，用量5%~10%，可减少聚丙烯腈分子间力，消除其脆性，从而可纺制成具有适当弹性的合成纤维。第三单体：用量很少，一般低于5%，主要改进腈纶纤维的染色性能，多是带有酸性基团的乙烯基单体，如衣康酸、乙烯基苯磺酸、甲基丙烯酸等。

聚丙烯腈不能熔融，所以腈纶只能溶液纺丝。1942年，德国人H.莱因与美国人G. H.莱瑟姆几乎同时发现了二甲基甲酰胺溶剂，并成功地得到了聚丙烯腈纤维。1950年，美国杜邦公司首先进行工业生产。之后，又发现了多种溶剂，形成了多种生产工艺。1954年，联邦德国法本拜耳公司用丙烯酸甲酯与丙烯腈的共聚物制得纤维，改进了纤维性能，提高了实用性，促进了聚丙烯腈纤维的发展。

在我国化纤工业中，聚酯纤维主要用于仿棉或仿丝型织物、而仿毛型织物以腈纶为主要原料（图3-17）。腈纶外观蓬松，手感柔软，具有良好的耐光性、耐气候性，其弹性和保暖性可以和羊毛媲美，深受消费者欢迎。所以又被称为“合成羊毛”、“人造羊毛”，在国外则称为“奥纶”（Orlon）、“开司米纶”（Cashmilan）。它的出现，真正改变了“羊毛出在羊身上”的传统看法，具有很大的经济和实用意义。

图3-17 腈纶毛线

人造羊毛的问世，使天然羊毛黯然失色。据说，在以盛产羊毛而著称的澳大利亚，牧羊人在看到人造羊毛之后，悲痛地大饮啤酒，准备大量宰杀羊群，改行另谋出路。

腈纶可纯纺或与羊毛混纺成毛线，织成毛毯、地毯等，还可与棉、人造纤维、其他合成纤维混纺，织成各种衣料和室内用品。羊毛是蛋白质纤维，易受细菌与虫蛀破坏，而腈纶则不会，它的对日光及气候的忍耐性是羊毛的1倍，比棉花大10倍。所以，最适宜作室外织物，如幕布、帐篷、军用帆布、苫布等。

其缺点是耐磨性不及羊毛和棉花。它的电阻率较大，摩擦易起静电。故而织物易起球，并易吸尘。在干燥的冬天晚上脱腈纶毛衣时，会有静电火花和声音。穿用腈纶制作的衣服会感到气闷、易吸尘而不耐脏，特别不适宜用作袜子、手套等经常受到摩擦的织物和内衣裤。

聚丙烯腈的结构如下：

$$\left[\!-CH_2-\underset{\substack{|\\CN}}{CH}-\right]_n$$

3.1.5 人造棉花——维尼纶

维纶是聚乙烯醇缩甲醛纤维的商品名称，英文名称为Vinylin，音译为维纶，或维尼纶。

20世纪70年代，为了解决穿衣问题，我国引进日本的维尼纶生产技术，首先在北京有机化工厂生产，并在多个省份建了8座类似的万吨级维尼纶厂。

维尼纶织物外观和手感似棉布，所以有"人造棉花"之雅称。穿着轻便保暖，强度、耐磨性较好，结实耐穿，有优良耐化学品、耐光等性能。但后来发现纯维尼纶不太适宜作衣服，因为其弹性不佳、衣服易褶皱，变形性较大，染色性不够好（只有本色和深灰色）。现在维尼纶主要用于工业用途，如滤布、土工布、缆绳等（图3-18），在衣料方面常与棉混纺，即"维棉"。

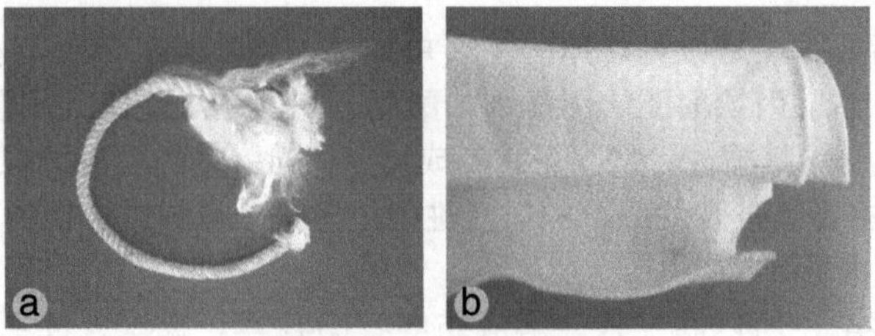

图3-18 维尼纶的应用

（a）绳；（b）土工布

特别说一下土工布。土工布是存在于土壤和管道、石笼或挡土墙之间的，加强水运动并阻碍土壤运动的土工织物。主要成分是涤纶、丙纶、锦纶、维纶或混合纤维的针刺无纺布。可广泛应用于铁路、公路、堤坝、隧洞、沿海滩途、围垦、水库、核电站基础工程、水电站工程、港口等。美国是世界上土工布消费量最大的国家，近几年用量达到7亿平方米。我国直到1998年特大洪水才对土工布引起重视，目前我国土工布的用量已超过3亿平方米，非织造土工布占总量比重达到40%左右。与之不同的另一种土工材料是塑料土工膜，不透水，在湖海、水库、垃圾场防渗漏、机场和堤坝建设起到重要的加固和环保作用。

维尼纶的耐热水性不够好，原因是结构上还有约5%的自由羟基。维尼纶由聚醋酸乙烯酯经醇解和缩甲醛得到，由于概率效应，缩甲醛不可能完全，如下式所示：

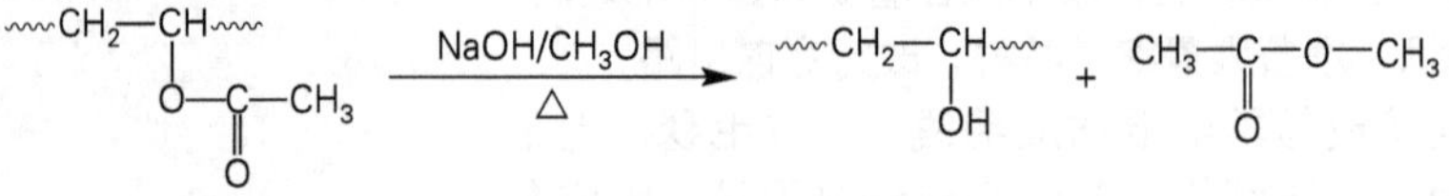

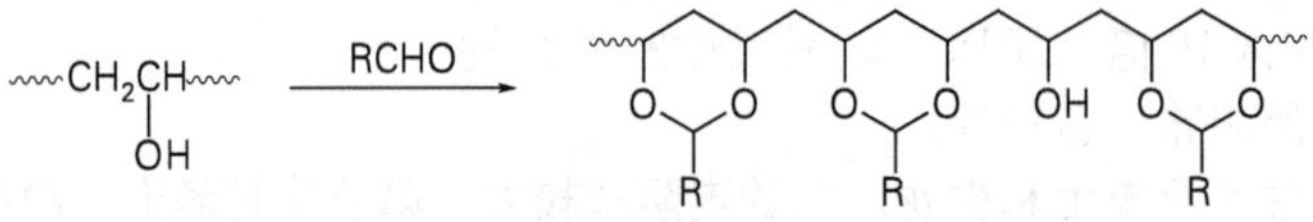

$$\text{~~CH}_2\text{-CH~~} \atop \underset{\underset{O}{\parallel}{C-CH_3}}{\overset{|}{O}} \quad \xrightarrow[\triangle]{\text{NaOH/CH}_3\text{OH}} \quad \text{~~CH}_2\text{-CH~~} \atop \overset{|}{OH} \quad + \quad CH_3\text{-}\underset{\overset{\parallel}{O}}{C}\text{-O-CH}_3$$

$$\text{~~CH}_2\text{-CH~~} \atop \overset{|}{OH} \quad \xrightarrow{RCHO} \quad$$

3.1.6 人造丝——黏胶纤维

黏胶纤维是化学纤维中工业生产较早的一个品种。通常以自然界中含有纤维素、但不能直接用来纺织加工的木材、棉短绒等为原料，经化学加工提取出较纯的纤维素（称为浆粕），用烧碱、二硫化碳处理，得到橙黄色的纤维素黄原酸钠，再溶解在稀氢氧化钠溶液中，成为黏稠的纺丝原液，称为黏胶。黏胶经过滤、熟成（在一定温度下放置约18~30h，以降低纤维素黄原酸酯的酯化度）、脱泡后，进行湿法纺丝，凝固浴由硫酸、硫酸钠和硫酸锌组成。黏胶中的纤维素黄原酸钠与凝固浴中的硫酸作用而分解，纤维素再生而析出，所得纤维素纤维经水洗、脱硫、漂白、干燥后成为黏胶纤维。

黏胶纤维的化学组成与棉纤维相同，性能也接近于棉纤维。由于黏胶纤维的聚合度、结晶度较棉纤维低，因而黏胶纤维的吸湿性比棉纤维好，所以，穿着黏胶纤维缝制的衣服不会感到气闷。可是黏胶纤维的强度不及棉纤维，弹性回复能力差，不耐磨，特别在湿态下的强度耐磨

黏胶长丝

黏胶短丝

图3-19 黏胶长丝和短丝

性能更差且变硬，故很不好洗。所以黏胶纤维常与其他纤维混纺。

黏胶纤维可纺成长丝或切成短丝（图3-19）。长丝的外观很像蚕丝，所以又被称为“人造丝”。长丝与蚕丝可混纺成各种绸缎，与棉纱混纺可制成线绨面料。将人造丝切成短纤维与棉花混纺即为人造棉。若切成羊毛一样短，即可织成人造毛面料即人造毛。

黏胶纤维在纺织工业中应用很多，如结实、漂亮的线绨被面就是由黏胶纤维和棉线交结而成；由于人造丝平滑、柔软，做衣服衬里最为相宜，常用的美丽绸、羽纱等产品，几乎全是黏胶纤维制品；大部分混纺织物中都混有不同比例的黏胶纤维短丝（人造毛），如常见的涤黏花呢、黏棉华达呢、毛黏棉三合一华达呢、毛黏花呢、毛黏大衣呢等，都是含有黏胶纤维的混纺织品。图3-20是人造丝做的丝巾，所以丝巾可不一定都是蚕丝做的。

人造丝还用于制造假发。在明星的带动之下，戴假发也渐渐地变成一种风尚。很多女性喜爱假发的理由很简单，因为它可以让你的头发可长可短，可直可曲，让你有自己想象的空间并随心所欲地去挥洒颜色的艺术，即便这种造假的艺术不是真实的，但它仿真技术和效果之逼真，不得不叫人为之赞叹。伪造的美不仅能改变人的外在形象，重要的是还能给人带来非同一般的新鲜感和刺激感。

假发按材料分为化纤丝和真人发。真人发做的假发是选用经过处理（如用柔软剂）的纯真人头发制作而成的，其逼真度高，但由于价格居高不下而少有人问津。目前市场上流行的时尚假发基本都是化纤做成的，常见的是人造丝做的（图3-21）。

图3-20 “丝巾”（黏纤纤维）

图3-21 人造丝假发（黏纤纤维）

3.1.7 橡胶纤维——氨纶

其实塑料、橡胶和纤维之间没有严格的界限，人们经过分子设计，研究出了一系列有趣的兼有不同类型性质的新材料。

杜邦公司查尔奇是一个多产的化学家，他从1935~1958年逝世为止，在聚合物方面创造了53项专利。K纤维就是他对高分子科学的最后贡献。

橡胶不能纺丝，因为无论是天然橡胶还是合成橡胶的强度和耐磨性都经不住抽丝时必须经过的严格处理过程。所以松紧带里的一根根很细的橡皮筋是从一张张橡胶片上切下来的，而不是纺成或挤压成的。

德国化学家拜尔在20世纪30年代已发明了聚氨酯橡胶，虽然这种橡胶的强度比以往橡胶要好，但仍没有足够的刚性可以用来纺丝。聚氨酯（PU）的典型结构如下：

$$\left[-O(CH_2)_2O-\underset{\underset{O}{\|}}{C}-NH(CH_2)_6NH-\underset{\underset{O}{\|}}{C}- \right]_n$$

查尔奇想到把聚氨酯的弹性与聚酰胺的强度结合起来。于是他把聚酰胺的片段插入聚氨酯之中，它们之间依靠二异氰酸酯为桥连接。这是一种嵌段聚合物，其中橡胶段应当长些，才能保证有必要的弹性，强度和弹性依靠组成和两种嵌段的排列方式来平衡。查尔奇将这种纤维称为K纤维，现国内称之为氨纶，是一种至少含85%氨基甲酸酯(或醚)的链节单元组成的线型嵌段高分子。它的最大特点是具有高弹性，所以又称弹性纤维。氨纶主要用于纺制有弹性的织物，如紧身衣、泳衣、袜子的罗口、针织物的罗口、腰带以及家具装饰用材等（图3-22）。

图3-22 氨纶做的紧身服

国外有个弹性纤维的品牌称莱卡（Lycra）。莱卡是前杜邦全资子公司——英威达的一个商品名，由于该公司在氨纶领域中占据市场垄断地位，莱卡几乎就成了所有氨纶纱的代名词。莱卡完全取代了传统的弹性橡筋线，在体操服、游泳衣这些具有特殊要求的服装中，它几乎是必不可少的组成元素。它可以让你曲线毕露，肢体伸展自如而毫无压迫感。莱卡不仅在日常服装中用途广泛，也是时装设计师制造流行的万花筒中的宠物。因此，莱卡被人们称为神奇的纤维，这个词本身就带有强烈的时髦色彩。目前，只要是采用了莱卡的服装都会挂有一个三角形吊牌，这个吊牌也成为高质量的象征。那么，莱卡的优势究竟在哪儿呢？莱卡的伸展度可达500%，且能回复原样。就是说，这种纤维可以非常轻松地被拉伸，回复后却可以紧贴在人体表面，对人体的束缚力很小。莱卡纤维可以配合任何面料使用，包括羊毛、麻、丝及棉，以增加面料贴身、弹性和宽松自然的特性，活动时倍感灵活。

羽毛球和网球拍的拍柄上有一层胶皮材质的东西，叫“内柄皮”，它的作用是防止木质拍柄内纤维组织遭受汗水、空气、有害元素等的损害，以延长球拍拍柄的寿命。仅有内柄皮的球拍，握起来很不舒服，通常需要再买一个手胶缠在拍柄上。羽毛球和网球运动需要很多手指和手腕的细腻动作，一根合适的手胶可以及时、准确地将击球后的感觉反馈给球员的手部，以便及时调整技术动作。因此，手胶在技术上应具备吸水又防滑、弹性又柔韧和耐用又安全这三个基本要素，在使用时要让球手握拍时有舒适细腻的手感、要有适当的阻尼（摩擦）使球拍握得更牢，以便技术的发挥。

聚氨酯弹性体载荷能力约为天然橡胶的7倍，耐磨性卓越，为天然橡胶的2~10倍，有良好的机械强度、耐油性和耐臭氧性，低温性能也很出色，力学损耗大，所以PU是作为手胶使用的最佳材料。

PU手胶是一种致密但多孔的PU弹性纤维的纺织品（见图3-23），具有优良的吸汗、透气、柔软和耐用等特性，同时让球手握拍时手感舒适易于控球和技术的发挥，还可以吸收击球时冲击力避免手腕受伤。PU手胶表层的黏性（阻尼）使手与拍柄的附着力更好，具有防滑性和较好的手感。

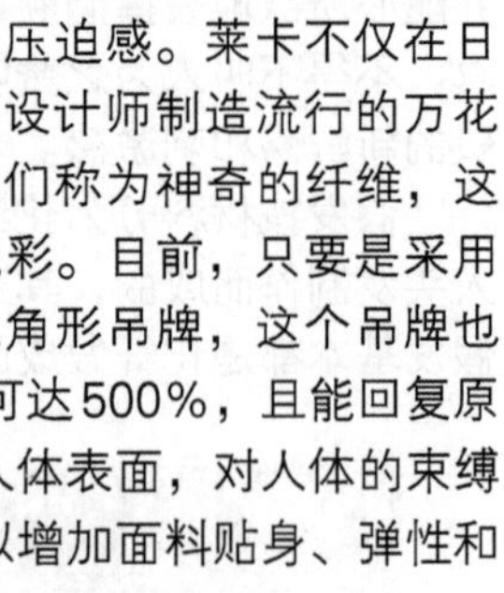

图3-23 羽毛球拍的PU手胶（氨纶）

3.1.8 其他合成纤维

3.1.8.1 氯纶

氯纶的国际商品名称为罗维尔、佩采乌（PCU）等。聚氯乙烯虽是塑料的老大品种，但直至解决了溶液纺丝所需的溶剂问题和改善了纤维的热稳定性后，才使氯纶纤维有了较大的发展。由于原料丰富、工艺简单、成本低廉，又有特殊用途，因而它在合成纤维中具有一定的地位。聚氯乙烯虽然可采用混入增塑剂后，进行熔融纺丝，但大多数还是用丙酮为溶剂，以溶液纺丝而制得氯纶。聚氯乙烯的结构式如下：

$$\left[CH_2 - \underset{\underset{Cl}{|}}{CH} \right]_n$$

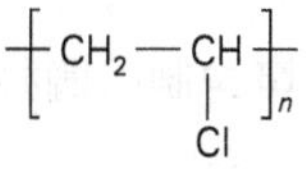

氯纶的突出优点是难燃、耐酸碱、保暖、耐晒、耐磨、耐霉菌和耐蛀，弹性也很好，氯纶的原料丰富，生产流程短，是合成纤维中生产成本最低的一种。但耐热性能差，在60~70℃时开始收缩，到100℃时分解，不吸湿、静电效应显著，染色较困难，限制了它的应用。改善的办法是与其他纤维品种共聚（如维氯纶）或与其他纤维（如黏胶纤维）进行乳液混合纺丝。

氯纶常用于制作防燃的沙发布、床垫布和其他室内装饰用布，耐化学药剂的工作服、滤布、毛毯、帐篷、针织品以及保温絮棉衬料等。特别是由于它保暖性好，易生产和保持静电，故用它做成的针织内衣对风湿性关节炎有一定疗效。

3.1.8.2 偏氯纶

偏氯纶是聚偏二氯乙烯纤维，又称赛纶、萨纶（Saran）。由偏二氯乙烯、氯乙烯和其他乙烯类衍生物的共聚物经熔融纺丝制得。主要含偏二氯乙烯（占80%以上）。聚偏二氯乙烯的结构式如下：

$$\left[CH_2 - \underset{\underset{Cl}{|}}{\overset{\overset{Cl}{|}}{C}} \right]_n$$

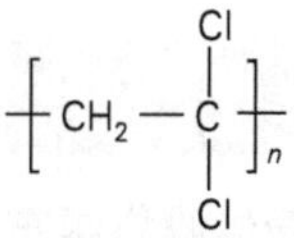

偏氯纶纤维的比重是目前化学纤维中最重的，为1.7g/cm³，吸湿性极低（仅0.1%）；纤维断裂强度为2.12cN/dtex，伸长率15%~25%，阻燃性好，软化点115℃，化学稳定性高，耐磨性好。染色比较困难，只能采用原液染色法。主要用于制造装饰织物和渔网等。

3.1.8.3 氟纶

氟纶是由聚四氟乙烯为原料，经纺丝或制成薄膜后切割或原纤化而制得的一种合成纤维。氟纶强度17.7~18.5cN/dtex，延伸率25%~50%。在其分子结构中，氟原子体积较氢原子大，氟碳键的结合力也强，起了保护整个碳–碳主链的作用，使聚四氟乙烯纤维化学稳定性极好，耐腐蚀性优于其他合成纤维品种；纤维表面有蜡感，摩擦系数小；实际使用温度120~180℃；还具有较好的耐气候性和抗挠曲性，但染色性与导热性差，耐磨性也不好，热膨胀系数大，易产生静电。聚四氟乙烯的结构式如下：

$$\left[CF_2 - CF_2 \right]_n$$

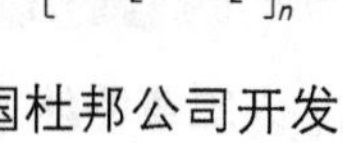

聚四氟乙烯纤维早在1953年由美国杜邦公司开发，1957年实现工业化生产，20世纪80

年代初开始生产可熔性聚四氟乙烯纤维，主要是单丝。日本、前苏联、奥地利等国也有生产，1984年聚四氟乙烯纤维世界总生产能力为1200t。

聚四氟乙烯到达熔点后黏度太大而不能流动，所以不能用常规纺丝方法生产纤维。生产方法有四种。

① 乳液纺丝法。是工业上采用的主要方法。将聚四氟乙烯乳液（浓度60%）与黏胶丝或聚乙烯醇等成纤性载体混合后，制成纺丝液，纺丝后将载体在高温下碳化除掉，聚四氟乙烯被烧结而连续形成纤维。这种方法可制得纤度较小的纤维，但在烧结过程中易产生结构上的缺陷，并混入载体的碳化物，因而强度较低，呈褐色。

② 糊料挤出纺丝法。将聚四氟乙烯粉末与易挥发物调成糊料，经螺杆挤出后通过窄缝式喷丝孔纺成条带状纤维，然后用针辊作原纤化处理，可制得强度较高、纤度较大的纤维。

③ 膜裂纺丝法。将聚四氟乙烯粉末烧结制得圆柱体，经切割或切削后，进行热拉伸等处理，制得白色纤维，强度较低。

④ 熔体纺丝法。以四氟乙烯与4%~5%的全氟丙基乙烯基醚的共聚物（又称可熔性四氟，即PFA）熔融后进行纺丝，制得强度较高的纤维。PFA的结构式如下：

$$\left[\!\!\begin{array}{c} CF_2{-}CF_2 \end{array}\!\!\right]_m\left[\!\!\begin{array}{c} OCF_2CF_2CF_3 \\ \mid \\ CF_2{-}CF \end{array}\!\!\right]_n$$

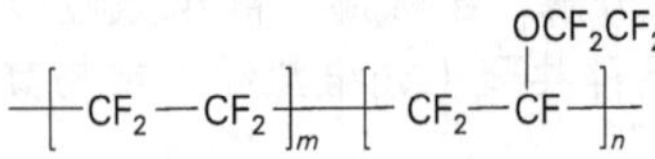

氟纶主要用作高温粉尘滤袋（图3-24）、耐强腐蚀性的过滤气体或液体的滤材、泵和阀的填料、密封带、自润滑轴承、制碱用全氟离子交换膜的增强材料以及火箭发射台的苫布等。

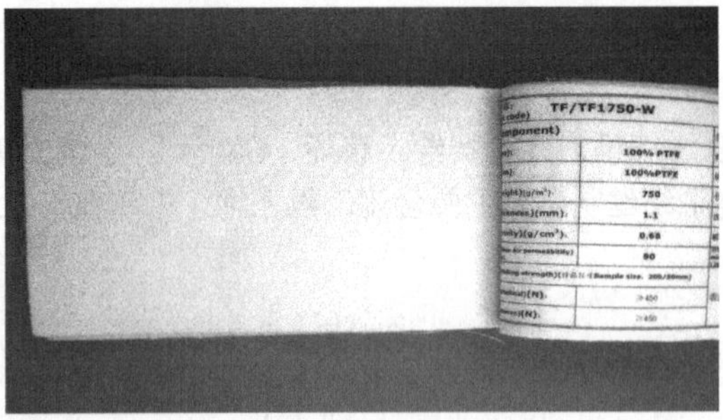

图3-24　高温粉尘滤袋滤布（氟纶非织布）

3.1.8.4　聚乙烯扁丝

PE扁丝，又称人工草坪丝，用于制作人工草皮或人工草坪（图3-25）。

人工草坪是将PP、PE、尼龙、PVC材质拉成的草丝，与PP网格布（基布），通过织草机，

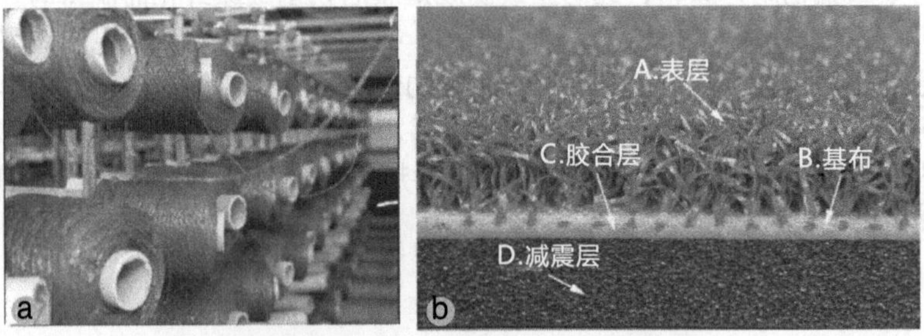

图3-25　人工草坪丝（PE扁丝）

缝到一起，然后背面涂上起固定作用的胶合层（如丁苯胶）。片叶上着以仿草的绿色，并需加紫外线吸收剂、阻燃剂。

人造草坪有外观鲜艳、四季绿色、生动、排水性能好、使用寿命长、维护费用低等优点。广泛用于足球场、跑道、网球场、篮球场、门球场、曲棍球场、高尔夫球场、多功能球场等等体育场地，也可以当装饰材料用于宾馆、超市、幼儿园、小区绿化、庭院、阳台、屋顶绿化、公园、园林绿化、高速公路旁的绿化休闲场所、游船甲板、橱窗背景、特制工艺品等。

人工草坪主要有两种。

（1）不充沙人造草坪　在美国，大部分人造草坪所使用的人造草纤维材料是高档的尼龙材料，而不充沙人造草坪也可分为渗水和不渗水两种。这种草坪在外形上酷似天然草坪，部分带有一层吸震泡沫软垫层。吸震泡沫底下要铺一层光滑的沥青作为基础，沥青下面还要铺上碎石、沙子和卵石作为基础，而其中的排水系统的构造是最关键的技术。

（2）填充颗粒人造草坪　填充颗粒草坪因为具有良好的运动性能和不错的实用性在中国被95% 用户所接受。其材料多数采用PE或PP，这种草坪的纤维比不充沙草坪的长，表面下回填2~3mm的石英砂和橡胶颗粒起减震作用。它的运动特性跟天然草坪非常接近，并可一年四季全天候地使用。这类草坪特别适合铺设在户外，其保用期通常为5~8年。

2008年作为奥运会曲棍球训练场地的北京芦城体育运动技术学院的曲棍球场，部分为了满足特别需求的可移动式人造草、拼块人造草等场地采用了填充颗粒人造草坪。

2010年南非世界杯足球赛在6月16日时小组赛首轮已经结束大半，C组首轮阿尔及利亚队和斯洛文尼亚队的比赛在波罗瓜尼的彼得莫卡巴球场进行。这场比赛具有一个划时代的意义，因为这是有史以来第一场在人工草皮上进行的世界杯赛。

3.2 形形色色的纺织技术

3.2.1 一般的纺丝工艺

3.2.1.1 熔融纺丝

能加热熔融而不发生显著分解的成纤聚合物，例如涤纶、尼龙、丙纶等，均可采用熔融纺丝法纺丝。该法在熔融纺丝机（图3-26）中进行，聚合物熔体通过喷丝板的小孔（典型孔径为0.3mm）挤出而形成液体细流（图3-27），看上去很像是淋浴喷头。从喷丝孔离开时，熔体温度在220~300℃之间，继而在纺丝甬道中被冷空气冷却而固化成丝条（纤维），继而被卷绕。

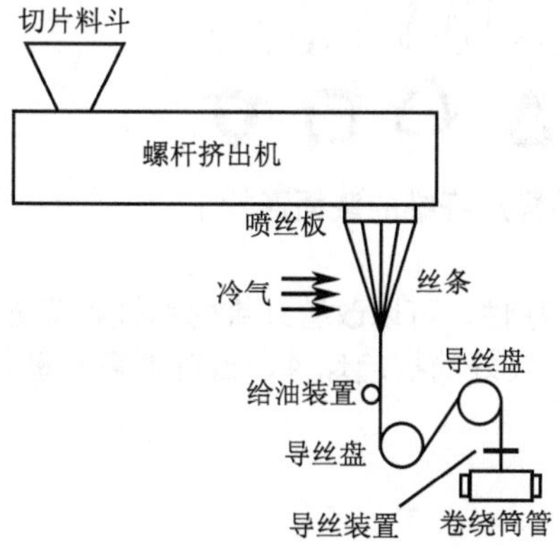

图3-26　熔融纺丝示意图

图3-27　喷丝过程近景照片

3.2.1.2 溶液纺丝

溶液纺丝是指将聚合物制成溶液，经过喷丝板的小孔挤出形成纺丝液细流，细流经凝固浴以形成丝条的纺丝方法。根据纺出的丝的固化方式分为湿法与干法两种，湿法纺丝纺出的丝在溶液中固化，干法纺丝纺出的丝在空气中固化。图3–28是湿法纺丝的示意图，图3–29是干法纺丝的示意图。

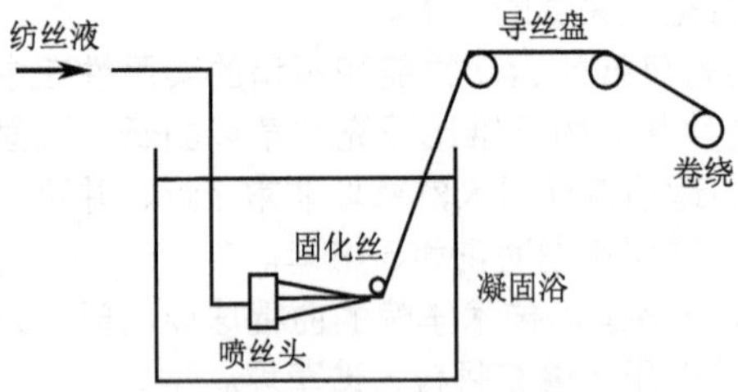

图3–28　湿法纺丝示意图

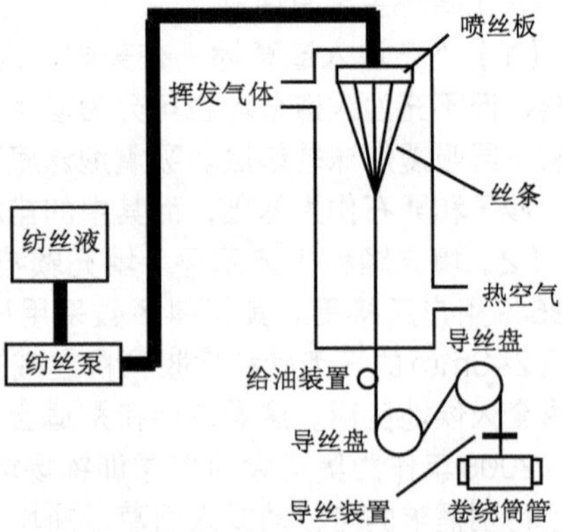

图3–29　干法纺丝示意图

3.2.2 差别化纤维

"差别化纤维"一词听起来就不像中文，确实它来源于日本，是指对常规品种化纤有所创新或具有某一特性的化学纤维。差别化纤维以改进织物服用性能为主，主要用于服装和装饰织物。采用这种纤维可以提高生产效率、缩短生产工序，且可节约能源，减少污染，增加纺织新产品。

差别化纤维主要通过对化学纤维的化学改性或物理变形制得，它包括在聚合及纺丝工序中进行改性及在纺丝、拉伸及变形工序中进行变形的加工方法。

常见的差别化纤维有：异形纤维、超细纤维和复合纤维等。

3.2.2.1 异形纤维

异形纤维是指用异形喷丝孔纺制的具有特殊横截面形状的化学纤维（图3–30）。喷丝头的形状与相应的异形纤维的截面形状不同是由于聚合物的出口胀大效应。

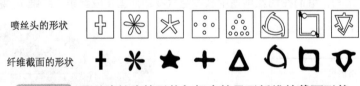

图3–30　异形喷丝头的形状与相应的异形纤维的截面形状

异形纤维具有特殊的光泽、蓬松性、耐污性、抗起球性，可以改善纤维的弹性和覆盖性。如三角形纤维可有闪光性，五角形纤维有显著毛型感和良好的抗起球性，五叶形复丝酷似蚕丝，中空纤维相对密度小、保暖、手感好等。

3.2.2.2 超细纤维

超细纤维是指纤维直径在5μm或0.44dtex以下的纤维。超细纤维具有质地柔软、光滑、抱合好、光泽柔和等特点，它的织物非常精细，保暖性好，有独特的色泽，而且它还可制成具有山羊绒风格的织物。超细纤维主要用于制造丝绸型织物、平绒、高效过滤材料以及鞋类和衣用合成革等，详见3.4节。

3.2.2.3 复合纤维

两种或两种以上成纤高分子物的熔体分别输入同一喷丝头，在喷丝头的适当部位相遇后，从同一喷丝孔中喷出，成为两组分或多组分粘并的一根纤维，称为复合纤维。复合纤维的特点是：具有三维空间的立体卷曲，高蓬松性、延伸性和覆盖能力。复合纤维主要有并列型、皮芯型、海岛型和橘瓣型四种类型（图3-31）。复合纤维可用于制造毛型织物、丝绸型织物、人造麂皮、防水透湿织物、无尘服和特种过滤材料等。

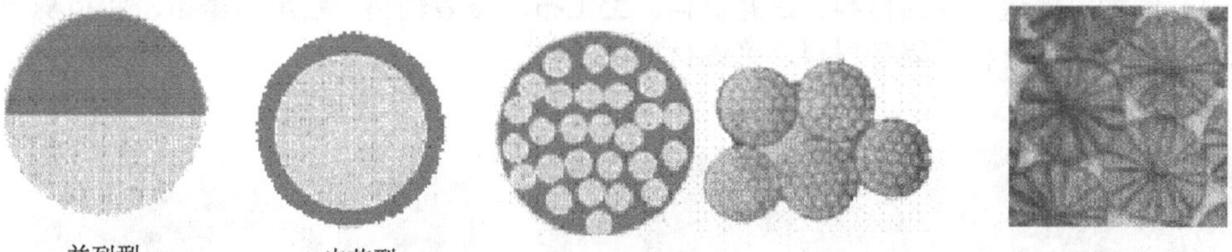

图3-31 复合纤维的几种类型

差别化纤维的品种很多，除了以上几种外，还有着色纤维（原液染色）、高收缩纤维、高吸湿纤维、抗静电纤维、导电纤维和阻燃纤维等。

3.2.3 不必纺织的布——非织布（无纺布）

纺织是纺纱与织布的总称，中国纺织历史悠久。机织布也就是我们常说的梭织布，是由两条或两组以上的相互垂直纱线，以90° 角作经纬交织而成的织物，纵向的纱线叫经纱，横向的纱线叫纬纱。用一个模型示意于图3-32。

非织造布（又称无纺布）是近代的一种新的纺织方法。它是一种不需要纺纱织布而形成的织物，只是将纺织短纤维或者长丝进行定向或随机排列，形成纤网结构，然后采用机械、热粘或化学等方法加固而成。它是直接利用聚合物切片、短纤维或长丝通过各种纤网成形方法和固结技术形成的具有柔软、透气和平面结构的新型纤维制品。简单地讲就是：它不是由一根一根的纱线交织、编结在一起的，而是将纤维直接通过物理的方法黏合在一起的。所以，当你拿着你衣服里的无纺布粘衬时，就会发现，是抽不出一根根的线头的。非织造布工艺突破了传统的纺织原理，并具有工艺流程短、生产速度快、产量高、成本低、用途广、原料来源多等特点。非织造布的三种主要工艺：针刺法，水刺法，熔喷法。

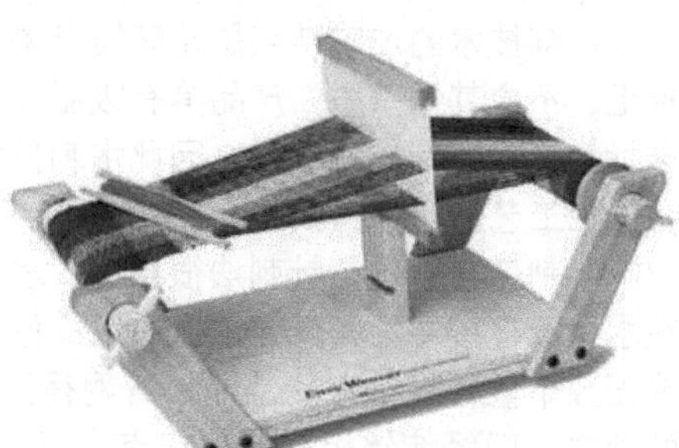

图3-32 传统的织布方法示意图

3.2.3.1 针刺法

利用三角截面(或其他截面)棱边带倒钩的刺针对纤网进行反复穿刺。倒钩穿过纤网时，将纤网表面和局部里层纤维强迫刺入纤网内部（图3-33）。由于纤维之间的摩擦作

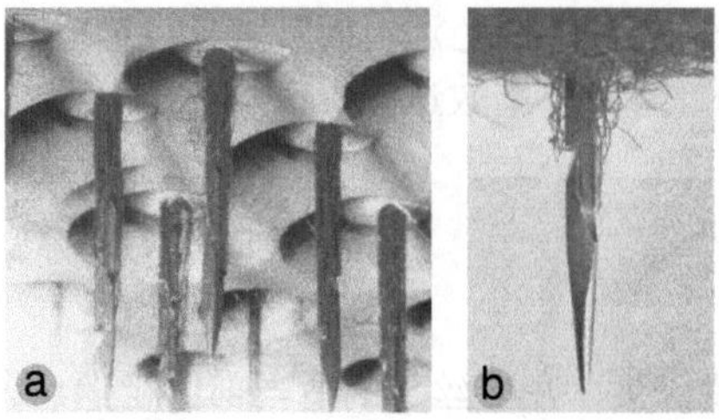

图3-33 针刺工艺过程的近景照片

用，原来蓬松的纤网被压缩。刺针退出纤网时，刺入的纤维束脱离倒钩而留在纤网中，这样，许多纤维束纠缠住纤网使其不能再恢复原来的蓬松状态。经过许多次的针刺，相当多的纤维束被刺入纤网，使纤网中纤维互相缠结，从而形成具有一定强力和厚度的针刺法非织造材料（图3-34）。图3-35是针刺法非织造布的设备。

早期的针刺产品多数是由纤维或服装业的下脚料制成质量粗糙的垫子，用于家具衬垫、地毯底布、家用装饰品等。

现今，由于针刺技术的不断发展，针刺产品的应用已渗透到工业、农业、国防、医疗等各个行业。例如，地毯、保温材料、过滤材料、土工布、服装辅料、合成革基布、油毡基布、造纸毛毯、汽车内衬材料、隔音材料、绝缘材料等。

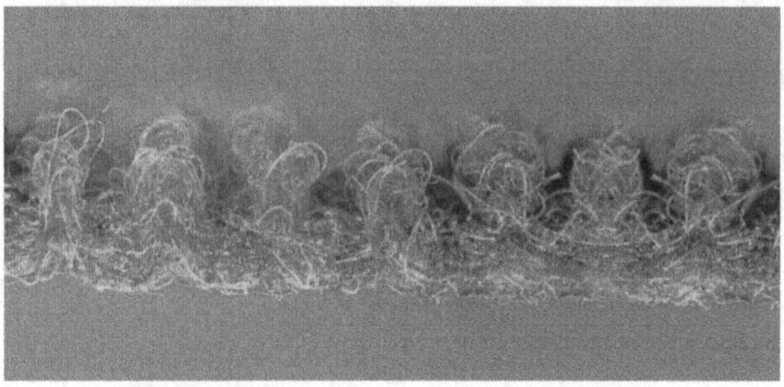

图3-34 针刺法非织造布的结构

图3-35 针刺法非织造布的设备

3.2.3.2 水刺法

水刺法又称水力缠结法、水力喷射法、射流喷网法，它是一种独特的、新型的非织造布加工技术，它是利用高速高压的水流对纤网冲击，促使纤维相互缠结抱合，而达到加固纤网的目的。20世纪60年代由弗兰克兰·杰姆士伊凡发明，70年代中期由美国的Dupont公司和Chicopee公司开发成功，1985年实现工业化生产。

水刺技术的加工特点是无环境污染，柔性缠结，不损伤纤维；产品无黏合剂，不起毛、不掉毛、不含其他杂质；产品具有吸湿、柔软、强度高、表观及手感好等特点，外观比其他非织造材料更接近传统纺织品。因此水刺技术虽起步较晚，但发展极其迅速，被称为第三代非织造布加工工艺。有人将其喻为21世纪非织造布工业的一颗明星。

水刺工艺原理与针刺法很相似，水刺中由高压水流形成“水针”，其作用似针刺中的刺针。在水射流直接冲击和反弹水流的双重作用下，纤网中的纤维发生位移、穿插、缠结、抱合，形成无数个柔性缠结点，从而使纤网得到加固（图3-36）。从图3-37中可以看出，托网帘凸起的地方，即经纬丝相交的交织点，正好对应着水刺产品布面无纤维的地方。用扫描电子显微镜可以更清楚看到水刺布的微观结构[图3-38(a)]。图3-38（b）则是市售湿纸巾（干燥后）的结构，无需用显微镜，直接用肉眼就可以观察到网眼结构。

目前，水刺布的主要用途分为三大类，即医用、人造革用和擦洁用。如外科手术大褂、床单、罩布等医院用品，创口敷料，纱布和纱布块，婴儿擦拭布等（图3-39）。其他常见的还有餐馆桌布、窗帘、电器家具的保护罩、工业抹布、滤布、工作服、衣服衬里、汽车飞机座椅头靠的垫布、合成革的基质等。

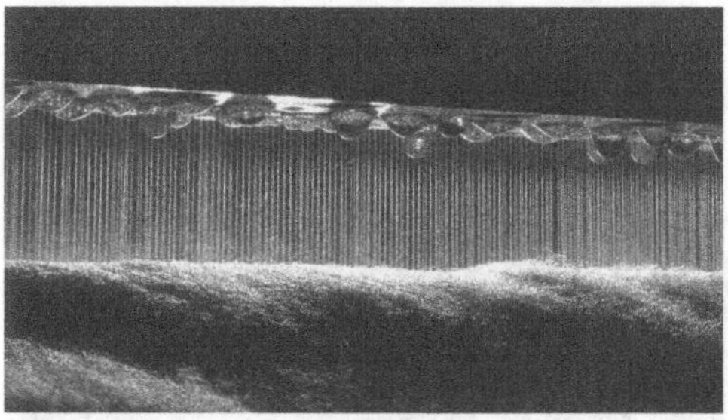

图3-36 水刺法非织造布的设备

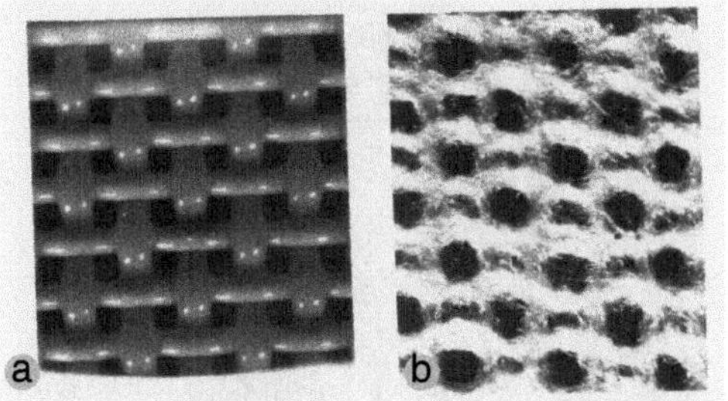

图3-37 托网帘结构（a）与水刺布外观形态（b）

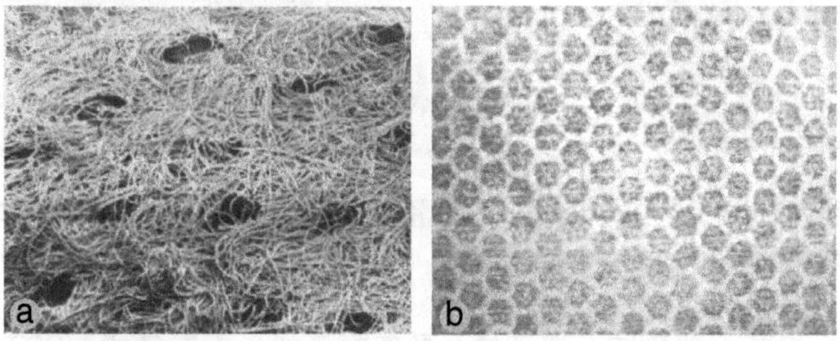

图3-38 水刺法非织造布结构的电子显微镜照片（a）和水刺法湿纸巾（干燥后）的照片（b）

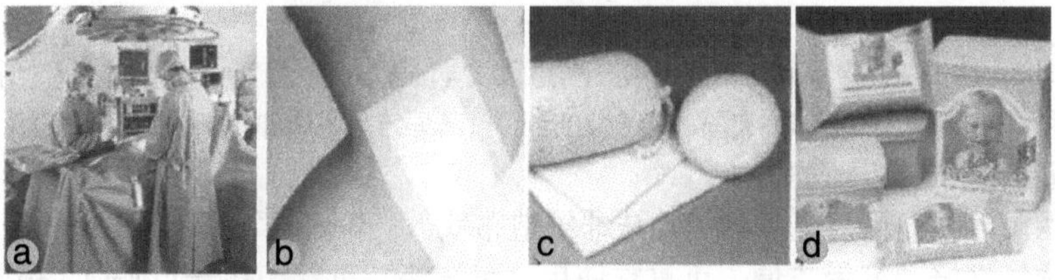

图3-39 水刺法非织造布的应用实例

(a) 外科手术大褂、床单、罩布等医院用品；(b) 创口敷料；(c) 纱布和纱布块；(d) 婴儿擦拭布

3.2.3.3 熔喷法

熔喷法又称纺粘法。熔喷法工艺是聚合物挤压法非织造工艺中的一种，起源于20世纪50年代初。1951年，美国Arther D. Littll公司开始研究用气流喷射－静电纺丝法生产聚苯乙烯超细纤维非织造布，取得了相关美国专利。美国海军实验室研究并开发用于收集上层大气中放射性微粒的过滤材料，1954年发表研究成果。从20世纪80年代开始，熔喷法非织造布增长迅速，保持了10%~12%的年增长率。目前，世界熔喷法非织造布的年产量已超过10万吨。

熔喷非织造工艺的特点：①过滤、阻菌、吸附方面有突出的优点；②超细纤维的纤网结构；③能耗大；④纤维取向度较差；⑤纤维强力低。

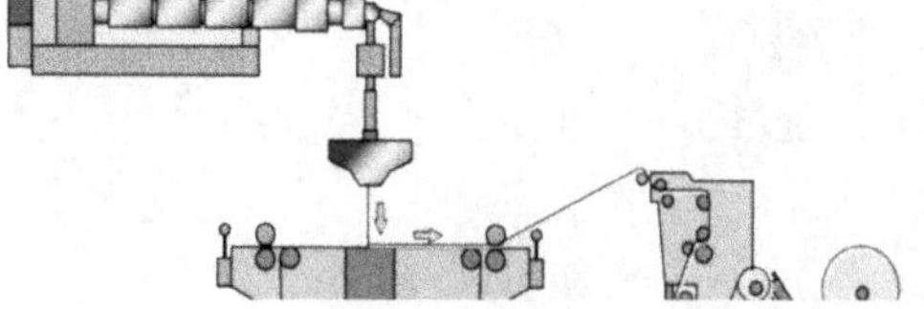

图3-40 熔喷法非织造布的设备和工艺

从理论上讲，凡是热塑性聚合物切片原料均可用于熔喷工艺。聚丙烯是熔喷工艺应用最多的一种切片原料，除此之外，熔喷工艺常用

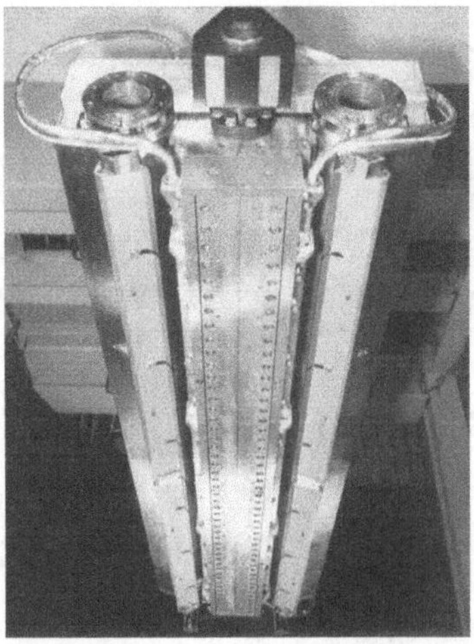

图3-41 德国Reifenhauser公司的Reicofil熔喷生产线的熔喷模头

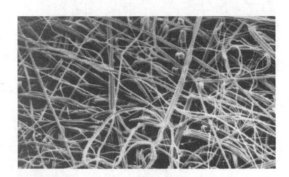

图3-42 熔喷法非织造布的电子显微镜结构

的聚合物切片原料有聚酯、聚酰胺、聚乙烯、聚四氟乙烯、聚苯乙烯、PBT、EMA、EVA、聚氨酯等。

熔喷非织造工艺是采用高速热空气流对模头喷丝孔挤出的聚合物熔体细流进行牵伸，由此形成超细纤维并收集在凝网帘或滚筒上，同时自身黏合而成为熔喷法非织造布（图3-40）。图3-41是机器模头的照片。

熔喷法非织造布的特点之一是纤维细度较小，通常小于10μm，大多数纤维的细度在1~4μm。这种在非均匀牵伸和冷却条件成型的纤维，其结晶和取向也是不均匀的（图3-42）。

熔喷法非织造布的应用如下。

（1）环保袋　我们见得最多的熔喷法非织造布就数“环保袋”了（图3-43）。它坚韧耐用、造型美观、透气性好、携带方便、可重复使用、可洗涤、可丝印广告LOGO，被国际公认为保护地球生态的环境产品。消费者在购物的同时还得到了一个精美的袋子，而商家也得到了无形的广告宣传，两全其美，所以无纺布袋在市场上越来越受欢迎。

环保袋的主要成分是PP，其实就原料而言，它并不具有可降解性。说它环保，是可以重复使用，可以回收，如果随意丢弃，也是不环保的。

（2）过滤材料　熔喷法非织造布早期的应用主要是过滤材料，熔喷法非织造布具有纤维细、结构蓬松、孔隙多而孔隙尺寸小的优点，通过适当的后整理，是一种性能优良的过滤材料。熔喷法非织造布在过滤领域的应用有气体过滤和液体过滤，气体过滤方面有已经大量推广应用的医用防菌口罩、室内空调机过滤材料、汽水分离过滤材料、净化室过滤材料等。其中医用防菌口罩采用熔喷法非织造布作为过滤介质可大大减少细菌的透过率，其阻菌率高达98%以上，而且佩戴时没有任何不舒服的感觉。在液体过滤方面，熔喷法非织造布可用于饮料和食品过滤、水过滤、贵金属回收过滤、油漆和涂料等化学药品过滤等。熔喷法非织造布可与其他材料复合并制成可换式滤芯或滤袋等用于各种过滤装置中。

图3-43 熔喷法环保袋（PP）

（3）保暖材料　熔喷法非织造布具有良

好的保暖性，可防止或减少由导热、对流和辐射所引起的热损失，并能较长期使用而不改变其保暖性（图3-44）。实验表明，纤网结构是影响保暖材料传热性能的主要因素之一。

熔喷复合保暖材料和聚酯纤维絮片的传热率均随蓬松率的增加而提高。蓬松率提高，纤网中空气流动加快，对流热损失也相应加大。

对于熔喷复合保暖材料，其厚度对透气性能影响较小，而聚酯纤维絮片随厚度减小透气性迅速上升。熔喷复合保暖材料中的熔喷法非织造布具有超细纤维结构，因此抗风能力较强。

（4）吸油材料　聚丙烯熔喷法非织造布具有疏水亲油的特性，耐强酸强碱，密度比水小，吸油后能长期浮于水面上而不变形，可循环使用和长期存放。聚丙烯熔喷法非织造布制成吸油缆、吸油索、吸油链、吸油枕等，吸油量可达到自身重量的10~50倍。

聚丙烯熔喷法非织造布因其材料特性和微纤结构而成为性能良好的吸油材料（图3-45）。在欧美、日本等发达国家已得到广泛应用，如海上溢油事故、工厂设备漏油以及污水处理等。1989年春，美国阿拉斯加附近的威廉王子海峡发生油轮触礁事故，造成大面积漏油，严重污染了海面。当时空运了大约2.6万吨以聚丙烯熔喷法非织造布为主的吸油材料到现场，仅用了几天时间就清理了海面。

图3-44　熔喷法非织造布用作保暖材料

图3-45　熔喷法非织造布用作吸油材料

3.3 神秘的碳纤维

3.3.1 碳纤维的结构和制备

碳是最重要的元素，也是最奇妙的元素。没有碳就不存在有机物，地球上也就没有了生命。碳的奇妙之处来源于它极易形成共价键，特别是自身形成C—C共价键，因此由它构成了高分子链的骨架，也因此碳的单质多姿多彩。除了人们早已熟知的以三种同素异形体形式存在的碳单质（无定形碳、高硬度的金刚石和柔软滑腻的石墨）外，近期研究很热的是它的三种新形式，即结构很像足球的“富勒烯（Fullerenes）”（图3-46）、线型的“碳纳米管”（图3-47）和单层二维结构的“石墨烯”（见4.1.5节）。

碳在作为材料应用方面最重要的要数碳纤维了。碳纤维是由有机纤维经碳化及石墨化处理而得到的微晶石墨材料。碳纤维是含碳量高于90%的无机高分子纤维，其中含碳量高于99%的称石墨纤维。碳纤维的微观结构类似人造石墨，是乱层石墨结构。

碳纤维的起源可以追溯到一百多年前Swan和Edison等利用碳丝作为灯丝的研究。碳纤维的研究取得高速发展是在20世纪50年代，当时美国对大型火箭和人造卫星的研发要求，对于新型结构材料及耐烧灼材料的发展有着极大的促进作用。

碳纤维是所有纤维中比强度（即材料的强度与其密度之比）最好的，碳纤维的出现给人们的启示是，以碳原子为基本组成的高分子链也可以产生很高的力学性能。在碳纤维中几乎每一

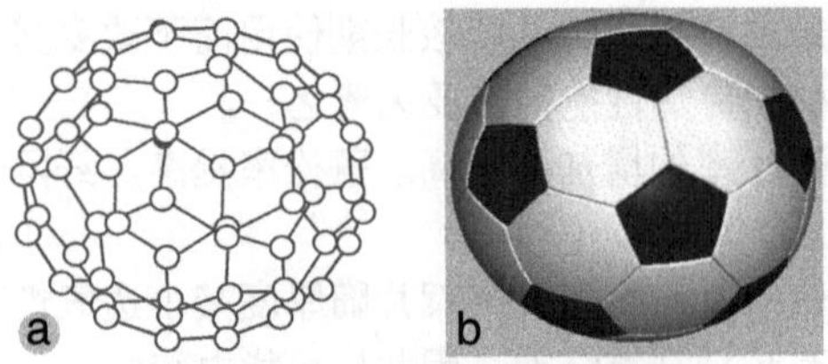

图3-46 典型富勒烯的结构（a），其形状很像足球（b）

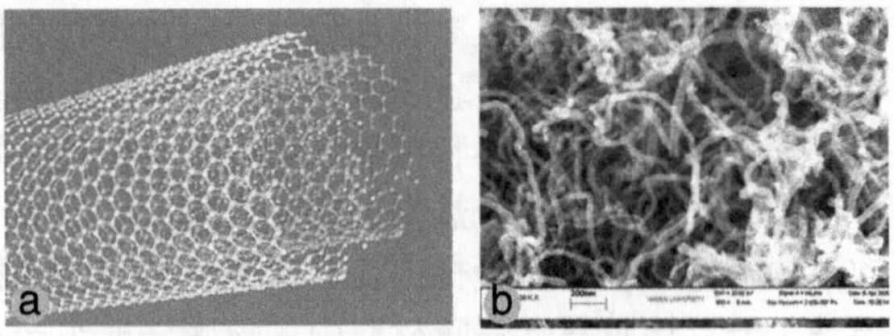

图3-47 多壁碳纳米管的结构（a）及其实物的扫描电子显微镜照片（b）

根高分子链都在链的方向上采取一维钻石的结构，再使这些分子平行排列成纤维，这样的结构会有接近于按分子截面积和键强度计算的理论强度的力学性能。

碳纤维的密度不到钢的1/4，碳纤维树脂复合材料的拉伸强度一般都在3500MPa以上，是钢的7~9倍，拉伸弹性模量为23000~43000MPa/(g/cm^3)亦高于钢。碳纤维的密度只有1.7g/cm^3，因此碳纤维复合材料的比强度可达到2000MPa以上，而A3钢（密度为7.8g/cm^3）的比强度仅为59MPa左右，其比模量也比钢高。像这样轻质、高强的材料，航天航空工业当然格外青睐。

碳纤维除了轴向强度和模量高外，它耐高温，无蠕变，耐疲劳性好，比热及导电性介于非金属和金属之间，热膨胀系数小，耐腐蚀性好，纤维的密度低，X射线透过性好。同时，它又具有纤维般的柔曲性，可进行编织加工和缠绕成型。但其耐冲击性较差，容易损伤，在强酸作用下发生氧化。

碳纤维可分别从聚丙烯腈纤维、沥青纤维或黏胶丝制得，其结构变化示于图3-48。根据使用要求和热处理温度的不同，碳纤维分为耐燃纤维、碳纤维和石墨纤维。目前应用较普遍的碳纤维主要是聚丙烯腈碳纤维和沥青碳纤维，世界上每年由丙烯腈纤维制取的碳纤维超过万吨，由沥青制取的碳纤维达数千吨。

例如，聚丙烯腈热解环化成梯形结构（耐燃纤维）。该聚合物在400~1400℃热处理时得碳纤维，含碳量为90%~95%；碳纤维经1800~3000℃高温处理可以制得石墨纤维，含碳量高达99%以上（图3-49）。

碳纤维主要用途包括体育器材、一般工业和航空航天等，其中体育休闲用品的使用量最大，占消费量的80%~90%。我国碳纤维的需求量已超过3000t/年，2010年将突破5000t/年。主要应用领域为：成熟市场有航空航天及国防领域(飞机、火箭、导弹、卫星、雷达等)和体育休

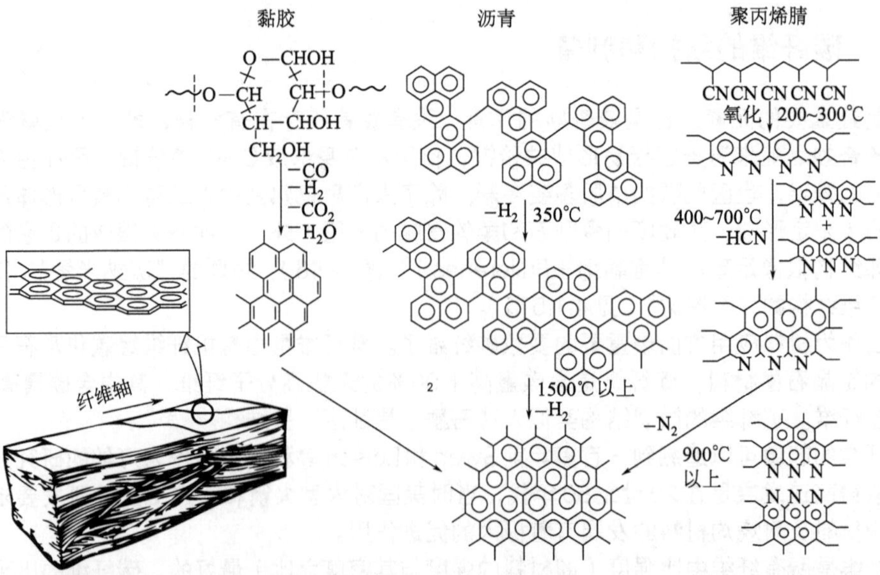

图3-48 分别从聚丙烯腈纤维、沥青纤维或黏胶丝制备碳纤维的路线

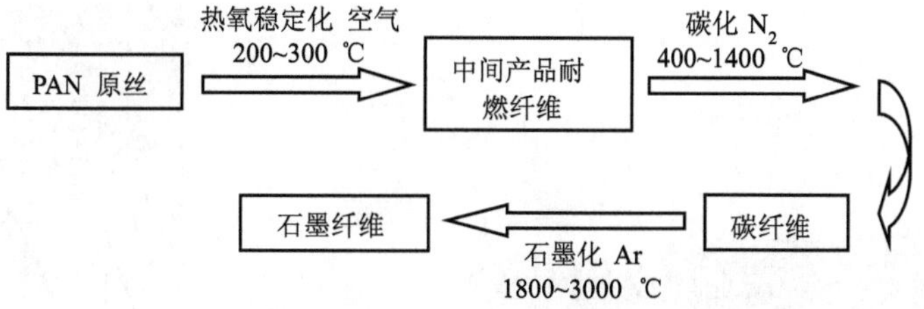

图3-49 聚丙烯腈碳纤维的主要生产工艺流程

闲用品(高尔夫球杆、渔具、网球拍、羽毛球拍、箭杆、自行车、赛艇等)；新兴市场有增强塑料、压力容器、建筑加固、风力发电、摩擦材料、钻井平台等；待开发市场有汽车、医疗器械、新能源等。

3.3.2 体育运动与碳纤维的不解之缘

撑竿跳高的历史记载着一部材料史，当然也包含高分子复合材料。撑竿最早使用木竿，最高成绩为3.30m。二战前夕，日本运动员在撑竿跳高中曾有过优秀成绩。虽然不曾问鼎冠军宝座，但获得过1932年洛杉矶奥运会亚军，1936年柏林奥运会的银牌和铜牌。日本的撑竿跳高成绩与当时所用的材料有关。因为当时撑竿跳高用的是重量较轻、有一定弹性的竹竿，而且全世界的优秀撑竿选手全都用日本竹竿，最高成绩达到4.77m。但是仍有缺点，握竿点到了4m以上时容易折断。

到了第二次世界大战中的1942年，美国运动员瓦马塔姆用一种新型的金属材料撑竿创造了4.7m的撑竿跳世界纪录。金属竿很坚固，运动员无撑竿折断之虑，可以提高握竿点，加快助跑速度，最好成绩达到4.80m。从此，竹竿便退出了田径场，开始了金属撑竿的时代。

在20世纪50年代出现了玻璃纤维增强撑竿。1956年墨尔本奥运会上，希腊选手拿出了重量更轻、弹性更强的玻璃纤维撑竿，取得了铜牌，但并未引起人们高度重视，金属竿还占统治地位。到了20世纪60年代，美国运动员尤尔塞斯用玻璃纤维撑竿跃过了4.89m，玻璃纤维竿这才引起广泛的重视和采用，跳高纪录不断被刷新。当时，因为撑竿跳高成绩长期徘徊，人们认为4.87m是人的体力所能达到的极限，尤尔塞斯打破了极限，自然引起人们的注意，玻璃纤维增强撑竿也迅速普及开来。

早在1948年就有少数运动员开始试用化学纤维制成的尼龙撑竿，到1962年国际田联承认用尼龙撑竿创造的成绩以后，这种器材就被世界各国撑竿跳高运动员广泛采用。1960年用，海绵坑代替了沙坑，改进了插斗壁的角度和撑竿跳高架子，世界纪录一破再破，到1976年，有人用尼龙撑竿创造了5.70m的世界纪录。

上述玻璃纤维撑竿，准确地说，应该是玻璃纤维增强不饱和聚酯，就是人们常说的“玻璃钢”。它是用玻璃纤维做增强材料，或用玻璃布浸渍不饱和聚酯，加压固化成型以后成为一体而得到的。玻璃纤维在今天已经是很普通的材料了，是把玻璃熔化后拉成极细的丝，或纺织成织物，除了制造玻璃钢以外，还广泛用作隔热、保暖材料。

玻璃钢和钢并没有什么联系，这个名称只是用来形容它们强度高而已。玻璃钢的强度能与钢材料媲美，而密度比钢材小很多。不怕酸碱腐蚀，可以用来做化工原料和产品的贮槽、贮罐、管道等。玻璃钢有很好的绝缘性能，也用于电器、仪表等电器绝缘。1948年，美国海军曾经生产过一艘玻璃钢扫雷艇，因为船体不含钢铁，可以免受磁性水雷的威胁。另外，玻璃钢还用来制造游艇、船只、赛车等。玻璃纤维与环氧树脂也可以形成复合材料，也称为“玻璃钢”。图3-50和图3-51分别是用玻璃钢制作的赛车和篮球板。

今天，玻璃撑竿已不大被人采用，玻璃纤维被碳纤维或Kevlar代替，不饱和聚酯被环氧树脂取代。这种碳纤维复合材料的性能比玻璃钢有了大幅度的提高，因而现在的撑竿更轻、强度

图3-50　玻璃钢赛艇

图3-51　玻璃钢篮球板

更好。现在世界男子撑竿跳高纪录早已突破6m，能跃过6m也不止一二个运动员。前苏联的布勃卡自1983年以来曾35次打破男子撑竿跳的世界纪录，其中室外17次，而且布勃卡通常每次都将世界纪录提高1cm，因此也有人称他为“一厘米先生”。其保持的室外6.14m和室内6.15m的世界纪录至今无人打破，被称为撑竿跳项目上的“沙皇”。

图3-52　俄罗斯撑竿跳女皇伊辛巴耶娃

俄罗斯的伊辛巴耶娃（图3-52）自从2003年以4.82m打破室外撑竿跳世界纪录，到2009年以5.06m的成绩打破由自己保持的女子撑竿跳世界纪录，在她职业生涯中27次打破世界纪录，其中15次室外赛世界纪录。目前“女飞人”伊辛巴耶娃的目标就是超越布勃卡的35次纪录。我们没有见到有关布勃卡和伊辛巴耶娃的长竿材质的报道，但相信一定是先进复合材料制成的。

这种用碳纤维作为增强材料的复合材料被称为先进复合材料，或新型复合材料。制造碳纤维复合材料制品的方法和玻璃钢相似，把碳纤维织成布或毯，浸上环氧树脂，再一层层叠成所需要的形状，在模具里加温加压，环氧树脂聚合成为一个整体。这样，以碳纤维为“骨”，塑料为“肉”，形成了复合材料。也可以在室温加压固化，但固化后耐热性差一些。

现在自行车赛场上已很少见到传统的由碳钢和普通合金钢制成车轮的自行车了，现在赛车的轮是一个像铁饼样的圆盘。理论计算结果表明，这种碟式车轮阻力最小，如果用一般材料制造碟式车轮就会加重车轮重量，用新型复合材料制造碟式车轮，重量轻、强度高。这种新式赛车重量只有9kg，比一般赛车轻得多［图3-53(a)］。现在，新型赛车日新月异、层出不穷，但都离不开复合材料。碳纤维自行车已出现在市场上，图3-53(b)是用碳纤维管和铝合金接头黏成车架的碳纤维自行车。这种自行车车架很轻，但强度极高，不易变形。

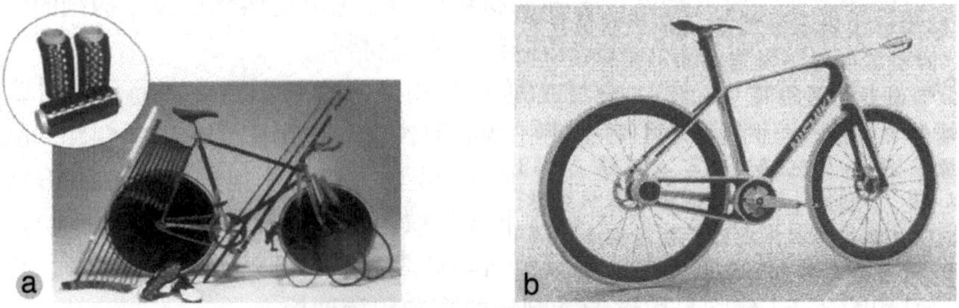

图3-53　碳纤维复合材料赛车

(a) 赛车；(b) 民用车

网球（或羽毛球）高手的球拍是用碳纤维复合材料做成的，这种球拍被称为“碳素球拍”，它重量轻、强度高、弹性好，击出的球速度快。图3-54是制造碳素网球拍过程中的原料、中间产物和产品。具体步骤是：把碳纤维编成布，浸上环氧树脂，在模具里加温加压固化成型。

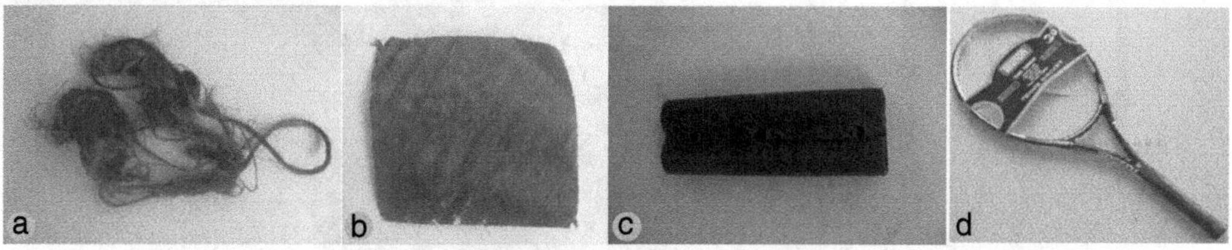

图3-54 碳素网球拍

（a）原料碳纤维；（b）碳纤维布；（c）已固化的球拍的一小段；（d）产品

图3-55是碳纤维和玻璃纤维混编成的管状物，浸上环氧树脂，热压就可成型为球拍。这种网球拍兼有碳纤维复合材料和玻璃纤维复合材料的特点，而且价格比较适中（表3-1）。

表3-1 各类网球拍价格比较

材　料	每支价格（人民币）	材　料	每支价格（人民币）
铝或铝合金	比较便宜	碳纤维/玻璃纤维复合材料	700~1300元
玻璃纤维复合材料	400~1200元	碳纤维复合材料	1700~3000元

专业的乒乓底板也是复合材料制成的，主要有碳纤维增强型和芳纶增强型，它们各有特点。碳纤维增强拍（图3-56）初期振幅最小，可很好地提高底板的硬度，增加击球瞬间“脆、爽”的本体感觉；由于其振动频率最高，在击球瞬间可以缩短球在底板上滞留的时间，有利于压低击球弧线，增强攻击力；由于材料的振动衰减时间较长，击球用力时底板反馈回来的振动稍有些“散”、“乱跳”等不好控制的感觉。芳纶增强拍的初期振动幅度最大，击球感觉最柔和；其振动频率不高，用这种底板击球时持球时间较长，特别在用力摩擦球体时有“抓住球”的“粘球”感觉。芳基纤维最突出的特点是振动衰减的时间最短，这种底板虽然击球感觉较“软”，但是，击球时却会明显感觉用力反馈集中，且有弹弓一样的弹力。

图3-55 制造网球拍的碳纤维/玻璃纤维混编物

图3-56 碳素乒乓底板

据说，当年成吉思汗的军队所用的弓是用动物胶黏合木片制成的，这种弓尺寸小、弹性大，而且没有扭曲变形，因而射击准确。今天，体育比赛所用的弓和箭都用先进复合材料制成，准确性和射击距离都大大超过前人。体育用碳纤维还用于高尔夫棒、曲棍球杆、垒球棒、冰球棒、滑雪板、滑雪杖、游艇、赛艇、桨、滑翔机、人力飞机、帆船桅杆、摩托车及登山用品，如登山杖、攀岩头盔等（图3-57~图3-59）。

日本是碳纤维和新型复合材料生产大国，产品的80%都用于高级体育用品。美国的新型

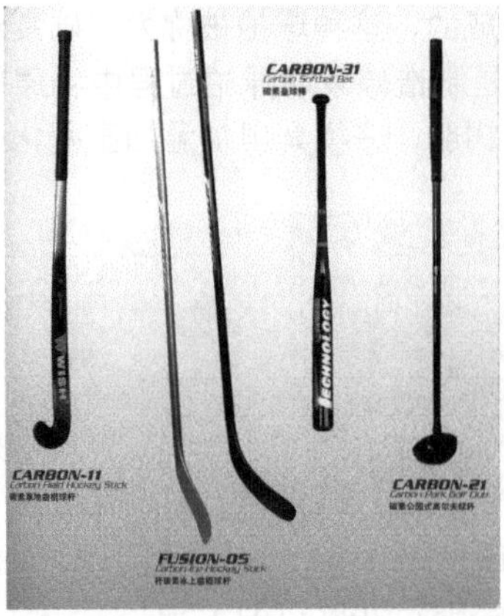

图3-57　碳素草地曲棍球杆、碳素冰上曲棍球杆、碳素垒球棒和碳素高尔夫球杆

图3-58　由碳纤维和铝合金制成的赛车底盘

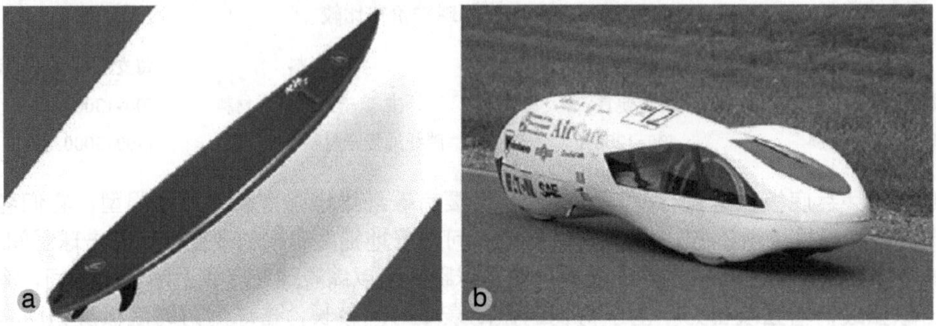

图3-59　碳纤维复合材料制造的滑雪板（a）和碳纤维材料的轻骑兵——supermileage比赛的冠军赛车（b）

复合材料则大规模应用到航空航天工业和军事工业中，如A380、波音777、美国新型主战坦克，碳纤维比重占到15%以上。

3.3.3　从碳纤骨迷你伞到波音787飞机

碳纤维和新型复合材料在20世纪50年代主要应用在火箭、宇航及航空等尖端科学，碳纤维复合材料应用在航空航天工业和军事工业上，可以显著减轻重量，提高有效载荷，改善性能，是重要结构材料。到80年代，随着碳纤维加工技术的普及，成本降低，已被广泛应用于体育器械、汽车工业、纺织、化工机械及医学领域等民用方面。到目前为止，碳纤维我国各种应用所占比例分别为体育30%，航空航天10%，工业60%。

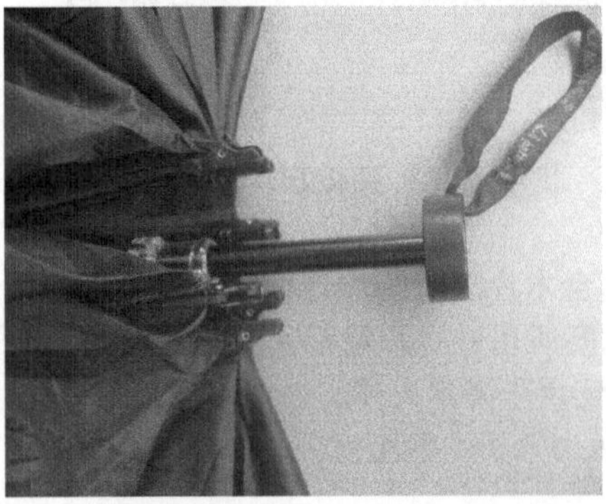

图3-60　碳纤维骨的迷你伞

碳纤维复合材料已在日常生活中可以见到，比如日本和我国台湾（台塑）都有生产一种黑色碳纤维骨的迷你伞（图3-60），总重量为130g，俗称二两伞。其他还有钓鱼竿、汽车零配件、头盔、游船等（图3-61）。

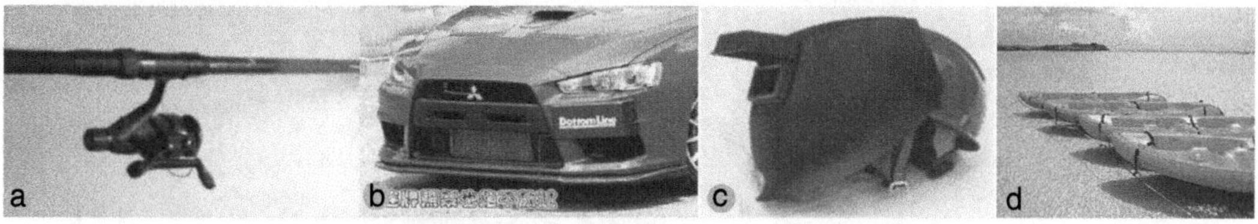

图3-61 碳纤维复合材料的民用产品

(a) 钓鱼竿；(b) 汽车；(c) 头盔；(d) 游船

美国研制了一架全复合材料的小型飞机旅游者号（Voyager），组成复合材料的增强纤维90%以上是碳纤维。由于飞机的结构重量只有453kg，节省了油料，同时也能装载更多的油料（达3t之多）。这架飞机不加油、不着陆的连续飞行达9天，飞行距离40252km，创下了飞机在大气层连续飞行时间最长、飞行距离最远的纪录。

2010年首次试飞的波音787客机的机身全部用碳纤维复合材料制作[图3-62(a)]。由于很轻，具有无可比拟的节油功能，比现有同等载客量的客机少用20%燃油，并保持同等快速。比其他同等载客量的客机的空间大，可载客290~330人，甚至有很大的酒吧间[图3-62(b)]。

图3-62 机身用碳纤维复合材料制作的波音787客机

(a) 2010年12月15日的首飞测试；(b) 机内的酒吧间

3.4 超细纤维

3.4.1 一克重就能绕地球几周的海岛丝

一般纺丝方法都受到喷丝头孔径的限制，纤维不能太细，否则黏度很大的聚合物熔体或溶液挤不出喷丝孔。要制备超细纤维，必须用特殊的方法。

这里介绍一种世界上最细的纤维——海岛丝的工业制备方法。例如超细尼龙纤维，首先将尼龙和第二种高分子聚乙烯的共混物纺成复合纤维，由于尼龙与聚乙烯的相容性不够好，会分相，尼龙是孤立相，聚乙烯是连续相，被形象地称为“海岛结构”。形成的复合丝被称为“海岛丝”。然后再把聚乙烯用溶剂溶掉，就制成直径约1μm超细纤维，其结构如图3-63所示。

当今合成纤维的极细记录为0.00009旦，这种丝1g的长度为$\frac{9000}{0.00009}=10^{8}$m，可绕地球2.5周。

海岛型超细纤维的优点是：手感良好，具有防水透气性，适合作人造皮革、高级面料，以及用于擦镜头、屏幕、首饰、光碟、眼镜等的擦镜布。图

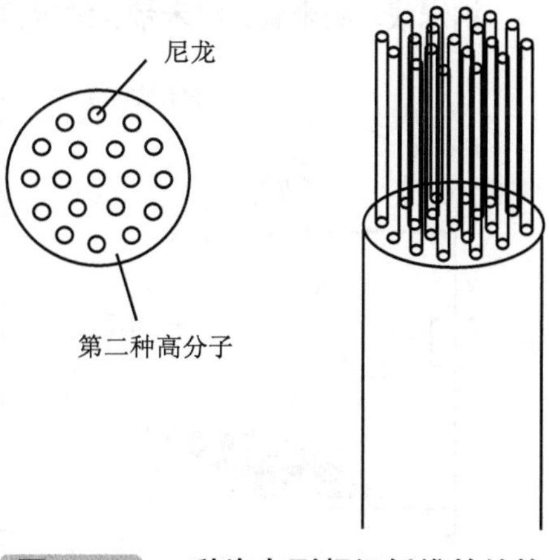

图3-63 一种海岛型超细纤维的结构

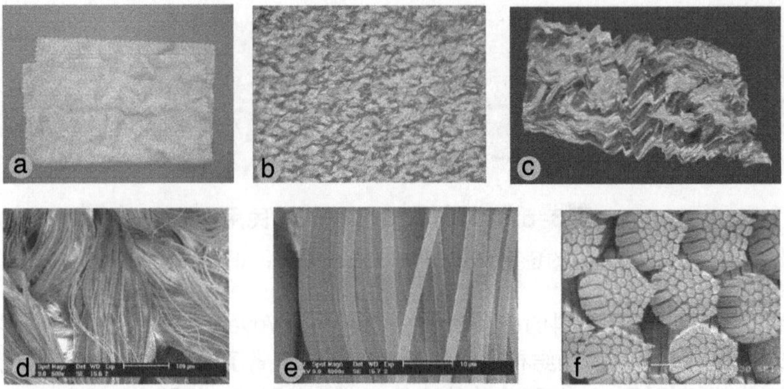

图3-64　用海岛型超细纤维制作的擦镜布（涤纶）及其显微结构

　　（a）擦镜布；（b）反射式显微镜照片；（c）显微镜三维照片；（d）扫描电子显微镜照片；（e）显示单根纤维；（f）每根纤维又由很多微纤维组成

3-64是用海岛型超细纤维（涤纶）制作的擦镜布及其显微结构。涤纶海岛丝是将PET/COPET（碱溶性共聚酯）共混物纺成复合纤维，再溶掉COPET而获得的。

　　以下介绍超细纤维在人造皮革方面的应用。海岛型超细纤维皮革（简称超纤皮），已广泛用于制鞋、服装服饰、沙发、箱包等领域。

　　天然皮革由极细的胶原纤维"编织"而成，分粒面层和网状层两层，粒面层由极细的胶原纤维编织而成，网状层较粗的胶原纤维编织而成。模仿这种结构，基布是海岛纤维的无纺布，提供强度和透气性；而面层是微孔聚氨酯弹性体，提供耐久性、质感、结实感和透气性。海岛型超细纤维皮革的生产流程，一般是先经过喂入纤维、开松、梳理、铺网，形成一定厚度的纤维层，再分别采用针刺或水刺方法将纤维进行相互缠结，制成具有一定厚度和相应密度的基布。再将基布涂敷一定浓度的PU树脂并进行轧压和水洗，初步形成类似真皮形态的贝斯。贝斯进入碱液或甲苯中，在一定的温度和时间下并通过反复轧，对于PET/COPET海岛纤维是溶掉COPET，对于尼龙/LDPE海岛纤维是溶掉LDPE。溶掉"海"成分使之"开纤"后形成细度达0.05~0.0001旦的超细纤维。然后进行上柔、染色、磨毛等一系列后整理，得到最终产品。

　　超纤皮比天然皮革还要强，具有3倍天然皮革的拉伸强度。

3.4.2　静电纺丝的纳米纤维

纳米线、纳米管、纳米带、纳米棒、纳米环、纳米颗粒等纳米材料由于其独特的性质在电子学、光学、数据储存装置和生物医学等方面得到了广泛的应用。第一个描述电纺丝（又称静电纺丝）的专利出现在1934年，Formalas利用静电斥力制造了高分子的细丝。但是直到1993年，有关电纺丝报道还很少，最近由于纳米技术的发展，电纺丝方法制造纳米纤维得到了广泛的应用，它不仅能够制造高分子的纳米纤维，还能够用于制造有机-无机复合材料。电纺丝是一种适用性很广的制造纳米纤维的方法，它有很多优点：方法简单，装置便宜，可以制造无限长的纤维，可重复性好，制造的纤维的直径可控等。目前电纺丝在生物组织工程支架，如人体器官再造；生物医用材料，如制备血管、组织修复、伤口处理；各种半透膜，如过滤净化装置、织

图3-65　典型的电纺丝的装置图

注射器　　聚合物溶液
高压电　　针头
V　　液流
　　收集器

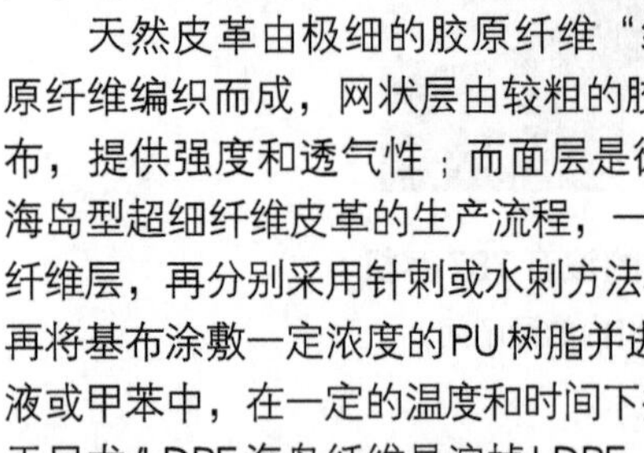

物防水；以及植物杀虫剂等领域的应用前景广阔。

高分子材料电纺丝是一种利用聚合物溶液或熔体在强电场作用下形成喷射流进行纺丝加工的新工艺。典型的电纺丝的装置如图3-65所示，它主要由三部分组成：高压直流电源，注射器（带有不锈钢的针头），收集器（一般都是金属的薄片）。在注射器和收集器之间加一个高压电场，当电压令溶液的静电斥力大于它的表面张力的时候，溶液就会从注射器的针头喷射出来而形成微纤维。

3.5 液晶纺丝的超强纤维

3.5.1 液晶纺丝是纺丝工艺的一大革命

1888年，奥地利植物学家Reinitzer发现胆甾醇苯甲酸酯在145.5℃熔化时，形成了雾浊的液体，并出现蓝紫色的双折射现象，直至178.5℃时才形成各向同性的液体。其后在Reinitzer和德国物理学家Lehmann的共同努力下，认为胆甾醇苯甲酸酯在固态和液态之间呈现出一种新的物质相态，将其命名为液晶，这标志着液晶科学的诞生。

首先要明白什么是液晶。物质有气体、液体和固体（多半是晶体）三种相态，而液晶是介于液态和晶态之间的第四态。液体能流动，但液体无序；晶体不能流动，但晶体有序。液晶能流动，又有序，所以用"有序流体"四个字就可以理解其本质。

分子必须具有液晶基元才能形成液晶。小分子液晶基元的结构通式如下：

$$Y-\!\!\!\!\bigcirc\!\!\!\!-X-\!\!\!\!\bigcirc\!\!\!\!-Y'$$

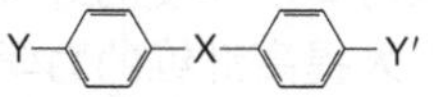

基团Y和Y′可以是烷基、烷氧基或氰基等，连接基团X可以是—CH=N—，—N=N—，—CO—O—等，也可以没有。整个分子具有刚性的不等轴结构，形为棒状或板条状。理论推断，介晶元长径比要大于4才能依靠棒状分子相互排斥作用而稳定分子的液晶性。两种常用的小分子液晶MBBA和5CB的化学结构和分子形状示于图3-66。

按液晶基元在分子链中的位置，高分子液晶分为主链型和侧链型两种（图3-67）。侧链型液晶主要用于液晶显示（见4.1.4），主链型液晶主要用作高强度材料，以下介绍主链型液晶芳纶（聚芳酰胺，或称芳香尼龙）的制造和应用。

芳纶是最典型的主链型高分子液晶，它是在液晶态下进行纺丝的。液晶纺丝是20世纪70年代发展起来的一种新型纺丝工艺。液晶纺丝可以说是纺丝工艺的一大革命，它突破了传统纺丝工艺的禁锢。液晶纺丝具有以下特点。

（1）纺丝原液高浓度但仍有低黏度 普通的高分子溶液随浓度的增加而黏度增大，因而一般纺丝原液的浓度不能太高，否则会因为黏度太大而挤不出喷丝孔。但液晶高分子却有着独一

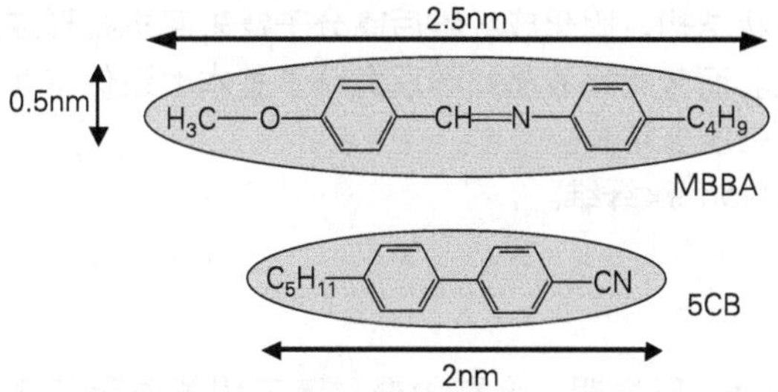

图3-66 两种常用的小分子液晶MBBA和5CB的化学结构、分子形状示意图

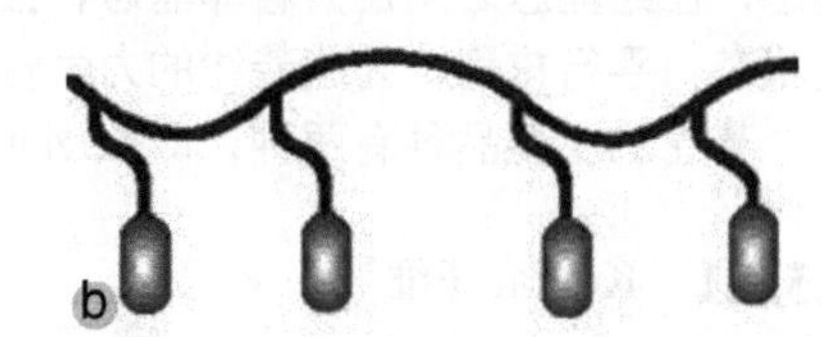

图3-67 高分子液晶按液晶基元在分子链中的位置分为主链型（a）和侧链型（b）两种

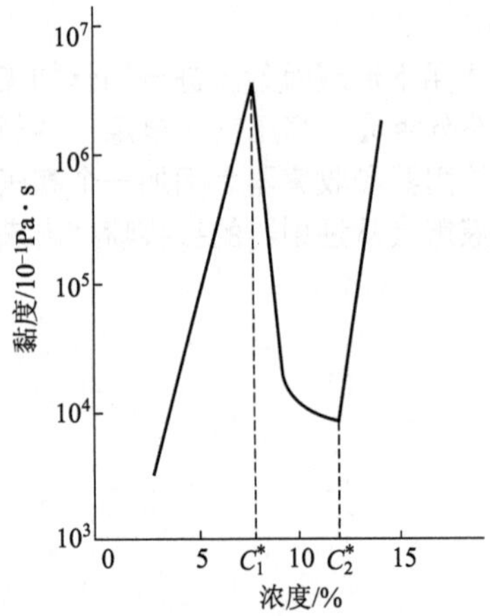

图3-68 聚对苯二甲酰对苯二胺/浓硫酸溶液的黏度–浓度曲线（20℃，$M=29700$）

无二的黏度特性，如图3-68所示。在低浓度范围的黏度随浓度增加急剧上升，出现一个黏度极大值，随后随浓度增加，黏度反而急剧下降，并出现一个黏度极小值；最后黏度又随浓度的增大而上升。这是因为浓度很小时，刚性高分子在溶液中均匀分散，无规取向成均匀的各向同性溶液，这种溶液的黏度–浓度关系与一般体系相同。随着浓度的增加，黏度迅速增大，当浓度达到一个临界值（临界浓度C_1^*）时，黏度出现极大值。当浓度超过C_1^*时，体系内高分子链开始自发地有序取向排列，形成向列型液晶，此过程黏度开始迅速下降。浓度继续增大，各向异性相的比例增大，黏度减小，直到体系成均匀的各向异性溶液时，体系的黏度达到极小值，此时溶液的浓度是又一个临界值C_2^*。根据液晶的这种黏度特性，可配成高浓度但黏度仍然较低的纺丝原液。

（2）不必拉伸　聚芳酰胺类溶液纺丝的浓度虽高，但由于分子规整性好，分子链间缠结少，因此在流体流动过程时自取向，喷出的纤维不必牵伸，从而减少了拉伸时对纤维的损伤。

（3）纤维具有高强度和高模量　因为液晶高分子降温或移走溶剂成为固态纤维时，能保持液晶高分子的高度取向状态。

液晶高分子呈伸直棒状，有利于获得高取向度的纤维，也有利于大分子在纤维中获得最紧密的堆砌，减少纤维中的缺陷，从而大大提高纤维的力学性能。

液晶纺丝的方法又被称为“干喷湿纺”，纺丝溶液从喷丝孔挤出后，大分子及其聚集体易于沿纤维拉伸方向取向，在进入凝固浴前有一段“气隙段”进行取向（即所谓干喷），然后采用低温凝固浴，使取向的液晶结构快速固定，沿分子排列方向的高取向性（几乎为完全伸直链结构）使纤维具有高强度和模量。

3.5.2 “梦的纤维”——芳纶

一天，在多巴海峡上空由戈斯曼·艾伯特罗斯驾驶一架人力飞机飞越过多巴海峡。这是一项辉煌的纪录，很快引起了世界的轰动。其秘密在于该飞机是由高强度合成纤维和碳纤维制造的总重量只有25kg的高分子材料飞机，而制造飞机的高强度合成纤维就是芳纶。

芳纶是尼龙的同系物，只不过普通尼龙是脂肪族的，没有苯环，而芳香尼龙在结构上主链有很多苯环，所以带来了一系列不同性质。

苯环给芳纶分子带来刚性，在溶液中能形成棒状排列，成为液晶结构。这一点是很不寻常的，因为一般的高分子在溶液中都是无规线团状结构，固化成纤维后高分子链来回折叠形成结晶态，在结晶态之间还夹着非晶态，强度较低。而芳纶经液晶纺丝后大分子基本上还保持着伸直状态，平行排列，因此芳纶的力学性能好，强度非常高。

芳纶的主要品种有两种，即Kevlar纤维和Nomex纤维。

3.5.2.1 Kevlar纤维

杜邦公司的Kevlar®（凯夫拉）为S.L.Wolek 所发明。全称为聚对苯二甲酰对苯二胺纤维，是对苯二胺和对苯二甲酸反应的产物。因为原料都是苯环的1和4位取代，国内称为芳纶1414。

$$H_2N\!-\!\!\!\bigcirc\!\!\!-NH_2 \ + \ HOOC\!-\!\!\!\bigcirc\!\!\!-COOH \ \xrightarrow{-H_2O}$$

$$\left[HN\!-\!\!\!\bigcirc\!\!\!-NHC\!-\!\!\!\bigcirc\!\!\!-\overset{\displaystyle O}{\underset{\displaystyle O}{C}}\right]_n$$

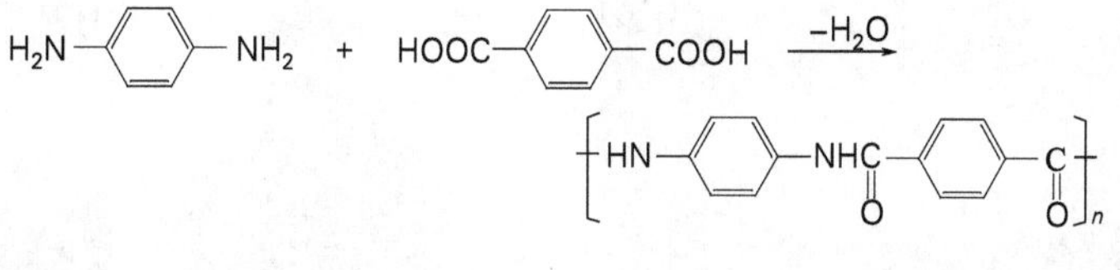

这是一种高强度、高模量的纤维，比普通尼龙高很多（表3-2）。Kevlar®纤维实际强度甚至可达到根据分子完全取向和紧密排列计算的理论值的80%以上（模量接近理论值的70%），而普通纤维只为约10%。芳纶的力学性能很好，它的拉伸强度高于不锈钢丝，与石墨纤维相同，就是说要拉断同样粗细的丝，不锈钢丝比芳纶容易断。芳纶的冲击强度比碳纤维高几倍。实际上Kevlar®的进一步优势还在于密度小，芳纶相对密度只有1.44，比碳纤维低，只有铝的一半，钢铁的5.4分之一，比玻璃纤维差不多轻一半，所以比拉伸强度（单位密度的拉伸强度）是钢材的5倍，是铝的10倍，高于玻璃纤维和碳纤维，被称为是"梦的纤维"。

表3-2　Kevlar® 纤维与尼龙66纤维性能比较

性能	Kevlar®49	尼龙66
断裂强度/GPa	2.8	0.7
伸长率/%	2.6	25
模量/GPa	124	10.86
理论模量GPa	182	

注：Kevlar®49为Kevlar®的一种主要型号。

但聚芳酰胺液晶纺丝的缺点是需采用浓硫酸等腐蚀性溶剂，制造工艺复杂。

芳纶其复合材料已广泛用于航空航天和军事用途，如波音757、767等飞机的壳体、防弹衣、防弹背心、头盔、航天加压服装、高强度降落伞、导弹壳体材料、特种缆绳、火箭壳体、航天飞机贮能罐和其他高压容器等。民用方面广泛用于轮胎帘子线、石油钻井平台、高尔夫球杆、钓鱼竿、撑竿跳的竿、网球拍、滑雪板、游艇、风筝线等。

芳纶有很高的耐热性，Kevlar®纤维可在 –196~182℃下连续使用，已用于航空飞机的结构材料。又如波音767使用了3t Kevlar®49与石墨纤维混杂的复合材料，机身减重1t，比波音727耗油节省30%。

美国和日本联合研制了全复合材料飞机Artek-4000，是一种6~9座客货两用飞机。构成复合材料的纤维有玻璃纤维、碳纤维和芳纶，玻璃纤维和碳纤维占21%，杜邦公司生产的芳纶占79%，作为基体的树脂是陶氏化学公司生产的环氧树脂。由于全部使用复合材料代替铝合金，机身重量只有2.5t，比铝合金飞机轻一半。飞机在1984年9月试飞，起飞时飞机在跑道上滑行380m就升空，比通常的金属飞机缩短了一半。飞机时速达到780km，最大航程4200km，耗油量是同类飞机的一半。

据军事专家统计，战场人员伤亡总数的75%是由低速或中速流弹和炸弹的碎片造成的，而子弹造成的直接伤亡仅占25%，为了提高作战人员的生存能力，人们对防弹衣的研制越来越重视。据报道，Kevlar®防弹背心已经拯救了美国2500多名警员的生命。美国联邦调查局的调查发现，对一个警员来说，如果他当时穿着Kevlar®防弹背心，那么在交火中就有14倍以上的机会可能存活下来。18层的Kevlar®129织物能够阻挡速度为每秒376m（1232英尺）的八次连续射击。并且Kevlar®防弹背心有很好的柔韧性，穿着舒适。用这种材料制作的防弹衣只有2~3kg重，穿着行动方便，所以已被许多国家的警察和士兵采用。

美国用了6年时间，花费了250万美元，研制出用凯夫拉制成的头盔，从而结束了作为美国陆军象征的"钢盔"时代。这种头盔仅重1.45kg，其防碎片和子弹的能力要超出钢盔25%~40%。同时，这种新头盔更贴近头部，使用者感觉更加舒适。

图3-69是防弹衣原料——Kevlar®（芳纶1414）布的实物；图3-70是用Kevlar®制造的美军的防弹衣和头盔。

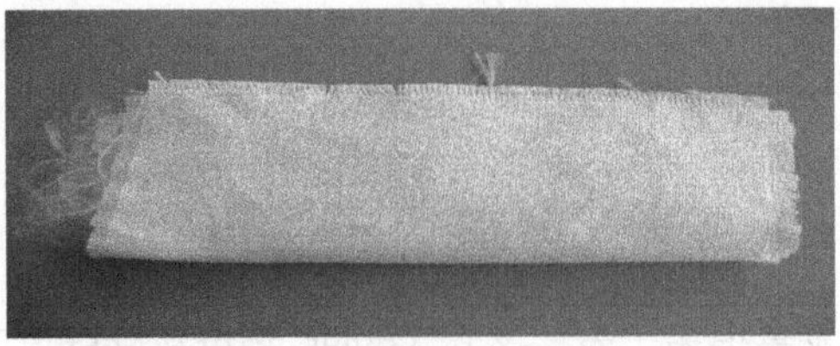

图 3-69 防弹衣原料——Kevlar®
（芳纶 1414）布

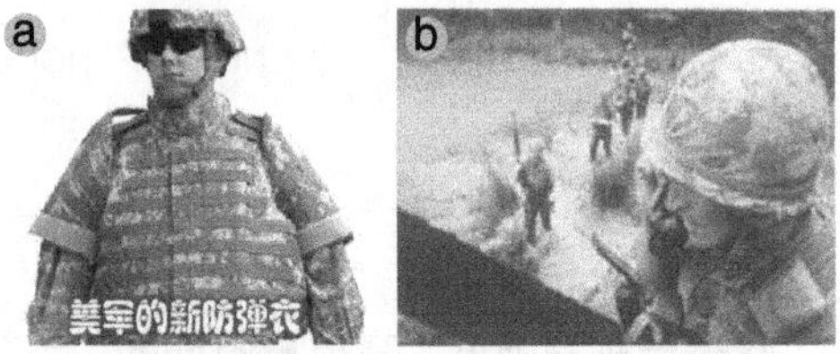

图 3-70 用 Kevlar® 制造的美
军的防弹衣（a）和头盔（b）

如果采用"钢/芳纶/钢"型复合装甲，能防穿甲厚度为 700mm 的反坦克导弹，还可防中子弹。凯夫拉层压薄板与钢、铝板的复合装甲，不仅已广泛应用于坦克、装甲车，而且用于核动力航空母舰及导弹驱逐舰，使上述兵器的防护性能和机动性能均大为改观。凯夫拉与碳化硼等陶瓷的复合材料是制造直升机驾驶舱和驾驶座的理想材料。

还有一些民用产品也采用 Kevlar® 制造，如图 3-71 显示的冲浪板（Kevlar®/聚氨酯）和图 3-72 显示的赛艇等运动设备。

图 3-71 冲浪板（Kevlar®/聚氨酯）

图 3-72 Kevlar® 用于运动设备（杜邦公司）

3.5.2.2 Nomex 纤维

美国杜邦公司在 20 世纪 60 年代发明并投入使用的 Nomex®（诺梅克斯）纤维，全称是聚间苯二甲酰对苯二胺，我国称为芳纶 1313，因为原料中苯环都是 1,3 位取代的。

$$\left[HN-\bigcirc-NHOC-\bigcirc-CO\right]_n$$

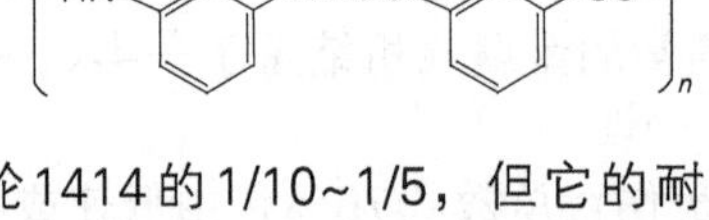

芳纶 1313 的模量只有芳纶 1414 的 1/10~1/5，但它的耐热性更好。它 200℃下能保持原强度的 80% 左右，260℃下持续使用 100 h 仍能保持原强度的 65%~70%，并在人体和衣服之间形成阻隔，降低传热效果，提供保护作用。在火焰中它被碳化，但不燃烧，碳化层有隔热效果。适合用作消防服、F1 赛车服等。在实验室中进行耐热测试，必须能够经受距离为 3cm，300°~400° 的明火，如果在 10s 内没有点着，才可用于制造赛服。图 3-73 是消防服原料——Nomex®（芳纶 1313）布的实物；图 3-74 是用 Nomex® 制造的消防服。

其电气性能也比较突出，广泛用于军事工业和电气工业，是 H 级的优良的绝缘材料，其针刺无纺

图 3-73 Nomex®（芳纶 1313）布

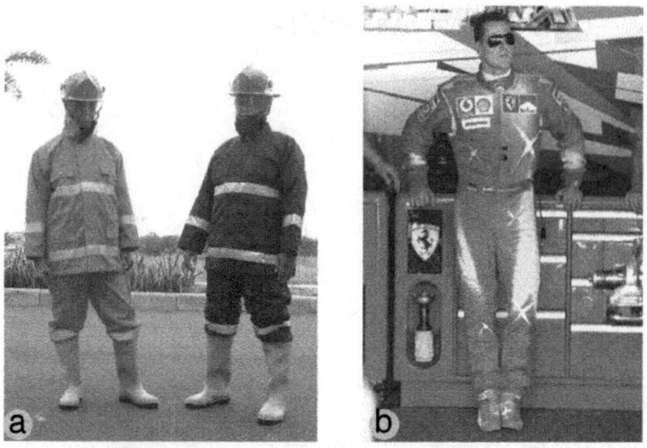

图3-74 消防服（Nomex®）

图3-75 Nomex®无纺布用作高温过滤材料及绝缘材料

布和纸主要用作高温过滤材料及绝缘材料（图3-75）。

3.6 保健纤维

3.6.1 大豆纤维

你能想象得出这些绚丽多姿的时装是用大豆做的吗？也许你会问大豆怎么能做服装呢？实际上，这些服装是用从大豆的豆粕中提取的蛋白质，通过高科技手段与其他材料作用后纺出的丝制成的。

为什么已经有了种类繁多的天然动植物纤维和人造纤维，人们还要从植物中提取蛋白质做纤维呢？羊毛、蚕丝是人们熟悉和喜爱的天然动物纤维，但数量少，价格高。一般的合成纤维物美价廉，但是从不可再生的石油中提取出来的。要是能从植物中提取蛋白质做高性能纤维就好了，植物年年种，年年收，不必为原料发愁。

早在几十年前，国外就有了从植物中提取蛋白质做纤维的想法。但不是成本过高，就是丝性能不好，一直无法应用。

大豆是我国主要的农作物之一，在东北、华北平原广泛种植。大豆不仅产量高，而且富含蛋白质，就连豆粕中也有比较高的蛋白质含量。如果把作为废料的豆粕中的蛋白质提取出来去纺丝，不是可以变废为宝了吗？经过我国科技人员十年的努力，终于从100kg豆粕中提取出40kg蛋白质，并制成可与蚕丝相媲美的大豆纤维，是迄今为止我国获得的唯一完全知识产权的纤维发明。

图3-76 大豆纤维

大豆纤维是唯一的植物蛋白纤维。以榨掉油脂的大豆的豆粕作原料，经过浸泡，使其所含的蛋白质溶解。此时的蛋白质还不能用于纺丝，要经过特殊溶液的处理，就是在大豆蛋白的分子链上接枝上聚乙烯醇，成分是大豆蛋白质15%~45%，聚乙烯醇55%~85%。湿法纺丝而得。

大豆纤维（图3-76）具有羊绒般柔软的手感、蚕丝般柔和的光泽、棉的吸湿和导湿性、羊毛的保暖性，因此被称为“人造羊绒”。它还可以和其他纤维混纺或交织，开发出更丰富多彩的产品。

大豆纤维的优点如下。

① 羊绒般的触感。手感比羊绒更柔软滑爽，与皮肤有极好的亲和力。
② 纤维导湿透气。干爽舒适，保暖。
③ 真丝般光泽。外观华贵，悬垂性极佳。
④ 色泽自然柔和。本色为浅橙色，若染色，色牢度好。
⑤ 静电效应小，抗紫外线能力优于棉。
⑥ 保健功能。抑制皮肤瘙痒，活化皮肤胶原蛋白。

3.6.2 竹炭纤维

相传很久以前，有一户穷苦的烧炭人家，他们连每次卖炭剩下的炭屑、炭末都舍不得丢掉，总是带回家堆放在自己家的后院里，用来烧饭取暖，时间长了，所带回来的炭末将后院堆出了一个很大的平地，变成了一个炭园，后来为方便生活用水，这户人家在炭园里挖了一口水井。又后来，村子里流行起了一场瘟疫，村里的大部分人都被这场瘟疫夺去了生命，但这户人家一家四口都幸免于难。究其原因，原来正是他在炭园里挖的那口井的水救了他们，由于井四周都是炭，水经过炭的过滤，起到了杀菌、净化的作用。可以说是炭帮助他们躲过了这场劫难，救了全家。几千年过去了，至今人们在挖井取水时，都要在水井的四周填上好几层炭，以便水井的水通过炭进行过滤、净化。

在两千多年前，中国在碳材料的使用上创造了世界奇迹。马王堆木炭的应用就是中国古代使用木炭杰作之一。中国的先民们就已经知道炭的防腐作用。在1972年3月，湖南长沙东郊，中国考古学家发掘了马王堆一号汉古墓，墓葬两千多年的轶侯夫人辛追的肌肤状态仍如同刚刚死去。考古学家究其原因，是因为墓葬当时人们在棺木中安放了万斤木炭。正是用于这些木炭，轶侯夫人的尸体外形完整，全身柔软光滑，皮肤呈淡黄色状，肌肉和皮肤有弹性，各关节可自由弯曲。这也是因为炭的吸湿作用抑制了湿气，防止细菌生长。

在1000℃的火炉中，竹子就会慢慢变成竹炭。在日常生活中，竹炭有很多用途。例如，把几片竹炭放在充满烟的塑料袋里，烟雾就会慢慢地消失了。这是因为竹子被烧成竹炭后，内部会形成无数的小孔，这些小孔让竹炭具有了很强的吸附功能，从而起到净化空气的作用。竹炭还有其他很多特点，例如它能产生使人感到舒服的负离子作用、能促进血液循环的远红外线作用等。

最早是日本Omikenshi公司推出的“纪州备长炭纤维”（图3-77），备长炭是日本江户时期就有的一种特殊工艺的竹炭。

竹炭纤维以五年生以上高山毛竹为原料，采用了纯氧高温及氮气阻隔延时的近1000℃的煅烧新工艺和新技术，使得竹炭天生具有的微孔更细化和蜂窝化，先磨成纳米粉体，然后再与

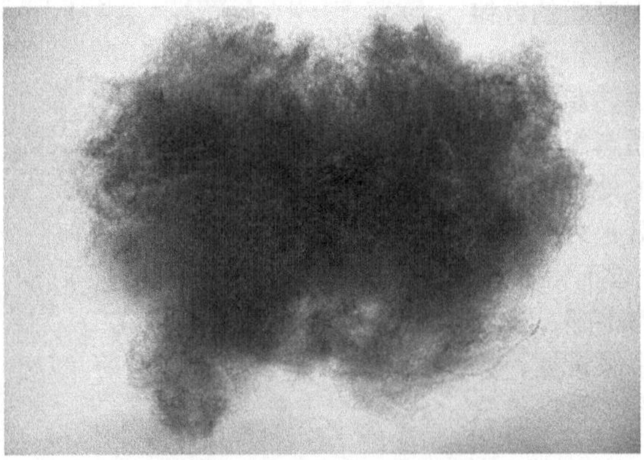

图3-77 日本的“纪州备长炭纤维”

图3-78 台湾黑乐丝竹炭餐具

聚酯改性切片熔融纺丝而制成的。该纤维最大的与众不同之处，就是每一根竹炭纤维都呈内外贯穿的蜂窝状微孔结构。这种独特的纤维结构设计，能使竹炭所具有的功能100%地发挥出来。竹炭纤维被称为新一代环保再生纤维的明星。

竹炭纤维的特点如下。

① 柔滑软暖，似“绫罗绸缎”。竹纤维具有单位细度细、手感柔软；白度好、色彩亮丽；韧性及耐磨性强，有独特的回弹性；有较强的纵向和横向强度，且稳定均匀，悬垂性佳；柔软滑爽不扎身，比棉还软，有着特有的丝绒感。

② 吸湿透气，冬暖夏凉。竹纤维横截面布满了大大小小椭圆形的孔隙，可以瞬间吸收并蒸发大量的水分。天然横截面的高度中空，使得业内专家称竹纤维为“会呼吸”的纤维，还称其为“纤维皇后”。竹纤维的吸湿性、放湿性、透气性居各大纺织纤维之首。冬暖夏凉由竹纤维的中空特征决定，竹纤维纺织品夏秋季使用，使人感到特别的凉爽、透气；冬春季使用蓬松舒适又能排除体内多余的热气和水分，不上火，不发燥。

③ 抑菌抗菌，抗菌率94.5%。经全球最大的检验、测试和认证机构SGS检测，同样数量的细菌在显微镜下观察，细菌在棉、木纤维制品中能够大量繁衍，而细菌在竹纤维面料上经24h后则减少94.5%。这一成果也为防“非典”提供了防护服的选择，这是其他纺织原料不可比拟的。

④ 绿色环保，抗紫外线。竹纤维是从原竹中提炼出来的绿色环保材料，它具有竹子天然的防螨、防臭、防虫和产生负离子特性。经中国科学院上海物理研究所检测证明，竹纤维织物对200~400nm的紫外线透过率几乎为零，而这一波长的紫外线对人体的伤害最大。

竹炭也用来改性塑料。例如台湾黑乐丝竹炭餐具（图3–78），就是用竹炭改性聚丙烯（或ABS）。它抗菌、除臭、不易沾油污、易清洗。

3.6.3 吸湿排汗纤维

吸湿排汗纤维的材质是普通的聚酯，但有着特殊的断面，利用毛细管虹吸效应来吸湿排汗（图3–79），优点如下。

① 潮湿时不膨胀，不变形，不会粘贴在皮肤上，不产生冷湿感，夏季穿着能保持皮肤干爽，以致人们称它为吸湿快干纤维，或称会呼吸的纤维。洗后30min几乎已完全（98%）干燥。

② 冬暖夏凉。

③ 低起毛起球性。

④ 消光。由于吸湿排汗聚酯纤维表面有凹凸状呈狭细沟槽（图3–80），能使入射光多次漫射被纤维吸收，减少反射光。

⑤ 深染性。提高染色鲜明度。

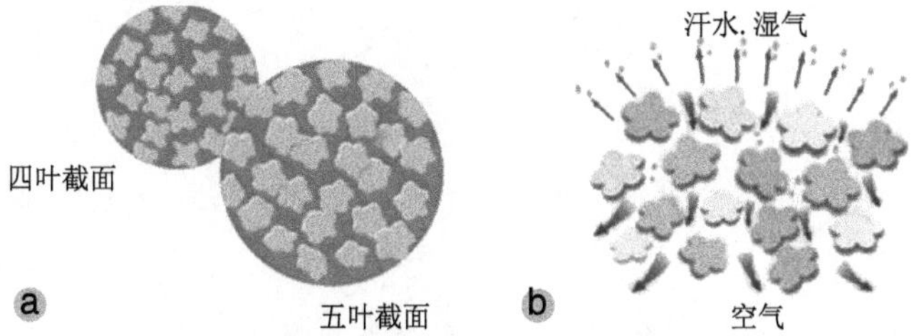

图3–79 吸湿排汗纤维的断面（a）及其吸湿排汗机理（b）

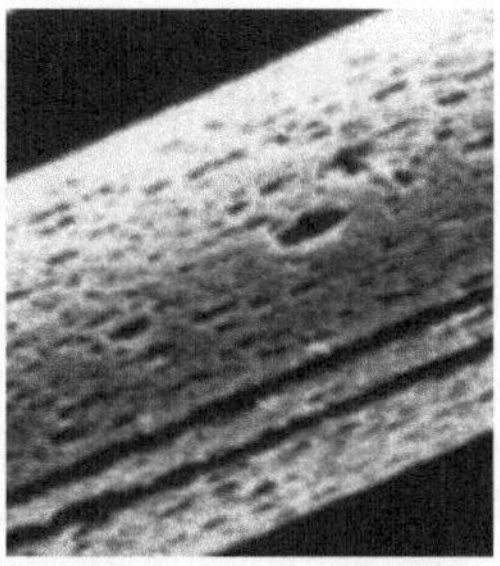

图3–80 吸湿排汗聚酯纤维表面的扫描电子显微镜照片

3.6.4 甲壳素纤维

甲壳素是一种取自虾蟹壳的天然高分子（详见6.4节），其脱乙酰产物壳聚糖是天然的抗菌除臭剂。

甲壳素纤维实际上是壳聚糖纤维，由于“壳聚糖”的名称易被误会成一种糖，不利于保健。壳聚糖溶于酸性水溶液，所以易于溶液纺丝，溶剂是约1%醋酸的水溶液。甲壳素纤维易于染色（图3-81）。

图3-81 甲壳素纤维

甲壳素纤维的主要功能如下。

① 抗菌除臭功能，能抑制微生物的滋生和繁衍。

② 对皮肤的护理功能，由于有很强的保湿能力。

③ 对过敏性皮肤的辅助治疗功能。

④ 自降解，对环境的保护功能。

⑤ 优良的保温功能，抗静电功能。

甲壳素纤维的应用广泛，如图3-82所示。

① 服装及卫生纺织品领域：男女高级保健针织内衣；衬衣；女性卫生巾；幼用尿布及衣类；防臭袜子（抑制造成足癣的白癣菌）；医院病号服；医生手术服；卧具类；特殊污染防止衣类。

② 医药领域：可吸收手术缝线；烧伤及创伤治疗用绷带、纱布及敷料布；人工皮肤。

③ 工业领域：净水器及空气过滤器；特殊污染防止布。

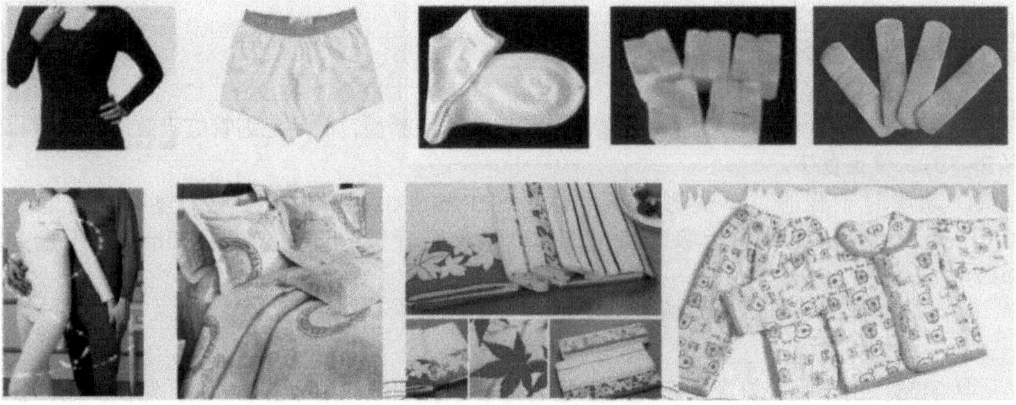

图3-82 甲壳素纤维的应用

第4章

二维高分子材料——薄膜、涂料和黏合剂

4.1 薄膜

塑料薄膜是指厚度在0.25mm以下的塑料制品。塑料薄膜在塑料包装中应用最为广泛，特别是复合塑料软包装，已经广泛地应用于食品、医药、化工等领域，其中又以食品包装所占比例最大，比如饮料包装、速冻食品包装、蒸煮食品包装、快餐食品包装等，这些产品都给人们生活带来了极大的便利。

4.1.1 包装用塑料薄膜

4.1.1.1 能自粘的塑料薄膜

（1）保鲜膜　家庭、超市等食品的保鲜都离不开自粘保鲜膜。2010年9月1日起实施的《食品用塑料自粘保鲜膜》标准的范围包括了聚乙烯、聚氯乙烯和聚偏二氯乙烯（PVDC，简称为聚偏氯乙烯）等通过单层挤出或多层共挤出工艺生产的食品用塑料自粘保鲜膜。这是常见的三种保鲜膜材料，市面上用得最多的是聚乙烯保鲜膜，被公认是最安全的，但注意温度不要超过110℃，否则会熔化。聚乙烯保鲜膜的原料是LDPE（低密度聚乙烯），增加原料中的LLDPE（线型低密度聚乙烯）的含量能改善膜的自粘性，提高包装的密封性。一般的聚乙烯薄膜是半透明的，但对于很薄的聚乙烯保鲜膜来说是透明的（图4-1）。聚氯乙烯保鲜膜在加工中为了增加韧性和透明度，加入了大量增塑剂（35%左右），此外还有稳定剂等多种添加剂。增塑剂等添加剂遇热遇油后可能析出，会构成食品安全隐患。聚偏氯乙烯保鲜膜的耐热温度达140℃，是三种材料中最耐热的一种。由于聚偏氯乙烯均聚物的软化温度和分解温度接近，且与增塑剂的相容性差，因而实际使用的聚偏氯乙烯是偏氯乙烯和其他单体的共聚物。PVDC的结构式如下：

$$\text{-}[CH_2\text{-}\underset{\underset{Cl}{|}}{\overset{\overset{Cl}{|}}{C}}]_a\text{-}$$

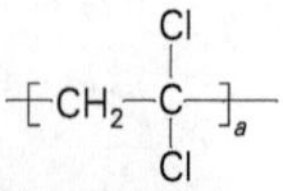

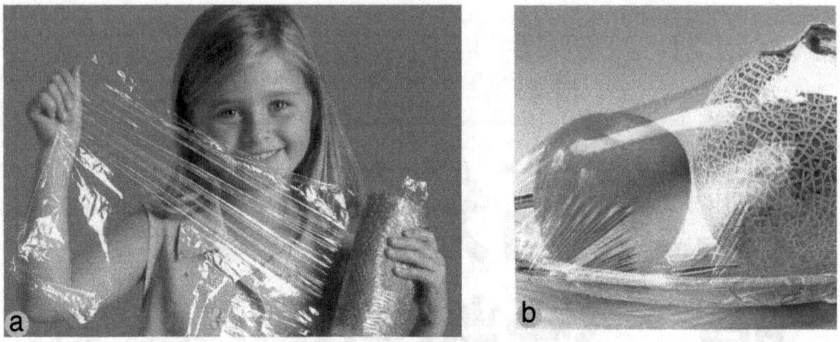

图4-1　聚乙烯保鲜膜

（a）透明的保鲜膜；（b）水果保鲜

（2）缠绕膜　现代运输方式的一次大变革是集装箱运输，它极大提高了货物运输的效率。但如果货物是零散的，装上集装箱就很慢了。于是有必要在搬运进集装箱之前就提前捆扎在托盘上，以便由叉车进行立体装箱，缠绕膜于是应运而生。缠绕膜，又称为拉伸膜，是利用薄膜自身的拉伸回缩功能和良好的自粘性通过对商品的缠绕达到包装的目的。先把商品包装箱堆成一个大方块，用缠绕膜在外部缠绕，稍加拉伸。由于薄膜的自粘性，无需热焊就能黏结（图4-2）。这比用绳子捆扎更快捷简便而且牢固结实得多。产品被紧凑地、固定地捆扎成一个单元，使零散小件成为一个整体，即使在不利的环境下产品也无任何松散与分离，且没有尖锐的边缘和粘性，以免造成损伤。

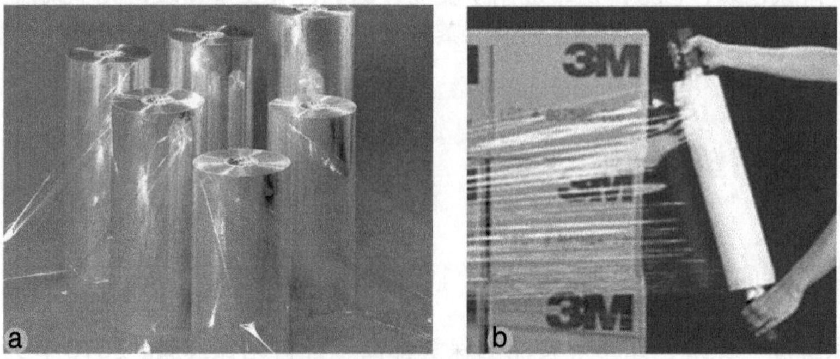

图4-2　缠绕膜

（a）成捆的缠绕膜；（b）用缠绕膜包装货物

缠绕膜的基材以LLDPE（共聚单体包括C$_4$、C$_6$、C$_8$，详见2.2.2节）为主，还可以是MPE（茂金属聚乙烯）。添加的自粘材料是聚异丁烯（弹性体）或VLDPE（极低密度聚乙烯），后者是由乙烯与较大量的丁烯或其他碳原子较多的α烯烃单体共聚而成，由于结构不规则而不结晶（具有类似于乙丙橡胶的高弹性）。

早期LLDPE拉伸膜以吹膜为多，从单层发展到二层、三层；现在以流延法生产LLDPE拉伸膜为主，这是因为流延法生产的拉伸膜具有厚薄均匀、透明度高等优点，可适用于高倍率预拉伸的要求。三层共挤的结构较为理想。

缠绕膜的应用领域很广，主要是对零散商品进行整集托盘包装，防止运输时散落倒塌。包裹物体美观大方，并能使物体防水、防尘、防损坏。缠绕膜广泛应用于电子、汽车配件、建材、电线电缆、日用品、五金、矿产、化工、医药、食品、机械、造纸等多种产品的整集包装上。它在仓库贮存时能节省空间和占地，可降低批量货物运输包装成本30%以上。

4.1.1.2 热收缩膜

现在餐饮业的消毒餐具都有塑料薄膜包装，卫生方便（图4–3）。这种塑料膜是热收缩膜，它已广泛用于工业包装，比如电池的包装。

将塑料薄膜在略低于流动温度下进行双轴拉伸，并迅速冷却，制成的薄膜内部就会保持很大的内应力。将这种薄膜包裹在商品外，然后加热到一定温度，薄膜就会发生很大收缩，恢复原来尺寸，从而把商品紧紧包住。这种包装又称“贴体包装”。实用的热收缩膜有PVC、PE、聚酯、PP、聚偏氯乙烯等。

图4–3 包装消毒餐具的LDPE热收缩膜

热收缩包装除具有一般塑料薄膜包装的特点外，还有其独特的长处。

（1）美观紧凑　热收缩薄膜加热后，薄膜便产生25%~70%的收缩，薄膜贴紧物品，由于薄膜透明，可充分显示物品的外观、提高展销效果。

（2）封缄作用　将收缩薄膜作为封缄材料，无需黏合剂和贴合剂，就能紧贴在被包装物上。此种封缄材料还可以印刷上商标、产品介绍等。

（3）捆扎作用　薄膜收缩时能产生一定的拉力，一般可达29MPa左右。利用此拉力可把一组要包装的物品裹紧，因而能起到很好的捆扎作用，它特别适合于多件物品或易散落物品的集合及托盘包装，如市场上已采用的玻璃容器、电池、易拉罐、陶瓷等的包装。省去或部分省去了中包装，节省包装费用，便于长途运输和销售。

（4）防止飞散　由于薄膜紧紧地包裹着商品，可免受外部冲击，具有一定的缓冲性，用于脆性容器的包装时，还能防止容器破碎时飞散。

（5）防雨防潮　能部分地代替纸箱和木箱包装。

食品工业是热缩包装最大的市场。热缩薄膜广泛应用于各种快餐食品、乳酸类食品、饮料、小食品、啤酒罐、各种酒类、农副产品、干食品、土特产等的包装。收缩包装还被用来制作收缩标签和收缩瓶盖，使不容易印刷或形状复杂的容器可以贴上标签。用于各种PET瓶装啤酒、饮料标签，可减少除掉标签的工序，便于回收再用；用于瓶装啤酒替代捆扎绳包装，防止瓶装啤酒爆炸伤人。

4.1.1.3 可以装酒的软包装——高阻隔膜

高阻隔树脂有EVOH（乙烯和乙烯醇共聚物）、PVDC（聚偏氯乙烯）、尼龙等。一般高阻隔薄膜为多层结构（3层、5层、7层等），即共挤出复合薄膜，如“PE/黏合树脂/PVOH/黏合树脂/PE”或“PE/黏合树脂/PVDC/黏合树脂/PE”，黏合树脂可用离子聚合物（简称“离聚物”）。高阻隔薄膜可防止食品的成分扩散出来，也防止氧气、湿气进入。因此可以用于包装对气密性要求很高的食品，如酒类，以及CPU等精密电子元件等的防潮包装（图4–4）。如用尼龙6为阻隔树脂，还兼有强度高的特点，但尼龙6的阻隔性差于EVOH和PVDC。EVOH的结构式如下：

$$\left[\mathrm{CH_2{-}CH_2}\right]_m\left[\mathrm{CH_2{-}\underset{\displaystyle OH}{CH}}\right]_n$$

总的来说，常见的阻隔树脂的应用如下。

① EVOH：因阻氧性好，其复合膜常用于保鲜食品包装材料如香肠、牛奶及果汁等包装，非食品容器如溶剂、医药的包装等。

② PVDC：可用于防潮包装如各种干食品、干蔬菜、奶粉、茶叶等。

③ 尼龙：主要以共混的形式制瓶，用于酒、饮料、药品及食品的阻隔包装。

高阻隔树脂的热封性能较差，聚乙烯做内层就可以热封。如果内层用EVA，热封性能更好，常可用作医疗用品的无菌包装。

铝也常用来做阻隔层，现在不少熟食的真空包装，就是采用铝箔和塑料复合而成的薄膜。还有一个典型的例子是“利乐包”（图4-5），它的结构是聚乙烯（内）+铝+纸（外），其中纸占75%，塑料占20%，铝占5%。

瑞典利乐公司是全球最大的液态食品包装系统供应商之一。接触食品的唯一材料都是食品级聚乙烯，聚乙烯的单体无毒，一般不加有毒助剂，是首选的包装材料。塑料层起到了防止液体溢漏的作用，纸板为包装提供坚韧度，铝箔能够阻挡光线和氧气的进入，从而保持了产品的营养和品味。利乐无菌包装可以保持长达一年的无菌状态。

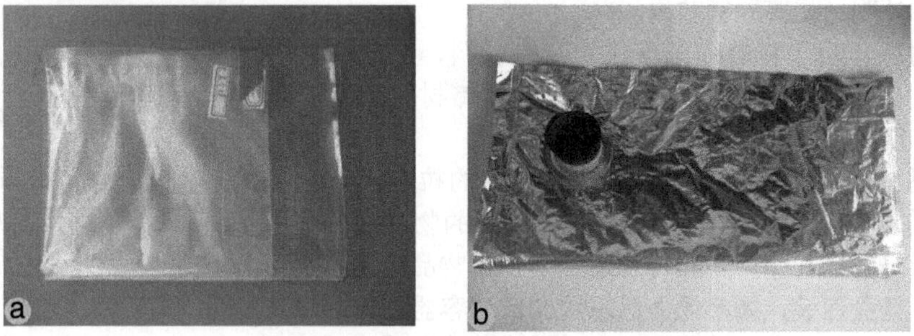

图4-4　高阻隔膜用于特种包装

（a）电子产品CPU的包装（尼龙/聚偏二氯乙烯/尼龙）；
（b）红酒的包装——澳大利亚（HDPE/EVOH/Al/HDPE）

还有一种不太常见的新阻隔树脂是聚2，6-萘二甲酸乙二醇酯（PEN），由2，6-萘二甲酸或2，6-萘二甲酸二甲酯与乙二醇缩聚而成。它的结构与PET类似，也是一种热塑性聚酯，不同之处在于由刚性更大的萘环代替了PET中的苯环。由于分子链中的萘结构更易呈平面状，分子堆砌更紧密，因而PEN具有良好的阻隔性能。PEN对水的阻隔性是PET的3~4倍，对氧气和二氧化碳的阻隔性是PET的4~5倍，且不受潮湿环境的影响，因而PEN用作饮料及食品的包装材料，可大大提高产品的保质期。PEN的结构式如下：

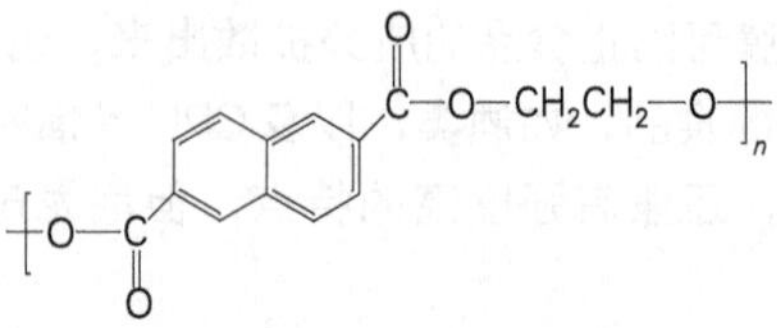

图4-5　利乐包

啤酒瓶作为啤酒传统的包装物已经由来已久，在消费者眼里，玻璃瓶装啤酒是唯一的选择，但玻璃瓶的缺点是有目共睹的，它重量大、破损率高、耐热性和导热性差，最严重的是极易爆炸，伤害消费者，因此，改用塑料瓶装啤酒已势在必行。然而，啤酒极易氧化变质，且O_2很容易透过瓶壁，PET瓶仅适用于短时间存贮，如果加一层防渗透涂层或阻隔层来防止O_2渗入和CO_2渗出，啤酒虽然延长了几周保存期，但成本提高且不利于瓶子回收，PET瓶表面容易刮伤，影响回收重复使用的美观性。另外，PET瓶的另一个问题是无法承受啤酒进行巴氏灭菌时的温度。而PEN可用于啤酒包装，从而使长期以来玻璃瓶装啤酒改用塑料瓶装的替代难题有望得到根本解决。

可口可乐公司曾经在20世纪70年代宣称玻璃瓶是其最好的包装材料，只有玻璃瓶才能真正保持温度和气泡间的平衡。可是90年代铝罐成本狂涨，玻璃瓶的回收问题又让可口可乐难于全球化，于是塑料瓶被推到前台。啤酒业认为此事是他们与饮料业彻底分道扬镳的标志。当时喜力啤酒的掌门人弗雷迪嘲讽道："只有玻璃瓶和铝罐才能真正保证饮料中二氧化碳的压力，那些使用塑料瓶的饮料公司都暗地里降低了二氧化碳浓度，这也是为什么没有啤酒厂商会用塑料瓶的原因，造糖水的家伙们只希望孩子们随身带着他们的饮料，拼命地猛喝，随手扔掉瓶子，因为瓶子很不值钱，然后街头自动售货机中再买一瓶。消费者仅仅是糖水商们的提款机，而不是饮用愉快的享受者。"但没有多久，塑料的多样化使啤酒瓶这一玻璃器具的重要阵地也面临失守的危险。

1998年，第一批PEN啤酒瓶在欧洲意大利SIPA公司出现，存放6~9个月口感与玻璃瓶无差别，CO_2的含量相同。壳牌公司的500mL PEN啤酒瓶，重量仅为30g，瓶身耐磨，耐洗涤和巴氏消毒（60~95℃）10次以上，经特殊处理的瓶口可反复封装开启，已由百威啤酒应用，在美国南部区域上市。有了这种不易碎的啤酒瓶，人们就可以通过它把啤酒带进体育场、电影院等人员密集的地方而不用担心喝完酒的瓶子会伤人。但由于价格贵，目前只限于一些名牌产品（图4-6）。PEN瓶还可用于运动饮料、咖啡、碳酸饮料、果汁、茶、色拉油、化妆品、医药等的容器。

图4-6 塑料啤酒瓶（聚2,6-萘二甲酸乙二醇酯）

PEN中的萘环比PET中的苯环有更大的刚性，从而PEN薄膜有较高的耐热温度（150~160℃）和较高的强度，PEN的电性能也很优越。PEN能应用于磁带的基带、柔性印刷电路板、薄膜电容器、F级绝缘膜、汽车传感器等方面。PEN价格较高，不适合开发服用纤维，但在轮胎帘子线、水下电缆及恶劣环境下使用的三角带和运输带等领域有诱人的应用前景。

4.1.1.4 气垫薄膜

所谓气垫薄膜，实际就是在薄膜的中间含有气泡夹层的一种膜状物，宽幅可达2m左右，长度不限（图4-7）。这种膜状材料是用低密度聚乙烯树脂经挤出机挤塑熔融后，在成型模具内成型两层膜片挤出；其中一层膜片在真空辊上被吸塑成膜泡形后，与另一层膜片复合成一体，后者紧贴在带有膜泡的开口面上，这种复合膜就是一种气垫膜。如果再把凸起的膜泡面上也复合一层薄膜，则成为三层复合气垫膜。

由于气泡的存在，气垫薄膜有很好的避震作用，另外，还有防潮、隔音、美观、防虫、防霉、价廉等特点，可用于电器、仪表、仪器、陶瓷、玻璃器皿和邮件等的防震包装，但不能用于太笨重商品的包装。

与泡沫塑料相比，气垫薄膜还有一个优点是可以进行现场剪裁和焊接，不仅能起防震作用，还有良好的密封作用。比如，发达国家的家庭游泳池的塑料罩就常用气垫薄膜，即轻便又

图4-7 气垫膜（LDPE）

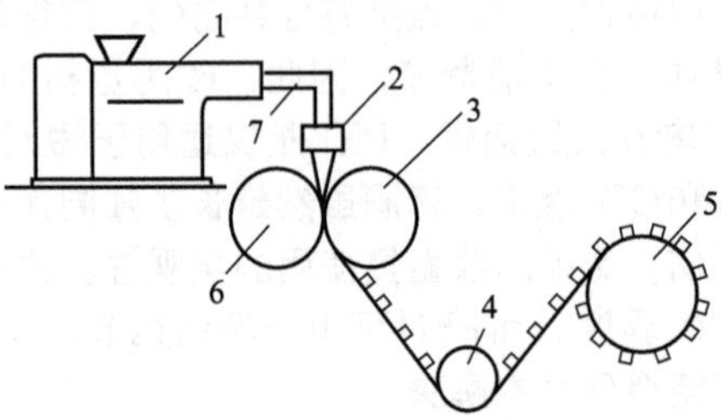

图4-8 气垫膜挤出平膜成型生产工艺

1—单螺杆挤出机；2—成型平膜口模；3—气泡吸塑成型辊；4—导辊；5—卷取装置；6—牵引冷却复合辊；7—连接件

能密封和保温。气垫膜挤出平膜成型生产工艺见图4-8。

4.1.2 奥运场馆"水立方"薄膜的奥妙

1938年美国发现了聚四氟乙烯，此后为了军事目的，开始了含氟高分子材料的研究开发工作，1945年率先投入工业生产，二战后进一步推广到民用，并在世界各国相继工业化。随着用途的开拓和需要的增加，其产量不断扩大。目前，氟树脂已形成了一个完整的产品系列。

聚四氟乙烯俗称"塑料王"，其结构式如下：

$$\left[\begin{array}{cc} CF_2 & CF_2 \end{array}\right]_n$$

它具有独特的耐腐蚀性和耐老化性，其化学稳定性优于各种合成聚合物以及玻璃、陶瓷、不锈钢、特种合金、贵金属等材料，几乎不受任何化学药品的腐蚀，甚至连能溶解金、铂的"王水"（一体积浓硝酸与三体积盐酸混合而成的无色液体）也难以腐蚀它，用它做的制品放在室外，任凭日晒雨淋，二三十年都毫无损伤。因而在防腐领域用得最多，应用面最广（图4-9）。

聚四氟乙烯摩擦系数极低，只有0.04，可以代替金属制成轴承，它转动起来很灵活，发热量很小，不必添加润滑油，而且耐热性好，在-200~350℃的温度范围内都能很好地工作，可在机械工业中做耐磨材料、滑动部件、减摩密封件等。

聚四氟乙烯电性能优异，在电子电气工业中用作高频或潮湿条件下的绝缘材料。

人们还对聚四氟乙烯进行了改性，使它具有"生物相容性"，可制成各种人体医疗器件和人体器官的替代品，如心脏补片、人造动脉血管、人工气管等。

缺点之一是加工性差。聚四氟乙烯的熔体黏度极高，到达熔点也不能流动，通常只能采用金属粉末冶金的方法，即模压成型制坯再烧结成型，也可采用挤压成型、等压成型或分散液涂覆以及焊接、粘接、机械加工、喷涂等二次加工。缺点之二是强度低，显得很软。

氟原子赋予了有机氟材料制品以图4-10所示的多种多

图4-9 耐腐蚀的聚四氟乙烯用作化工管道衬里

样的特性。

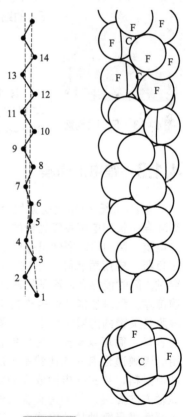

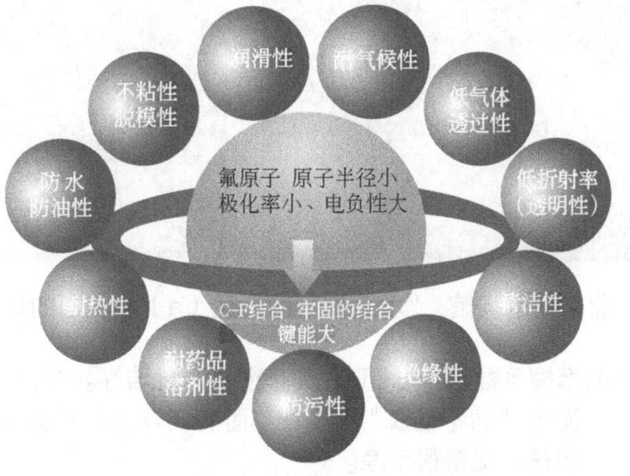

图4-10 氟原子的性质赋予了有机氟材料制品以各种特性

聚四氟乙烯分子中CF_2单元按锯齿形状排列，由于氟原子半径较氢稍大，所以相邻的CF_2单元不能完全按反式交叉取向，而是形成一个螺旋状的扭曲链，氟原子几乎覆盖了整个高分子链的表面。这种分子结构（图4-11）解释了聚四氟乙烯的各种性能。

有机氟材料是高性能材料，是极端恶劣环境条件下工程技术的首选材料。聚四氟乙烯可在250℃的温度下长期使用，化学反应使用的搅拌片、搅拌塞多是用聚四氟乙烯制的；室温固化建筑氟涂料有超耐气候和超耐久性，其使用寿命可达20年以上，被称为涂料王；全氟聚醚硅橡胶的使用温度范围为–50~200℃，且高耐油，是航空、航天和汽车中的理想的耐油密封材料；全氟离子交换膜可在强碱和较高温度情况下长期使用。

2004年3月，德国2006年世界杯足球赛组委会在德国向公众展示了一个巨大的足球模型。这个庞然大物由32块高20m的ETFE薄板构成，很轻便，易于拆装。当夜幕降临，上面的几个2万瓦的液晶显示屏发出耀眼的光芒，引起了轰动。ETFE，是乙烯–四氟乙烯共聚物（又称为F_{40}），结构式如下：

$$\left[CH_2{-}CH_2 \right]_m \left[CF_2{-}CF_2 \right]_n$$

覆盖于北京奥运场馆之一，著名的"水立方"外表面上的膜结构的成分就是这种氟塑料（图4-12）。该材料具有聚四氟乙烯的耐腐蚀特性，克服了聚四氟乙烯对金属的不黏合性，加之其平均线膨胀系数接近碳钢的线膨胀系数，使ETFE成为和金属的理想复合材料。EFTE膜厚度小于0.2mm，EFTE寿命在25~35年，属可循环利用材料。阻燃达到B1防火等级标准。透光率较高，为50%~95%。

图4-11 聚四氟乙烯分子链的螺旋形构象

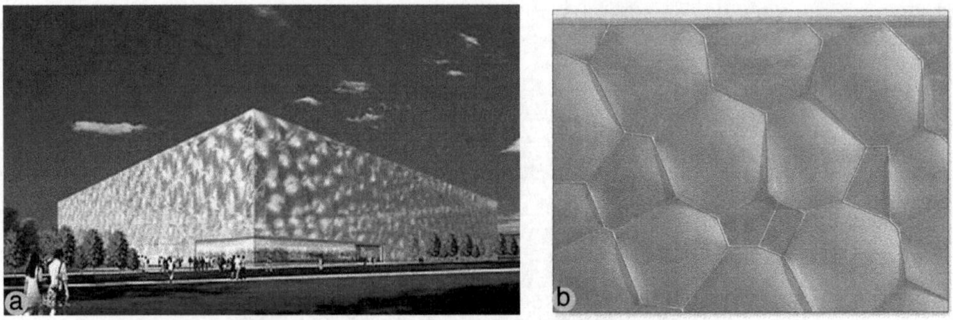

图 4-12 北京奥运场馆 "水立方" 的外景（a）和表面的 ETFE 膜（b）

由于 ETFE 膜本身的摩擦系数很小，ETFE 膜有很强的自洁性。灰尘、污垢在这滑溜溜的表面上 "站不住脚"。即使表面有些浮尘，只要下点小雨，立面的膜就能被冲洗得很干净。

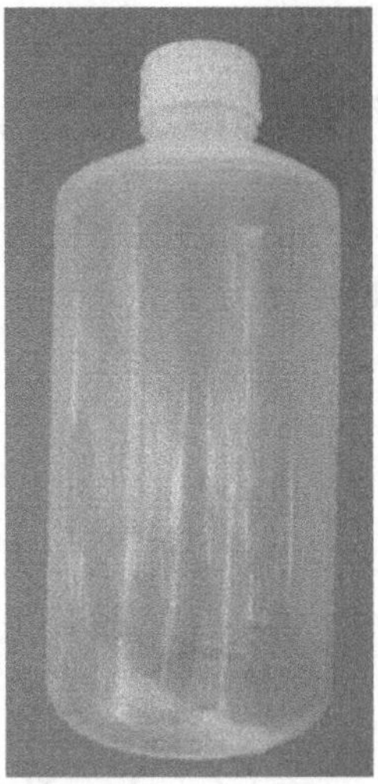

图 4-13 $F_{4,6}$ 试剂瓶

光线的调节，归功于在内层透明的 ETFE 膜上的银色圆点。这些镀点布成的点阵，可以改变光线的方向，起到隔热散光的效果。场馆所需的柔和光线仍可以自由通过，保证场馆的温度和采光。

为了克服聚四氟乙烯加工性差的缺点，常将四氟乙烯与其他含氟单体共聚，例如四氟乙烯 – 六氟丙烯共聚物（又称聚全氟乙丙烯，$F_{4,6}$）和四氟乙烯 – 全氟烷基乙烯基醚的共聚物（又称可熔性四氟，即 PFA）。共聚物的熔点低于 300℃，可以用一般的塑料成型方法加工。$F_{4,6}$ 的结构式是：

$$\left[CF_2-CF_2\right]_m\left[CF_2-CF\atop\quad\quad CF_3\right]_n$$

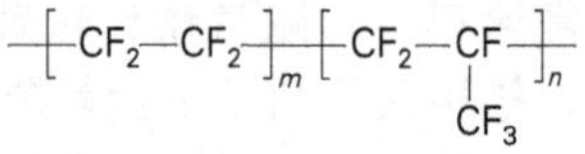

图 4-13 是一个用中空吹塑方法成型的 $F_{4,6}$ 试剂瓶，它的性能与聚四氟乙烯类似，耐任何溶剂和酸碱。当然价格很贵，一个要 300~500 元。

4.1.3 锂电池隔膜

自 20 世纪 90 年代初索尼公司开发成功锂离子电池以来，锂离子电池以其能量密度高、循环寿命长和电压高等优异的电性能而获得了迅速的发展。目前已经广泛应用于手机、便携式电脑、照相机、摄像机等电子产品领域，而且应用领域仍在不断扩展之中。锂离子电池由正负极、电解质和隔膜组成。其中，隔膜的一个重要功能是隔离正负极并阻止电池内电子穿过，同时能够允许离子的通过，从而完成在电化学充放电过程中锂离子在正负极之间的快速传输。隔膜性能的优劣直接影响着电池的放电容量和循环使用寿命。在锂电池的结构中，隔膜是关键的内层组件之一。隔膜的性能决定了电池的界面结构、内阻等，直接影响电池的容量、循环以及安全性能等特性，性能优异的隔膜对提高电池的综合性能具有重要的作用。隔膜通俗点的描述就是一层多孔的塑料薄膜，是锂电材料中技术壁垒最高的一种高附加值材料，约占锂电池成本的 20%~30%（图 4-14）。从图 4-14（b）看，薄膜很容易从纵轴方向撕裂，因为是单轴拉伸；如果是双轴拉伸，两个方向都不易撕裂。由此方法可以判断薄膜是哪种拉伸方式。从图 4-14（b）还可以看到薄膜微呈粉红色，这是由于孔洞对自然光产生干涉。

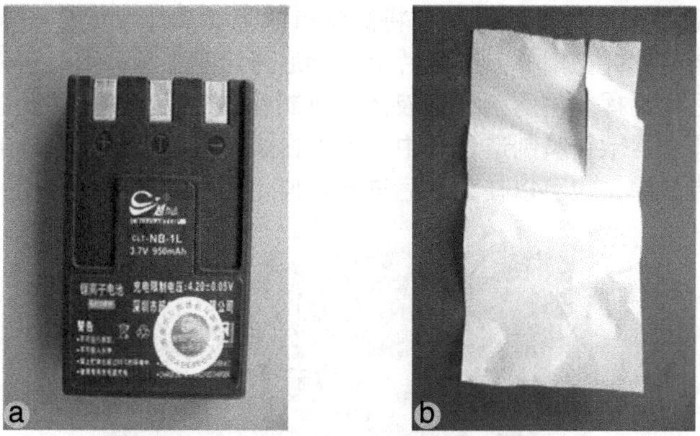

图4–14　锂电池（a）和锂电池隔膜（b）

锂离子电池隔膜的要求是：

① 具有电绝缘性，保证正负极的机械隔离；

② 有一定的孔径和孔隙率，保证低的电阻和高的离子电导率，对锂离子有很好的透过性；

③ 由于电解质的溶剂为强极性的有机化合物，隔膜必须耐电解液腐蚀，有足够的化学和电化学稳定性；

④ 对电解液的浸润性好并具有足够的吸液保湿能力；

⑤ 具有足够的力学性能，包括穿刺强度、拉伸强度等，厚度为20~40μm，对于动力电池，要求厚一些才有足够的强度；

⑥ 空间稳定性和平整性好；

⑦ 热稳定性和自动关断保护性能好。

聚烯烃材料具有优异的力学性能、化学稳定性和相对廉价的特点，因此聚乙烯、聚丙烯等聚烯烃微孔膜在锂离子电池研究开发初期便被用作为锂离子电池隔膜。

锂离子电池隔膜的制备方法可以分为干法（熔融拉伸，MSCS）和湿法（热致相分离，TIPS）两种。两种方法都包括至少一个取向步骤使薄膜产生孔隙并提高拉伸强度。下面介绍两种主要方法的制备原理与结构影响因素。

（1）干法　熔融拉伸法的制备原理是，聚合物熔体挤出时在拉伸应力下结晶，形成垂直于挤出方向而又平行排列的片晶结构，并经过热处理得到硬弹性材料。具有硬弹性的聚合物膜拉伸后片晶之间分离而形成狭缝状微孔，再经过热定型制得微孔膜（图4–15）。拉伸温度高于聚合物的玻璃化温度而低于聚合物的结晶温度。如吹塑成型的聚丙烯薄膜经热处理得到硬弹性薄膜，先冷拉6%~30%，然后在120~150℃之间热拉伸80%~150%，再经过热定型即制得稳定性较高的微孔膜。

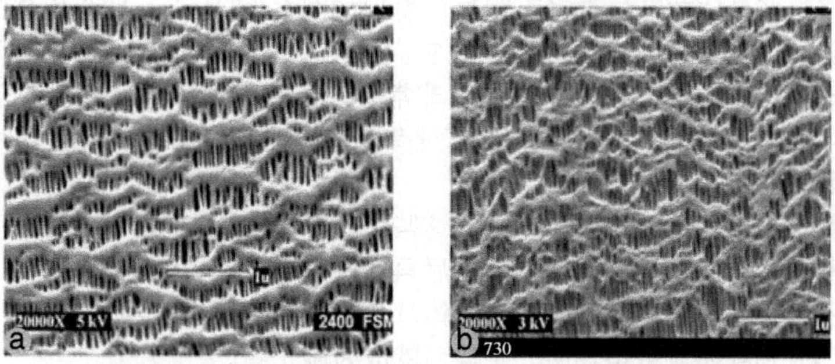

图4–15　干法锂离子电池隔膜表面扫描电镜照片

（a）PP；（b）PE

（2）湿法　热致相分离的基本过程是将高沸点的烃类液体或低分子量的物质与聚烯烃树脂混合，加热溶化混合物并把熔体铺在薄片上，然后降温发生相分离，再以纵向或双轴向对薄片做取向处理，最后用易挥发的溶剂萃取液体。可制备出相互贯通的微孔膜材料，适用的材料广（图4–16）。在隔膜用微孔膜制造过程中，可以在溶剂萃取前进行单向或双向拉伸，萃取后进行定型处理并收卷成膜，也可以在萃取后进行拉伸。

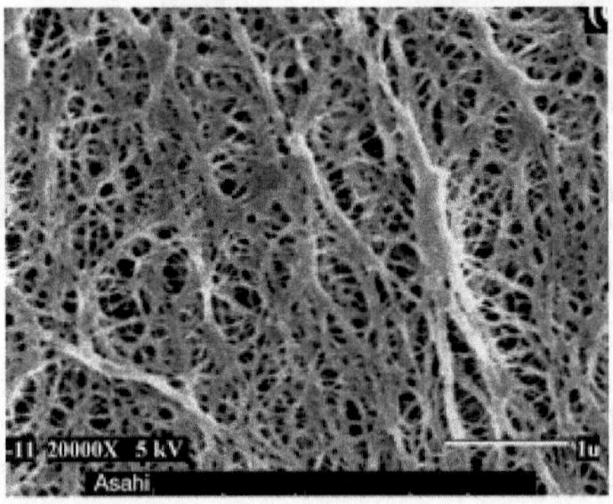

图4–16　热致相分离法制备的锂离子电池隔膜表面扫描电镜照片（PE）

4.1.4 偏振膜和液晶

正交偏光显微镜与普通的光学显微镜的主要差别在于前者多了两个偏振片。一个偏振片在光源与样品之间，称为起偏片；另一个偏振片在样品与目镜之间，称为检偏片。这两个偏振片的材质相同，差别只是偏振方向不同，互为垂直（即正交）。正是由于有了两个处于正交的偏光片，晶体（或者说有双折射的物体）才能观察得到。这神奇的检偏片是如何被发现和制作的呢？

4.1.4.1 偏光膜诞生的故事

偏光膜是由美国拍立得公司（Polaroid）创始人兰特（Edwin H. Land）于1938年所发明。七十年后的今天，虽然偏光膜在生产技巧和设备上有了许多的改进，但在制作的基本原理和使用的材料上仍和七十年前完全一样。因此，在说明偏光膜的制造原理之前，先简单地叙述一下兰特当时是在什么情况下得到灵感，相信这有助于全面了解偏光膜。1926年兰特在哈佛大学念书时看了一位英国医生Herapath于1852年发表的论文，提到他的一位学生Phelps曾不小心把碘掉入奎宁（金鸡纳碱）的硫酸盐溶液中，发现立即就有许多小的绿色晶体产生。Herapath于是将这些晶体放在显微镜下观察，发现如图4–17所示：当两片晶体相重叠时，其光的透过度会随晶体相交的角度而改变，当它们是相互垂直时，光则被完全吸收；相互平行时，光可完全透过。但这些碘化合物的晶体非常小，无法实用。Herapath花了将近十年的时间来研究如何才能做出较大的偏光晶体，可没有成功。因此，兰特认为这条路可能是不可行的，于是他采用了以下的制备步骤：

① 把大颗粒晶体研磨成微小晶体，并使这些小晶体悬浮在液体中；
② 将一塑料片放入上述的悬浮液中，然后再放入磁场或电场中定向；
③ 将此塑料片从悬浮液中取出，偏光晶体就会附盖在塑料片的表面上；
④ 将此塑料片留在磁场或电场中，干燥后就成为偏光膜。

他应用上述的方法，在1928年成功地做出了最早问世的偏光膜，称为J片。这种方法的缺点是费时、成本高和模糊不透明。但兰特已经发现了制造偏光膜的几个重要因素：① 碘；

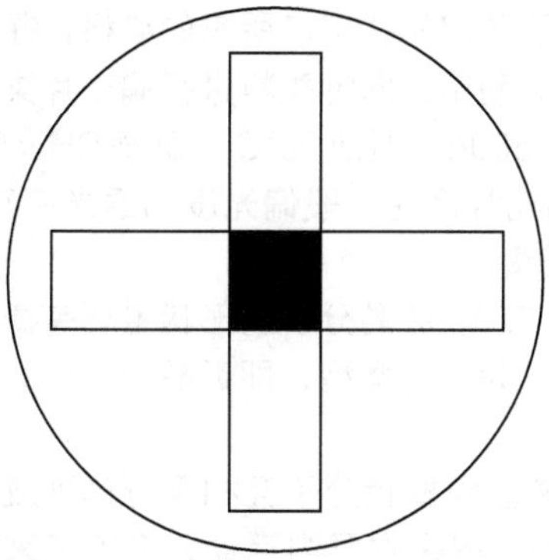

图4-17　正交的偏振片光被完全吸收

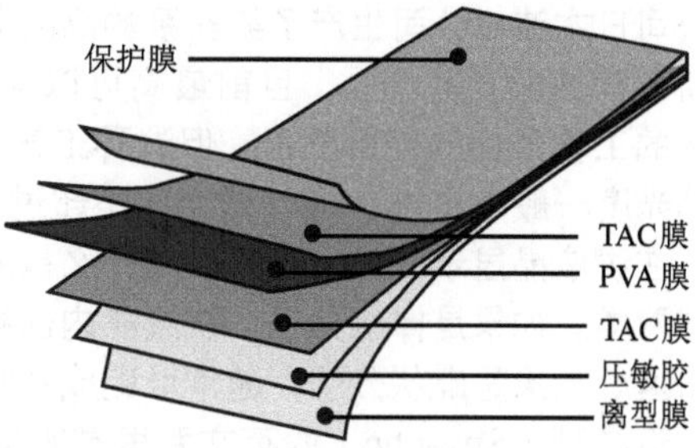

图4-18　偏振片的结构（PE/TAC/PVA/TAC/压敏胶/PE）

② 高分子；③ 取向。

经过不断地研究改进，兰特终于在1938年发明了到现在还在沿用的偏振片（称为H片）的制造方法：首先把一张柔软且富化学活性的透明塑料膜（通常用PVA）浸渍在I_2/KI溶液中，几秒之内许多碘离子扩散渗入PVA膜，微热后人工或机械拉伸使PVA分子取向，直到数倍长度，PVA膜变长同时也变得又窄又薄，PVA分子本来是任意角度无规则性分布的，受力拉伸后就逐渐一致地偏转于作用力的方向，附着在PVA上的碘晶体也跟随着有方向性，形成了碘晶体的阵列。PVA偏光膜易碎裂，所以在PVA偏光膜拉伸后，要在两侧贴上三醋酸纤维素（TAC）透明基板，一方面用作保护，一方面则可防止膜的回缩。此外，在基板外层可再加一层离型膜及保护膜（如PE膜）。偏振片的结构示于图4-18。

因为碘晶体有很好的起偏性，它可以吸收平行于其排列方向的光束电场分量，只让垂直方向的光束电场分量通过，利用这样的原理就可制造偏光片。兰特的方法的巧妙之处实际上是将许多小的偏光晶体有规则地排列好，使之相当于一个大的偏光晶体。

现今，在材料与拉伸技术不断改良下，偏光度及透光率都相当接近理论值(偏光度100%；透光率50%)。偏光膜的应用范围很广，一个重要的应用是液晶显示屏的偏光材料，还可用于太阳镜、防眩护目镜、3D电影或电视的眼镜、摄影器材的滤光镜、汽车头灯防眩处理、光量调整器、偏光显微镜与特殊医疗用眼镜等。

4.1.4.2　偏光膜与液晶显示

可以说，没有偏光膜就没有现在的液晶显示（LCD），也就没有液晶电视、笔记本电脑、平板电脑、手机、MP4、液晶手表等电子产品。

其实偏光片生产工艺中的染色方法除上述碘染色法外，还有染料染色法。碘染色法的优点是比较容易获得99.9%以上的高偏光度和42%以上高透光率的偏光特性。所以在早期的偏光材料产品或需要高偏光、高透过特性的偏光材料产品中大多都采用碘染色工艺进行加工。PVA及碘所构成的偏光膜长久以来都在液晶显示的市场上占有相当大的比例。但这种工艺的不足之处就是由于碘的分子结构在高温高湿的条件下易于破坏，因此使用碘染色工艺生产的偏光片耐久性较差，一般只能满足干温80℃×500h，湿热60℃×90%RH（即相对湿度）×500h以下的工作条件使用。

但随着LCD产品使用范围的扩大，对偏光产品的湿热工作条件的要求越来越苛刻，已经出现在100℃和90%RH条件下工作的偏光片产品需求，对这种工作条件要求，碘染色工艺就无能为力了。为满足这种技术要求，日本化药公司首先发明了偏光片生产所需的染料，并由其子公司日本波拉公司生产了染料系的高耐久性偏光片产品。利用二向性染料进行偏光片染色工艺所生产的偏光片产品，目前最高可以满足干温105℃ ×500h，湿热90℃ ×95%RH×500h以下的工作条件的使用要求。但这种工艺方法所生产的偏光片产品一般偏光度和透光率较低，其偏光度一般不超过90%、透光率不超过40%，且价格昂贵。

在讲液晶显示以前，先要了解什么是液晶（详见3.5.1节）。液晶分子的形状主要有棒状和碟状两类。如果是棒状分子，按液晶内部的有序状态不同分为三种类型，即近晶型、向列型和胆甾型。如果是碟状分子，通常堆砌成柱状。

近晶型（Smectic）的英文意思是肥皂状手感。这类液晶中棒状分子互相平行排列成层状结构[图4-19(a)]，分子的长轴基本垂直于层片平面，分子可以在本层内活动，但不能来往于各层之间，就像站满了人的多层停车场一样[图4-19(b)]。层状结构导致了肥皂状手感。

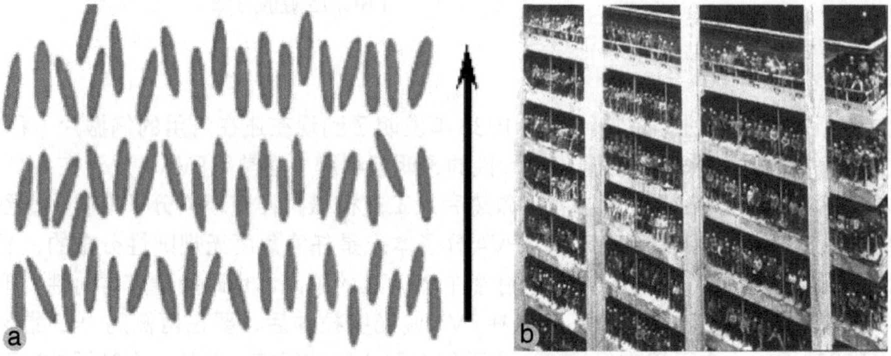

图4-19　近晶型液晶的结构（a）及其比喻（b）

向列型（Nematic）中棒状分子虽然也平行排列，但参差不齐，不分层次，也就是说刚棒只存在取向有序[图4-20(a)]。就像北京长安街上往一个方向骑车的人流一样[图4-20(b)]。

图4-20　向列型液晶的结构（a）及其比喻（b）

最早观察到有胆甾相（Cholesteric）的化合物是胆甾醇的酯类，胆甾型因此而得名。胆甾相中分子的局部排列如同向列相，但棒状分子分布在不同的层面上，层面周期性地绕轴旋转，从而形成了一个螺旋（图4-21）。分子的长轴在旋转360°后复原，这两个取向相同的分子层之间的距离，称为胆甾型液晶的螺距。由于这些扭转的分子层的作用，反射的白光发生色散，使液晶具有彩虹般的颜色，反射光的颜色与螺距有关。这种独特的光学性质被用于彩色显示。

碟状分子可以堆砌成向列相，也可堆砌成柱状相，但主要是后者，如图4-22显示的六方柱状相，就像洗碗工人堆砌的盘子一样。

上述四种液晶在正交偏光显微镜下都有独特的光学织构（即图案），这些美丽的图形可以用来区分液晶的有序类型（图4-23）。

如果为液晶分子加上电压，液晶分子会发生扭曲，从而使透过它的光发生偏折，所以液晶高分子可以用来制造显示器（图4-24）。

以最简单的扭曲向列型液晶显示器（简称“TN型液晶显示器”）为例，这种显示器的

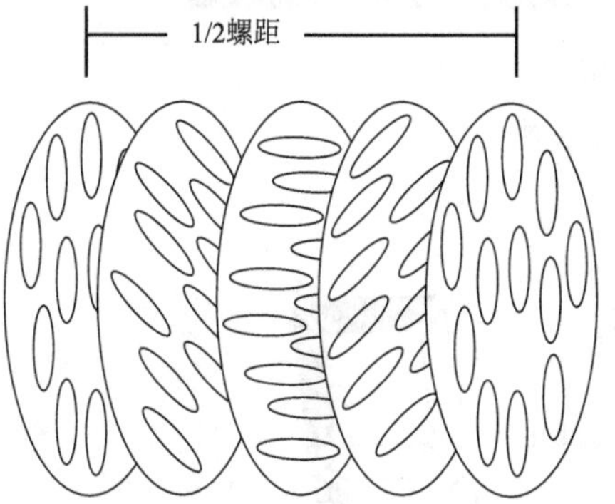

图4-21 胆甾型液晶的结构

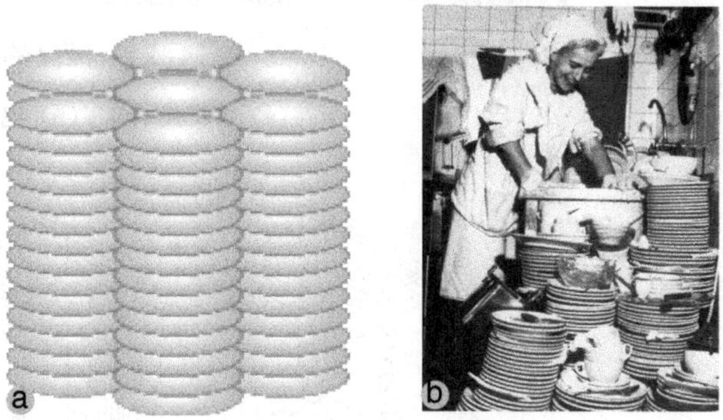

图4-22 蝶状液晶的结构

自组装成六方柱状相（a）及其比喻（b）

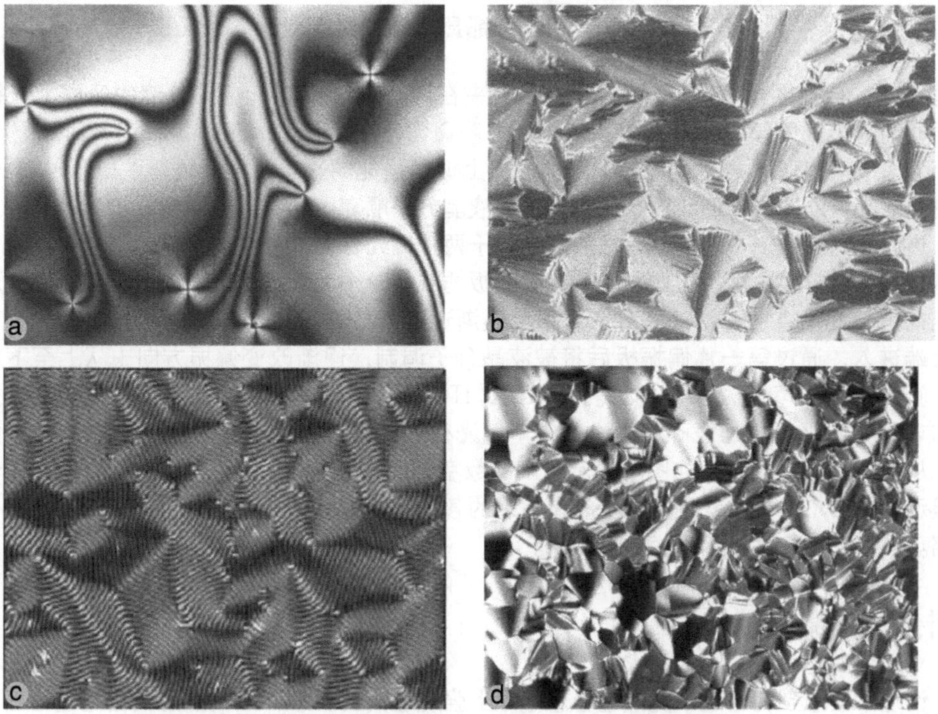

图4-23 四种典型液晶在正交偏光显微镜下的织构

（a）向列型的纹影织构；（b）近晶型的焦锥织构；
（c）胆甾型的指纹织构；（d）柱状相的扇形织构

图4-24 液晶的应用

(a) 手机显示屏；(b) 电脑显示屏

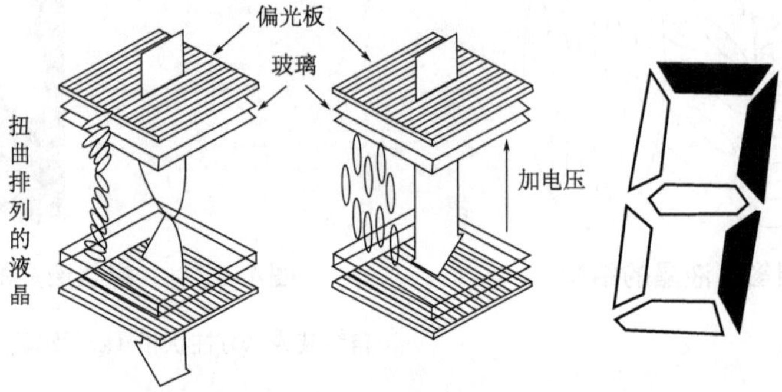

图4-25 TN型液晶显示器工作原理示意图

液晶组件构造如图4-25所示。向列型液晶夹在两片玻璃中间。这种玻璃的表面上先镀有一层透明而导电的薄膜以作电极之用。这种薄膜通常是一种铟（Indium）和锡（Tin）的氧化物（Oxide），简称ITO。然后再在有ITO的玻璃上镀表面配向剂（常是聚酰亚胺薄膜），并预先摩擦使配向剂沿取向方向形成细小沟槽，以使液晶分子顺着一个特定且平行于玻璃表面的方向排列。这样就制成了一个液晶盒，把液晶盒置于两片偏光板之间。在向列相液晶中，棒状分子的排列是彼此平行的，表面配向剂使靠近玻璃板的液晶分子朝偏振方向排列。如果上下两玻璃板的定向是彼此垂直的，则液晶分子将采取逐渐过渡的方式被扭转成螺旋状。此时如果有光线从上端进入，通过第一片偏振板后将被液晶分子调制，逐渐改变偏振方向（从上至下旋转了90°），光线最终可以从下端射出。如果通过ITO在两玻璃板之间施加电压，则分子排列方向将与电场方向平行，光线不能通过第二个偏光板（如图4-25所示）。每一个液晶盒被独立控制，从而可以任意显示，如图中显示出来的数字7，这就是黑白显示器的显示原理。当然，要能显示多像素（每个像素就是一个液晶盒）的各种图像还需要先进的制造技术以及复杂的控制电路。至于彩色液晶显示器就更复杂了。

4.1.5 石墨烯的传奇

谁也不会想到，铅笔中竟然包含着地球上强度最高的物质！人们熟悉的铅笔是由石墨制成的，而石墨则是由无数只有碳原子厚度的“石墨烯”薄片压叠形成，石墨烯是一种从石墨材料中剥离出的单层碳原子面材料，是碳的二维结构，这是目前世界上最薄的材料，仅有一个碳原子厚。自从2004年石墨烯被发现以来，有关的科学研究就从未间断过。然而直到最近，美国科学家才首次证实了人们长久以来的怀疑，石墨烯竟是目前世界上已知的强度最高的材料。

2004年，英国的两位科学家安德烈·海姆和康斯坦丁·诺沃肖洛夫发现他们能用一种非常“低科技”的方法得到越来越薄的石墨薄片。他们从石墨中剥离出石墨片，然后将薄片的两面粘在一种特殊的胶带上，撕开胶带，就能把石墨片一分为二。不断地这样操作，于是薄片越来越薄，最后，他们得到了仅由一层碳原子构成的薄片，这就是石墨烯（图4-26）。这以后，制备石墨烯的新方法层出不穷，经过5年的发展，人们发现，将石墨烯带入工业化生产的领域已为时不远了。

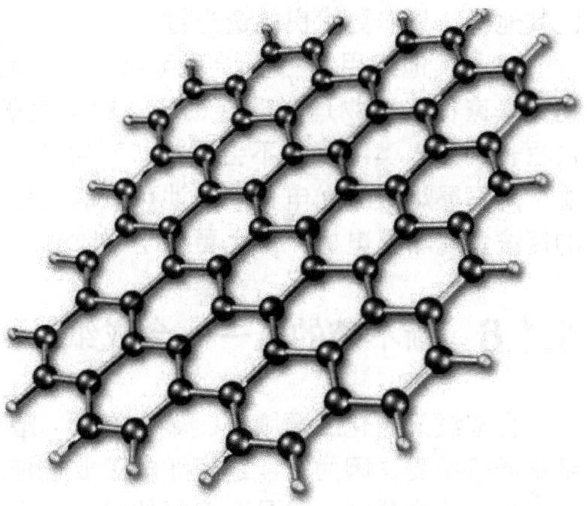

图4-26 石墨烯的结构

海姆和诺沃肖洛夫曾是师生，现在是同事，他们都出生于俄罗斯，都曾在那里学习，也曾一同在荷兰学习和研究，最后他们又一起在英国制备出了石墨烯。这种神奇材料的诞生使海姆和诺沃肖洛夫获得2010年诺贝尔物理学奖。由于成果要经得起时间考验，许多诺贝尔科学奖项都是在获得成果十几或几十年后才颁发的。而石墨烯材料的制备成功才6年时间，就获得了诺贝尔奖，可见这一成果非同寻常。

石墨烯的出现在科学界激起了巨大的波澜，因为石墨烯具有非同寻常的导电性能、超出钢铁数十倍的强度和极好的透光性，它的出现有望在现代电子科技领域引发一轮革命。

在石墨烯中，电子能够极为高效地迁移，而传统的半导体和导体，例如硅和铜远没有石墨烯表现得好。由于电子和原子的碰撞，传统的半导体和导体用热的形式释放了一些能量，目前一般的电脑芯片以这种方式浪费了70%~80%的电能。石墨烯则不同，其导电电子不仅能在晶格中无障碍地移动，而且速度极快，远远超过了电子在金属导体或半导体中的移动速度，而且它的电子能量不会被损耗。还有，其导热性超过现有一切已知物质。

石墨烯被证实是世界上已经发现的最薄、最坚硬的物质。石墨烯比钻石还强硬，它的强度比世界上最好的钢铁还高100倍！

石墨烯应用前景广阔。

（1）可做“太空电梯”缆线　石墨烯堪称是人类已知的强度最高的物质，它不仅可以开发制造出纸片般薄的超轻型飞机材料、可以制造出超坚韧的防弹衣，甚至还为“太空电梯”缆线的制造打开了一扇“阿里巴巴”之门。美国研究人员称，“太空电梯”的最大障碍之一，就是如何制造出一根从地面连向太空卫星、长达37000km并且足够强韧的缆线，而“石墨烯”完全适合用来制造太空电梯缆线。人类通过“太空电梯”进入太空，所花的成本将比通过火箭升入太空便宜很多。

（2）代替硅生产超级计算机　海姆和诺沃肖洛夫认为，石墨烯晶体管已展示出优点和良好性能，因此石墨烯可能最终会替代硅。2011年4月7日，IBM向媒体展示了其最快的石墨烯晶体管，该晶体管的截止频率为155GHz，即每秒能执行1550亿个循环操作。而且石墨烯晶体管成本较低，可以在标准半导体生产过程中表现出优良的性能，为石墨烯芯片的商业化生产提供了方向，从而用于无线通信、网络、雷达和影像等多个领域。研究人员甚至将石墨烯看作是硅的替代品，能用来生产未来的超级计算机。

石墨烯最出色的导电性能尤其适合于高频电路。高频电路是现代电子工业的领头羊，一些电子设备，例如手机，由于工程师们正在设法将越来越多的信息填充在信号中，它们被要求使用越来越高的频率，然而手机的工作频率越高，热量也越高，于是，高频的提升便受到很大的限制。由于高导热性石墨烯的出现，高频提升的发展前景似乎变得无限广阔了。这使它在微电子领域也具有巨大的应用潜力。

（3）光子传感器　石墨烯还可以以光子传感器的面貌出现在更大的市场上，这种传感器是用于检测光纤中携带的信息的，现在，这个角色还在由硅担当，但硅的时代似乎就要结束。去年10月，IBM的一个研究小组首次披露了他们研制的石墨烯光电探测器，接下来人们要期待的就是基于石墨烯的太阳能电池和液晶显示屏了。因为石墨烯是透明的，用它制造的电路板比其他材料具有更优良的透光性。

（4）其他应用　石墨烯还可以应用于晶体管、触摸屏、基因测序等领域，同时有望帮助物理学家在量子物理学研究领域取得新突破。中国科研人员发现，细菌的细胞在石墨烯上无法生长，而人类细胞却不会受损。利用这一点，石墨烯可以用来做绷带，食品包装甚至抗菌T恤；用石墨烯做的光电化学电池可以取代基于金属的有机发光二极管；石墨烯还可以取代灯具的传统金属石墨电极，使之更易于回收。

4.1.6 撕不破的纸——合成纸

合成纸又叫化工薄膜纸、聚合物纸、塑料纸等。合成纸自投入市场以来，立即被高级印刷纸市场所接受，因为它能适应印刷工业各种印刷机（平版、凹版、转轮机等）印刷，并且最近开发出来的合成纸，除具有良好的机器印刷性能外，还可以用铅笔或钢笔直接在合成纸上面书写，多次拉扯也不会断裂，被誉为“撕不破的纸”。

合成纸的主要原料是聚丙烯（最常见）、聚乙烯、聚苯乙烯、聚氯乙烯、PET、ABS等树脂和无机填充物如$CaCO_3$型、黏土型、SiO_2型、云母型、TiO_2型等。合成纸经压延法、流延法或吹膜法等工艺加工而成，有的经过双向拉伸。从结构来说，分为单层合成纸、三层合成纸、五层合成纸等。

合成纸与塑料薄膜不同。由于填充了大量无机粉末，变得不透明、白度提高；通过对合成纸表面进行适当的表面处理，表面也变得可以书写或印刷。合成纸同时具有塑料和纸的双重特征，具有以下优点，是现代纸张生产的一次重大改革。

① 强度大、经久耐用、防刺孔、抗撕裂(尤其是横向)、耐磨。

② 表面光滑，尺寸稳定，高质量的印刷性能，印刷适性好，合成纸具备比普通纸张更优异的印刷效果。

③ 防虫、防蛀、防潮、防霉、防油、耐化学品，耐光性和透光性好，不易老化，保存期长。

④ 加工性好，可采用裁切、模切、压花、烫金、钻孔、缝纫、折叠、胶接等加工方法。

⑤ 本身无毒、无害。生产完全符合当今环保的要求，产品使用后可以100%回收，循环使用。以塑代纸，以塑代木，可以节约大量的森林资源及减少环境污染。

但也存在它固有的缺陷：①耐热性差；②不耐折叠，折叠会产生难以消失的折痕线。

合成纸在很多方面有着广泛的应用，主要有以下四个方面。

① 高质量的印刷。如书本封面、海报、画报、图片、地图、年历、名片、扑克、户外宣传广告、快递信封、耐水报刊、唱片封袋、石英钟面纸、机械台秤盘、扫描仪、复印机盖板纸等。也是档案、证书等长期保存资料的理想用纸。

② 包装用途。如高级礼品袋、手提袋、包装盒、药品包装、化妆品包装、食品包装、高档服装袋、精致购物袋、轻型包装容器(盒)、工业产品包装等。尤其可用于商品标签，如模内标签、压敏标签、热敏标签、环罐标签、不干胶标签等，适用于自动标贴。

③ 建筑装修用途。合成纸可制作彩色贴面纸的原纸、壁纸等，也可用在家具贴面上。

④ 特种用途。纸币用纸、彩色像纸、CAD用描图纸、工业计算机及仪表用记录纸、渔业用纸、航海图、穿空孔卡、纸扇、雨伞、撕不烂吊牌用纸、参观门票、送货票单、风筝、旅游用纸帽及其他旅游宣传用品等。2000年，悉尼奥运会所有参加者的胸前身份卡就是合成纸制作的。图4-27是PP合成纸应用的两个例子。

图4-27　人体秤面贴纸和钟面贴纸（PP合成纸）

合成纸在国外已有30多年的发展史，尤其在美国、日本、加拿大等发达国家和我国台湾地区起步较早，发展较快。随着全球环保意识的加强，普通纤维纸造成大量污染，加快了合成纸的发展，新的合成纸品种的不断出现，扩大了合成纸的应用范围。目前，合成纸产品的世界销售额每年以10%的速度递增，合成纸部分取代普通纤维纸的步伐在加快。

4.1.7　塑料钞票

1984年位于英国西北部海岸附近，爱尔兰海中的马恩岛政府（英属）发行了一种面值1英镑的塑料钞票，这是世界上第一张塑料钞票。这种钞票比普通纸质的钞票厚一些，略重一点。它比纸币耐用得多，容易保存，且能防水。尽管当时受技术水平的限制，塑料钞票上还难以采用先进的防伪技术，容易伪造，但此举仍不失为更新钞票印制载体的一次有益尝试。塑料钞成本比纸钞昂贵，所以许多国家只发行纪念钞。到目前为止，已有（按照发行时间顺序）澳大利亚、新加坡、西萨摩亚、巴布亚新几内亚、科威特、印度尼西亚、文莱、泰国、斯里兰卡、马来西亚、新西兰、罗马尼亚、北爱尔兰、巴西、孟加拉、中国、越南、所罗门群岛、墨西哥、尼泊尔、赞比亚、智利、尼日利亚、中国香港、中国台湾地区等近30个国家和地区先后发行了这种钞票。其中面值最高的当属文莱发行的“1万元”塑料钞，仅面值而言，这张塑料钞就相当于人民币4万元。

我国于2000年底为迎接新世纪到来发行了第一套塑料流通纪念钞（俗称“龙钞”），发行量1000万张，可与等面额人民币等值流通（图4-28）。该塑料纪念钞以橘黄为主色，正面以北京北海公园九龙壁的升龙为设计蓝图，只见大升龙从海中腾空而起，迎接新世纪的到来；背面主景则为北京中华世纪坛。

1988年1月27日，澳大利亚发行了建国200周年塑料纪念钞，面值10澳元。在1992年至1996年期间，澳大利亚每年发行一枚塑料流通钞，面值分别为5元、10元、20元、50元、100元，成为世界上第一个拥有整套塑料流通钞票的国家。澳大利亚之后，还有新西兰、越南、文莱等国陆续发行了全套的塑料流通钞。

塑料钞票在材质上有着比纸钞优越的特点。纸钞使用久后，会积污、破损、粘连，并会沾染和传播细菌。塑料钞票具有无纤维、无毛细孔、不吸潮、变形小、防油污、耐高温等特点，还无异味、不易沾染细菌、不粘连、易去污消毒、易回收。而且塑料钞票的材质结实，其使用寿命是纸币的4倍。这样，塑料钞票既有利于自动提款机使用，又可减少新币的投放量，降低旧钞回收成本，综合经济效益好。由于它可回收，又被称为“绿色钞票”。特别是在热带、亚热带地区，因为天热潮湿，纸币很快就会变绵软、变形、粘连，使得钞票处理设备不能正常运转，而塑料钞票不吸收潮气、不粘连，很适合在此类地区使用。

图4-28 中国发行的塑料钞票的正面和背面

在防伪措施方面，塑料钞票与纸钞相比，更难伪造和仿制。它无法简单复印。从外观上看，由于它特殊的材质，使塑料钞票的真伪显而易见，不需用特殊设备检验，用肉眼就可辨别。除纸币具有的传统的防伪措施以外，塑料钞票还有一些防伪措施是纸币无法具备的。在塑料钞票的票面上，有一种防伪措施是在票面上开了一个透明的小窗口，这个窗口可设计成各种各样的形状，在窗口里面则印制了防伪图标，包含全息摄影、光栅等技术。这种防伪方法是极难伪造的，这样就大大提高了国家货币的防伪能力和安全性。

近年来，澳大利亚的研究机构大大拓展了视窗的用途，把它作为一种光学透镜，用以显示票面上原本需要其他工具才能看到的防伪特征。这样把一些二线防伪技术变为一线防伪技术，使塑料钞票具有了自我鉴别的特性，大大方便了公众防伪。

现代塑料钞全部都是采用澳大利亚生产的注册商标为Guardian的塑料基片。Guardian基片（有人说是聚丙烯为主成分）及其涂层的配方属于高度机密，澳大利亚花费了大量资金，用了近20年的时间才研制成功，因此，伪造假币的犯罪分子很难仿制出类似的塑料基片。Guardian基片本身就是有效的防伪措施。

目前，塑料钞的制作工艺都掌握在澳大利亚一家公司手中，其他国家或地区发行印制塑料钞，都得通过该公司进行，这就给当地的金融安全带来隐患。这或许是塑料钞没有大规模流通起来的主要原因。

美国杜邦公司也曾用过一种注册商标为Tyvek的基片，中文名称叫作“特卫强”，是聚乙烯无纺布，俗称“撕不烂”。与纸钞相比较具有如下特点：厚度薄、重量轻、不易变形、柔软平滑、坚韧、抗撕裂、不透明、防潮湿、抗水渍、表面摩擦力小、弹性大，对于大多数油墨来说，它需要更长的干燥时间。现在这种材料更多用于包装行业替代包装纸使用。鉴于以上特点，美国只是在哥斯达黎加、海地、洪都拉斯、厄瓜多尔、萨尔瓦多、马恩岛、委内瑞拉等七个国家进行了小面额钞票试验。

塑料钞票也有些小缺点：塑料钞票的手感与纸币相比还是有一定差别的，在使用中最明显的问题是，塑料钞票一旦折叠，就很难抚平，特别是在四个角处。在流通中的钞票中，我们经常可以见到折角的钞票。另外，由于塑料钞票经常被人们对折，因此，经常可以看到中间折叠处已经被磨得没有颜色，而其他部分还完好的钞票。还有就是塑料货币缺少摩擦力，很容易在不知不觉中不小心丢了它们。

4.1.8 农业薄膜

4.1.8.1 地膜

塑料农膜在农用塑料中占主要地位，是继化肥、农药之后的第三大农业生产资料。我国已成为世界上农膜产量和使用量最大的国家，大致相当于世界其他国家总和的1.6倍。

地膜是指专用于农作物地面覆盖栽培的塑料薄膜，是农用薄膜的一种。其主要特点是：

质地很薄（0.005~0.015 mm）、韧性强、透光性好。农业生产中用薄膜覆盖地面育苗能够保温、保湿和防病虫害（图4-29）。

地膜的具体作用如下。

① 对环境条件的影响：提高膜下土壤温度；保持土壤湿度；改良土壤性状；提高土壤肥力及肥料利用率；防止地表盐分聚集。

② 对近地面小气候的影响：增强作物的光能利用率；增加空气相对湿度。

③ 对园艺作物生育的影响：促进种子发芽出土及加速营养生长；促进作物早熟；促进植株发育和提高产量；提高产品质量；增强作物抗逆性。

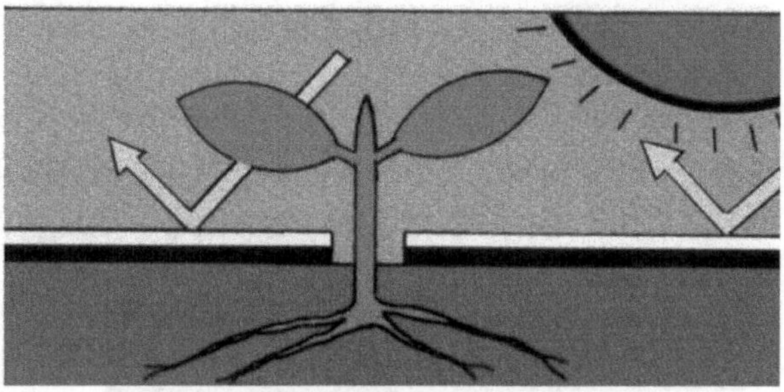

图4-29 地膜的作用

④ 其他效应：防除杂草；节省劳力；节水抗旱。

地膜的种类如下。

（1）无色透明地膜　包括LDPE地膜、HDPE地膜、LLDPE地膜、LLDPE与LDPE共混膜。优点是膜透光性好，土壤增温效果明显，早春可使耕层土壤增温2~4℃，高温时期膜下地表温度可达60℃以上，适用于东北、西北、华北等低温、寒冷的干旱与半干旱地区应用。缺点是透明地膜因为透光性好，覆盖下面易生杂草，所以在铺膜前最好喷洒除草剂。

（2）有色膜　根据不同染料对太阳光谱有不同的反射与吸收规律，以及对作物、害虫有不同影响的原理，人们在地膜原料中加入各种颜色的染料，制成有色地膜。

① 黑色膜：在聚乙烯树脂中加入2%~3%的炭黑制成。优点是膜透光率很低，阳光大部分被膜吸收，膜下杂草因缺光黄化而死，具有较好的灭草作用。缺点是对土壤的增温效果不如透明膜，一般可使土温升高1~3℃，而且自身较易因高温而老化。适应用于夏季覆盖，在蔬菜、棉花、甜菜、西瓜、花生等作物上均可应用。

② 银灰色条带膜　在透明或黑色地膜上，纵向均匀地印上6~8条2cm宽的银灰色条带。除具有一般地膜性能外，尚有避蚜，防病毒病的作用。这种膜比全部银灰色避蚜膜的成本明显降低，且避蚜效果也略有提高。

③ 黑白条带膜　中间为白色，利于土壤增温；两侧为黑色，可抑制垄帮杂草滋生。

④ 黑白双面膜　乳白色向上，有反光降温作用；黑色向下，有灭草作用。主要用于夏秋蔬菜抗热栽培，厚度为0.02~0.025 mm（图4-30）。

（3）特种地膜

① 除草膜　在薄膜制作过程中掺入除草剂，覆盖后单面析出除草剂达70%~80%，膜内凝聚的水滴溶解了除草剂后滴入土壤，或在杂草触及地膜时被除草剂杀死。

② 光解膜　在吹塑过程中混入一定量的“光敏剂”制成地膜。这种地膜经过一定时间(40天、60天、80天)后，能自行老化降解破碎成小块，进一步降解成粉末掺混于土壤中，不造成污染。

③ 有孔膜　在地膜吹塑成型后，经圆刀切割打孔而成。孔径及孔数排列是根据栽培作物的株行距要求进行的。也有在普通地膜上用激光打出微孔，每平方米打200孔、400孔或800孔。打孔增加了地膜透气性，防止膜下土壤的CO_2含量过高。

4.1.8.2 棚膜

棚膜是用于制作塑料大棚和温室的塑料农膜。覆盖后可为作物提供一个良好的温度、湿度及光质量的小气候环境，并可防止病虫害及减少自然灾害的影响，从而提高作物的产量及品质，提早收获和延长生长周期。大棚覆盖的材料为塑料薄膜，适于大面积覆盖，因为它质量轻，透光保温性能好，可塑性强，价格低廉。常用的塑料棚膜有PE、PVC、EVA等，膜厚0.1mm，无色透明，使用寿命约为半年。目前，南方大棚蔬菜生产上应用较多的是PE膜，PVC和EVA膜应用较少。

塑料大棚（图4-31）是一种简易实用的保护栽培设施，由于其建造容易、使用方便、投资较少，随着塑料工业的发展，被世界各国普遍采用。利用竹木、钢材等材料，并覆盖塑料薄膜，搭成拱形棚，供栽培蔬菜，能够提早或延迟供应，特别是北方地区能在早春和晚秋淡季供应鲜嫩蔬菜。

图4-30 黑白双面地膜（PE）

图4-31 塑料大棚（PE）

欧美国家于20世纪50年代初期应用薄膜覆盖温床获得成功，随后又覆盖小棚及温室也获得良好效果。我国于1955年秋引进PVC农用薄膜，首先在北京用于小棚覆盖蔬菜，获得了早熟增产的效果。1957年由北京向天津、沈阳及东北地区、太原等地推广使用，受到各地的欢迎。1958年我国已能自行生产农用PE薄膜，因而小棚覆盖的蔬菜生产已很广泛。60年代中期小棚已定形为拱形，高1m左右，宽1.5~2.0m，故称为小拱棚。由于棚型矮小不适于在东北冷凉地区应用，1966年长春市郊区首先把小拱棚改建成2m高的方形棚。但因抗雪的能力差而易倒塌，经过多次的改建试用，终于创造了高2m左右，宽15m，占地为1亩的拱形大棚。1970年向北方各 地推广。1978年大棚生产已推广到南方各地，全国大棚面积已达10万亩。

大棚原是蔬菜生产的专用设备，当前大棚已用于盆花及切花栽培，果树生产用于栽培葡萄、草莓、西瓜、甜瓜、桃及柑橘等，林业生产用于林木育苗、观赏树木的培养等，养殖业用于养蚕、养鸡、养牛、养猪、鱼及鱼苗等。大棚的应用范围尚在开发，尤其在高寒地区、沙荒及干旱地区为抗御低温干旱及风沙危害起着重大作用。

4.2 涂料

涂料是指涂覆于物体表面，能与物体黏结在一起，并能形成连续性涂膜，从而对物体起到装饰、保护或使物体具有某种特殊功能的材料。

自古以来，防止金属及木材污染或长锈、腐蚀等的方法是使用涂料。涂料实际上是涂覆在表面上的薄膜状物，所以涂料属二维高分子材料。

涂料产品品种越来越多，应用范围也不断扩大，涂料工业已成为化学工业中一个重要的独立生产工业部门。我国目前涂料产量约为200万吨以上，其中工业涂料占60%，近年来需求量以3.4%的平均速度增长。

涂料在使用前有非常好的流动性，涂刷时能在表面薄薄地覆盖上一层，而且要求涂好后能形成坚固而无气泡的膜。此外，根据不同的目的被涂好的物件必须要有各种漂亮的外观。但要满足上述各项要求则是相当困难的事，弄得不好，放置以后颜料沉淀凝块，涂刷时尽管用很大的气力，涂完后也会滴滴答答地流挂下来，好不容易成膜了，也容易老化而从基底上脱落下来，或者涂层上出现裂纹或不匀。

最简单的涂料是把某种高分子溶于适当的有机溶剂里，并根据需要混入颜料而制成的，涂用后让溶剂挥发成膜即可，如硝酸纤维素溶于溶剂所形成的漆。

为了使涂料能够形成牢固而不易损伤的薄膜，最好是使涂料高分子在被涂物表面上形成交联。例如常用的涂料原料醇酸树脂、酚醛树脂和不饱和聚酯等，涂料在被涂物表面上形成薄膜的同时，涂料分子间形成交联，这种交联与制备热固性树脂时的固化完全相同。这些涂料是在涂用后才形成真正的高分子。

现代涂料发展方向可用一句话概括：开发符合客户要求的高性能品种。涂料的高性能包括高装饰、重防腐、超耐久、功能化以及良好的施工应用等性能。

建筑涂料在国内外都是涂料中使用最多、产量最大的品种。按建筑物使用部位，可将涂料分为外墙建筑涂料、内墙建筑涂料、地面建筑涂料、顶棚涂料和屋面防水涂料等。按构成涂膜的主要成膜物质，可将涂料分为聚乙烯醇系列建筑涂料、丙烯酸系列建筑涂料、氯化橡胶外墙涂料、聚氨酯建筑涂料和水玻璃及硅溶胶建筑涂料。本书不介绍建筑涂料，而是介绍一些特殊的涂料品种，以期引起读者的兴趣。

4.2.1 最早的涂料——生漆

涂料也叫“漆”。生漆是古代中国人最早知道使用的涂料，大量的出土漆器证明我国先民在7000年前就已使用生漆。

1973年，在河北省藁城县台西发现了一个商代遗址。其中有一批漆器。这批漆器色彩绚丽，漆面光洁发亮，花纹纤细精巧。有的花纹红漆为底，上面描绘着黑漆花纹；有的花纹上还嵌着圆形、三角形的绿松石；有的花纹还像浮雕一样凸现出来。说明早在3000年前，我国古代在漆器制造工艺上已达到很高水平。

我国古书中有许多关于漆器的记载。战国时韩非子说，舜禹最先发明漆器；有的说“舜作食器，黑漆之，禹作祭器，黑漆其外，未画其内”。商代出土漆器的精美说明在舜、禹的时代出现漆器是可信的。

这些漆器所用的漆就是生漆，也叫大漆，是一种多年生乔木漆树的分泌物，是一种天然水乳胶漆。漆树只生长在我国和亚洲东部的一些国家，所以生漆也叫“中国漆”，中国的产量占世界的85%。

“漆”这个汉字是从“桼”字演化而来的，这个象形文字的原意是“木汁如水滴而下”，可以推测古代从漆树上割漆的情形（图4-32）。漆树在秦汉时期主要分布在黄河流域，后来由于中原气候变冷，漆树现主要分布在四川盆地。

古籍中记载，庄子曾作过漆园吏。庄子是战国时期人，古代著名哲学家、思想家。庄子的时代虽然比舜、禹晚了许多年，但“漆园吏”至少说明了：当时漆树的种植和管理已形成规模，不仅是靠采集野生漆树，因为天然野生漆不可能称为漆园；漆树种植规模很大，而且在经济生活中很重要，否则不可能专门设置官吏进行管理。

生漆的主成分是具有双键侧链的漆酚，经氧化后聚合成巨大的立体网状高分子。漆酚在生漆中的含量为50%~80%，是生漆的成膜物质。生漆中含有不到1%的漆酶，它是一种氧化酶，一种蛋白质，为生漆的天然有机催干剂。生漆中还含有20%~40%的水分，1%~5%的油分，3.5%~9%的松香，松香是一种多糖类化合物，在生漆中起悬浮剂和稳定剂的作用。生漆干燥固化后形成的膜坚硬、牢固、耐温、防腐，至今仍是一种高性能的涂料。

生漆的应用经过了两次重要的改性。

（1）色漆　生漆为黑褐色的，有成语“漆黑一团”，因为古代的漆都是黑色或近乎黑色的。商周的漆器仅有朱红色和黑色，但到战国时期就有红、黄、绿、蓝、白、金等多种色彩。制造色漆要有颜料，而且一定要加“油”，战国时期就掌握了这项技术。现在“油漆”二字就来源于此。

（2）制脱胎漆器　据有关专家考证，古代漆器制作时，有的是直接在木器上涂漆，有的是用丝或麻的纤维丝筋，涂上生漆，干燥后形成坚固的整体。20世纪70年代在湖北随县出土了战国时期曾侯乙墓。墓中有兵器戟和殳。这是些类似矛的长杆兵器，杆芯是用三四米长的木棒制成，木棒外面纵向包着竹丝，再用丝线缠绕，再涂上生漆，干燥后成为坚固的整体。这种兵器长而质轻、坚韧，使用起来得心应手，在当时无疑是一种先进武器。

图4-32　割漆

漆器要有胎才能上漆，但有胎漆器太重。魏晋南北朝时期佛教在中国盛行，工匠们用漆器制作方法塑佛像。他们先用泥塑好佛像，塑好以后，把麻纤维包在泥像上，再往纤维上涂生漆，干燥后表面形成坚硬的固化漆层，然后再往已经固化的漆膜上涂生漆，往漆上贴麻纤维，再往纤维上涂漆，反复几次之后，在泥像外面形成了一座生漆与纤维复合的佛像，再用水把里面的泥冲去，就得到夹纻脱胎佛像。夹纻指生漆里夹有纻麻纤维；脱胎指脱去了里面的泥胎。胎指制造漆器的衬底。这种佛像轻巧、坚固、耐久。1898年中国的脱胎漆器在巴黎世界博览会获头等金奖，从而驰名世界。

漆器埋在地底下至今已几千年仍完好如初，它所显示的耐久性是近代合成高分子材料所无法比拟的。它具有优良的抗腐蚀性能、耐热性能和耐磨性能，素有“涂料之王”的美称。但它也存在一些缺点，如对人体有严重的过敏毒性；必须在特定的条件下（相对湿度不低于80%，20~30℃）才能干燥；黏度大，不易施工；对金属附着力不好；耐碱性差等，严重限制了它的直接应用。我国学者结合现代高分子技术对生漆的改性做了大量的工作，已在重防腐涂料、高性能漆酚复合材料等领域获得广泛应用。

4.2.2 能自愈合的汽车漆——智能漆

这里介绍一类很有意思的涂料，即能自修复的汽车漆。汽车漆面的养护一直是爱车人最为头疼的问题之一，对于微小的划痕和擦伤，重新喷漆不仅麻烦费事而且太费“银子”，但是对此置之不理又觉得有些“碍眼”，影响观瞻（图4-33）。现在出现了一种自修复车漆，可以轻松解决问题。如果车身出现轻微的划痕，车主并不用担心，在阳光的照射下，自动修复油漆上的划痕和瑕疵。这个过程不会受空气湿度的影响，也不会影响司机正常驾驶。而且它只是涂料分子间的变化，也不会像油漆一样容易蹭到人身上。

以下是自修复的几种不同的技术。

4.2.2.1 弹性体技术

该被称之为车体擦伤复原涂料的技术是日产公司与日本立邦公司合作研发的一项创新的汽车油漆技术。它的原理是在常规的透明清漆中添加了特殊高弹性树脂，使漆面柔软性、树脂黏合密度以及强韧性得以大幅度提高，特殊树脂其实就是一种聚氨酯。

汽车喷漆一般要经过喷漆前处理、电脉冲喷涂、中涂、面漆以及清漆五道工序，中涂就是我们常说的底漆，面漆很容易理解，清漆是一层透明的光亮油漆，作为最后一道工序喷涂在全车表面以使漆面平整光亮并减少紫外线长期照射使面漆变色的影响。在日产以及英菲尼迪的某些车型中，可自修复的高弹树脂透明漆代替了传统的清漆喷涂在最外层（图4-34）。它的作用是当油漆表面受热后，高弹性树脂变软并填满划伤处的凹痕，就是人们所说的划痕自修复功能。

这项技术与此前的涂装相比，可将轻微擦伤等降至1/5的程度，即使出现某种程度的擦伤，在经过一段时间后，几乎恢复至擦伤之前的状态，若要加快这个过程可用热水或热风对此区域进行加热。

这项技术之所以没有大规模在日产和英菲尼迪汽车上使用是因为它的缺点也很明显。对于漆面大面积擦碰和划伤没有太大作用，再加上车主对车辆进行封釉，研磨打蜡或抛光等日常作业都会破坏这层娇贵的自修复清漆，从而大大降低其自我修复的能力。

4.2.2.2 微胶囊技术

利用微胶囊技术自动修复油漆的原理图示于图4-35。被微胶囊化的愈合剂（一种液态单体）埋在涂层里，能引发愈合剂聚合的催化剂则分散在涂层本体内[图4-35(a)]。一旦出现划

图4-33 汽车上小的划痕有碍观瞻

图4-34 应用自修复技术的英菲尼迪G37

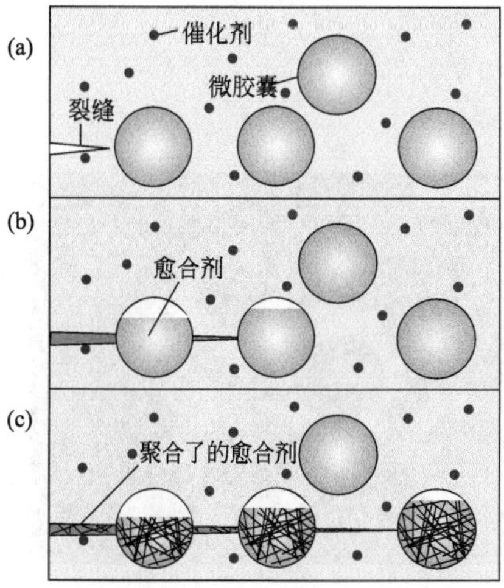

图4-35 基于微胶囊技术的汽车自动修复油漆的原理图

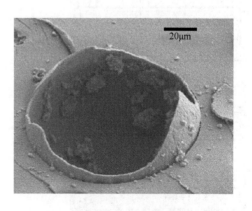

图4-36 在涂层断裂面上的单体微胶囊的SEM图

图中标注：Grubbs'催化剂　DCPD 单体　Ph H　PCy₃　Cl　开环　交联点　网状聚 DCPD

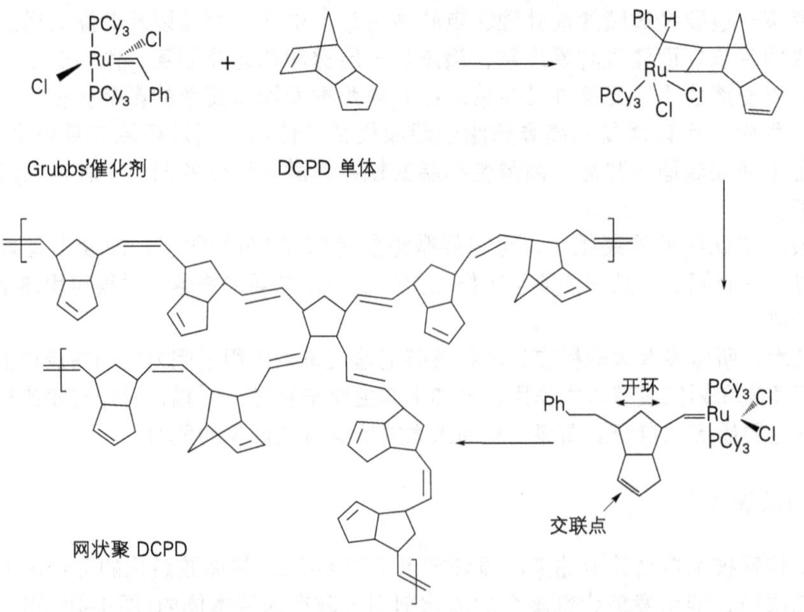

图4-37 有机钌化合物引发双环戊二烯(DCPD)开环聚合的反应式

痕，划痕使微胶囊破裂，释放出愈合剂，并通过毛细作用扩散在划痕的表面[图4-35(b)]。愈合剂接触到催化剂而使之聚合，从而使划痕得以愈合[图4-35(c)]。

图4-36显示了在涂层断裂面上的一种由脲醛树脂为壁材的单体微胶囊的扫描电子显微镜图。可见微胶囊已破裂，单体被释放出。

愈合剂和催化剂已有不少研究，比如用有机钌化合物为催化剂引发双环戊二烯进行开环聚合（图4-37）。催化剂要求与本体有较好的相容性，而且要求聚合反应在室温进行，反应速度要快。

4.2.2.3　中空纤维技术

上述微胶囊技术的一个主要缺点是愈合剂的量往往不足于修复大的划痕。而中空纤维技术可以解决这个问题。中空纤维技术的原理图示于图4-38。将树脂（用作愈合剂）和固化剂分

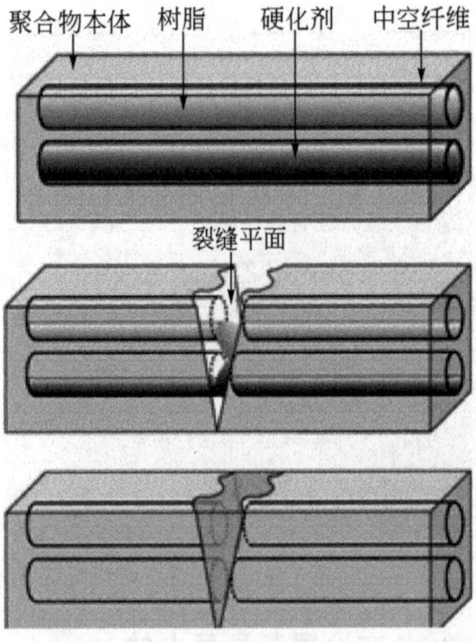

图4-38 中空纤维技术的原理图

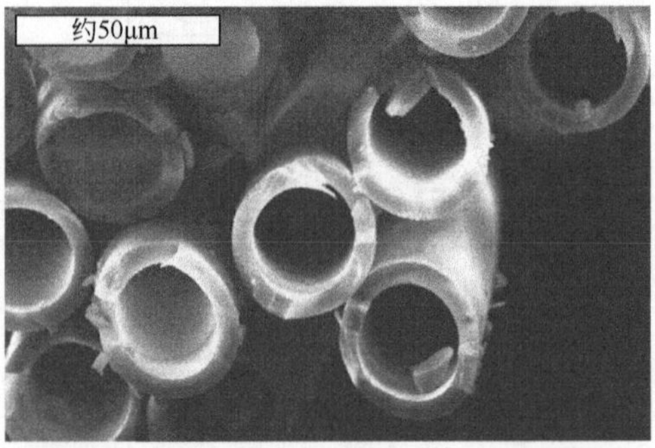

图4-39 用于填充未交联树脂的中空玻璃纤维

别填充在中空纤维（图4-39）里，通过混合工艺将中空纤维与涂料混匀，然后涂装。一旦出现划痕，划痕面上树脂和硬化剂均释放出来，从而使固化的树脂修复了划痕。

这种方法可以选择的树脂和固化剂很多，而且中空纤维本身对涂层有增强作用。缺点是树脂黏度要较小以便流动，而且加工过程较复杂，通常需要多步。

4.2.2.4 可逆交联技术

这类自我修复材料是单剂型的，不必像上述双剂型的那样需要用微胶囊或中空纤维将两组分隔开，因而涂料的制备和使用更为便利。其原理是利用一种可逆的交联反应，例如，图4-40的涂层聚合物在汽车划痕后，只需加热至80℃，2h就可重新分解成单体，单体经室温反应7天，划痕即可复原。

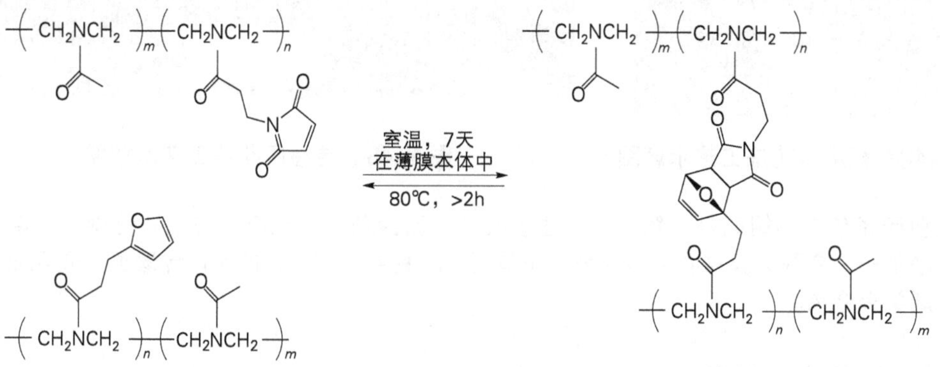

图4-40 通过Diels-Alder环加成的可逆交联反应式

其实，上述自我修复材料还可能被用于任何易划的物体，包括手机、iPod、压缩光盘、太阳镜、手袋、鞋子甚至家具，具有广泛的应用前景。

4.2.3 纺织品上的涂料

印花是纺织品的增值环节。服装印花就是在纤维织物特定区域上面用染料或颜料印出某些具有一定色牢度的花纹图案的加工过程。为达到这个目的，主要有两种工艺：①传统的染料印花；②涂料印花。染料印花和涂料印花的区别就在于，涂料印花是以物理黏合的方式和织物结合的，而染料印花是以范德华力直接和织物结合的。一般来说，染料印花手感要软一些，色牢度也比较好，印花后手感柔软，印花部位也不粘手，但价格较贵。

大量实验研究和生产实践证明，涂料印花方法具有较低的生产成本，它的能耗、原材料消耗以及对土地的要求都要比染料印花低，这是因为涂料印花后取消了后洗涤工序、减少了产生环境和生态负荷的源头、减少了废水和发生事故的危险性。涂料印花的适用性强，不仅能得到要求的印花效果，而且毫无疑问地适用于所有的纤维类型，其色泽、手感和牢度等也接近活性染料印花的水平。生产工艺简单，特别适合现代的个性化印花要求。图4-41显示了用涂料印

图4-41 涂料印花法印在运动衣上的广州亚运会图案

花法印在运动衣上的2010年广州亚运会图案。

据统计，在当今全世界的印花织物中涂料印花超过了55%，超过了染料印花。其中，美国占80%，印度为60%，我国约为20%。

涂料印花主要有两种工艺。第一种是直接印花法，即借助黏合剂将不溶性颜料黏着在纤维的表面，形成所需图案的印花方法。一般通过丝网印花，印花色浆置于筛网上，有花纹处呈镂空的网眼，无花纹处网眼被覆盖，印花时色浆被刮过网眼而转移到织物上，示意于图4–42。

第二种是转移印花法（简称转印，图4–43），在印刷厂按花纹设计调油墨，印到纸上，制成花纹纸（即转移印花纸）。在织物印花时，将转移印花纸图案正面与织物正面贴合，在转移印花机中经一定条件（温度）使花纹转移到织物上。

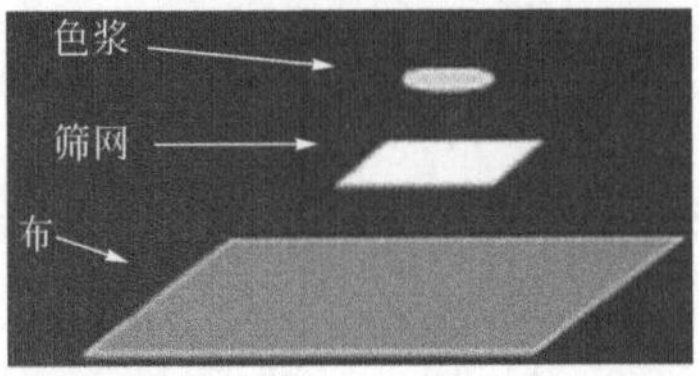

图4–42 直接印花法工艺示意图

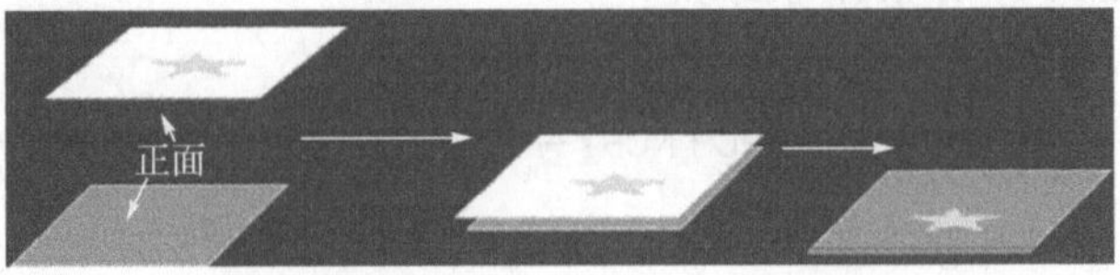

图4–43 转移印花法工艺示意图

涂料印花色浆的组成是：颜料——着色成分；黏合剂——成膜物质；乳化糊——增稠组分；交联剂——交联成膜物质；柔软剂、润湿剂等。黏合剂较常用的是丙烯酸类、聚氨酯类和聚丁二烯类聚合物。

4.2.4 塑料上的涂料

塑料也需要涂装。随着电子产品的发展，塑料电子制品日益增多，塑料件（底板）表面往往不够光泽亮丽，耐磨性也较低，所以电子产品（如手机、笔记本电脑、电视机等）的塑料件需要装饰和防护，就是需要给塑料件喷涂一层涂料，这种涂料称为“塑料涂料”（图4–44）。

除了装饰性以外，耐磨性是塑料涂料的一个重要要求。就拿手机来说，在长期的接触下，表层涂层就会被磨损褪色，露出底板而失去原有的美感，造成电子产品的外观缺陷及使用价值的极大浪费，也影响了消费者的情绪。电子产品的使用寿命短者数个月，长则数十年甚至更长，因此电子产业需要高耐磨表层涂料。

此外，树脂镜片眼镜较玻璃镜片轻便不易摔碎，易超薄，时下非常流行。但树脂镜片常用的片基材料聚甲基丙烯酸甲酯、聚碳酸酯等光学透明树脂耐磨性差，需涂覆透明耐磨涂料，才能长期保持光洁不雾化。

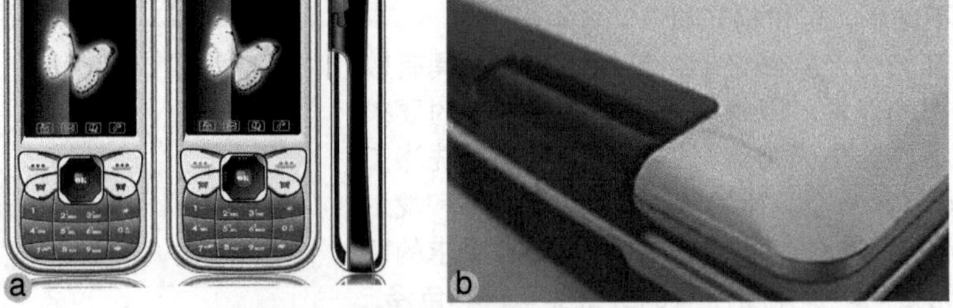

图4–44 塑料涂料用于电子产品

（a）手机；（b）笔记本电脑（显示边角已被磨损）

高耐磨塑料涂料常用丙烯酸酯涂料，即以丙烯酸酯或甲基丙烯酸酯为主要原料合成的涂料。丙烯酸酯和甲基丙烯酸酯的分子结构如下：

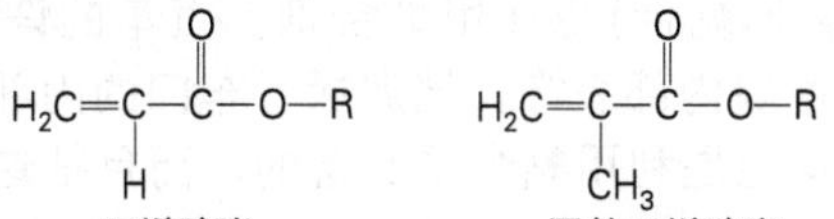

丙烯酸酯　　　甲基丙烯酸酯

丙烯酸酯树脂制得的涂料具有很好的耐候性、耐污染性、耐酸性、耐碱等性能，优异的施工性能，与各种涂料用树脂的混溶性，而且还有很好的外观。广泛用于高装饰涂装，比如手机、VCD、DVD、CD播放机、照相机、摄像机、商务通、打印机、扫描仪、电脑、复印机及有关实验室设备等电子产品。

丙烯酸酯涂料的耐磨性不够，因此又有许多改进的研究，比如环氧树脂改性丙烯酸酯涂料、有机硅改性丙烯酸酯涂料、聚氨酯改性丙烯酸酯涂料、有机氟改性丙烯酸酯涂料和纳米技术改性丙烯酸酯涂料等。

4.3 黏合剂

图4-45显示了两个物体黏合起来时的状态。黏合剂(又称胶黏剂)实际上是一薄层，可以看成与涂料一样的聚合物薄膜，只不过这张薄膜的两面都连有被涂物体，而且薄膜与被涂物结合得很牢固，所以两个被涂物便以此薄膜为媒介而粘连成为一体。

一个浅显的例子是，试想把两块玻璃板叠合在一起时，若中间夹着的是空气，玻璃板可以很容易分开，若玻璃板间夹的是水，凭经验可知，玻璃板便很难分开了。因为空气完全不能黏合玻璃，但水却能较好地黏合它们。不过，要想把玻璃板牢牢地黏在一起，用水作黏合剂显然不行，因为水会流动，又易挥发，且强度很弱，只要加很小的力就能使之变形。满足黏合剂条件的，只有高分子化合物。

黏合剂与被黏物体间的结合力主要来自两方面：一是物理作用，黏合剂渗透进被黏物体表面的洼陷处，起了锚泊的作用（图4-46）；二是形成化学键或分子间相互作用力（包括氢键、范德华力）。

现在，黏合剂已用在木工家具、建材、建筑、土木、纸张、包装、纤维、汽车、车辆、造船、航空、宇航、鞋类、橡胶、塑料、照相机、家用电器、音响器材、乐器、体育用品、医疗及牙科等几乎一切的行业之中。下面就试从我们的身边举出几种黏合制品的例子。家用建筑改用黏合工艺后，使天花板、墙壁、地板等内部装饰几乎全靠黏合来完成，层合板、装饰等建筑材料自身也是用黏合方法制造的。扬声器锥形筒除用黏合法外别无其

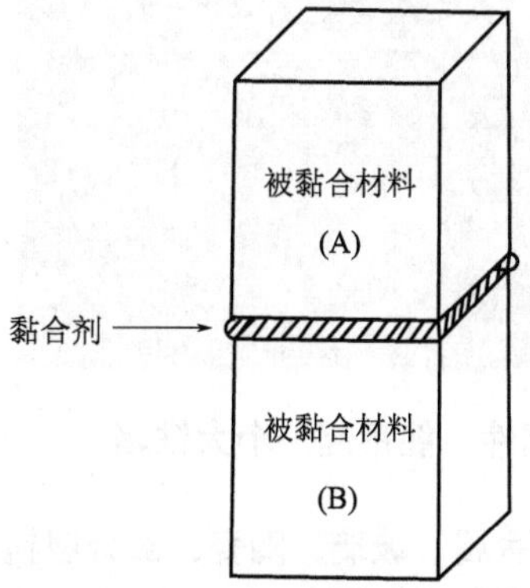

图4-45　黏合剂的作用示意图

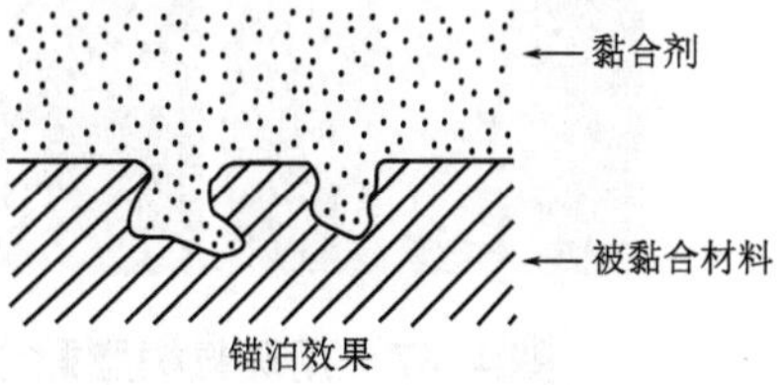

图4-46　黏合剂的锚泊作用

他制造方法。钢琴则完全是黏合创作出来的艺术作品，外壳用层压板(把几块板黏合起来)制造，内部则是用大小不同的几百块木片黏合而成。喷气式飞机的机身和机翼等结构体、直升机的回转翼(铝板和金属框黏合)也使用黏合剂。汽车的许多部分是完全用黏合安装固定的，例如车顶、地板、壁面等内部装饰，挡泥板、车门的内部、车罩的增强板等也都是黏合的。此外，挡风的安全玻璃也是利用黏合法制备的，而且把这些挡风玻璃直接黏合在车身的铁板上。

4.3.1 中国墨已经开始了黏合剂的应用历史

墨是古代文房四宝（笔、墨、纸、砚）之一。中国墨的发明人是韦诞（公元179 – 253）。

墨的成分就是烟灰加胶。烟灰用松木烧成的松烟最好，碳颗粒极细。从汉朝到宋朝，许多墨锭系用松烟、胶以及其他添加剂混合而成。从宋朝开始，用动物油、植物油、矿物油烧成的灯黑常用来代替松烟。在明朝，十分之九的墨用松烟，十分之一的墨用灯黑。

松烟和灯黑的主要成分是碳，在其自由状态时不易与其他物质相黏附，因此把碳用于墨中时需要使用黏合剂，一方面能把碳粒黏合成固体墨，另一方面能把碳颜料黏结在书写物体的表面上。中国墨所用的传统黏合剂是明胶。明胶由动物的皮、肌肉、骨骼或甲壳等熬制而成。因而明胶是人类使用的第一种天然高分子黏合剂。

以安徽的徽州（现歙县）人最擅长制墨，所以有“徽墨”之称。历史记载最有名的制墨者是李延歙（公元950—980），他世家制墨，从河北迁居到安徽歙县。他是南唐皇太子李煜（公元937—978）掌管制墨的官员，为了奖励他在制墨上的显著贡献，便赐姓为李（原姓为奚）。当时有“黄金易得，李墨难求”之说。如今，中国墨有一半出口日本和东南亚，高档的墨要加麝香等名贵材料，价格确实会贵过黄金。

4.3.2 黏结力超强的两种黏合剂

曾有人做过实验，将两块脸盆大小的钢板用黏合剂黏合在一起，然后用八匹高头大马分成两列套上马鞍从相反方向拉着钢板，但无论如何也拉不开。原来，结构型黏合剂的黏结强度可达29MPa，当两块$30cm^2 \times 30cm^2$的钢板黏在一起时，黏结力达近300t，相当于6节满载货物的火车车厢的质量，难怪八马难分。图4–47显示，用环氧树脂黏合了$5cm^2$的钢件，能吊起相当于一辆小轿车重量的一个大铁箱。

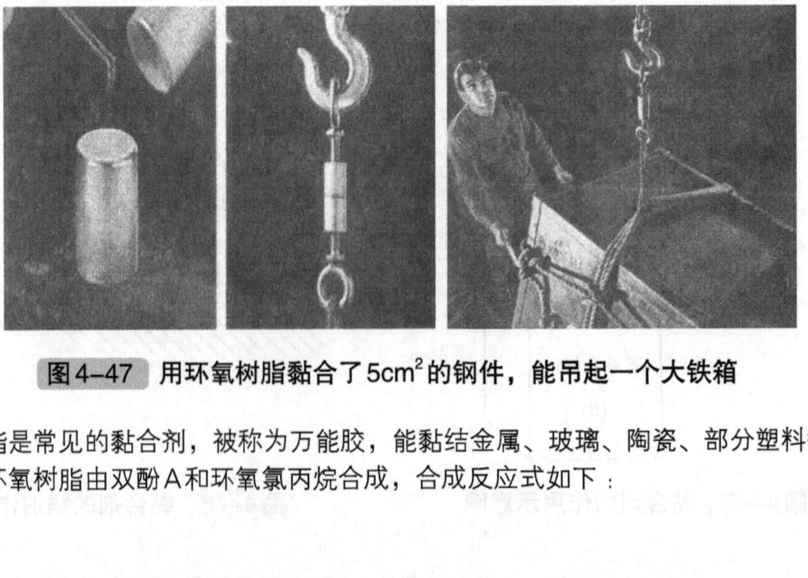

图4–47 用环氧树脂黏合了$5cm^2$的钢件，能吊起一个大铁箱

环氧树脂是常见的黏合剂，被称为万能胶，能黏结金属、玻璃、陶瓷、部分塑料等，适用范围很广。环氧树脂由双酚A和环氧氯丙烷合成，合成反应式如下：

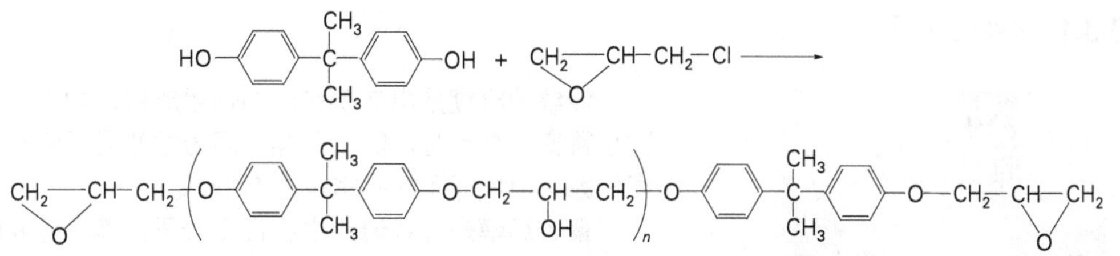

$$HO-\!\!\left\langle\!\!\bigcirc\!\!\right\rangle\!\!-\overset{\underset{\displaystyle CH_3}{|}}{\underset{\underset{\displaystyle CH_3}{|}}{C}}\!\!-\!\!\left\langle\!\!\bigcirc\!\!\right\rangle\!\!-OH \;+\; CH_2\!-\!CH\!-\!CH_2\!-\!Cl \longrightarrow$$

$$CH_2\!-\!CH\!-\!CH_2\!-\!\left(\!O\!-\!\left\langle\!\bigcirc\!\right\rangle\!-\!\overset{CH_3}{\underset{CH_3}{C}}\!-\!\left\langle\!\bigcirc\!\right\rangle\!-\!O\!-\!CH_2\!-\!\overset{}{\underset{OH}{C}}H\!-\!CH_2\!\right)_n\!O\!-\!\left\langle\!\bigcirc\!\right\rangle\!-\!\overset{CH_3}{\underset{CH_3}{C}}\!-\!\left\langle\!\bigcirc\!\right\rangle\!-\!O\!-\!CH_2\!-\!CH\!-\!CH_2$$

环氧树脂的结构中端基是环氧基，遇到胺类固化剂会开环交联，反应可在室温进行；另外，主链上有很多羟基，可以用酸酐类固化剂在加热时交联。市面上以AB型双管胶的形式出售（A管含环氧树脂，B管含固化剂），用前1∶1混合。约1h固化，24h达最大强度。环氧树脂与金属的黏结机理见图4-48所示。

另有一种常见的强力胶称为"502胶"（图4-49），502胶是以 α-氰基丙烯酸乙酯为主，加入增黏剂、稳定剂、增韧剂、阻聚剂等的单组分瞬间固化黏合剂。在空气中微量水催化下发生加聚反应，迅速固化而将被粘物粘牢。

它的神奇之处是黏结速度特别快，稍待片刻即可粘牢，号称"3秒胶"或"瞬间强力胶"。有人曾经误把502胶当成眼药水滴到眼睛了，结果眼睛打不开了，到医院才处理好。如果不小心黏住两个手指，不要紧张，泡在溶剂（如丙酮）或热水里可以把它分开，或在原处滴上502胶使原来的胶溶解，然后迅速打开用水洗掉。502胶的黏结强度非常大，一滴胶可以表现出能支持500kg重量这么大的黏合力。固化后的聚合物是聚 α-氰基丙烯酸乙酯，结构如下：

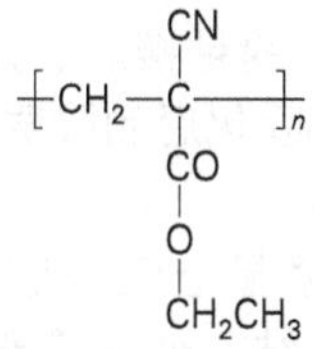

$$\left[\!CH_2\!-\!\overset{\overset{\displaystyle CN}{|}}{\underset{\underset{\displaystyle \underset{\displaystyle CH_2CH_3}{|}}{O}}{\underset{|}{C}}}\!\right]_n$$

502胶广泛用于钢铁、有色金属、陶瓷、玻璃、木材、橡胶、皮革、部分塑料等自身或相互间的黏合。无论502还是环氧树脂，对聚乙烯、聚丙烯、聚四氟乙烯等非极性难粘材料，其表面需经过特殊处理（如电晕，氧化酸处理等）方能黏结。

4.3.3 黏黏糊糊的高分子本身就是"胶水"的天然原料

高分子的溶液实际上都很黏，理论上都可以是黏合剂。但是在选择用作黏合剂的原料时，还要考虑很多问题，比如毒性、稳定性等。下面是日常生活中常遇到的几种"胶"。

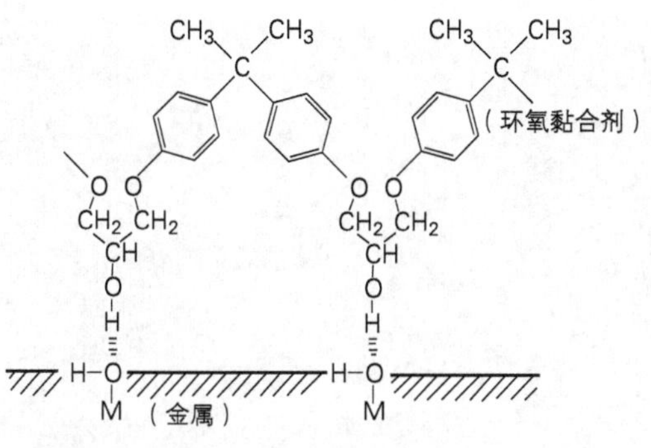

图4-48 环氧树脂与金属的黏结机理

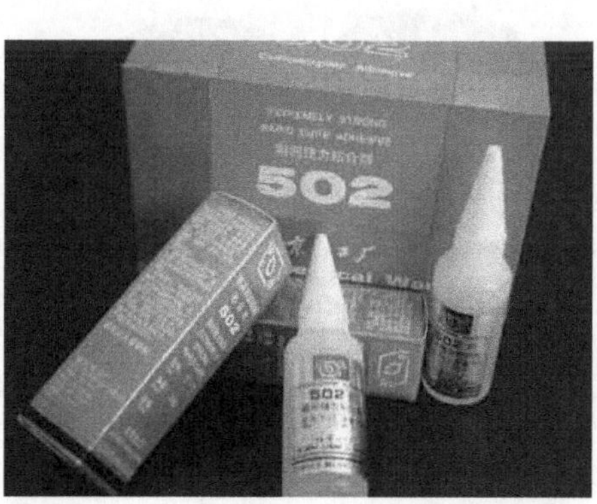

图4-49 502胶（α-氰基丙烯酸乙酯）

4.3.3.1　办公室胶水

传统的糨糊是由淀粉和添加剂组成的，加点水杨酸防止霉变，加点甘油防止干燥，因为甘油易于吸水。糨糊价廉，但性能不如胶水（图4-50）。

聚乙烯醇是最普通的水溶性高分子，其水溶液就可以用作胶水。聚乙烯醇有极性基团羟基，很合适用于黏结纸张（纤维素）。聚乙烯醇的结构式是：

$$\left[CH_2-CH \right]_n$$
$$OH$$

但完全醇解的PVA溶液贮存久了会凝胶化，而且耐水性也不好，缩甲醛可以很好地解决这些问题。在制作胶水时，还要在聚乙烯醇缩甲醛的水溶液里加一点硼砂以增加黏性。聚乙烯醇缩甲醛的结构式参见3.1.5节，只是胶水的PVA的缩醛度远低于维尼纶。

图4-50　胶水（聚乙烯醇缩甲醛）

4.3.3.2　白胶（白乳胶）

白乳胶是聚醋酸乙烯酯乳液添加钛白粉而成的乳白色稠厚液体，一种水溶性黏合剂（图4-51）。特别适合纸制品、木材和织物等的粘接。它是以水为分散剂，使用安全、无毒、不燃、清洗方便，常温固化，胶接强度高，固化后的胶层无色透明，韧性好。因此，广泛用于印刷装订和家具制造。

缺点是耐水性和耐湿性差，易在潮湿空气中吸湿，在高温下使用会产生蠕变现象，使胶接强度下降；在 -5℃以下储存易冻结，使乳液受到破坏。若以聚乙烯醇缩甲醛为改性剂，乳液的耐水性和抗冻融性能有所改善，扩大了乳液的应用范围。聚醋酸乙烯酯的T_g接近于室温，室温下较柔软，适合用于黏合剂。聚醋酸乙烯酯的结构式是：

$$\left[CH_2-CH \right]_n$$
$$OCOCH_3$$

白乳胶还有一个有趣的应用，即沙雕表面的固结剂。

平常，我们都会用"一盘散沙"来形容一个团队力量分散，做什么事情也组织不起来。大家一定以为这个成语已经面世很久了吧？其实不然，它出自于清朝梁启超的《十种德性相反相

图4-51　白乳胶（聚醋酸乙烯酯乳液）

图4-52　沙雕的表面固结剂是白乳胶

成论》:“然终不免一盘散沙之诮者，则以无合群之德故也。”但是，如果这盘散沙团结起来会怎么样呢？那就让我们一起来看一下这些沙雕艺术（图4–52）吧！

沙雕被称为“速朽艺术”，它在一定的时间内自然消解，犹如一座古代城堡在悠远的岁月中不断风化，直到废墟，最后返归自然。所以从本体上讲，沙雕不存在刻意保存、收藏等问题，沙雕用的沙子里是不允许加黏合剂的。但是由于沙雕的商业因素，人们还是最大可能地延长每组沙雕的寿命，这也就不可避免地出现保存和修补的问题。

在制作沙雕作品的过程中，都会先进行夯实，让沙子的密度增加，随后雕塑好，再均匀地喷洒上胶水。胶水主要用于沙雕表层的固定，最常用是白乳胶，以1∶4左右的比例和水勾兑后用壶喷洒。由于有此透明的固结剂的保护，沙雕不怕下雨，反倒是水分能够增加沙子的凝聚力，让作品更有黏性更坚固。

4.3.3.3 玻璃胶

玻璃胶虽然很不起眼，却是家装过程中使用频率最高的材料之一，如密封玻璃窗、黏结橱柜台面与厨房墙面、固定台盆和坐便器等操作中，都要用到它。玻璃胶是硅橡胶（聚二甲基硅氧烷，又称硅酮）的溶液（图4–53）。

图4–53 玻璃胶（聚二甲基硅氧烷）

市场上的单组分玻璃胶有两类。

（1）酸性玻璃胶 粘接范围广，对玻璃、铝材、木材和花岗岩等多种基材有良好的黏结性。具有固化速度快，强度高，优异的耐气候老化性能。由于含醋酸，对部分材料有一定的腐蚀性，刺激性味道较大。

（2）中性玻璃胶 克服了酸性玻璃胶会腐蚀金属和碱性材料的特点，可以用于粘接金属、陶瓷洁具、大理石等，刺激性味道较小，但黏结力比较弱。

4.3.3.4 粘鞋胶

鞋是人们日常生活必需日用品，人类约有2/3的时间在穿鞋子。而且在全球制鞋业中，中国制鞋业可谓异军突起，中国现已是全球最大的鞋类生产国和出口国。据粗略统计，我国每年生产成品鞋100多亿双。平均每双鞋消耗50g左右的黏合剂，而黏合剂中80%的成分是溶剂。国内溶剂型鞋业黏合剂占主导地位，也就是说，每年仅制鞋业就有约40万吨有机溶剂排放到大气中，而这些有机溶剂中还含有苯类等致癌的有毒物质。环保问题是鞋业黏合剂最重要的问题。

看过修鞋匠补鞋底或看过修车行修补自行车内胎的，都会见到这样的工作程序：将被黏接物的两面进行洁净处理和打毛，而后将黏合剂（氯丁橡胶的溶液）均匀涂在黏接面上，涂胶不宜太厚，晾置5~15min。待胶膜表面略呈不粘手时即可黏合，施加接触压力由内向外排出气体完成黏接，最后还要捶打一通使之更加牢固。通常24h可达到使用强度。

1932年出现氯丁橡胶后，橡胶型胶黏剂得到了广泛应用，它不仅能进行皮革与皮革的黏合，而且也能将橡胶与皮革黏合在一起。1939年德国Compo公司首先进行橡胶底与皮革的黏合工艺，当时氯丁胶的结晶速度慢，相应的初黏力较差，达到最终黏合强度时间长，致使在制鞋生产中应用不广泛。1957年拜耳公司推出快速结晶型氯丁胶后，才使得氯丁黏合剂大量应用于黏接外底。随着PVC人造革、PU合成革在制鞋业中大量使用，由于普通氯丁胶黏剂对于这些合成材料的胶黏效果差，以甲基丙烯酸甲酯接枝的氯丁胶黏剂和溶剂型聚氨酯胶黏剂为代表的第二代鞋用胶黏剂出现，并因其对合成材料胶接性能优良，成为制鞋行业所使用胶黏剂的主要品种。各国对外底胶品种的选择不尽相同，西欧及美国主要使用聚氨酯胶，亚洲各国、东欧及澳大利亚多用氯丁胶。但无论是氯丁胶，还是聚氨酯胶，基本上都是溶剂型。有机溶剂对橡胶、塑料材质有着良好的渗透力，但有毒性，易燃，污染环境。

最初氯丁胶所使用的溶剂是所谓的“三苯”（即苯、甲苯和二甲苯），溶解性极佳，胶黏剂的性能也较容易控制，但是毒性大，操作者职业病时有发生。20世纪90年代中期，在一些鞋类生产基地多次出现工人受“三苯”中毒，导致白血病甚至死亡的事故后，限制使用“三苯”胶的呼声日趋强烈。中国绿色环境标志认证委员会制定的鞋用胶黏剂绿色标志标准，限制苯系物的使用。后来出现的不含苯系物溶剂的普通氯丁、接枝氯丁和聚氨酯胶黏剂成为传统胶黏剂的换代产品。但由于仍然采用混合有机溶剂，没有根本解决有机溶剂挥发造成的危害。因而水基型胶黏剂（如水性聚氨酯）是发展方向，虽然其成本高、干燥慢等问题还需要解决。

4.3.3.5 热熔胶

热熔胶黏合是利用热熔胶机通过热力把热熔胶熔化，熔化后的胶成为一种液体，通过热熔胶机的热熔胶管和热熔胶枪，送到被黏合物表面，热熔胶冷却后即完成了黏合。

书刊的装订旧时采用线钉装，或使用面粉糨糊，后来使用合成树脂胶如聚醋酸乙烯（PVAc）、聚乙烯醇（PVA）等。多数属于冷性胶，干燥全凭所处的温度或通过干燥工具与设备完成。这种干燥方法缓慢，书籍不易迅速定型，导致书籍装订周期过长。

现书刊装订行业已改用热溶胶黏制工艺，不仅提高装订质量，更重要的是大大加快了装订速度，满足了现代出版界出书快、周期短的需要，适应了现代社会生产的节奏。我国全年用热熔胶黏结书籍本册的数量近30亿册，所用热熔胶量近8000t。

黏结书刊的热熔胶基本树脂是EVA、PE、变性淀粉等，添加增黏剂、黏度调节剂和抗氧剂等成分组成热熔胶。图4-54是一种变性淀粉热熔胶，用于书刊装订。

热熔胶的一种应用大家一定见过，就是照相馆用过塑机的热胶辊塑封照片，那些相片塑封膜就是背面涂有热熔胶EVA的聚酯薄膜（图4-55）。加热（约110~120℃）使EVA熔化，将聚酯薄膜与照片紧紧粘在一起。PET拥有优良的透明性和挺拔度，使图文图像透过薄膜逼真再现。

塑封膜，又称护卡膜、过胶膜、预涂膜。用来将纸张进行塑封的材料，热熔胶一般用EVA，而塑料薄膜可以是PET、BOPP等。“过塑”已广泛应用于证件卡、相片、剪报、标本册、目录单、餐厅菜牌、办公文件等图文资料的保存和防护。EVA兼有PE和PVAc的性质，EVA的结构式如下：

$$\mathrm{\left[CH_2-CH_2\right]_m\left[CH_2-\underset{\displaystyle OCOCH_3}{\underset{|}{CH}}\right]_n}$$

图4-54 装订用热熔胶（变性淀粉）

图4-55 相片塑封膜（PET+EVA）

4.3.3.6 烟草薄片的黏合剂

卷烟厂在烟叶加工过程中会产生很多废料，如烟末、碎片、烟梗或低次烟叶等。其实它们都还有烟叶的品质，可以结合介质混在一起被滚卷或碾压成厚度和品质均匀的烟草薄片。这些薄片再被切成类似烟丝的细丝，重新进入卷烟工艺。“再造烟叶”不是一个新想法，它早在1857年就被提出来了，其制造始于20世纪50年代。

烟草薄片（图4-56），又称重组烟叶、均质烟叶。主要由烟叶废料加入胶黏剂和其他添加剂等组成。常用的胶黏剂有羧甲基纤维素和各种纤维素衍生物，也可用壳聚糖、果胶、树胶和其他天然原料的提取物。烟草薄片可作为烟制品原料，也用来代替天然的雪茄内包叶。产品用作为雪茄内包叶的须卷成圆盘状，作卷烟原料用的须切成片状。烟草薄片似乎是“假”烟叶，但它具有烟叶的尼古丁等主要成分，可一点不“假”。

制造方法主要有造纸法、稠浆法和辊压法3种，这里只介绍造纸法。烟草原料先用水萃取，不溶性物质或添加天然纤维制成浆后进入造纸机，初步形成纸网，水溶性萃取物经浓缩后和添加剂一并加入纸网中，干燥后即为成品。加工制造时，可从水溶性物质中提取或除去某些烟草成分，均质烟叶调制多用此法。该法所生产的薄片，物理强度高，湿强度好，不易破碎，单位体积重量轻，燃烧速度快，生成焦油量低。由于利用了废料，成本低是其主要优点。

4.3.3.7 石材抛光磨料

伴随着人民生活水平的不断提高，石材早已走进平常百姓家。石材广泛应用于建筑装饰，如地面铺装、橱柜和家具的台面装饰；其次是建筑用石，包括园林、工程用石；再就是石雕刻、石艺术品、墓碑石产品等。日本的墓碑石基本上都是我国出口的。近二三十年来，国际石材工业发展十分迅速。自1990年以来，全球石材生产量和贸易额每年分别以7.3%和9.2%的速度增长，比其他工业都高，整个石材行业的发展明显快于全球经济的发展。中国石材的生产主要分布在南部的福建省、广东省，东部的山东省三个石材生产大省，其中福建与山东为原料与加工生产大省，而广东主要从事进口石材的加工，上述三省占了中国石材生产85%的产量，主要是大理石、花岗石产品。

但石材与高分子有什么关系呢？就像墨里用明胶做黏合剂一样，石材的粗磨、精磨和抛光的磨料是用热固性树脂将金刚石粉末黏合起来制作成的。

石材磨削的实质是在人力或机械力的作用下，回转的磨盘对石料不断垂直给进，两者在接触区内相互摩擦、磨损，把板材表面层的凹凸面逐渐磨平。由于花岗石类岩石一般比较坚硬，磨具的硬度一定要超过石材的硬度。一般情况要采用六套磨具来完成磨削、研磨抛光过程。前两个磨具要进行强制定位磨削，起找平和控制板材的厚度的作用；后面的磨具分别进行粗磨、细磨、研磨抛光等工序。

下面主要介绍黏结磨料抛光石材的方法。把金刚石、碳化硅或白刚玉微粉作磨料与结合剂，（这里是热固性树脂，常用环氧树脂或酚醛树脂），热压制成磨片。然后再固定到磨盘上制成抛光磨头。小磨块一般用尼龙搭扣连接，或用沥青、硫黄等材料粘接到磨盘上，大磨块则用燕尾槽连接到磨盘上。

例如采用环氧树脂黏结金刚石微粉的磨片（图4-57），粗磨用时金刚石粒度分别为40目、60目和100目为宜，细磨时金刚石粒度分别用200目和500目（相当于74μm和30μm），最后抛光时则分别采用1000目和2000目（相当于15~25μm和6~10μm）。

4.3.3.8 胶带和不干胶

1928年，美国明尼苏达圣保罗的理查·德鲁发明了透明胶带，这是一种很轻的、一压即合的黏合剂。最初的一次尝试不够粘，因而德鲁被告知：“把这玩意儿拿回到你那些苏格兰老

图4-56 河南烟草薄片有限公司生产线

图4-57 石材抛光磨料
（金刚石微粉＋环氧树脂）

板那里去，要他们多放一些胶！”（“苏格兰”的意思是“吝啬”）但是，大萧条期间，人们为这种胶带找到了几百种用途，从补衣服到保护碰破的鸡蛋它都大有用途。

胶带按功效分可以分为：高温胶带、双面胶带、绝缘胶带、特种胶带、压敏胶带、模切胶带，不同的功效适合不同的行业需求。

胶带为什么可以黏东西？当然是因为它表面上涂有一层黏合剂。最早的黏合剂来自动物和植物，在19世纪，橡胶是黏着剂的主要成分；而现代则广泛应用各种聚合物。胶带已广泛应用于食品、医药、家用电器、日用化工等几乎各个行业的包装封口。

我们日常使用的透明胶带（图4-58）是在BOPP（双轴拉伸聚丙烯）薄膜的基础上经过高压电晕后使一面表面极化（否则PP与黏合剂的黏结力较差），然后涂上压敏胶，经过分条分成小卷而得的。压敏胶是丙烯酸酯类高分子，主要成分是聚丙烯酸丁酯，它的玻璃化温度很低，在室温是弹性体。

生产胶带用的胶水常是含压敏胶53%的甲苯溶液，当胶水涂布BOPP透明膜后经高温烘干甲苯溶剂后便只留下固态的胶。但很难说已完全不含溶剂的成分。有些人图方便用牙齿来咬断胶带，以及超市用胶带来捆菜，都有可能受溶剂毒性的影响。

还有一些特殊用途的胶带，例如绝缘胶带和泡棉胶带。

绝缘胶带专指电工使用的用于防止漏电，起绝缘作用的胶带。绝缘胶带具有良好的绝缘耐压、阻燃、耐候等特性，适用于电线接驳、电气绝缘防护等。制作工艺：以电性能好的聚氯乙烯薄膜为基材，涂以橡胶型压敏胶制造而成。

图4-58 透明胶带（BOPP＋聚丙烯酸丁酯）

图4-59 泡棉塑料挂钩

泡棉胶带，是以PE或EVA为基材，采用丙烯酸类压敏胶，以离型纸或离型膜做隔离面涂布而成的。其性能为：能充分吸收被粘体空隙及克服被粘体凹凸不平的缺陷，具有良好的缓冲性，耐蠕变性能优异，能长期承受负荷。其广泛应用于建筑行业和汽车行业，日常生活中常见用作泡棉塑料挂钩，可随意粘在墙上（图4-59）。

还有一类自粘标签材料叫不干胶，是以纸张、薄膜或特种材料为面料，背面涂有黏合剂，以涂硅底纸为保护纸的一种复合材料，并经印刷、模切等加工后成为成品标签。应用时，只需从底纸上剥离，轻轻一按，即可贴到各种基材的表面，也可使用贴标机在生产线上自动贴标。

最早的不干胶产生在美国3M公司的一位化学家手里。那是在1964年，当时，他研究各种黏合剂配方时，配制出了一种具有较大黏性，但却不易固化的新型黏胶。用它来粘贴东西，即使过了很长时间也能轻易地揭剥下来。当时，人们认为这种黏胶不会有很大作用，所以没有重视。到了1973年，3M公司的一个胶布新品开发小组，把这种胶涂在常用商标的背面，再在胶液上粘上一张涂了微量蜡的纸片。这样，全球第一张商标纸就诞生了。于是，不干胶的作用被人们陆续发现，不干胶的使用人群越来越多。不干胶标签大致分为两种：一是纸张类不干胶标签，二是薄膜类不干胶标签。

纸张类不干胶标签主要用于信息标签、条形码打印标签等（图4-60）。薄膜类不干胶标签常用PE、PP、PVC等塑料薄膜，由于塑料薄膜印刷性不好，所以一般会作电晕处理或通过其表面增加涂层来增强其印刷性。为了避免薄膜在印刷和贴标过程中变形或撕裂，常进行单轴拉伸或双轴拉伸。例如经过双轴拉伸的BOPP薄膜的应用就相当普遍。

不干胶的压敏黏合剂也是有橡胶类和丙烯酸类两种。

图4-60 条形码打印标签（背胶为橡胶类压敏胶）

4.3.4 文物保护中的高分子

中国文物保护方面的技艺历史悠久，在唐代(618~907年)就有用木楔拨正歪闪古建筑梁架的记载，另据黄休复的《益州名画录》载，成都曾迁移三堵墙的壁画，经过200多年仍完好如初。字画保护的揭裱技术，到唐代已相当成熟。“漆黏石头，鳔黏木”更是流传很久的修复石质文物和木质文物的传统技艺。欧洲一些国家在18世纪左右，曾使用以牛奶、石灰水混合的可赛因修复壁画的传统技艺，一直流传到现在。随着科学技术的进步，高分子材料、物理检测技术逐渐引进到文物保护工作中来。

4.3.4.1 敦煌壁画的修复

我国从20世纪50年代起采用天然高分子材料如胶矾水、动物胶、植物胶和合成高分子材料如环氧树脂、聚乙烯醇、聚醋酸乙烯、丙烯酸树脂等对壁画及其他相关文物进行修理与保护。如在敦煌莫高窟采用我国胡继高经多次试验的合成高分子材料配方：①1%~3%的聚乙烯醇；②1%~1.5%聚醋酸乙烯乳液；或①、②的不同浓度混合液来修复“起甲”、“酥碱”壁画。此后这一方法成为我国壁画保护的主要技术，在1987年荣获文化部科研成果一等奖。

辽宁省博物馆在对某些壁画揭取中用含9% ~10%。三甲树脂（即甲基丙烯酸甲酯、甲基丙烯酸丁酯、甲基丙烯酸和丙烯腈的共聚物）的丙酮溶液贴布，再用环氧树脂和其他合成树脂固定；陕西省博物馆多年一直采用桃胶揭取壁画，再用丙烯酸树脂和聚醋酸乙烯乳液固定。

在壁画文物的起甲、酥碱治理及修复中，已有大量事实证明合成高分子性能优于天然高分子性能。

壁画白粉画层龟裂起甲性病变的修复方法：先清除起甲白粉画层内外的尘土和积沙，向起甲白粉画层与泥层之间注射体积比为4：1的2.5%聚乙烯醇水溶液和1%聚醋酸乙烯乳液配制而成的混合胶黏剂，将白粉画层贴回地仗，再用外包白丝绸的棉拍压实，等注入白粉画层内部的胶黏剂中水分收定，再向壁画表面喷涂一次体积比为4：1的1.5%聚乙烯醇水溶液和1%聚醋酸乙烯乳液的混合剂。待喷涂剂稍干，将白丝绸铺于壁画表面，用软胶滚普遍均匀地滚压一遍即成。用此法修复后的壁画颜色无损伤、无眩光、能保持壁画原貌，药剂有可逆性，不影响再修复。中国敦煌莫高窟1000多平方米龟裂起甲壁画就是用此法修复成功的，已经受了25年的考验，没有重新起甲。

壁画地仗脱离岩体和画壁空鼓的修复方法：壁画部分草泥地仗脱离岩体，先将其边沿涂刷一层聚醋酸乙烯乳液，再以15%聚醋酸乙烯乳液调黏土、砂粒、麻刀或麦草等成膏状，往地仗边沿处填塞，使画壁与岩体粘贴牢固。

4.3.4.2 秦兵马俑的修复

秦兵马俑的发掘出土是20世纪考古界的最重大事件之一，被誉为世界第八大奇迹。

秦俑发现30余年来，考古修复工作者对陶俑、陶马的清理、修复一直没有停止过（图4-61）。由于兵马俑曾经遭到过人为破坏以及火焚，再经两千年的覆土重压，在刚刚发掘面世之时，均已残破不堪。现在人们在展厅中见到的排列整齐的陶俑，都是由几十块以至几百块破碎陶片粘接起来的。像一号坑的一辆木质战车后的将军俑及与之配套的御手俑，就是分别用100多及300多块残片粘接修复的。那么，如此之多的残破碎片是怎样一片一片地拼接起来的呢？

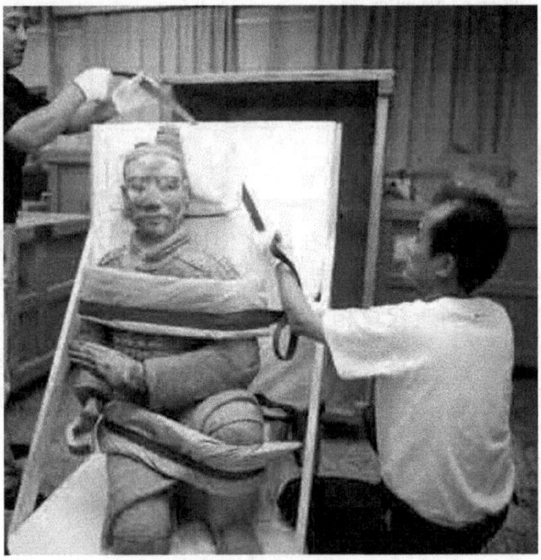

图4-61 秦兵马俑的粘接修复

黏结兵马俑残片的黏合剂是专门制备的。将断裂陶体残渣粉碎成粒度为1000目以上的粉末，用石材黏合剂（如环氧树脂、白乳胶等）与粉末搅拌混匀而成。

兵马俑的修复需要大量的人力、物力和时间，例如曾有十几个人花费了6年多时间（1994-2000年）才修复和维护了8个俑。由于修复工作的难度，秦始皇陵兵马俑陪葬坑内约有真人真马般大小的陶质兵马俑近8000多件，但从兵马俑被发现至今，30多年过去了，目前发掘的兵马俑仅约占总数的1/6。其中占地面积最大的兵马俑一号坑，里面塑有兵马俑共6000余件，但35年来仅有1087件兵马俑被修复，不足一号坑兵马俑的1/5。

这些在地下埋藏了2000多年的老古董开始“地面生活”后，出现“水土不服”症状。由于暴露于空气之中，兵马俑一直面对氧化、水浸的威胁。

在30多年前被发现时，部分秦始皇兵马俑仍保留了其原来的颜色，但在被发掘出来，与空气接触后，它们开始褪色。在兵马俑二号坑东北角弩兵区域，曾清理出土了一批精美的彩绘跪射武士俑，其绚丽的色彩和惟妙惟肖的造型堪称秦俑之最。考古资料表明，坑内所有的兵马俑原来都是通体彩绘的。在经历了焚烧、坑体坍塌及山洪冲刷等人为、自然因素破坏后，大部分彩绘已经消失。所以，彩绘俑的清理出土和保护成功，是30多年来秦俑考古工作的重大收获，而彩绘的修复和保护也一度是兵马俑博物馆的重要攻关难题。

据兵马俑博物馆总工程师周铁介绍，秦俑彩绘是在陶俑烧制好以后，在陶胎表面先用大漆进行一遍或者两遍粉刷，然后涂上不同的颜料表达不同的意思和色调。残留下来的彩绘保存状况并不好，颜料调和剂及大漆底层均已老化。“问题出在最底下那一层的生漆层，由于在地下埋了两千多年，本身生漆有所老化，里面有很多微孔，有很多水分存在里面，一出土以后，它这个水分一失去，由于表面张力的作用，形成卷曲，造成彩绘脱色”。

为了修复并保护好秦俑彩绘，秦始皇兵马俑博物馆投入大量的人力、物力进行研究，并达成了国际间技术合作。西安杨森的创始人保罗·杨森博士喜欢历史考古，又是在微生物研究方面非常强的专家，秦俑二号坑开始发掘的时候，他在杀灭霉菌研究方面给博物馆提供了很好的条件，帮助博物馆建立了微生物实验室。经过十几年的不懈努力，文物保护科研人员采用显微断面观察和显微摄影技术，对秦俑彩绘的层次结构进行全面、系统地剖析研究，确定了彩绘底层和褐色有机层的主要成分为中国生漆，彩绘颜料大多是天然矿物颜料。通过细致观察，揭示了彩绘损坏机理，由此，秦始皇兵马俑博物馆提出了新的保护思路，根据生漆层的特性，进行加固和防止皱缩，采用具有抗皱缩作用的材料置换生漆层中的水分，这是防止生漆层皱缩最安全、最实用的方法。

于是，彩绘保护工作在两个方面同时展开：一是通过对二十余种加固剂和十九种抗皱缩剂的模拟实验和对比评估，筛选出效果较好的加固剂；二是在二十多种单体进行聚合后性质的模拟实验后，选出适用的单体。

功夫不负有心人。文保人员利用现代科技，终在两个方面全都取得了突破性进展，找到了有效的彩绘保护法：一为PEG200（即分子量为200左右的聚乙二醇）和聚氨酯乳液联合处理法，一是单体渗透、电子束固化的保护方法。

单体的分子量小，容易渗入陶体表面，而且没有黏性，但用电子束照射聚合后，形成高分子材料，其保护效果最好。而利用PEG200和聚氨酯乳液联合处理法，则能防止生漆层收缩，并改善生漆层的性能，如同用来抹手的甘油一般，对俑的“皮肤”起到柔化作用，并减慢其干燥速度，使俑的彩绘易于保护，二号坑的彩绘俑用此法处理后，效果很好。

馆长吴永琪说，当初发掘出已出土的兵马俑中唯一的绿面俑（图4-62）时，博物馆的总工程师花费了两个多月时间才将陶俑上面的尘土在不伤及彩绘的基础上剥离出来。土要剥掉，颜色却一点也不能掉，实属不易，是名副其实的慢工细活。吴馆长当时开玩笑对总工说，“剥掉一点，剥你的皮。”

4.3.4.3 金沙遗址出土象牙的保护

象牙是具有6000年历史的金沙遗址出土的招牌文物之一。金沙遗址出土的象牙多达一千根以上， 象牙最长的达到1.8m多，一般也在1.6m左右。规模之巨大，堪称考古学的世界之

图4-62 异常珍贵的绿面俑

最。这些象牙初步鉴定认为是一种亚洲象。亚洲象仅雄象有门齿（象牙），每头有两根，一千多根象牙应取自五百多头雄象。从象牙的长度来看很多是成年大象，那是数量非常惊人的庞大象群。面对重达数吨，长度与人齐的一千多根象牙，你能不震撼吗?

但这类文物出土时含水率高，容易收缩变形，若不及时保护就会失水，变成粉末。成都博物院文保中心与国内知名科研机构合作，成功开发了一种新型加固材料和灌封处理方法，抢救保护了一批象牙文物，为以后的深入研究提供了缓冲时间。图4-63是展厅里用有机硅材料灌封的象牙。

石雕、石刻等石质文物表面风化也可应用有机硅类的高分子材料封护。可用于文物封护的高分子材料还有聚氨酯、甲基丙烯酸酯类等。

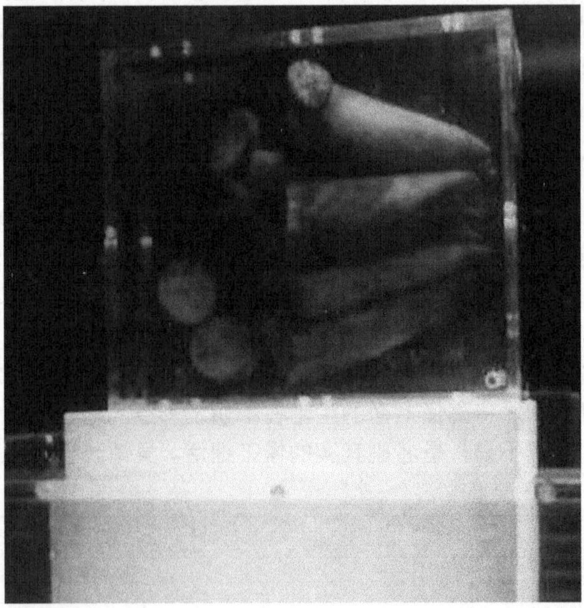

图4-63 展厅里用有机硅材料灌封的象牙（聚二甲基硅氧烷）

金沙出土木质文物多为饱水状态、质地脆弱。“它们外表看起来很光鲜，但内部已腐烂成了浆糊状，稍稍一动就会烂”。为了让这些木质文物得到保护，成都博物院文保中心立即开展保护和修复工作。中外专家合作多年，成功应用了高分子材料，采用脱水、定型等先进技术，使得这批珍贵的文物得以保存下来。例如2000年8月1日开始对商业街船棺、独木棺墓葬遗址进行发掘。出土的17具葬具长度2.3~18.8m不等，都是用整根树木刳凿而成，表面腐朽层厚20~30cm。棺木出土后，成都博物院文保中心借鉴瑞典瓦萨船（1961年成功打捞出的已沉睡海底333年的木质战舰）的保护经验，用聚乙二醇溶液喷淋保湿加固。“8年来，我们每天要给这些庞然大物淋浴两三次”。用聚乙二醇将水极为缓慢地置换出来。在文保人员的精心呵护下，船棺强度增加，表面裂缝收缩，棺木外尺寸趋于稳定。

第5章

三维高分子材料——塑料、橡胶

塑料（又称塑胶）和橡胶是高分子应用的主要两大类，在日常生活中到处都可以见到（图5–1）。仅已经工业化的塑料就有300多种，至于用这些塑料生产出的形形色色的产品，更是数都数不清，遍及国民经济的所有部门和人们衣、食、住、行的各个方面。因而本章难以逐个介绍塑料和橡胶的各个品种，而是有选择性地介绍读者身边可以见到的一些有意思的典型应用实例，揭示材料的组成，解释导致该应用性能的结构因素，以期引起读者的兴趣。

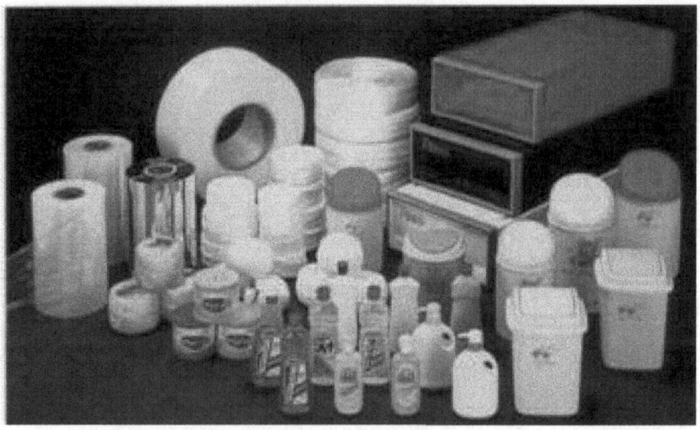

图5–1 日常生活中的高分子材料

5.1 塑料

塑料消费水平是衡量一个国家发达程度的体现。2008年，世界塑料消费已达2.45亿吨（其体积与19亿吨的钢铁相当），从体积上相比远超过钢铁消费量。美国人均消费大约170 kg的塑料，比利时高达200kg，其他发达国家也在120kg以上。2008年，我国年消费塑料总量超过6000万吨，约占全球消费的24.5%。人均消费超过46kg，超过40kg的世界平均水平。

可见我国塑料工业规模已成为世界塑料大国，而且发展潜力还很大。

塑料未加工成型前的原始聚合物，在工程技术上都称为“合成树脂”或简称树脂。树脂这个名称最早是从松香来的，松香加热软化，冷却后又能凝固。而合成树脂具有与松香类似的特性，因此得名，但合成树脂实际上与“树”没有任何关系。一些树脂形如大米，俗称“塑料米”。曾有一公司销售的大米被吃出塑料粒子，被人们误以为是“毒大米”，后来才知道是集装箱的地上原来漏了些塑料米，不小心被混进了后装的大米里，可见塑料米与大米混在一起真的很难辨别。

塑料是以合成树脂或天然树脂经化学改性后的产物为主要原料，适当加入填料、增塑剂及其他添加剂，在一定温度和压力等条件下成型为各种具有一定结构强度的制品的材料。

合成树脂或塑料在石化产品中占很大的比例（图5-2），在塑料的应用中薄膜是用量最大的，其他依次是汽车与电器、管材、发泡制品、片材、日用品、容器、建材等（图5-3）。

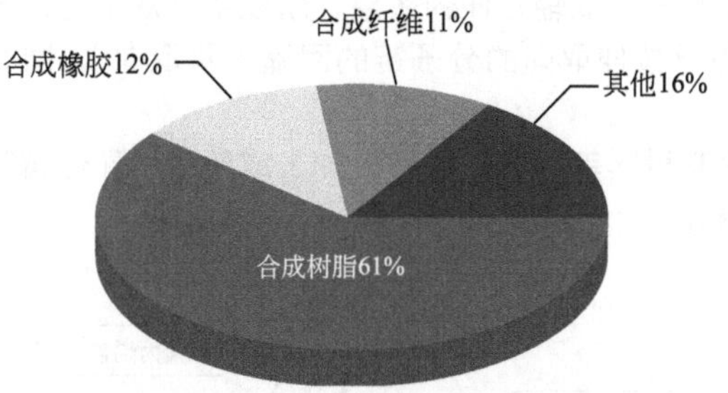

图5-2 石化产品中三大高分子材料所占的比重

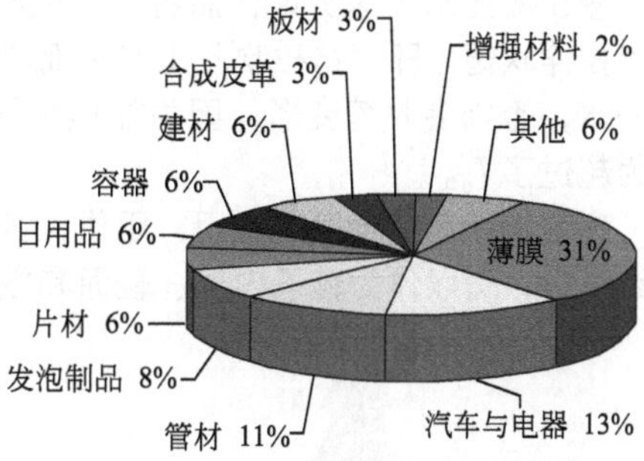

图5-3 塑料各种应用的比重

5.1.1 看图识材料——塑料日用品和某些工业品

图5-4是塑料袋（或容器）上印有的一个三角形标志，它是国际通用的可回收标志（Recycle标志），代表塑料袋（或容器）本身是可以回收再利用的。三角形标志内的数字代表着材质，根据数字可以判断是哪种塑料。有时在三角形标志的下方直接标注塑料品种的英文缩写。因为只有7个数字和相应的7种塑料，提倡大家记住它们。

注意，塑料袋有此标志表明这是环保塑料袋，但并不表明是可降解塑料袋，这是两个不同的概念，往往会混淆。

第1号：PET（聚对苯二甲酸乙二醇酯），这种材料制作的容器，就是常见的装水和饮料的塑料瓶，也俗称“宝特瓶”。

第2号：HDPE（高密度聚乙烯），装清洁剂、洗发精、沐浴乳、食用油、农药等的容器。容器多半不透明，手感似蜡。

第3号：PVC（聚氯乙烯），多用以制造水管、雨衣、书包、建材、塑料膜、塑料盒等器物。

第4号：LDPE（低密度聚乙烯），随处可见的塑料袋多以LDPE制造。

第5号：PP（聚丙烯），多用以制造水桶、垃圾桶、箩筐、篮子和微波炉用食物容器等。

第6号：PS（聚苯乙烯），由于吸水性低，多用以制造建材、玩具、文具、滚轮，还有一次性餐具。

第7号：PC（聚碳酸酯）及其他，通常是PC，强度高，透明性好，用于家电外壳、光盘、飞机汽车玻璃、透镜、水杯、奶瓶等。

图5-4 印在塑料袋上的可回收标志

根据国家质检总局和国家标准委2008年10月1日新实施的“塑料制品的标志”，对140种塑料对应了各自的代号。例如PC对应新代号是“58”。但新代号太多，不太容易都记住。

下面我们以这7种塑料为主，逐一介绍它们的应用，然后再扩展到其他塑料。

5.1.1.1 PET与宝特瓶

聚对苯二甲酸乙二醇酯（PET）除了用作涤纶的原料外，最常见的用途应当是矿泉水瓶、可乐瓶（图5-5）或其他饮料瓶，它们有一个俗称“宝特瓶”（聚酯Polyester的音译）。宝特瓶于1977年被用作饮料容器，当时适逢能源危机，人们正思索用什么材料可以少耗能源，又可取代铁罐、铝罐、玻璃罐等耗能源的容器。宝特瓶则具质轻、安全、透明、坚韧、气密性佳、节省能源且适于家庭使用之特性，所以于1978年在美国市场销售后短期间内即风行全世界，普遍用于矿泉水、饮料、酱油、酒类等的包装。

图5-6显示了这类饮料瓶各部分的材料组成。瓶身是PET（聚对苯二甲酸乙二醇酯），经挤出拉伸吹塑（即“挤拉吹”工艺）而成，具有一定双轴拉伸的效果，所以宝特瓶不可以装过烫的水，否则会收缩变形，因为加热会导致原已拉伸取向的分子链的回缩（解取向），同时也因为超过了T_g。

废宝特瓶可完全回收利用，用作拉链、填充材料等用途。或重新加工成所谓“环保布”的非织造布，可以作为鞋子内里、鞋面和旅行箱等。

图5-5 可乐瓶（PET）

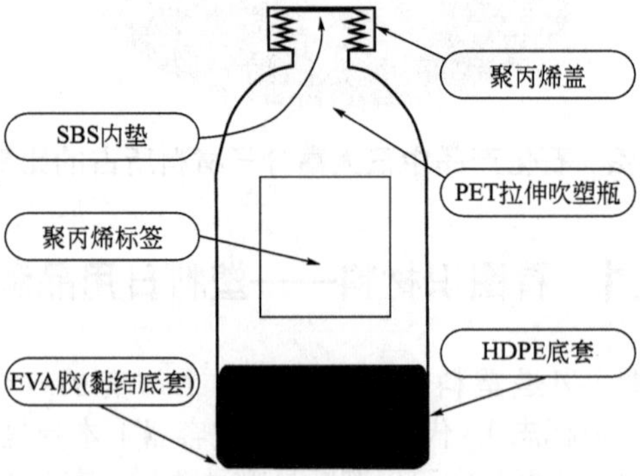

图5-6 典型宝特瓶的结构与组成

5.1.1.2 通用塑料PE和PP

聚乙烯（PE）是半透明白色的结晶性塑料，屈服能力高但不易回复，具有优良的介电性能，透水率低，耐水性好，化学稳定性高，熔点100~130℃使用温度可达80~100℃，摩擦性能和耐寒性好，但力学强度不高，质软，成型收缩大，表面不易粘贴、印刷。高密度聚乙烯（HDPE）和低密度聚乙烯（LDPE）的性质有较大差别，前者强度较大，不透明，后者强度较小，半透明。图5-7显示了LDPE和HDPE塑料袋的透明性的明显差别，据此可以鉴别两种材质。注意，透明性与厚度有关，如LDPE用作薄膜时是透明的，但用作容器时呈半透明状。

PE适合用于日用品、建材、容器、塑料袋、一般电线电缆的包层、耐腐蚀件、表面涂层等，有数不清的应用。其中大多数LDPE和线型低密度PE（LLDPE）用作薄膜。

聚丙烯（PP）为白色蜡状，是最轻的塑料，比聚乙烯更轻，注塑时流动性好，吸水性低于0.02%，耐有机溶剂，除浓硝酸、浓硫酸外在很多介质中很稳定，抗冲击强度高，来回屈服力非常高，被称为“百折塑料”；但高频电性能不好，成型收缩率大，低温呈脆性，耐磨性不高。一般PP是半透明的，通过添加结晶成核剂减小晶粒尺寸，可以制备透明的PP。

PP适合用于各类家庭用品、文具、玩具、化学容器、医疗用品、一般结构件、耐腐蚀件、

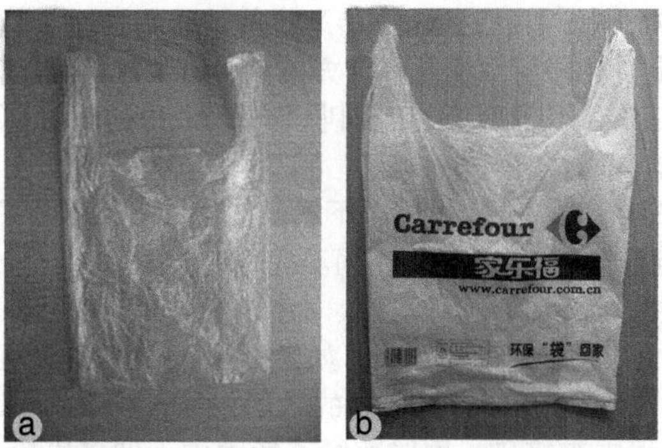

图5-7 LDPE塑料袋（a）和HDPE塑料袋（b）的外观

受热的电气绝缘零件等。PP不用作塑料袋。

聚乙烯（左）和聚丙烯（右）的结构式如下：

$$\left[CH_2-CH_2 \right]_n \qquad \left[CH_2-\underset{\displaystyle CH_3}{\underset{|}{CH}} \right]_n$$

图5-8是普通的塑料桶和洗脸盆，可以用HDPE或PP加工而成。HDPE力学强度较差，耐热温度也低于PP。PP桶显得质量较好，较结实，熔点约160℃特别是用来装开水时要选PP桶。作为塑料电热水壶（图5-9），就一定要用PP才行。

在塑料文具方面，PE和PP都用得很多，在需要很透明的时候，用PVC、PS、PMMA或PET。图5-10是PE图钉和文件夹的例子。

塑料周转箱（图5-11）也叫塑料物流箱，塑料周转箱通常选用HDPE和PP为原料。塑料周转箱具备抗折、抗老化、承载强度大、轻巧、耐用、可堆叠、色彩丰富、尺寸标准、可单元

图5-8 塑料桶和洗脸盆(PP或PE)

图5-9 塑料电热水壶（PP）

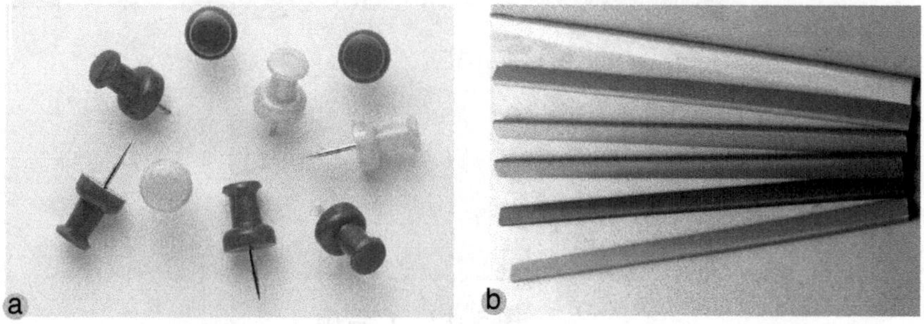

图5-10 塑料（PE）图钉（a）和文件夹（b）

化管理等特点。包装箱式周转箱既可用于周转又可用于成品出货包装，广泛用于机械、汽车、家电、轻工、电子等行业，用于盛放食品清洁方便，用于盛放零件周转便捷、堆放整齐、便于管理。其他类似的物件还有塑料整理箱、塑料收纳箱等，也是选用HDPE和PP为原料。PP的特点之一是耐折，用作这些箱体经久耐用。

HDPE和PP的性质较相像，价格也相差不多，它们的应用范围会有重叠。但要注意它们性质的差别，有时会导致产品质量的很大不同。高跟鞋（图5-12）的鞋跟材料现在已不太用木质的，而是以塑料为主。高档的一般用PC、ABS或尼龙等工程塑料；低档的常是HDPE和PP的共混物，如果只用HDPE，则硬度不足，如果只用PP，则其低温脆性会导致冬天易断裂。

还有一个例子是果冻杯，因为需要一定的透明性可以见到果冻颜色，又要有一定的强度从而不至于在运输过程中被挤破，同时兼顾不能太硬不便挤出果冻，所以常用LDPE（或LLDPE）、HDPE和PP的共混物，综合了它们的性能。

图5-11　塑料周转箱（PP）

图5-12　高跟鞋的鞋跟材料（PP与PE的共混物）

扇子不仅是人们纳凉、降温、避暑、驱赶蚊蝇的日常用品，还可以做成广告扇，把企业的产品介绍、图案、广告语等印制在扇子上，成为不易被顾客轻易丢弃的广告促销赠品。图5-13是两把广告扇，看上去样子很像，但扇风效果却明显不同，前者强劲，后者较软，较吃力。原来只是材料的不同，前者PP，后者PE。

对于放在户外的垃圾箱、报箱等塑料容器（图5-14），还要考虑耐老化的问题，PE、PP和PVC相比，PE是较耐老化的。PP上与甲基相连的碳上的氢比较活泼，易于氧化降解；PVC的增塑剂易于迁移挥发，还易于失HCl而降解。所以在通用塑料中，户外塑料容器材料

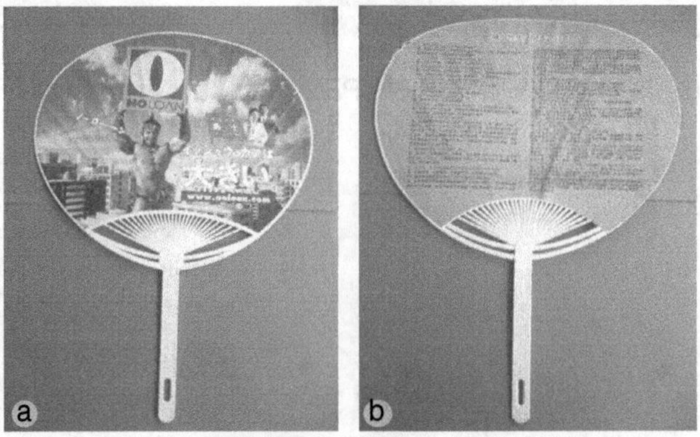

图5-13　广告扇

（a）PP；（b）HDPE

的上选应当是PE。

据统计，儿童玩具（图5–15）中有80%是用塑料做成的。PE和PP安全无毒，是最适合的塑料品种。

图5–16的聚乙烯衣架已经33“岁”了，虽然斑驳，但依然可正常使用，可见聚乙烯还是很耐老化的。对这个30多岁的聚乙烯衣架的表面做红外光谱分析时，会惊奇地发现聚乙烯的结构已经很不一样了，增加了很多羰基，表面都快变成“聚酮”了，说明聚乙烯已逐渐被氧化了。

牙膏皮（图5–17）现在都是PE的了，由于要求柔软，自然是LDPE比较适用。牙膏皮最早是用锡做的，老一辈还会记得牙膏皮是可以收集起来作为废品卖钱的，但现在不会有人用了，因为锡铅同矿，锡难免含少量铅。后来用铝皮，但摄入过多的铝会导致痴呆，也被淘汰了。现在的牙膏皮是LDPE或铝塑的，安全性提高了，但不如金属的好挤，没法卷起来挤尽牙膏。

PE和PP都常用作容器（图5–18），容器的底部一般都有材质的符号。实验室的玻璃器皿已部分被PE代替了（图5–19），它们耐腐蚀，还耐摔，但不耐热，透明性也没那么好。

图5–14 美国街头的五彩报箱（HDPE）

图5–15 塑料玩具（HDPE）

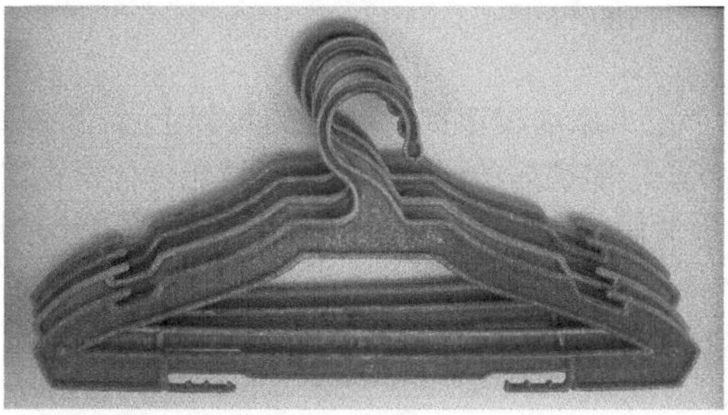

图5–16 用了33年的塑料衣架（HDPE）

图5–17 牙膏皮（LDPE）

图5–18 各式容器（PE或PP）

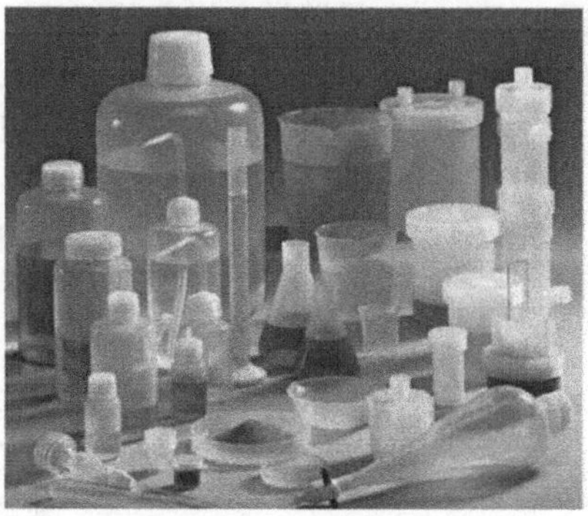

图5–19 实验室用品（PE）

图5-20是用PE制作的被称为"呜呜祖啦"的喇叭。最早是南非人用于驱赶狒狒的工具，南非当地居民观看体育比赛时喜欢带着呜呜祖啦一起去现场。2010年南非世界杯赛场上响彻全球的呜呜祖啦有近九成贴有"Made in China"的标签。100多万只各种长度、尺寸不一的呜呜祖啦在中国浙江和广东等地生产后被出口运到全世界各地。其实，在世界各地，到处都有中国塑料产品的身影，它们物美价廉，很受欢迎。

石蜡与PE有不解之缘，它们的化学组成完全相同（见表1-4），但是性质明显不同。石蜡没有强度，而聚乙烯有相当的强度。用聚乙烯来改善石蜡性质的主意就一点也不奇怪了，因为它们本来就是一家子。普通照明蜡烛的原料是石蜡（主要是正二十二烷和正二十八烷）。而现代的工艺品蜡烛（特殊用途蜡烛）融新颖性、装饰性、观赏性、功能性于一体，一般因加入配料而显各种颜色（如生日蜡烛），形状也因需要做成各种形式（如螺旋状、数字形等），成分上常加入聚乙烯蜡（即低分子量PE）或PE，以提高硬度和点燃时间（图5-21）。

图5-20　南非世界杯的"呜呜祖啦"（PE）

图5-21　工艺蜡烛（石蜡＋聚乙烯蜡）

5.1.1.3　通用塑料PVC

日用品中常见的聚氯乙烯（PVC）是软质PVC（添加增塑剂常多达30％以上），质柔软、耐摩擦、挠曲、弹性良好、吸水性低、易加工成型、有良好的耐寒性和电气性能、化学稳定性强、耐火自熄、能制各种鲜艳而透明的制品，但使用温度低（−15 ~ 55℃）。聚氯乙烯的结构式如下：

$$\left[\begin{array}{c} CH_2-CH \\ | \\ Cl \end{array}\right]_n$$

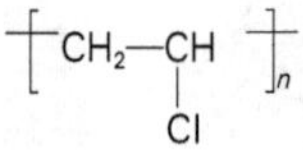

适合用作家庭用品、文具、包装材料、运动器材、水管、电线电缆绝缘包层（图5-22）等。图5-23（a）是器械和设备的把手，为软质PVC；而图5-23（b）是刀柄和刀鞘，是硬质PVC。硬质PVC也需略加增塑剂（约5％）以便易于成型加工。

图5-24是一类称为吸塑泡壳的包装用品，采用吸塑工艺将透明的塑料硬片制成特定凸起形状的透明塑料，罩于产品表面，起到保护和美化产品的作用。它的材料可以是PET或PVC，两者都很透明，区别是前者较硬和强，燃烧时后者有黑烟，没有滴油。PET或PVC也常用作透明的食品托盘或餐盒，但如果不透明或半透明，那可能是PE或PP的（注：LDPE的薄膜是透明的，但厚度较大的片材也不那么透明）。

图5-22　电缆绝缘包层（PVC）

奇·妙·的·高·分·子·世·界

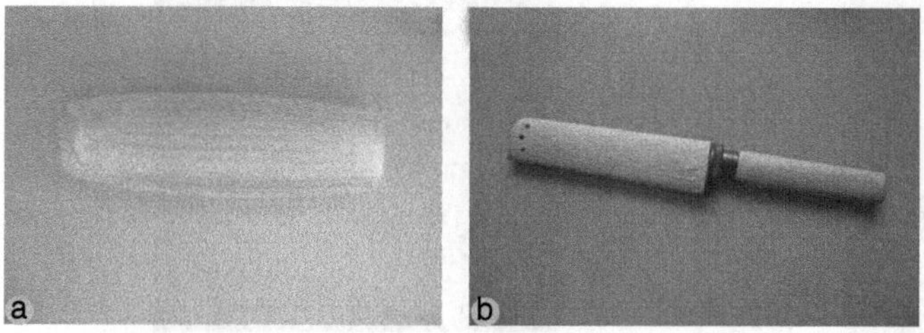

图5-23 用PVC做的器械、设备的把手（a）和刀柄、刀鞘（b）

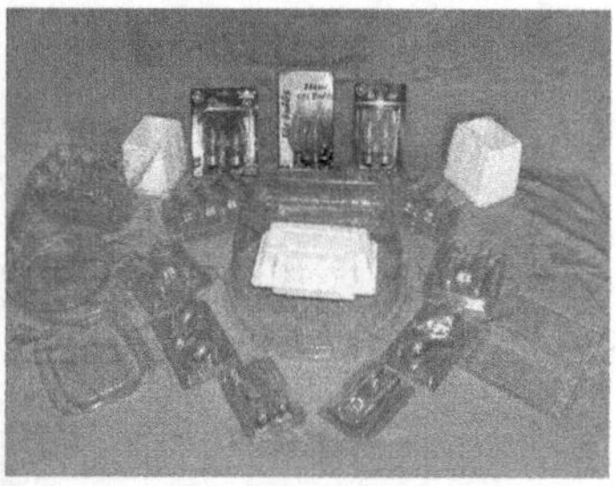

图5-24 吸塑泡壳（PVC、PET）

5.1.1.4 砸不碎的工程塑料PC

聚碳酸酯（PC）具有突出的冲击韧性和抗蠕变性能，有很高的耐热性（T_g为150℃），耐寒性也很好，脆化温度达-100℃，抗弯强度与尼龙相当，并有较高的延伸率和弹性模量，但疲劳强度小于尼龙66。吸水性较低，收缩率小，尺寸稳定性好，成型的零件尺寸可达很精密的公差，并在很宽的变化范围内保持尺寸的稳定性。耐磨性与尼龙相当，并有一定的抗腐蚀能力，但成型条件要求高。可在较高干燥温度、高载荷条件下长期应用，但不可在温湿条件下使用，这是由于酯类易于水解。PC的透明性极好，透光率90%以上，加上突出的韧性，被称为"透明金属"。从结构上看，PC既有刚性的苯环又有柔性的醚键，造就了其又强又韧的性质。

聚碳酸酯的结构式如下：

$$\left[O-\underset{CH_3}{\overset{CH_3}{C}}-O-C \right]_n$$

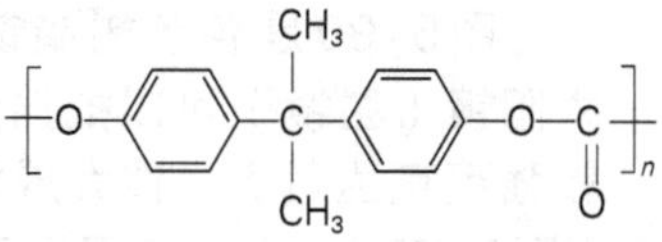

PC适合用作装饰品、照明指示牌、灯罩、文具、透明玩具、日用品、仪表镜片、各种齿轮、涡轮、齿条、凸轮、轴承、心轴、滑轮、传送链、螺母、垫圈、泵叶轮、容器、外壳、盖板、高温电气制品、风筒壳、电机壳、工具箱、照相机零件、安全帽、食品盘、医疗器材、光盘等。

PC是一种强而韧的工程塑料，被誉为砸不碎的塑料。6.20mm厚的PC板，受大锤砸而不断裂，还会弹回来（图5-25）。用作防弹玻璃能挡住7.62mm子弹从3m处的射击（图5-26）。因而广泛用作战斗机机舱罩（图5-27）、安全帽（图5-28）等。在波音747飞机上有2500多个零件是用PC制成的，每架飞机使用的PC达2t左右。PC的分子量越高，其强度和韧性越高，用作防弹玻璃的PC的分子量要3万以上。

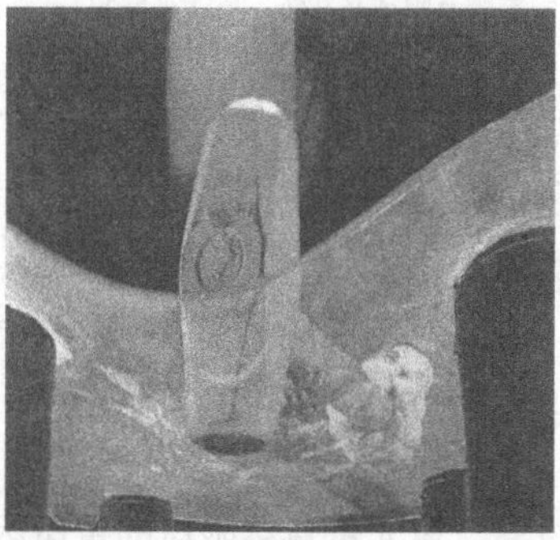

图5-25 聚碳酸酯板被大锤砸而不断

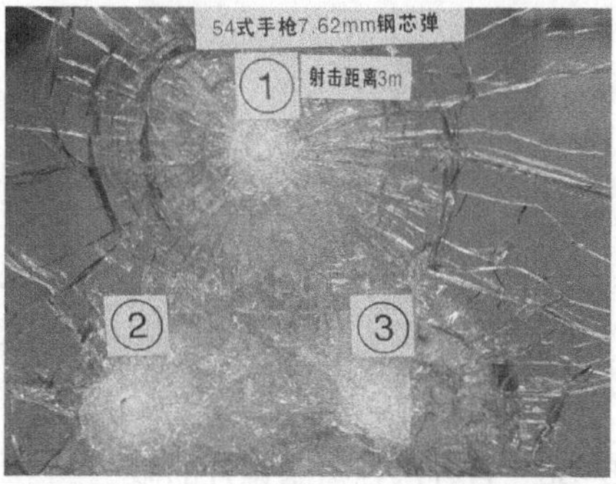

图5-26 PC防弹玻璃能挡住子弹的射击

图5-27 战斗机的机舱罩（PC）

图5-28 安全帽（PC）

曾经有一个眼镜公司在展会上的广告很吸引眼球。他们立了一张放大的支票，悬赏大力士，如果有谁能砸碎眼镜镜片，就可获得5000元奖金。人们纷纷上前尝试，可是5000元没人拿到，倒是桌子上的木板被砸凹了下去。其实这种镜片是PC做的，难怪砸不碎。图5-29的眼镜全是PC制作的，只有镜架的轴是金属的，所以眼镜极为轻便易携带，又不怕摔。

图5-29 全树脂眼镜（PC）

目前市场上镜片的材料有很多。所谓树脂镜片主要包括有机玻璃（PMMA）和聚碳酸酯（PC）两类，都不易碎，PMMA镜片表面较容易划伤，PC镜片要好得多。

玻璃镜片的价格低廉，但易碎，一旦破碎可能会给眼球造成极其严重的伤害，因此不太适合运动多的青少年。美国联邦法律规定18岁以下儿童及60岁以上老年人配镜必须使用PC镜片，驾驶镜的镜片也必须使用PC镜片。

图5-30是各色树脂镜片的眼镜。大家都知道，佩戴太阳镜（墨镜）可以抵挡阳光中的紫外光，但对于渗透力较强可直达负责人体九成视力的黄斑区的蓝光是无法抵挡的（图5-31）。蓝光的能量较强（图5-32），会加速视网膜黄斑区的细胞氧化，过量照射甚至会损伤视觉细胞。蓝光进入眼球的比例随年龄段而不同，儿童最易受到伤害，0~2岁为70%~80%，2~10岁为60%~70%。据统计，目前美国和中国约有超过500万人由于黄斑退化症而造成视力衰退或失明。使用抗蓝光（475nm）眼镜是如今最经济、最有效的保护方法。如果没有专业抗蓝光眼镜，应当避免使用蓝色镜片的太阳眼镜，而选购与蓝光为互补色的眼镜，比如茶色眼镜。表5-1列出了眼镜的颜色（透光颜色）及对应的互补色（吸收的颜色）。

图5-30 各种颜色树脂镜片的眼镜（PC或PMMA）

蓝光穿过眼角膜及眼球晶状体，直达视网膜

黄斑部

红外线

可视光线

蓝光
B波段
紫外线
A波段

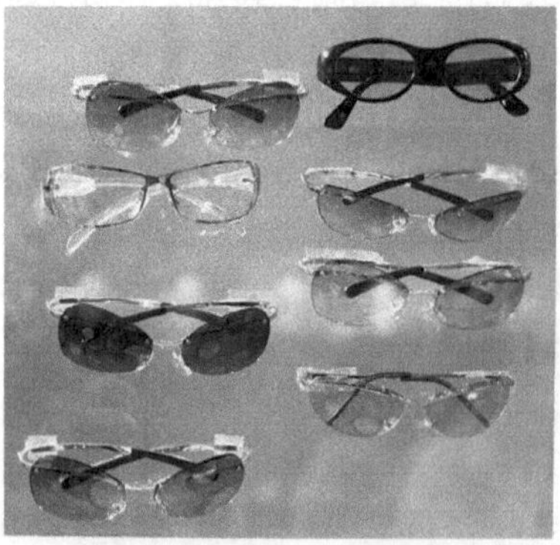

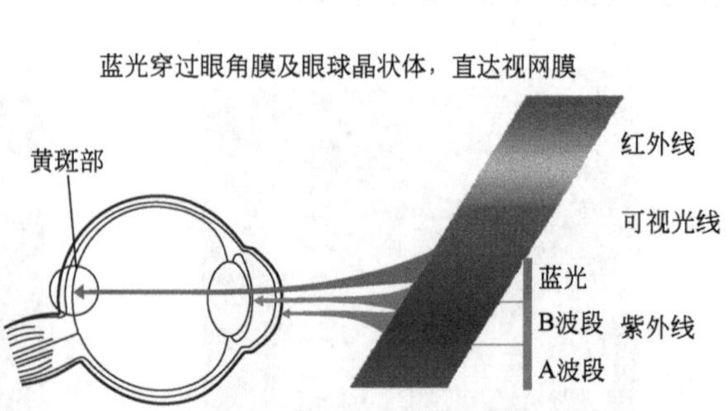

图5-31 蓝光可直达眼球的黄斑区

光子能量波长示意图

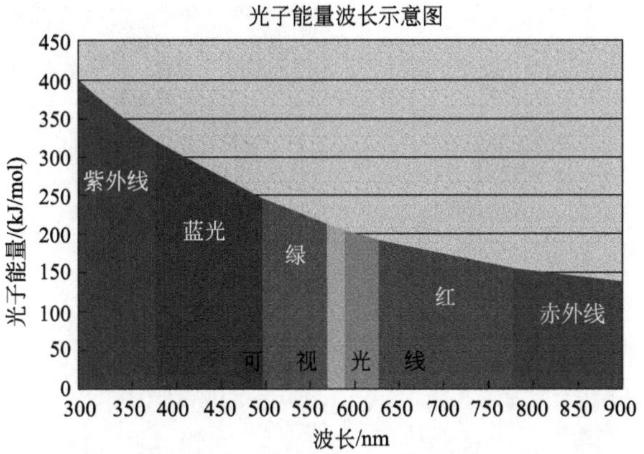

图5-32 光的能量与波长（相应于颜色）的关系图

表5-1 树脂镜片颜色与互补色（吸收光颜色）的关系

树脂镜片颜色	互补色（吸收光颜色）/波长	树脂镜片颜色	互补色（吸收光颜色）/波长
黄绿	紫 / 400~435nm	紫	黄绿 / 560~580nm
黄	蓝 / 435~480nm	蓝	黄 / 580~595nm
橙	绿蓝 / 480~490nm	绿蓝	橙 / 595~610nm
红	蓝绿 / 490~510nm	蓝绿	红 / 610~700nm
红紫	绿 / 510~560nm		

图5-33是饮用水桶。按照我国2004年5月1日颁发的《定型包装饮用水企业生产卫生规范》规定，循环使用的桶必须由PC材料制成，以保障多次回收后桶的完好质量，严禁使用废料和回收旧PC料制成的桶或瓶。PET桶在高温下容易变形，有企业为防止PET桶变形，在PET桶二次使用时，便省略了高温消毒这个环节，为此国家明令禁止循环使用的桶装水桶使用PET桶。还要警惕由光盘等废弃PC原料生产的"黑桶"。光盘（图5-34）都是由PC做成的，利用的是它的透明性和高强度。

PC还用于豆浆机、榨汁机等小家电的容器。常见的PC日用品还有奶瓶和太空杯（图5-35），PP也用作奶瓶和太空杯，PC和PP都耐热。区别PC杯和PP杯是很容易的，前者很透明（透明度90%以上），后者为半透明或不透明。但要区别PC杯和PS杯（图5-36）就不能靠透明性，因为两者都很透明，鉴别方法是：①看厚度方向的颜色，前者有些发黄，后者较

图5-33 饮用水桶（PC）

图5-34 光盘（PC）

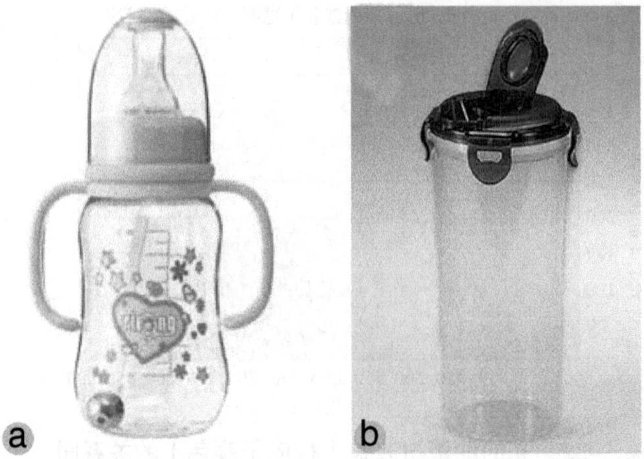

图5-35　PC做的奶瓶（a）和太空杯（b）

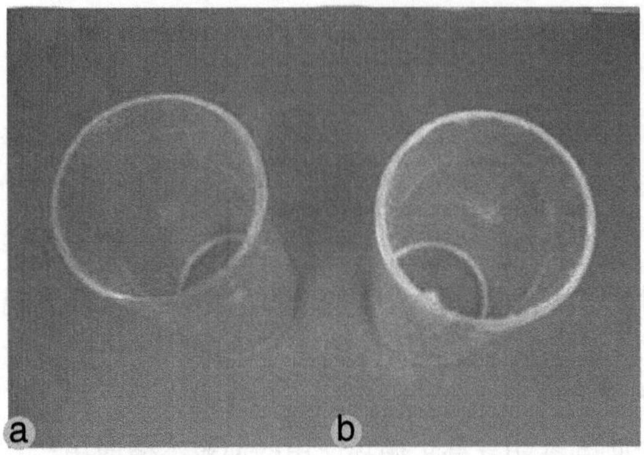

图5-36　PC杯（a）和PS杯（b）

图5-37　各种工程塑料制作的工件

白；②听敲击时的声音，前者较闷，后者清脆，有金属发声的感觉。此外，PS较脆和不耐开水（其T_g为100℃）。从结构上看，聚苯乙烯（PS）相当刚性。

聚苯乙烯的结构式如下：

$$\left[CH_2-CH \right]_n$$

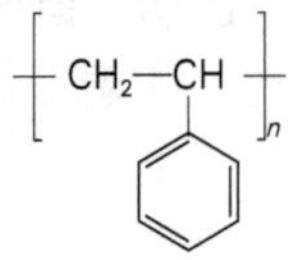

工程塑料除了PC外，还有尼龙、聚甲醛、聚酯、聚苯醚、聚砜、聚醚砜、聚苯砜、聚酰亚胺、聚醚醚酮等。图5-35是各种工程塑料制作的工件，它们在工业上有非常广泛的应用。

5.1.1.5　塑料与橡胶结合的产物——ABS

以往高分子材料的刚性和韧性是不能共存的，不能做到像金属那样。二次大战期间，美国武装部队急需一种用于雷达和油箱等飞行设备的外罩，要求必须很轻，同时坚硬结实和防震。发明这种新物质的任务落在戴利为首的化学研究人员的肩上。戴利试图把坚硬但易脆的聚苯乙烯与橡胶状的丁二烯与丙烯腈的共聚物结合在一起，结果他取得了成功。1943年ABS投入军用，1946年开始用于非军事方面。ABS是人们最早获得的既有刚性又有韧性的塑料。

ABS是丙烯腈（A）、丁二烯（B）、苯乙烯（S）组成的三元接枝共聚物，结构式为：

$$\begin{matrix} + CH_2-CH \\ | \\ CN \end{matrix}\Big)_m \Big(CH_2-CH=CH-CH_2\Big)_n \Big(CH_2-CH\Big)$$

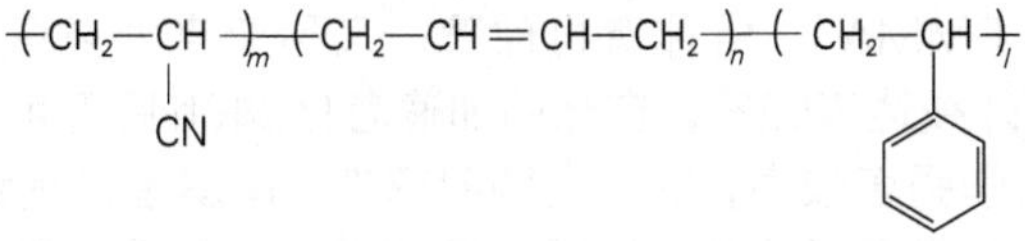

ABS三元接枝共聚物兼有三种组分的特性，丙烯腈组分耐化学腐蚀性，提高制品拉伸强度和硬度；丁二烯组分呈橡胶弹性，改善冲击强度；苯乙烯组分利于高温流动性，便于加工。ABS为质硬、耐腐蚀、坚韧、抗冲击的性能优良的热塑性塑料。

典型组成比是丙烯腈：丁二烯：苯乙烯＝20％：20％：60％。改变比例可以制造出具有很不相同特性的产品。如洗碗机需要耐热不怕洗涤剂和耐磨的塑料，丙烯腈和苯乙烯必须多加一些，而用于冰箱门的塑料要经受无数次开和关的震动，因而必须加大丁二烯的含量，以提高韧性。

ABS用作一般结构或耐磨受力传动零件和耐腐蚀设备，如齿轮、泵叶轮、轴承、把手、管道、电机外壳、电子零件、钟表壳、水箱外壳、冷藏库和冰箱内壳、文具、箱包、玩具等。

另有一种聚苯乙烯的增韧改性产物是高冲击聚苯乙烯（High-impact polystyrene，简称HIPS），是聚苯乙烯与5％~20％顺丁橡胶或丁苯橡胶通过共混或接枝共聚得到的。成分中含橡胶后冲击强度大为提高，但比ABS略微逊色。

HIPS适合用作各类家电外壳、文具、玩具、电子零件、电子仪表壳、照明设备、电话听筒、办公用具等。偶尔在食品包装方面也见到HIPS的身影，如酸奶杯。

图5-38是ABS的旅行箱，结实耐用。家用电器的外壳（图5-39）多半是ABS或HIPS制作的，它们有很好的力学性能，不仅有强度，还有韧性。虽然力学性能没有PC等工程塑料那么好，但已经能够满足使用要求了，且价格比较便宜。手机和笔记本电脑等的外壳[图5-40（b）]则是ABS或PC为主，但按键部分要求是弹性体，一般是硅橡胶[图5-40（a）]。

图5-38 旅行箱（ABS）

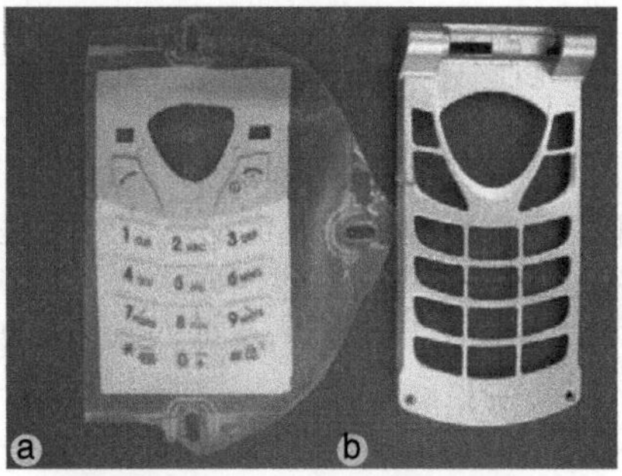

图5-40 手机的硅橡胶按键（a）和ABS或PC的外壳（b）

图5-39 家用电器的外壳（ABS或HIPS）

5.1.1.6　一般塑料PMMA——最透明的树脂

聚甲基丙烯酸甲酯（PMMA），俗称有机玻璃，又称亚克力或压克力（Acrylic的译音）。有极好的透光性，透过紫外线达78.5%，在光的加速老化240h后仍可透过92%的太阳光，放置室外十年仍有89%。力学强度较高，有一定的耐寒性，耐腐蚀，绝缘性能良好，尺寸稳定，易于成型。但质较脆，易溶于有机溶剂，表面硬度不够，易刮花。PMMA的性能没有工程塑料好，另一方面产量又没有通用塑料大，所以单独归类为"一般塑料"。PMMA的结构式如下：

$$\left[\!\!\begin{array}{c} CH_3 \\ | \\ CH_2-C \\ | \\ COOCH_3 \end{array}\!\!\right]_n$$

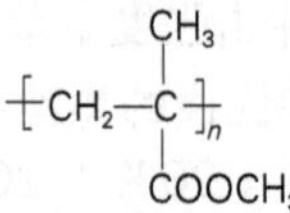

PMMA适合用于有一定强度要求的透明结构件，如仪表镜片、光学制品、电气、医疗器材、透明模型、装饰品、太阳镜片、广告牌、办公用品（图5-41）等。

位于青岛海底世界水族馆内的海洋生物馆，隧道全长86.2m，宽2.5m，顶部由半圆形、透明的PMMA组成，满足了游客的视觉享受。图5-42是该馆由PMMA制成的360°圆柱形鱼缸。

图5-41　三角板（PMMA）

图5-42　由有机玻璃制成的360°圆柱形鱼缸

5.1.1.7　热固性塑料

下面是几种热固性树脂的应用例子。图5-43是用于锅、勺等用品的手柄的酚醛树脂。酚醛树脂通常是深色的。而电插排的外壳是脲醛树脂（图5-44），也可以是PVC/ABS共混物或阻燃PC。脲醛树脂和酚醛树脂一样，是不燃的，适合用于电器，通常是白色或比较鲜艳的颜色，所以被称为"电玉"。另外，脲醛树脂鲜艳的颜色和坚韧的质地很适合用作麻将牌，手感很好，而且玩起来声音悦耳（图5-45）。

图5-43　手柄（酚醛树脂）

图5-44　不燃的电插排（脲醛树脂）

奇·妙·的·高·分·子·世·界

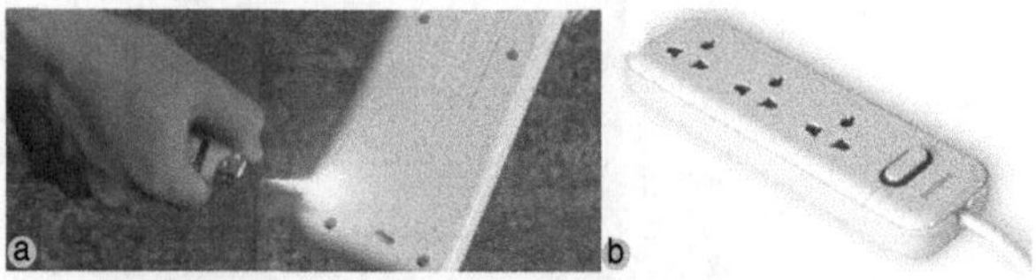

图5-45 麻将牌（脲醛树脂）

图5-46 塑料餐具（蜜胺树脂）

酚醛树脂的结构见2.1.4节。脲醛树脂是尿素与甲醛缩聚得到的预聚物与固化剂反应的产物，模压时，加热使分子间的—CH_2OH与—NH脱水形成次甲基桥键而交联固化。

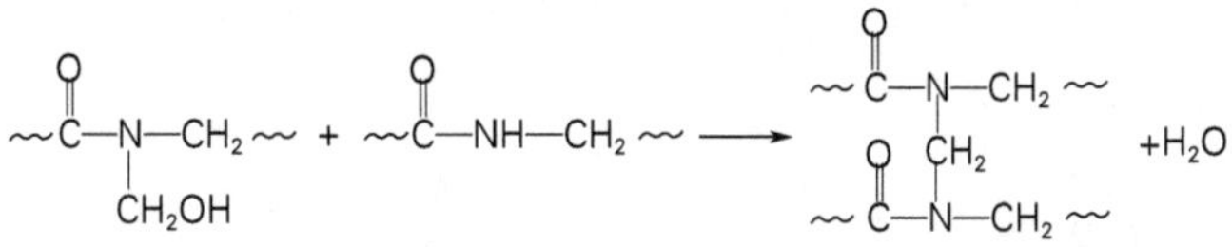

$$\sim C(=O)-N-CH_2 \sim \ (CH_2OH) \ + \ C(=O)-NH-CH_2 \sim \ \longrightarrow \ \sim C(=O)-N-CH_2 \sim \ \ \ \ +H_2O$$

市场上的不怕摔的塑料餐具（图5-46）是用三聚氰胺-甲醛树脂（即蜜胺树脂）做的，交联模式与脲醛树脂类似，其合成反应式是：

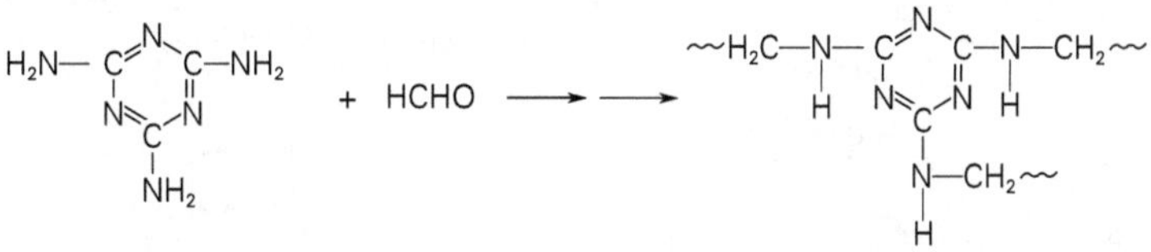

$$三聚氰胺 \ + \ HCHO \ \longrightarrow \ 蜜胺树脂$$

三聚氰胺　　　　　　　　　　　　　　　蜜胺树脂

图5-47是环氧树脂做的电路板，环氧树脂的结构见4.3.2节。环氧树脂主要用于涂料行业和电子行业。环氧树脂在复合材料的树脂中占四分之一（主要应用于电子行业的印刷电路板），此外环氧树脂还用作绝缘材料、防腐涂料、地坪漆、黏合剂等。

图5-48是用不饱和聚酯制作的精美的工艺品和制作情形。不饱和聚酯的结构式如下：

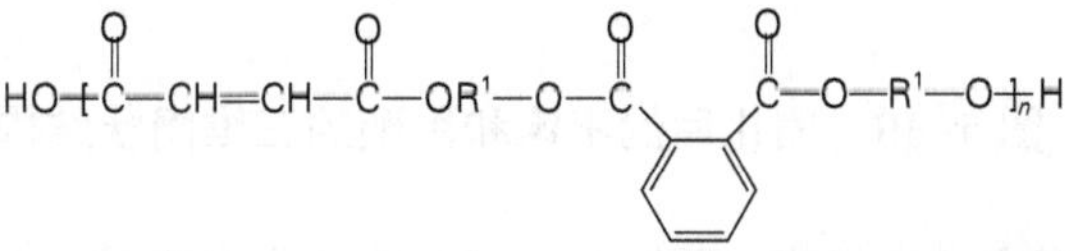

$$HO+C(=O)-CH=CH-C(=O)-OR'-O-C(=O)-\underset{}{\overset{}{C}}(=O)-OR'-O\underset{n}{\big]}H$$

不饱和聚酯是指在主链中含有不饱和双键的一类聚酯。先由顺丁烯二酸酐和一定量的邻苯二甲酸与二醇或多元醇（如乙二醇、丙二醇、丙三醇等）缩聚，获得线型预聚物。在这种树脂中加入苯乙烯（约含33%）等活性单体作为交联剂。室温固化（12~24h）的引发剂用过氧化环己酮（称为酮糊），促进剂用环烷酸钴（称为钴液，紫色）。固化后的不饱和聚酯实际上是不饱和聚酯和苯乙烯的共聚物，为三维网状结构（图5-49）。

通常不饱和聚酯主要用于制作玻璃纤维增

图5-47 电路板（环氧树脂）

图5-48 工艺品（不饱和聚酯）

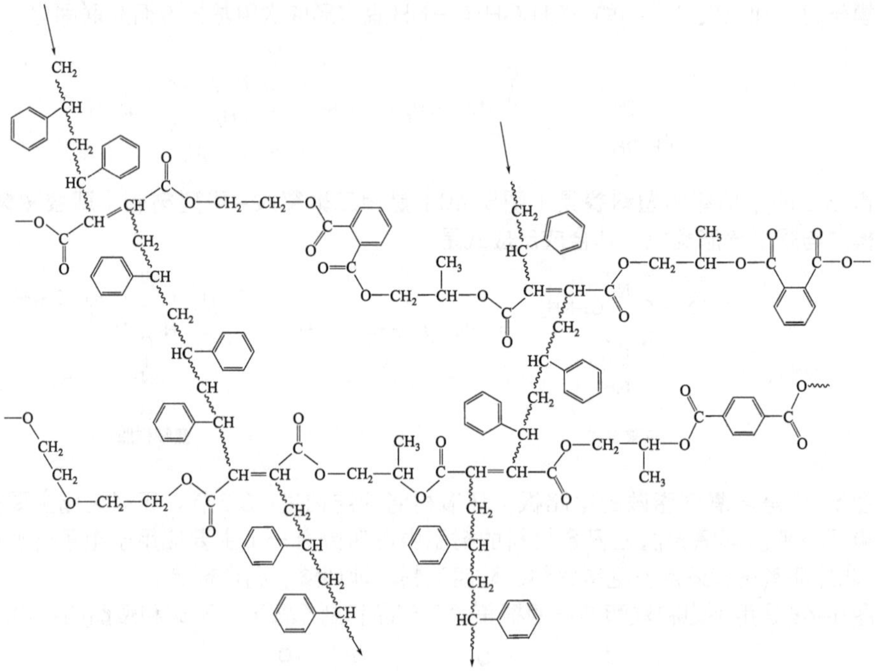

图5-49 固化后的不饱和聚酯的三维网状结构示意图

强塑料。由于其力学强度高，在某些方面接近金属，故俗称玻璃钢。实际上，其他树脂如环氧树脂、酚醛树脂等也可用做玻璃钢，但在玻璃钢中，以不饱和树脂为最重要（约占80%）。玻璃钢的密度比金属小得多，因而在运输工业上用做结构材料，能起到节能作用。

不饱和树脂的主要优点是可在常温、常压下固化，其制品制造方法可用手糊法、喷射法、缠绕法、模压法、注射成型法等，但以手糊法为主。可用作制造大型、异型的结构材料，特别是大型壳体部件如车体、船体、通风管道，以及浴盆、雕塑、工艺品、仿复杂雕刻的家具、模特儿衣架、波纹瓦、电机罩、安全帽等。

以手糊法制造模特衣架为例，先用石膏制作模特衣架的凹版模型，用玻璃纤维布铺在模型上，将已加入引发剂和促进剂的不饱和聚酯－苯乙烯溶液均匀地糊在玻璃纤维布上，干燥后打磨抛光，再喷漆、装配，即得模特衣架（图5-50）。

图5-50 玻璃钢模特衣架（不饱和聚酯＋玻璃纤维）

（a）街头的模特衣架；（b）制作过程中的一段手臂（玻璃钢原色）

5.1.1.8 复杂组成的产品

其实，很多塑料产品并不是由单一塑料组成的，往往根据需要，不同部位采用不同高分子材料，以达到最佳的应用效果和性价比。以著名韩国品牌LOCK&LOCK牌（即“乐扣”）的一种保温杯（图5-51）为例，除了瓶胆为不锈钢外，盖子部分用PP，底部防滑座用天然橡胶，密封圈用硅橡胶。再如一个日本的普通“便当”，即饭盒（图5-52），就有这么复杂的组成：盒子本体—— PP，扣—— AS，盖子—— ABS，密封圈—— EVA。

上述AS是丙烯腈(A)与苯乙烯(S)的共聚物，耐气候性中等，不受高湿度环境影响，能耐一般性油脂、去污剂和轻度酒精，不易因应力而开裂，料质透明度颇高，流动性好于ABS，但耐疲劳性较差。

AS适合用于托盘类、杯、餐具、牙刷、冰箱内格、旋钮、灯饰配件、饰物、仪表镜、包装盒、文具等。

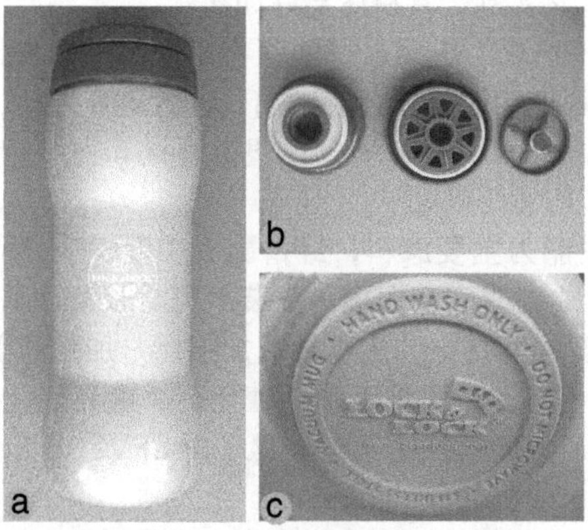

图5-51 乐扣保温杯
（不锈钢＋PP＋天然橡胶＋硅橡胶）

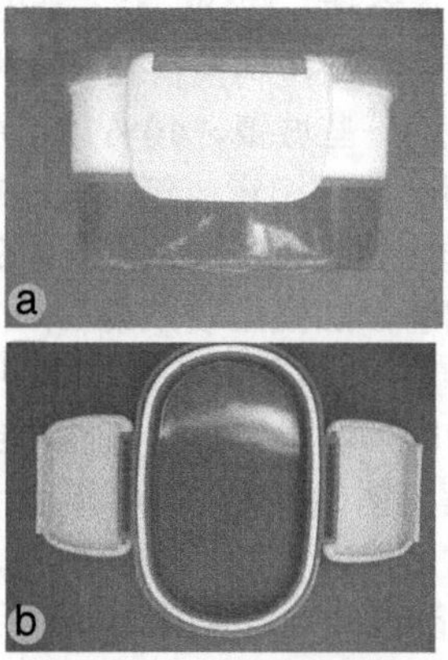

图5-52 一个日本的普通便当
（PP＋ABS＋AS＋EVA）

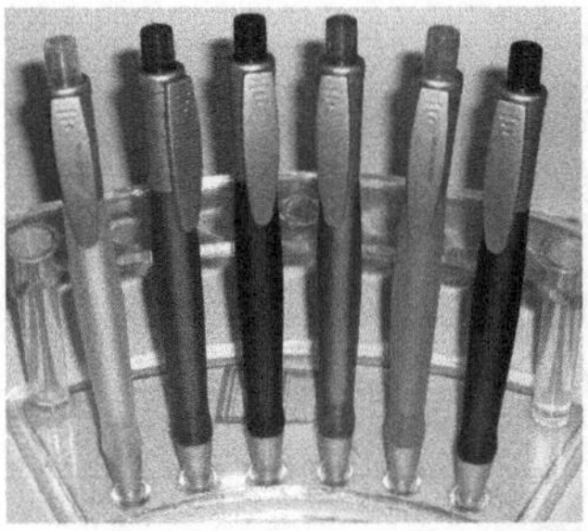

图5-53　塑料笔杆

相反，一件普通的塑料产品可能只需单一塑料组成，但可以采用的塑料品种却可能很多。例如圆珠笔、水笔的笔杆（图5-53）可以采用的塑料有：PE、PP、PS、PVC、ABS、AS、PC/ABS共聚物、PMMA、环氧树脂、酚醛树脂、聚氨酯等。较差的笔杆是PS的，容易脆；质量一般的用PE、PP等；质量上乘的用工程塑料ABS、AS等。

普通圆珠笔、水笔的笔杆造价每根也就1角钱左右，很多人用后随意丢弃。现在我国每年由一次性笔产生的塑料垃圾达10万吨以上，这项浪费已相当惊人，应当提倡尽量回收利用。

5.1.2　看图识材料——塑料建材

塑料建材，又称化学建材，是继钢材、木材、水泥之后的第四代新型建筑材料，由于其具有良好的使用性能和装饰效果，近年来发展很快，已成为建材工业的重要组成部分，主要包括：塑料门窗、塑料管材、新型防水材料、建筑涂料、建筑胶黏剂、外加剂、保温隔热材料及装饰装修材料等各类产品。前三类为最主要的化学建材产品。

塑料建材不仅能大量代钢代木，替代传统建材，而且还具有节能节材、保护生态、改善居住环境、提高建筑功能与质量、降低建筑自重、施工便捷等优越性。塑料的节能效益十分突出，表现在节约生产能耗和使用能耗两个方面。以生产能耗计算，塑料制品为钢材和铝材生产能耗的1/4和1/8，硬质PVC塑料生产能耗仅为铸铁管和钢管的30%～50%，塑料给水管比金属管降低生产能耗可达50%左右。在使用能耗方面，塑料建材隔热保温性能优异，另外塑料建材在防腐、装饰效果以及使用寿命方面（塑料管可使用50年，而铸铁管只有10～20年）具有无可比拟的优越特性。

5.1.2.1　塑料门窗

门窗是建筑维护结构中的重要组成部分，居民住宅安装的门窗通常分为木门窗、铁门窗、铝合金门窗、塑钢门窗四种，其中最先进的当属塑钢门窗（也称为"塑料门窗"）。塑钢门窗是刚刚发展起来的新型节能建筑门窗。采用塑钢门窗，室内热量外流损失比其他材料的门窗少得多，节能保温效果十分显著。塑钢门窗的几种优点是：环保；PVC材料来源充足；循环简易；生产成本低；加工程序简易；易保养，无需再次上漆；产品寿命长；隔热隔音性能强；人体接触感觉比金属舒适。塑钢门窗在西欧已有三十年之实例，其材质完好如初。

塑钢门窗是用塑料型材和碳钢龙骨制作的，已成为应用最好的塑料建材品种。东北三省、内蒙古等地的一些城镇，40%以上的新建住宅都使用了塑钢门窗，青岛、大连80%以上的新建住宅使用了塑钢门窗。仅山东省就有塑料型材生产线400多条，塑窗型材年生产能力约为18万吨；塑窗组装设备产量占全国90%以上。

塑料门窗以加强型硬聚氯乙烯（UPVC）树脂为主要原料，经挤出成"型材"（异型截面的条状材料），然后通过切割、焊接或螺接的方式制成门窗框扇，配装上密封胶条、毛条、五金件等，同时为增强型材的刚性，超过一定长度的型材空腔内需要填加钢衬（加强筋），就制成塑钢门窗（图5-54、图5-55）。UPVC除含一定比例的稳定剂、着色剂、填充剂、紫外线吸收剂、耐低温冲击剂等添加剂外，还采用了与其他树脂（氯化聚氯乙烯CPVC、PE、ABS、EVA）共混改性的方法以提高其实用性能。

其实在塑钢门窗出现之前，纯塑料门窗的研究和应用早有进行，但由于塑料易于蠕变，作为结构材料使用时主要问题是变形，塑料门窗用久了就关不上了。但加了钢衬后就根本解决了问题。

奇·妙·的·高·分·子·世·界

图5-54　塑钢窗（UPVC＋钢）

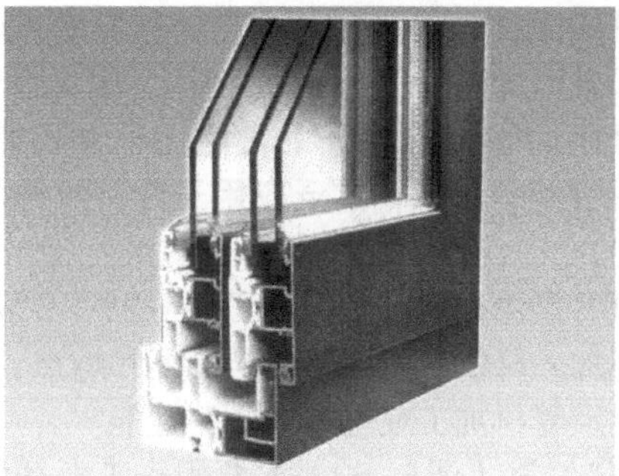

图5-55　塑钢型材截面（UPVC＋钢）

5.1.2.2　塑料管材

中国30%以上的地区应用了新型塑料管材，发展快的一些省市使用比例已经达到了90%。市政排污工程、自来水工程的大口径管网、城市天然气埋地管道、建筑排水管、室内塑料给水管、雨水管、住宅小区埋地排水排污管等均已采用塑料管。

主要使用的有普通PVC管、加强型硬聚氯乙烯管（UPVC管）、高密度聚乙烯管（HDPE管）、交联高密度聚乙烯管（HDPE-X管）、聚丙烯管（PPR管）、铝塑复合管PE-Al-PE、骨架增强塑料管等。塑料管材的优点是不结垢、光滑、施工方便和质量轻。

住宅排水排污管一般用普通PVC管（图5-56）；给水管则必须用HDPE管（图5-57），以避免PVC制品毒性的问题。给水管不应透明，以免管内细菌滋生。

图5-56　住宅排水排污管（普通硬质PVC）

图5-57　住宅给水管（HDPE）

图右下角为水管截面

图5-58　聚丙烯管材（PPR）

日本阪神大地震时各类管材破坏率（破坏处/公里）为钢管0.437、PVC管1.43、聚烯烃管（即聚丙烯和聚乙烯）0，证实了聚烯烃管的优势。

聚丙烯管（图5-58）性能优于聚乙烯管，具有保温节能、优异的耐热氧稳定性及优良的卫生性能等优点，广泛应用于冷、热给水管。聚丙烯管材中性能最优的是无规共聚聚丙烯（PPR）。

PPR是由丙烯和少量的乙烯（3%~5%）在加热、加压和催化剂作用下共聚得到的，乙烯的无规加入降低了聚合物的结晶度和熔点，改善了材料的抗冲击性、长期耐静水压、长期耐热氧老化及管材加工成型等方面的性能。

UPVC管（图5-59）主要用于工业领域，适用于化工、腐蚀介质输送等场合。其主要性能包括：①优异的耐化学腐蚀性能；② 具有较高的冲击强度和韧性；③优异的耐老化和抗紫外线性能。

市政排污工程、自来水工程的大口径管网等管道，最大直径达2m以上，其强度、刚性要满足埋地管线受到地层应力的要求，因而需要采用钢骨内增强聚乙烯螺旋波纹管（图5-60）。该类管道还广泛应用于农业灌溉、煤矿通风、化工、通信电缆护套等领域，由于重量轻、运输安装方便，是混凝土管、铸铁管的理想换代产品。图5-61显示了这种U形钢带复合PE管材的断面结构。

图5-59 UPVC管

图5-60 市政下水管网的巨型螺旋波纹管（HDPE+钢筋）

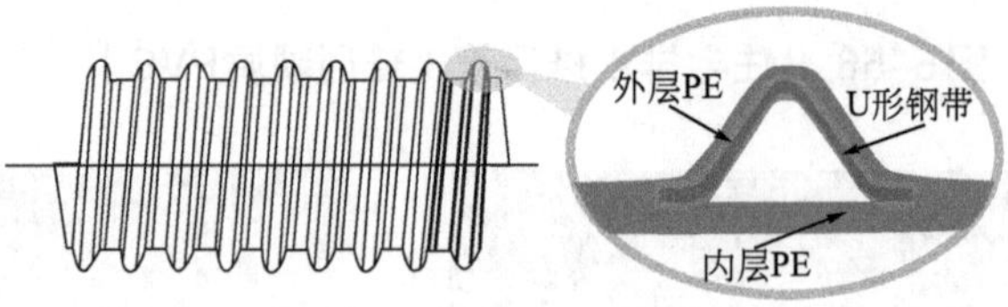

图5-61 钢骨增强聚乙烯螺旋波纹管的结构示意图

5.1.2.3 装修材料

装修材料少不了板材，现在已经很少实木了，大部分家装板材用的是合成板材。合成板分为夹板、纤维板和刨花板等几大类。

夹板由三块或以上的木片夹层互成90° 叠合粘制而成。夹板的优点是：①有平直而阔大的面积；②抗弯曲度高；③坚韧而耐用；④不易因湿度改变而胀缩变形或破裂；⑤容易储藏，无需经干燥法处理；⑥富有韧性，易弯曲成型。

纤维板是将木材、纸张、蔗渣及植物的纤维捣散和混合，然后再加入胶浆搅拌均匀，最后用高压制成木板。其优点是：价钱便宜，结构均匀，容易切割。

刨花板又称木屑合成板，由木屑、木材刨花、木碎块等与胶水混合，再经热压机器压制而成。其特点是：木质坚硬但较脆，不适宜用接榫来接合。

所有合成板的制作都少不了黏合剂，黏合剂主要采用脲醛树脂。它们在室温下易释放出气态甲醛和氨气，造成室内空气污染。装修的空气污染还来源于涂料，如油漆、墙面涂料、防水材料等，会有芳烃类有害气体的污染。

著名生物研究专家厉曙光的最新生物实验证明，新装修的居室内空气污染严重，会对生物特别是人的生存造成极大的伤害。他在一间装修不到一个月的普通家庭房间里，按照室内空气检测规范的要求，分别竖立了5根实验柱，并按照人在房间里站立时和躺下睡觉时呼吸的高度设立两个实验点，每个实验点放置40只实验用的果蝇。在正常条件下，果蝇的寿命雄性为50天以上，雌性为60天。可是，该实验在进行到25天时“住进”新房的果蝇开始大批死亡。最终结果发现，参加实验的800只果蝇平均寿命缩短一半以上。

图5-62是由蜜胺树脂制作的橱柜面板，它结实、美观、耐热、阻燃，不亚于大理石。市面上还有一种称为“人造大理石”的建材，是以不饱和聚酯为黏结剂，与石英砂、大理石粉、方解石粉等搅拌混合，浇铸成型，经脱模、烘干、抛光等工序而制成。它模仿大理石的表面纹理，花纹图案可自行控制确定，重现性好；而且重量轻、强度高、厚度薄、耐腐蚀性好、抗污染、并有较好的可加工性，能制成弧形、曲面等形状，施工方便。

图5-63是合成木地板，其结构是：第1层刚玉（Al_2O_3）粉；第2层脲醛树脂；第3层木纹纸；第4层木屑+脲醛树脂。虽然是“纸糊的”，但脲醛树脂的漆面和高耐磨的刚玉面层提供了很好的保护，还是很耐用的。

其他装修材料的实例还有：玻璃纤维增强的不饱和聚酯浴缸（图5-64）、有机玻璃浴缸（图5-65）、PVC小游泳池（图5-66）、PC瓦楞遮阳板（图5-67）、不饱和聚酯波纹遮阳板（图5-68）、铝塑隔音板（图5-69）、百叶窗的PVC叶片（图5-70）等。

图5-62 橱柜面板（蜜胺树脂）

图5-63 合成木地板（黏合剂为脲醛树脂）

图5-64 浴缸（不饱和聚酯）

图5-65 浴缸（PMMA）

图5-66 小游泳池（PVC）

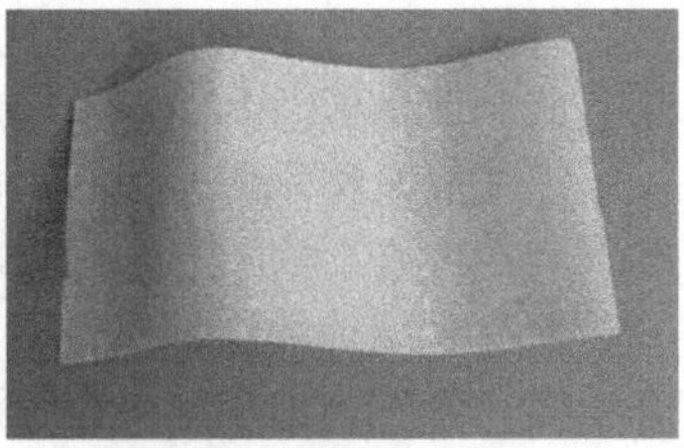

图5-68 波纹遮阳板（不饱和聚酯）

图5-67 瓦楞遮阳板（PC）

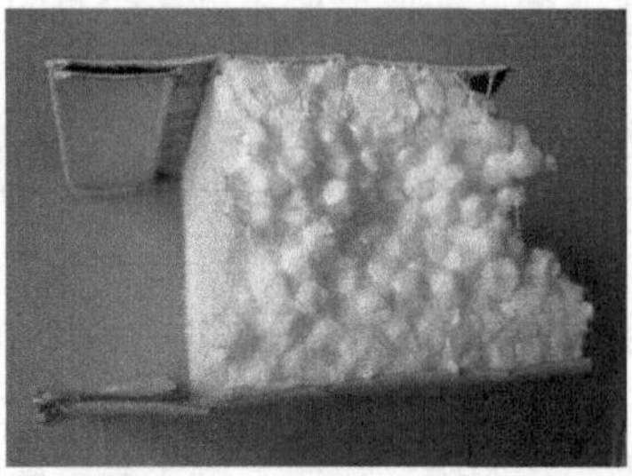

图5-69 隔音板（Al＋PS泡沫＋Al）

图5-70 百叶窗的塑料叶片(PVC)

图5-71 新疆客运列车穿上软玻璃“防风衣”（软PVC）

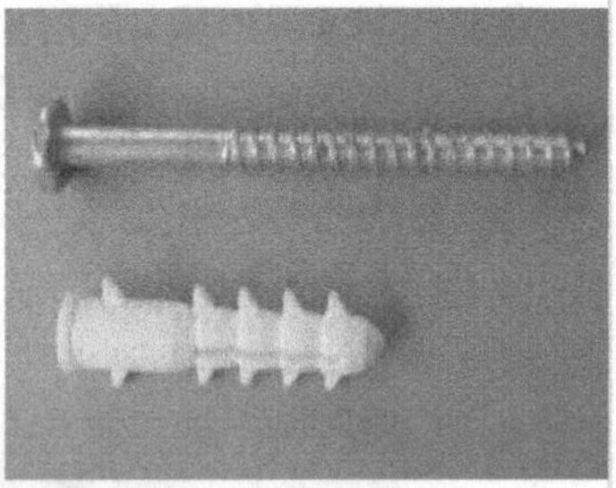

图5-72 膨胀螺丝（PP）

PVC软玻璃压延膜用于桌面，不仅美观、安全，而且容易清洗。乌鲁木齐客运列车的窗户粘贴了聚氯乙烯软玻璃“防风衣”可以抵御风沙击打（图5-71）。此前，进出新疆列车在经过百里风区时，迎风车窗玻璃会被狂风卷起的沙石击碎而危及安全，安装这种抗冲击、不发碎、耐酸碱、柔软透明的软玻璃，能保证列车车窗玻璃在运行途中的安全。

图5-72显示了一种PP膨胀螺丝，别看它不起眼，几颗小小的PP膨胀螺丝与螺丝钉配合使用，就能够使装30L水的热水器悬吊在墙上。

水龙头看上去是金属做的，但实际上很多水龙头的手柄、转轮等是表面镀了金属的塑料制成的（图5-73）。

图5-74是一种由添加了碳素的PET纤维制作的地面采暖用发热电缆网，两侧有两排电极。地板采暖最早在北美、北欧发达国家大量应用和推广，是一项非常成熟且广泛应用地供热技术。而亚洲的日本和韩国由于睡“榻榻米”（即地上）的传统生活习惯，在住宅取暖方式上更是非它莫属。这项技术传入我国尚不到十年时间。最早从韩国进入吉林延边并迅速蔓延至东北三省。

地板采暖原理是通过埋在地板下发热电缆网把地板加热到18~28℃，均匀地向室内辐射热量而达到采暖效果。地板采暖比散热器（暖气片）可节能1/3 。

图5-73 水龙头的手柄（ABS镀铬）

图5-74 地面采暖用发热电缆网（PET＋碳素）

5.1.2.4 公路高分子

高等级公路一般用沥青路面，由于不透水、经久耐用，比水泥路面更平整少尘。沥青路面修复更为容易、快速，轮胎在沥青路面的抓地力更大。所以沥青路面是道路建设中一种被最广泛采用的高等级路面（包括次高等级路面）。

中国高等级公路的发展速度及经济投入在世界上首屈一指，但多数高速公路的使用年限却只有3、4年，有的甚至未过一年就出现了严重破损。在沥青路面的主要“病毒”中，车辙现象尤其普遍，对于路面的损坏也最严重，大大提高路面的修复费用，使得国家在人力、物力上的投入过大。车辙问题通常在第一个夏季的高温期就会出现，有的路面车辙深度为10~50mm，有的甚至达100mm以上，使路面平整度变差，并很快出现网裂、坑洞、坑槽等“病毒”。

以前沥青的一般改性剂是热塑性弹性体SBS。近年出现新型抗车辙剂，相对于SBS改性沥青，它对沥青混合料性能的提高有更显著的效果。抗车辙剂外观为纯黑色颗粒状固体（图5-75），主成分是线型低密度聚乙烯（LLDPE），含量约90%，其他还有炭黑和少量添加成分。所以实际上是用聚乙烯改性沥青。

抗车辙剂的使用剂量为沥青混合料的0.3%~0.5%，即每吨沥青混合料中掺3~5kg。交通量大、重型车辆多的用高限，特殊路段可掺0.6%以上。抗车辙剂的使用工艺方便简单，通过沥青混合料拌和过程中直接加入即可。

图5-75 抗车辙剂颗粒

抗车辙剂的主要作用原理如下。

（1）嵌挤作用　抗车辙剂在施工过程中由于高温的作用而软化，这些微粒在碾压过程中热成型，相当于具有高黏附性的单一粒径细集料填充嵌挤到了集料骨架中的空隙，增加了沥青混合料结构的骨架作用，加强了混合料之间的相互作用力，使混合料之间更加紧密，降低了成型路面的渗透性。同时增加了沥青混合料承受荷载的能力。

（2）加筋作用　由于抗车辙剂中的聚合物在拌和过程中部分被拉成纤维，在集料骨架内网状交联而形成纤维加筋作用。由于聚合物纤维的存在，加强了沥青矿粉胶结料体系的相互作用和整体性。

（3）胶结作用　抗车辙剂投入沥青混合料的拌和锅中，在170~180℃的温度下，首先通过与矿料干拌，使它软化，继续加入沥青拌和，抗车辙剂颗粒与沥青形成胶结作用，使沥青性能得到改善，提高了沥青的软化点，降低了对温度的敏感性，增加了沥青与矿料的黏附能力。

（4）变形恢复作用　抗车辙剂的弹性成分在较高温度时具有使路面的变形部分弹性恢复的功能，因而降低了沥青路面的永久变形。

通过这些作用，大幅提高了沥青混合料的高温稳定性，并对混合料的水稳定性和低温抗裂性也有改善。因而，广泛应用于：①公路，高速公路及高等级公路，特别适用于高温地区、重交通路段及长大纵坡路段；②市政道路，市政干道、公交车道等，特别适用于十字路口和公交车站；③机场工程，机场跑道。

5.1.3 看图识材料——泡沫塑料

泡沫塑料是一种内部具有无数微小气孔的塑料，具有质软、隔热、吸音、缓冲等性质。根据软硬程度的不同分为软质、半硬质和硬质泡沫塑料三种；根据气泡结构又可分为开孔泡沫塑料和闭孔泡沫塑料，开孔泡沫结构内各个气孔是互相连通的，闭孔泡沫结构的泡孔是互相分隔的。图5-76显示了两类泡沫塑料中的泡孔结构。泡沫塑料广泛用于隔音、绝热、保温、绝缘、防震、过滤、包装等材料。

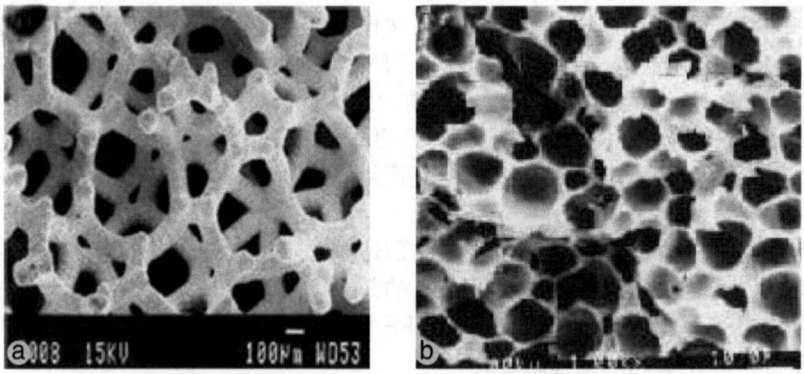

图5-76　电子显微镜下的泡孔结构

(a) 聚氨酯泡沫塑料中的开孔结构；(b) 聚氯乙烯泡沫塑料中的闭孔结构

泡沫塑料发泡方法主要有物理方法和化学方法两类。无论采用哪种方法发泡，其基本过程都是：①在液态或熔态塑料中引入气体，产生微孔；②使微孔增长到一定体积；③通过物理或化学方法固定微孔结构。

（1）物理法　常将低沸点液态烃类或卤代烃类溶入塑料中，受热时塑料软化，同时溶入的液体挥发膨胀发泡，典型例子是聚苯乙烯泡沫塑料。

（2）化学法　可分为两类：①利用聚合过程中的副产气体，典型例子是聚氨酯泡沫塑料；②采用化学发泡剂，它们在受热时分解放出气体，常用的化学发泡剂，如偶氮二甲酰胺、偶氮二异丁腈、*N*，*N′*－二亚硝基五亚甲基四胺、碳酸氢钠等。许多热塑性塑料均可用此法做成泡沫塑料。

泡沫塑料最主要的两个品种是聚苯乙烯泡沫塑料和聚氨酯泡沫塑料。

5.1.3.1 聚苯乙烯泡沫塑料

聚苯乙烯（PS）泡沫塑料如图5-77所示。可在苯乙烯悬浮聚合时，先把正戊烷或石油醚溶入单体中，或在加热加压下把已聚合成珠状的聚苯乙烯树脂用正戊烷或石油醚处理，制得所谓可发泡性聚苯乙烯珠粒（EPS）。将此珠粒在热水或蒸汽中预发泡，再置于模具中通入蒸汽，

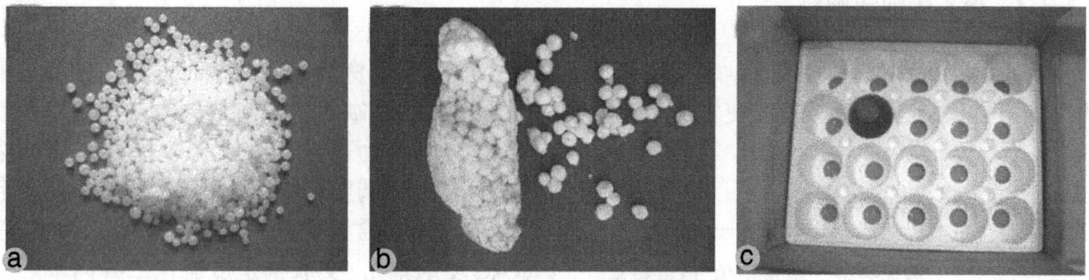

图5-77 聚苯乙烯泡沫塑料

（a）可发性聚苯乙烯珠粒；（b）预发泡珠粒；（c）纸箱里的玻璃瓶防震包装材料

使预发泡颗粒二次膨胀并互相熔结，冷却后即得到与模具型腔形状相同的制品。这个过程很像“爆米花”，先加热加压，然后释放压力，米就成为米花，只不过再加热米花也不会粘在一起。

也可采用挤出成型法，此时，既可使用可发泡珠粒，将其一次发泡挤出成片材；也可使用普通聚苯乙烯粒料，在挤出机适当部位加入发泡剂，使之与塑料熔体混合均匀，当物料离开机头时即膨胀发泡。挤出法常用于制片材或板材，片材经真空吸塑成型可制成食品包装盒和托盘等。

PS泡沫塑料广泛用作保温材料和防震包装材料。

5.1.3.2 聚氨酯泡沫塑料

当异氰酸酯和聚酯或聚醚进行缩聚反应时，部分异氰酸酯会与水、羟基或羧基反应生成二氧化碳。只要气体放出速度和缩聚反应速度调节得当，即可制得泡孔十分均匀的高发泡制品。

聚氨酯（PU）泡沫塑料有两种类型。软质开孔型形似海绵，也被俗称“海绵”，广泛用作各种座椅、沙发的坐垫、隔音材料、绝热材料、包装材料、过滤材料等；而硬质闭孔型则是理想的建材、保温、绝缘、减震和漂浮材料。

图5-78是“海绵”用作鞋擦（已吸了鞋油）和沙发垫的例子。刚生产出来的“海绵”是白色的，而一般人们看到都是黄色的，因为它在空气中很易氧化。

聚氨酯泡沫塑料的制备是在常温下进行的，而且反应速度很快，所以可以现场制备。图5-79是聚氨酯泡沫塑料反应成型机，可对箱体内的包装物直接浇注发泡进行防震包装。包装材料无需事先准备，包装方便快速。

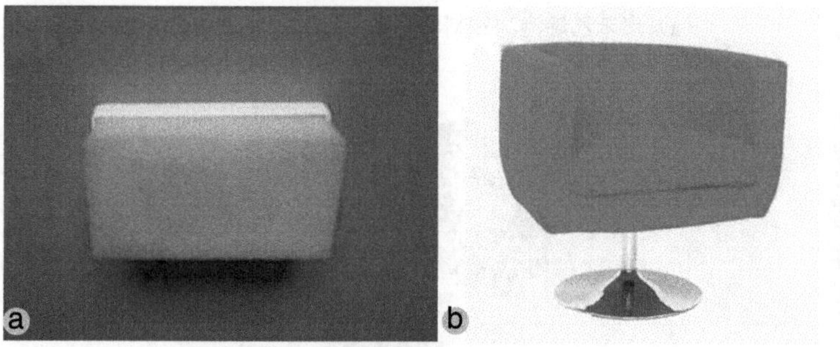

图5-78 聚氨酯泡沫塑料的应用实例

（a）鞋擦；（b）沙发垫

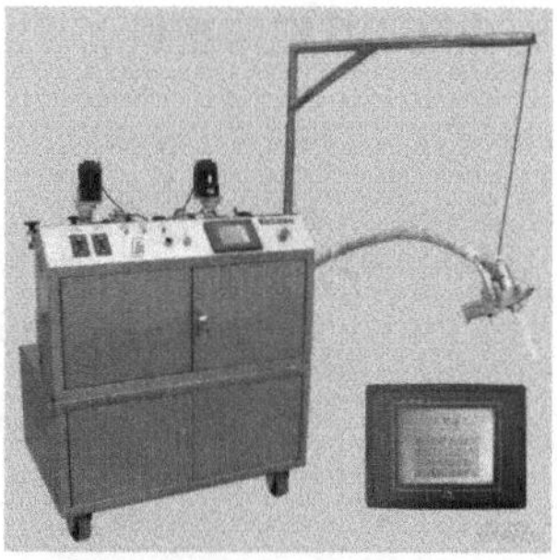

图5-79 现场浇注发泡防震包装的聚氨酯反应成型机

5.1.3.3　聚乙烯泡沫塑料

由于聚烯烃树脂熔融后的黏度不高和出现高弹态的范围不宽，因此发泡时发泡剂分解出来的气体不易保持在树脂中，致使发泡工艺难以控制。克服这种缺点的最有效的方法是发泡前使聚乙烯交联成为部分网状结构以提高树脂的熔融黏度，从而调整熔融物的黏弹性以适应发泡的要求。聚乙烯典型的发泡剂是偶氮二甲酰胺（即AC发泡剂），交联剂是过氧化二异丙苯。发泡工艺如图5-80所示。

聚乙烯
交联剂　→　混合　→　成型　→　交联　→　发泡
发泡剂
　　　　　　温度较低　温度中等　温度较高

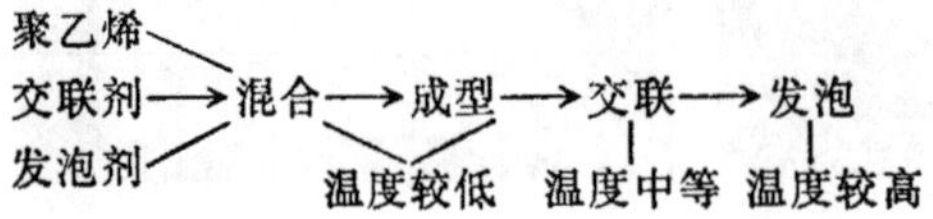

图5-80　聚乙烯泡沫塑料的制备工艺

聚乙烯泡沫塑料的特点是：质轻，几乎不吸水和不透水蒸气，长期在潮湿环境下使用不会受潮，并且作为软质泡沫塑料，具有很好的柔韧性。缺点是压缩性能较差，受压状态下使用时存在压缩蠕变。

日常生活中常见的有水果的包装材料（图5-81）、包装箱填充物等。

一般的救生衣用的是聚苯乙烯泡沫塑料[图5-82（a）]，而韩国一种新的救生衣用的是聚乙烯泡沫塑料[图5-82（b）]，聚乙烯泡沫塑料的密度更小，浮力更大。

聚乙烯泡沫塑料还常用作拖鞋（图5-83），但买地摊上很便宜的三无产品就要注意了，此类商品有可能是用不明来源的废料或回收料制作的，特别是深色产品的可能性更大，因为浅色的产品难以掩盖回收料中的杂质。图5-84显示了聚乙烯树脂新料和回收料在外观上的巨大差别。

EVA也可用类似方法制得发泡制品。EVA泡沫塑料像橡胶般的柔软，且有一定弹性，抗老化好，同时表面光泽度与化学稳定性也非常好。应用很广泛，如用作密封圈、鞋垫、鞋底、凉鞋、拖鞋、洞洞鞋（花园鞋）、旅游鞋、玩具、泡沫拼图地垫、冲浪板、跆拳道训练用的板、保温材料如空调管包件等。图5-85是流行的EVA洞洞鞋。

图5-81　水果的包装材料
（聚乙烯泡沫塑料）

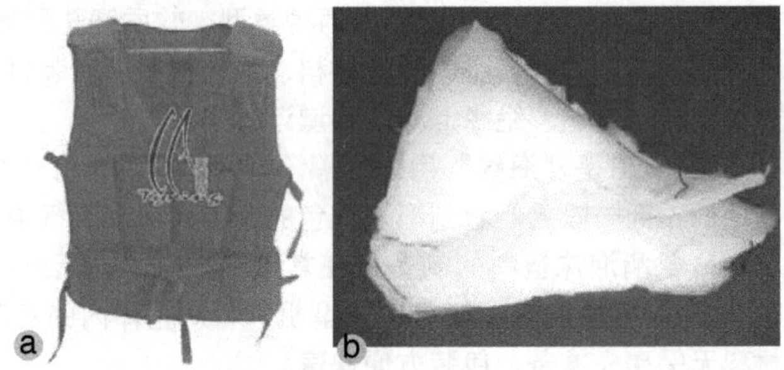

图5-82　救生衣
（a）聚苯乙烯泡沫塑料救生衣；（b）救生衣内聚乙烯泡沫塑料

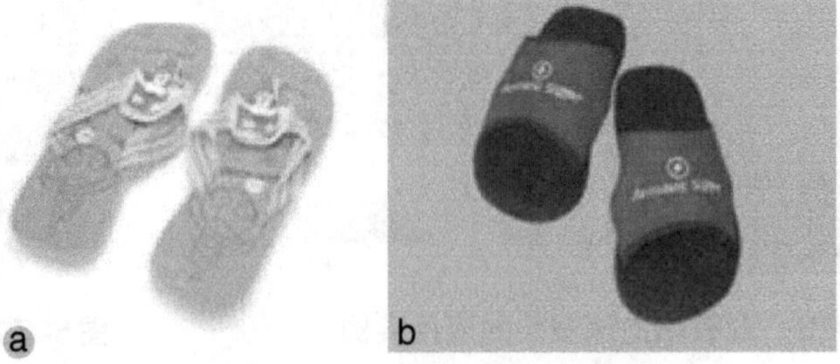

图5-83　拖鞋（聚乙烯泡沫塑料）
（a）浅色；（b）深色

图 5-84 聚乙烯树脂
(a) 新料；(b) 回收料

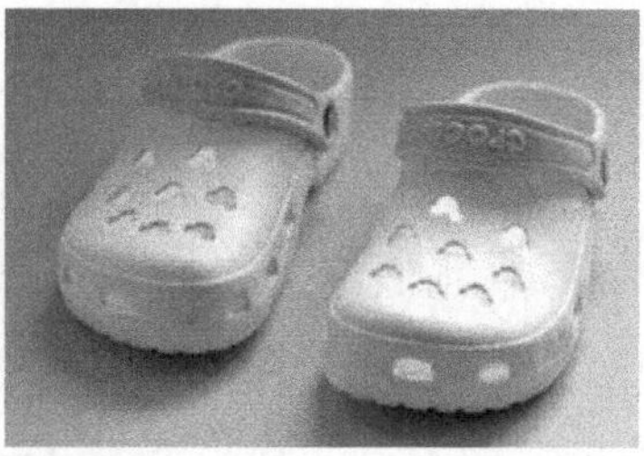

图 5-85 洞洞鞋（EVA）

EVA鞋非常轻便，价格低廉，但EVA鞋底的耐磨性不好，走在光滑的地面上很容易滑倒，所以一般都在EVA材料的最底部上加一些橡胶或TPR（热塑性弹性体）等硬性材料。

5.1.3.4 其他泡沫塑料

聚氯乙烯泡沫塑料的两个例子是鞋和人造革。制作聚氯乙烯泡沫鞋的过程，就是把树脂、增塑剂、发泡剂和其他添加剂制成的配合料，放入注射成型机中，发泡剂在机筒中分解，物料在模具中发泡而成。聚氯乙烯泡沫人造革则是将发泡剂混入聚氯乙烯糊中，涂刮或压延在织物上，连续通过隧道式加热炉，物料塑化的同时发泡剂分解发泡、经冷却和表面整饰，即得泡沫人造革。

有一种拖把特能吸水，但用之前要先用水浸泡，否则很硬。这就是被称为"吸水胶棉"的聚乙烯醇泡沫塑料（图5-86）。由于聚乙烯醇含大量羟基，所以具有高吸水性。但干的时候聚乙烯醇很易结晶，所以很硬。聚乙烯醇结构式如下：

$$\left[CH_2-CH \right]_n$$
$$\qquad\qquad OH$$

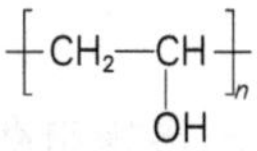

很难想象质地很硬的热固性树脂也能做成泡沫材料，并有些特殊用处。酚醛树脂的泡沫材料（酚醛泡沫塑料）的优点是：①阻燃性能远远优于聚氨酯及其他泡沫塑料，在空气中不燃，不熔融滴落；②耐热性远远优于聚氨酯及其他泡沫塑料，长期使用温度可高达200℃，允许间歇温度高达250℃。缺点是压缩性能较低，易碎。酚醛泡沫塑料的发泡剂可以是$(NH_4)_2SO_4$、$NaHSO_3$等。

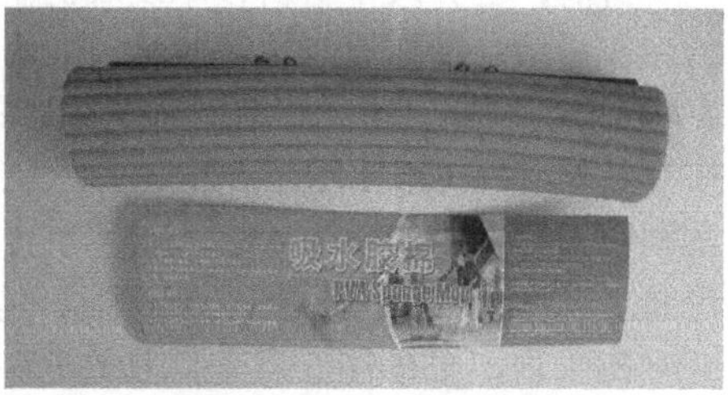

图 5-86 拖把上的吸水胶棉（PVA）

因而酚醛泡沫塑料特别适用于高温管道的保温材料（图5-87），以及对防火要求严格的场合，如建筑外墙的保温材料。还有一个巧妙的应用，就是酚醛泡沫花泥（图5-88），用于插花是最合适不过了，利用的是它的易插、不变形和轻便的特点。

5.1.3.5 飞机紧急迫降与氟蛋白泡沫

飞机出现起落架故障或其他原因需要紧急着陆时，机场消防队首先必须在跑道上喷洒地毯式氟蛋白泡沫（图5-89），这是为了减轻飞机机腹着陆擦地时的损坏程度、缩短在跑道上的滑行距离和减少起火危险性。氟蛋白泡沫之所以能适合于这样的用途，来自于蛋白质易于发泡（就像蛋清易于起泡）的性质，以及氟元素的阻燃作用和含氟高分子的润滑性能。

因此，当飞机迫降前机场消防安全的重要紧急措施便是在跑道上喷洒出一条数百米的泡沫

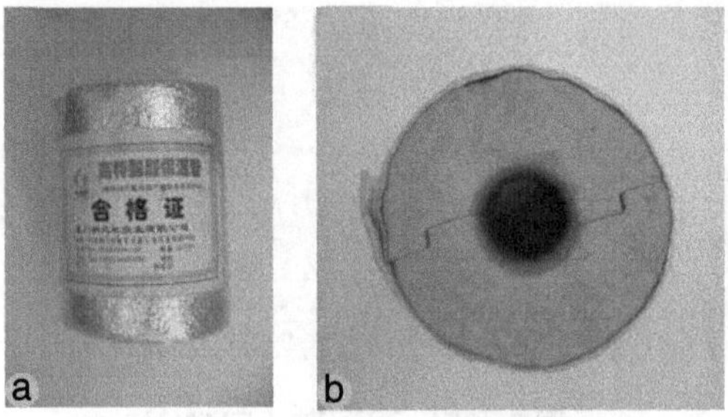

图5-87 高温管道的保温材料
（酚醛泡沫塑料）

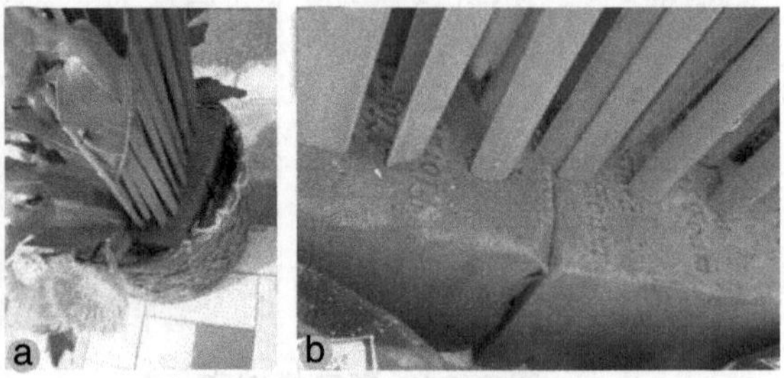

图5-88 人造花泥（酚醛泡沫塑料）

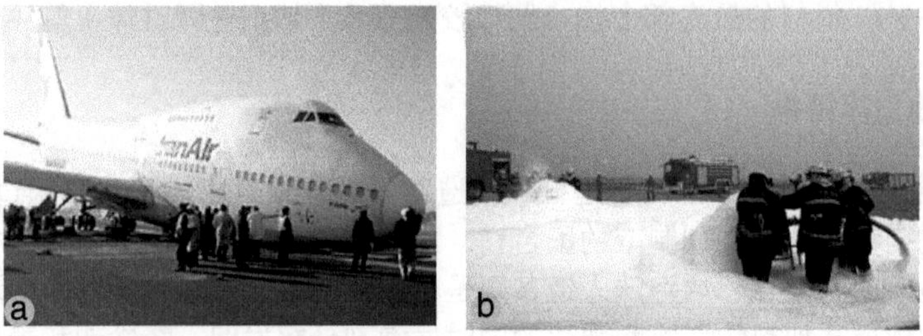

图5-89 飞机迫降泡沫跑道（氟蛋白泡沫）

跑道。而机场消防队能否及时喷洒好泡沫跑道，则是飞机安全迫降能否成功的地面保障。

5.1.4 汽车高分子

当前，世界汽车材料技术发展的主要方向是轻量化和环保化。减轻汽车自身的重量是降低汽车排放，提高燃烧效率的最有效措施之一，汽车的自重每减少10%，燃油的消耗可降低6%~8%。为此，增加塑料类材料在汽车中的使用量，便成为降低整车成本及其重量，增加汽车有效载荷的关键（图5-90）。汽车部件塑料化是当今国际汽车制造业的一大发展趋势。由法国科研人员发明的名为"欢乐敞篷"全塑汽车在英国上市了，定价为8000英镑，杜邦公司把尼龙用于发动机壳，是塑料绝好的宣传。

在我国，塑料件占汽车自重的7%~10%，举例来说，在轿车和轻型车中，CA7220小红旗轿车中的塑料用量为88.33kg，上海桑塔纳为67.2kg，奥迪为89.98kg，富康为81.5kg，依

图5-90 汽车上使用大量高分子材料

奇·妙·的·高·分·子·世·界

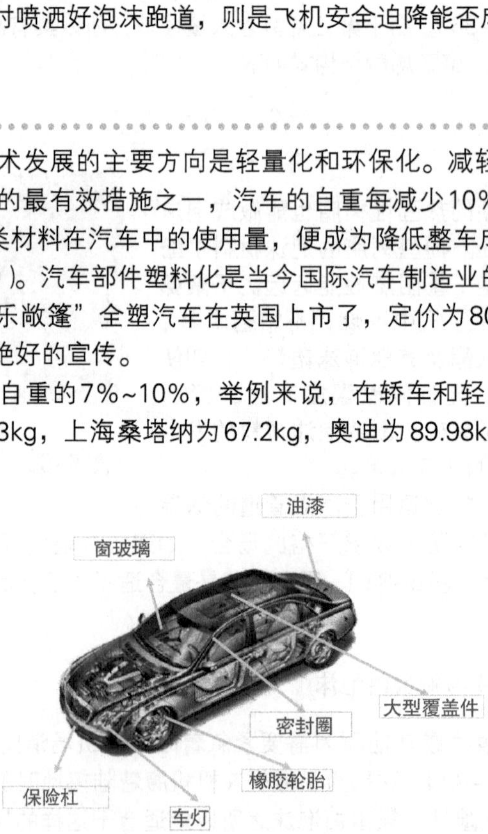

维柯0041则为144.5kg；在重型车中，中国重汽公司的斯太尔1491为82.25kg，斯太尔王为120.5kg。据美国权威统计数据，汽车每减轻125kg重量，1L汽油可多跑1km路程，按此方式计算，中国仅2006年一年就因大量使用塑料而使汽车节省燃油35多亿元，相当于节省燃油541.2万吨。但是，与汽车工业发达国家相比，我国还存在很大的差距，德国、美国、日本等国的汽车塑料用量已达到10%~15%，有的甚至达到了20%以上。

虽然各国使用的塑料品种不尽相同，但大体相似。就不同品种的塑料用量来看，如果按使用数量排列，德国是PVC，PU，PP，PE，ABS；美国是PU，PP，PE，PVC，ABS；日本是PVC，PP，PU，ABS，PE，FRP（纤维增强塑料）；我国是PP（40%左右），PU，ABS，PVC，PE。世界平均各品种的比重大体为：PP（21%），PU（19.6%），PVC（12.2%），FRP（10.4%），ABS（8%），尼龙（7.8%），PE（6%）。

汽车用塑料零部件分为三类：内饰件、外饰件和功能件。这里只举几个例子。

5.1.4.1　仪表板

欧洲汽车的仪表板一般以ABS/PC共混物及增强PP为主要材料（图5-91）；美国汽车的仪表板多用苯乙烯/顺丁烯二酸酐共聚物（SMA），这类材料价格低，耐热、耐冲击，具有良好的综合性能；日本汽车的仪表板曾采用ABS和增强PP材料，目前则以玻璃纤维增强的AS为主，有时也采用耐热性更好的改性聚苯醚（PPO）。随

图5-91　汽车的塑料仪表板

着电子技术的应用，高度的控制技术、发动机前置前轮驱动汽车操纵系统以及其他中央控制系统等将被集中在仪表板周围，因此，由纺织物来取代目前在聚氨酯发泡体表面覆盖的聚乙烯蒙皮将成为可能。聚苯醚的结构式如下：

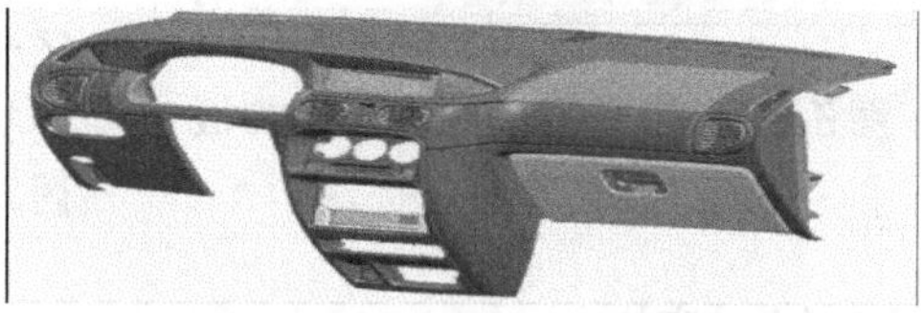

$$\left[\begin{array}{c} CH_3 \\ \\ O \\ \\ CH_3 \end{array}\right]_n$$

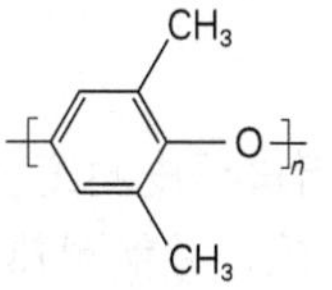

目前，我国使用的仪表板可分为硬质和软质仪表板两种。硬质仪表板常被用在轻、小型货车、大货车和客车上，一般采用PP、PC、ABS、ABS/PC等一次性注射成型。这种仪表板表面有花纹，尺寸很大，无蒙皮，对表面质量要求很高，对材料的要求是耐湿、耐热、刚性好、不易变形。但由于这种仪表板通常采用多点注射成型，易形成流痕和粘接痕，同时添加的色母料分散不均，容易产生色差，因此表面需经涂装后才能使用，且最好选用亚光漆涂装。另外，由于高档仪表板追求质感，所以在仪表板表面做一部分桃木饰纹将是一种发展方向。

软质仪表板由表皮、骨架材料、缓冲材料等构成。斯太尔7001产品采用钢板骨架，也有用ABS、改性PP、玻璃钢做骨架的；桑塔纳、捷达、富康及斯太尔7001均采用PVC/ABS或PVC片材作为表皮材料，并带有皮纹，其加工工艺是先将表皮真空吸塑成型，再将吸塑好的表皮修剪后备用，置入发泡模腔内，再放上骨架，然后注入缓冲类发泡材料（如PU）而成型。

由于半硬质PU泡沫的开孔性，因此它具有良好的回弹性，并能吸收50%~70%的冲击能量，安全性高，耐热、耐寒、坚固耐用，且手感好。但是，由三种以上材料构成的仪表板，材料的再生利用极为困难。为了便于回收利用，正在发展用热塑性聚烯烃弹性体（TPO）表皮和改性PP骨架及PP发泡材料构成的仪表板。

5.1.4.2 车门内板

车门内板的构造基本上类似于仪表板，由骨架、发泡材料和表皮革构成（图5-92）。以红旗轿车和奥迪轿车为例，车门内板的骨架部分由ABS注塑而成，再采用真空成型的方法，将衬有PU发泡材料的针织涤纶表皮复合在骨架上形成一体。

最近开发成功的低压注射－压缩成型方法，是把表皮材料放在还未凝固的聚丙烯毛坯上，经过压缩，压成为门内板。表皮材料为衬有PP软泡层的TPO，这类门板易回收再生。中低档轿车的门内板，可采用木粉填充改性PP板材或废纤维层压板表面复合针织物的简单结构，即没有发泡缓冲结构，有些货车上甚至使用直接贴一层PVC人造革的门内板。

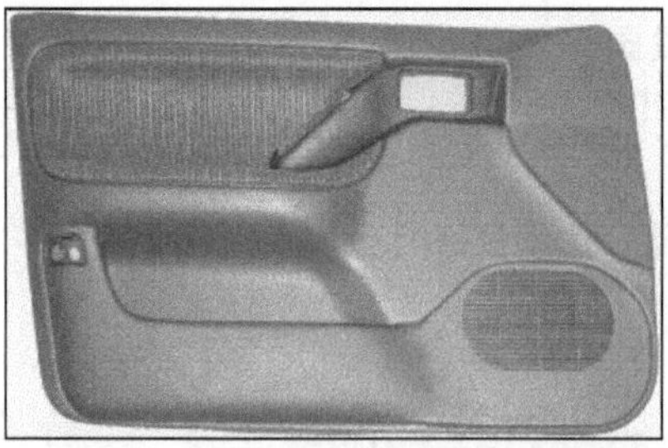

图5-92　汽车的门内塑料装饰板

在美国，门内装饰板用ABS或PP注塑成型的居多，现在我国国产的卡车——斯太尔王也使用同类板。近年来，车门内饰板为满足耐候性和柔软性，已开始使用热塑性弹性体与PP泡沫板相叠合的结构。日本开发了一种冲压成型、连续生产全PP车门内饰板的技术，门板包括PP内衬板、PP泡沫衬热层和PP/EPDM（乙丙二元共聚物）皮层结构。

5.1.4.3 座椅

目前坐垫及靠背基本上由软质PU发泡制成，目前尚无其他发泡材料可以替代它。对于座椅的表皮材料，20世纪60年代大多数采用PVC人造革，70年代开始使用真皮或织物蒙皮，织物材料主要是尼龙，预计聚酯织物外套会逐年增加。

5.1.4.4 方向盘

方向盘（图5-93）的包覆物一般采用自结皮的硬质PU泡沫材料高压或低压发泡而成。方向盘结构要求挺拔、坚固、轻便、外韧内软，并能耐热、耐寒、耐光、耐磨。因此，包覆物多用PU、改性PP、PVC、ABS等树脂，骨架一般选用钢骨架与铝压注而成，考虑到轻量化，现在也有用玻璃纤维增强尼龙替代金属芯的趋势。为了追求豪华、舒适、手感好，现在的方向盘表面部分增加了桃木饰纹或真皮蒙皮等。

图5-93　汽车的塑料方向盘

图5-94　车内塑料顶棚

奇·妙·的·高·分·子·世·界

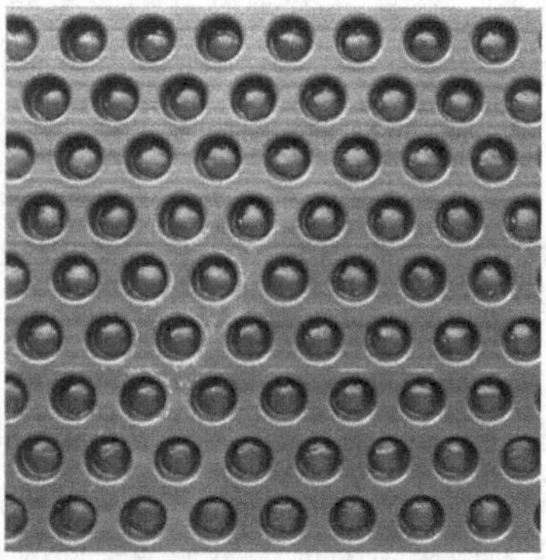

5.1.4.5 顶棚、后围

车内顶棚（图5–94）、后围（后围主要对重型车而言）是内饰件中材料和品种花样最多的一种复合层压制品，它的作用除了起装饰功能外，还起着隔热、隔音等特殊功能。顶棚、后围一般由基材和表皮构成，基材需要具有轻量、刚性高、尺寸稳定、易成型等特点，为此一般使用热塑性PU发泡内材、PP发泡内材、热塑性毡类内材、玻璃纤维瓦楞纸、蜂窝状塑料带等。

表皮材料可用织物、无纺布、TPO防水卷材、PVC等。我国的轿车顶棚一般使用TPO发泡片材、玻璃纤维、无纺涤纶布材料层压成型。顶棚的种类有成型顶棚、粘接顶棚和吊装顶棚，其中成型顶棚占70%以上。卡车主要用成型顶棚，基材采用热固性或热塑性毡类，压制成型，表皮材料选用针织面料、无纺布、PVC等。

5.1.4.6 发动机罩及地垫

发动机罩及地垫属中、重型汽车及客车的重要内饰件。现在，发动机罩一般是由PVC皮革吸塑后与聚醚多元醇和异氰酸酯发泡填充而成，主要起到吸音、隔热、减震和美化车内环境等作用。轿车中的地垫一般都采用美观、漂亮的复合成型垫（如橡胶、PVC、毛、麻类）制成。除了以上塑料内饰件外，还有遮阳板、门手柄、门槛饰条、侧窗防霜器、杂物箱及盖以及其他吸音材料等。

5.1.4.7 汽车保险杠

硬质保险杠（图5–95）是汽车的主要外饰件之一。保险杠一般采用模压塑料板材、改性PP材料，或用玻璃纤维增强塑料经模压、吸塑或注塑成型。桑塔纳轿车的面板材料是采用聚丙烯加热塑性弹性体，再加入其他助剂，经注塑成型的。

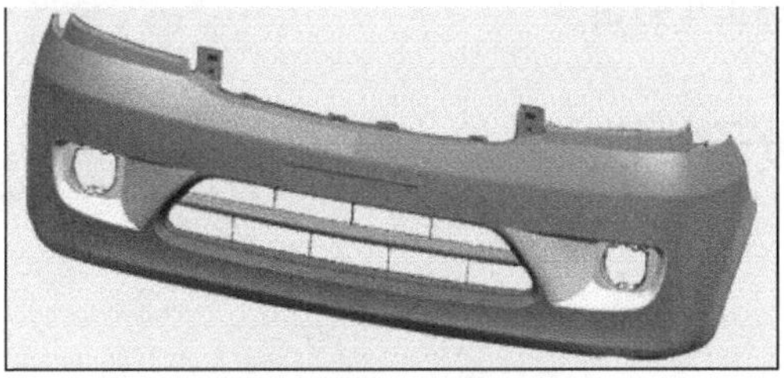

图5–95 塑料保险杠

图5–96 塑料散热器格栅

5.1.4.8 散热器格栅

散热器格栅（图5–96）是为了冷却发动机而设置的开口部件，位于车体最前面，往往把汽车的铭牌镶嵌其间，是表现一辆汽车风格的重要部件。

目前轿车上所使用的散热器格栅一般用ABS或PC/ABS合金，经注塑成型制成。桑塔纳轿车的格栅是用ABS制成的，由于ABS耐候性较差，使用时需加入耐候性助剂，色泽为黑色。小红旗的格栅是ABS/PC合金经注塑成型后，再用喷漆喷敷，也有用耐候性较好的ASA材料，在注塑成型后，表面可不经涂装。表面不涂装的散热器格栅，其成本将降低50%。最近，出现了以聚酯弹性体为材料的格栅，经表面溅射金属铬后使用，此种格栅备受用户的青睐。

5.1.4.9 挡泥板

挡泥板（也叫翼子板）的作用是，在汽车行驶过程中，防止被车轮卷起的砂石、泥浆溅到车厢的底部。因此，要求所使用材料具有耐气候老化和良好的成型加工性。桑塔纳轿车左右前轮的上方有2个挡泥板，重约1.8kg，它是用增韧改性PP经注射成型而成的；其他轿车有采用玻璃钢制作的，也有采用PU弹性体制作的。今后，用尼龙/PP共混物注射成型是一种发展方向。

5.1.4.10 进气道

进气道是为发动机而设计的部件。对于卡车来说，进气道是重要的外饰件，通常位于驾驶室后面，重约15kg，一般为ABS板吸塑二次加工成型、PE吹塑成型或ABS注塑而成。

5.1.4.11 导流板

导流板通常具有轻量、高刚性、设计新颖并呈流线型等特点。根据不同车型的要求，一般可采用SMC（片材模塑材料）、玻璃钢、mPPO（聚苯醚与HIPS共混制得的改性材料）等材料，也可用改性PP和ABS。经中空成型的导流板成本低，且表面易涂装。

图5-97 汽车灯罩
（本图为英国邮票）

5.1.4.12 灯类

对于前大灯（图5-97）来说，考虑到大灯玻璃的透明性、耐热性、耐冲击性以及易于成型性，多数采用表面涂覆硬膜的PC，从而进一步提高了耐擦性和耐候性。对于后排指示组合灯，其灯罩材料选用PMMA，灯壳材料选用填充改性PP，它们之间用热熔胶粘接剂粘接。随着振动焊接技术的发展，灯壳材料开始采用耐热的ABS，这样灯壳和灯罩之间可采用振动焊接的方式，也便于材料的再生利用。

5.1.5 耐热高分子——航空航天高分子材料

5.1.5.1 航天高分子材料

在20世纪六七十年代，超级大国在航天领域的竞争还主要是显示军事实力。今天，航天技术已经进入民用，和亿万普通人的生活密切相关。例如，体育比赛现场转播通过卫星传送，电视台每天发布的天气预报和星云图，也是由气象卫星收集的。自1957年第一颗人造卫星升空以来，已有数千颗卫星被送上太空，这些卫星的发射离不了高分子材料的贡献。

卫星是靠火箭送上太空的，要把卫星送到绕地球飞行的轨道，速度必须达到7.9km/s，称为第一宇宙速度，小于这个速度就会被拉回地球。在火箭高速上升时，火箭头部会与空气产生剧烈摩擦，产生二三千度的高温。火箭是靠向尾部喷射高温高压气体产生的推力前进的，火箭尾部喷管壁要经受3000℃的高温。

火箭是一次性使用的，发射完毕就被丢弃，这样很不经济，因此美国人发明了航天飞机，也译为太空梭、穿梭机。它可以多次往返于地球和太空之间，多次重复使用。航天飞机已经经历了多年载人飞行，在太空中进行科学观察和研究，施放、回收和修复卫星等。航天飞机除了要经受发射时的高温外，回到地球时再入大气层，还受地球引力作用，速度越来越快，达到7km/s，要和空气产生剧烈摩擦，飞机头部的温度高达5300℃多度，机身约1260℃。

因此，火箭和航天飞机的头部必须用耐高温材料来制造，否则在发射时就会被烧毁，或在再入大气层时像陨石一样烧掉。尾部喷管也必须选用耐高温材料，否则火箭会被自己喷出的火焰烧毁。

为了减小空气阻力，火箭和航天飞机头部做成锥状，称“鼻锥”。鼻锥和尾喷管是用碳－碳复合材料制造的。碳－碳纤维是把碳纤维织成布、毯或者更复杂的三维或多维织物，浸渍了树脂或沥青，再放到高温炉中在惰性气体保护下把碳以外的氢原子、氧原子等原子赶掉，使树脂或沥青炭化，还要在2500℃处理，形成石墨结构。一次浸渍和炭化还不能填满碳纤维织物的缝隙，还要反复多次浸渍和炭化，直到织物内部缝隙被填满，达到所需要的密度。

鼻锥和喷管的制造，当然最好是把碳纤维织成鼻锥状和管状，再反复浸渍树脂、沥青，并进行炭化，形成一个整体的碳－碳复合材料部件。为了进一步提高碳－碳复合材料的耐热性，还要在其表面进行耐高温的碳化硅或氮化硅涂层。

碳－碳复合材料比强度高、耐高温、抗腐蚀、抗热震，特别是耐高温性能无与伦比，能耐受二三千度高温。当温度再升高时，在表面起火燃烧，表面的碳纤维分解、氧化或气化带走热量，由于碳－碳复合材料隔热性好，里面丝毫不受影响。这种材料也叫“烧蚀”材料，只要材料有足够厚度，在进入大气层的短暂时间内不完全烧毁，足可以保证飞行的安全。

卫星返回舱（图5-98）重返大气层时的速度也是7km/s，其顶端产生的温度为1570℃。所以需要隔热层。隔热层用的是烧蚀材料。烧蚀材料原理：

① 在烧蚀过程中材料分解而消耗热量；

② 产生气体使边界层变厚而降低热的传导；

③ 表面可达足够高的温度把热量再辐射出去。

图5-98 卫星返回舱

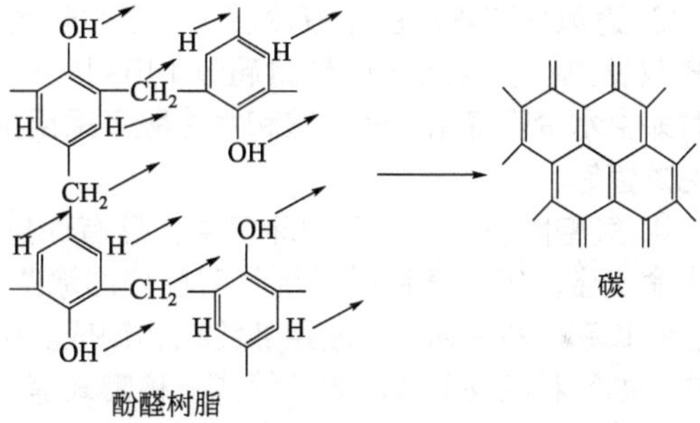

图5-99 酚醛树脂烧蚀时的结构变化

酚醛树脂是常用的烧蚀材料，烧蚀时的结构变化示于图5-99。

卫星采用大量高分子基复合材料是为了减轻重量。卫星是乘坐火箭或航天飞机进入太空的，而且卫星都是负有使命才去太空的，执行任务的仪器就装在卫星里，减少卫星自身重量，就能多搭载工作仪器。此外，卫星的制造和发射费用非常昂贵，仅发射费用就以亿元计，从经济效益考虑，也必须减轻自重。

例如用于传播电视节目和电话的卫星（称通信卫星），必须像一盏灯一样固定在某个高处，和地面保持相对静止的状态，用三颗这样的卫星就可以覆盖整个地球。俗话说“高灯远照”，通信卫星挂在距地面36000km的高空，它发射的无线电波可以“照亮”地球三分之一的面积。要使卫星“悬”在高空不动，卫星绕地球飞行的速度必须和地球自转速度相等，这样才能保持和地面相对静止的状态。就是说，卫星飞行和地球自转“同步”，所以也叫同步通信卫星。为了避免卫星互相干扰，两颗卫星之间必须保持3°~5°，因此卫星轨道圆周360°只能安放120颗卫星。现代科学技术的发展，全球性的信息交流越来越多，卫星通信容量也越来越大。例如20世纪60年代只有200多个通道，到80年代有6000多个通道。之所以能够做到这一点，是由于通信设备的改进，火箭推进力的增强；另一方面就是采用复合材料，减轻自重也能增加容量，例如第五颗国际通信卫星，80%用复合材料制成，有12000个通信通道。

图5-100 航天服

同步通信卫星在人造卫星中只占很小的比例，仅军用侦察卫星就有1000多颗绕地球飞行，它们都带有遥感技术中最好的仪器。此外，还有地球资源卫星，利用遥感，遥测技术找出地球上的矿藏分布、水源，观察森林、作物生长等。这些卫星都是靠卫星上的仪器工作的，都需要减轻自重，尽可能多搭载工作仪器。

卫星都必须装有天线，以便和地面进行无线联络。卫星上有两个很大的太阳能电池板，上面嵌着非晶硅片，把照射到硅片上的太阳能转变成电能供卫星使用。卫星主体则是一个圆筒，里面装着仪器设备。卫星上的主要结构，天线支架、天线反射镜反射面、太阳能电池板、中央圆筒都是由碳纤维增强塑料制造的。

航天服是保障航天员的生命活动和工作能力的个人密闭装备，可防护空间的真空、高低温、太阳辐射和微流星等环境因素对人体的危害。航天服（图5-100）采用了众多特种材料，其中少不了高分子材料。航天服在结构上分为6层。

① 内衣舒适层　宇航员在长期飞行过程中不能洗换衣服，大量的皮脂、汗液等会污染内衣，故选用质地柔软、吸湿性和透气性良好的棉针织品制作。

② 保暖层　在环境温度变化范围不大的情况下，保暖层用以保持舒适的温度环境。选用保暖性好、热阻大、柔软、重量轻的材料，如合成纤维絮片、羊毛和丝绵等。

③ 通风服和水冷服（液冷服）　在宇航员体热过高的情况下，通风服和水冷服以不同的方式散发热量。若人体产热量超过1464J/h（如在舱外活动），通风服便不能满足散热要求，这时即由水冷服降温。通风服和水冷服多采用抗压、耐用、柔软的塑料管制成，如聚氯乙烯管或尼龙管等。

④ 气密限制层　在真空环境中，只有保持宇航员身体周围有一定压力时才能保证宇航员的生命安全。因此气密层采用气密性好的涂氯丁胶的尼龙胶布等材料制成。限制层选用强度高、伸长率低的织物，一般用涤纶织物制成。由于加压后活动困难，各关节部位采用各种结构形式：如网状织物形式、波纹管式、橘瓣式等，配合气密轴承转动结构以改善其活动性。

⑤ 隔热层　宇航员在舱外活动时，隔热层起过热或过冷保护作用。它用多层镀铝的聚酰亚胺薄膜或聚酯薄膜并在各层之间夹以无纺布制成。

⑥ 外罩防护层　是宇航服最外的一层，要求防火、防热辐射和防宇宙空间各种因素（微流星、宇宙线等）对人体的危害。这一层大部分用镀铝织物制成。

与宇航服配套的还有聚碳酸酯头盔，隔音、隔热、防碰撞、减震好、重量轻。

5.1.5.2 航空高分子材料

自20世纪二三十年代金属材料全面取代天然材料作为飞机结构材料以后，铝合金逐渐占据统治地位，成为飞机最主要的结构材料，到70年代以后，新型复合材料逐渐取代铝合金，成为铝合金的强有力竞争者。

复合材料在飞机上的应用首先是军用飞机，尤其以战斗机首当其冲。美国空军战斗机上使用的复合材料占结构材料的比例逐步增加，20世纪70年代进入服役期的F15机上使用复合材料99kg，占结构重量的7%左右；到80年代进入服役的F18战斗机，使用的复合材料增加到530kg，占结构重量的13%；而后来的垂直起降战斗机V88，机翼和前机身的主要受力构件都由复合材料制成，占结构总重量的26%，而F117战斗机的机体结构几乎全部由复合材料制成。

使用复合材料来制造飞机对减轻飞机重量的效果是明显的，F15减重仅2%，F18减重8%，

V88减重达到15%。由于飞机自身重量减轻，耗油量减少，飞行距离更远，作战范围更大，机动性更强。

一名F117飞机驾驶员撰文描述了他驾驶飞机的体会。他写道，他驾驶F117飞机在天空游弋，简直是神不知鬼不觉，他甚至可以看见地面的雷达站，而雷达站却对他毫无觉察。

F117是专门设计制造的“隐形”战斗机，而B2则是能够隐形的大型轰炸机。这种飞机的外形非常奇特，像一只巨大的蝙蝠，而且呈流线型。这种外形是经过计算特地制造的模样，以逃避雷达“千里眼”的侦察。

雷达向天空发射电磁波，这种电磁波波长为1~100mm，属微波波段。当电磁波碰到飞机时，就被反射回去，雷达的天线接收到这些反射回去的电波，就会在荧光屏上描出亮点，雷达对这个亮点定位计算，就知道飞机出现的方向和距离。隐形飞机的奇特外形使它反射回去的电波极少，少到雷达不能觉察。B-2和F117用碳纤维增强复合材料做成骨架和外面的蒙皮，没有金属表面，也没有金属铆钉反射雷达波（图5-101）。当雷达发射的微波照射到隐身飞机时，通过碳纤维的电磁波被吸收，而通过碳纤维间的热塑性树脂的电磁波也被树脂吸收，没有电磁波回去“报信”，自然雷达站的荧光屏上见不到飞机的身影了。

飞机发动机主要由金属制成，而且在飞行时喷出大量灼热气体，也发射出大量红外线，如果红外线被敌方探测到，飞机也会现出原形，因此，在飞机发动机喷口外面设置了许多栅条来屏蔽雷达波，这也是飞机能隐身的重要因素。

图5-101　B-2隐形飞机

用作军用飞机复合材料的增强纤维主要是碳纤维，此外还有少量芳纶纤维，用作基体的塑料有环氧树脂和热塑性树脂，也有少量聚酰亚胺树脂等。

固化后的环氧树脂的力学性质、耐热性随着所用的固化剂不同而有很大差异，一般地说，在高温下固化的树脂耐热性好。但无论使用什么固化剂，环氧树脂的长期使用温度难以超过200℃。更高性能的材料能耐250~350℃高温，在这些情况下，要使用聚酰亚胺树脂作基体。聚酰亚胺（PI）的结构式如下：

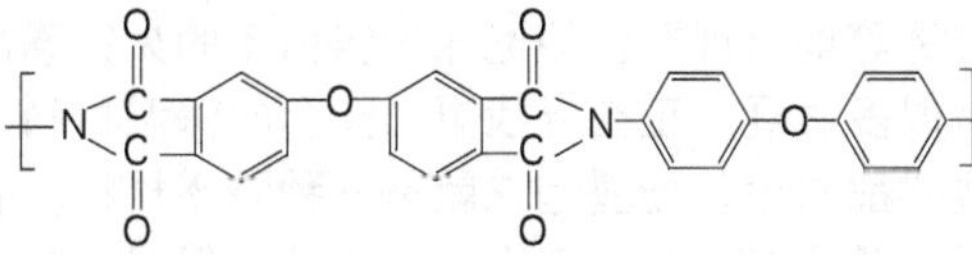

热固性树脂的缺点是性脆，冲击韧性低，此外，要连接各个部件必须用铆接或粘接，不如焊接方便。此外，由于不溶解和不熔融，大型制品一旦出现不合格，很难修补，也不能回收，就造成浪费，提高了成本。因此，在一些情况下，可以使用像尼龙、聚酯这类塑料。实际上，考虑到树脂强度、与纤维复合的能力等因素，对所用的树脂是有严格选择的。例如波音公司把石墨纤维和聚砜复合，代替铝合金做飞机蒙皮。在隐身飞机的复合材料中，以热塑性树脂作为基体，比热固性树脂有更好的吸波能力。

5.1.6　火也点不燃的高分子——阻燃高分子材料

燃烧是材料加热时的极端现象（图5-102）。高分子材料，包括塑料、橡胶和纤维，作为一种碳和氢的化合物，有时还有氧和氮，是很容易燃烧的。塑料燃烧时还产生有毒气体，这是塑料的一大缺点。在高层建筑中一旦失火（图5-103），对人的主要威胁来自塑料

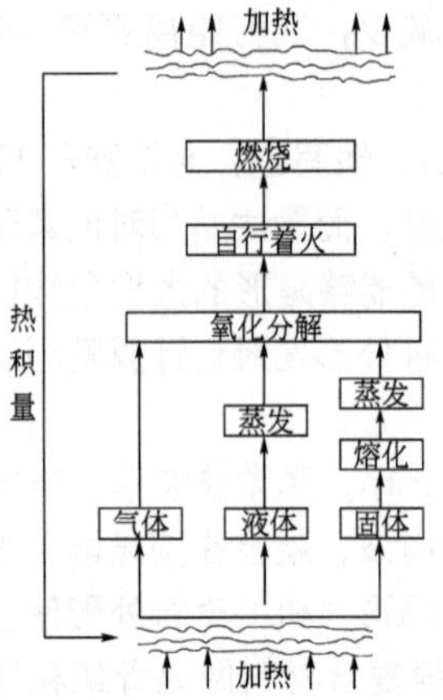

图5-102 材料燃烧原理示意图

图5-103 高楼火灾

燃烧时释放的毒气、烟雾，火灾中因窒息和烟气中毒造成的人员伤亡可占火灾总伤亡人数的50% ~ 80%，也就是说，人主要是被“呛死的”，而不是烧死的。2010年11月15日14时，上海一教师公寓高层起火，起因是建筑外层保温材料引燃，付出了58人遇难、70人受伤的惨痛代价。近年来我国火灾的损失统计示于图5-104。

因而高分子的阻燃是非常必要的，发达国家已颁布了许多法令，规定一些产品必须阻燃，如电器、电缆电线、地毯、室内装修材料等，不阻燃就不准生产。

5.1.6.1 建筑物的保温“外衣”问题

在我国北方，给建筑物穿保温“外衣”（建筑外墙保温材料）是节能的需要。传统保温材料是无机产品，包括膨胀珍珠岩、膨胀蛭石、岩棉、矿渣棉、超细玻璃棉、微孔硅酸钙等。但无机保温材料有吸水率大、容易“结露”、施工时皮肤刺痒等问题。后来逐渐被高分子材料代替。目前我国建筑外墙节能保温材料主要为聚苯乙烯泡沫塑料板、聚氨酯泡沫塑料板等，普遍存在耐热性能差、易燃烧和燃烧时易释放大量热量并释放有毒气体的问题，带来了极大的安全隐患。在北京、上海、吉林等地出现严重的泡沫塑料引燃的火灾事故后，人们对建筑的泡沫塑料“外衣”的安全性提出很多质疑，正在寻找更为安全的保温材料。

其实并非所有泡沫塑料都易燃，酚醛泡沫就是一种阻燃材料。它具有在火中不燃烧，不熔化，也不会散发有毒烟雾，并具有质轻、无毒、抗腐蚀、保温、节能、隔音等优点，且不用氟利昂发泡，无环境污染、加工性好 、施工方便，其综合性能是目前各种保温材料无法比拟的。酚醛泡沫闭孔率高，热导率低，隔热性能好，并具有抗水性和水蒸气渗透性，是理想的保温节

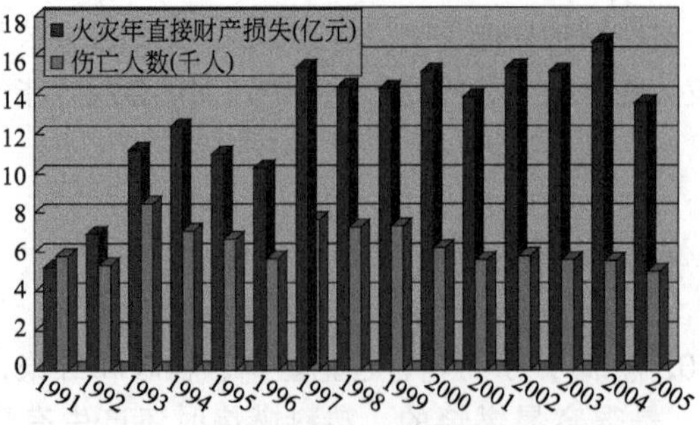

图5-104 近年来我国火灾的损失统计

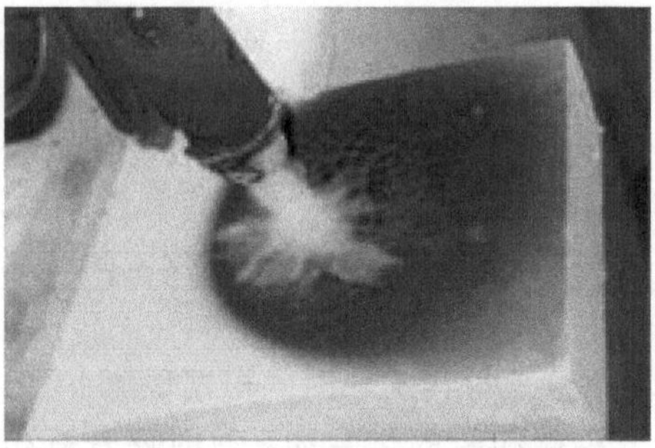

图5-105 耐火的酚醛泡沫板

能材料。它使用温度围广（-196 ~ +200℃），低温环境下不收缩、不脆化，是暖通制冷工程理想的绝热材料。它化学成分稳定，防腐抗老化，特别是能耐有机溶液、强酸、弱碱腐蚀。

酚醛泡沫还是国际上公认的建筑行列中最有发展前途的一种新型保温材料（图5-105），素有“保温材料之王”的美称，是新一代保温防火隔音材料。目前，在发达国家酚醛发泡材料发展迅速，已广泛应用于建筑、国防、外贸、贮存、能源等领域。美国建设行业所用的隔音保温泡沫塑料中，酚醛材料已占40%。特别适合冷藏、冷库、中央空调系统的保冷以及用于石油化工等工业管道和设备的保温、建筑隔墙、外墙复合板、吊顶天花板和吸音板等。

5.1.6.2 高分子材料的阻燃剂

高分子阻燃技术中最常用的是外加阻燃剂。阻燃剂定义为能够增加材料耐燃性的物质。现在阻燃剂已成为塑料的第二大添加剂。

很有意思的是阻燃性可以直接与元素相关，就是非专业人士也很容易记住常用的阻燃元素。最常用和最重要的是磷P、溴Br、氯Cl等元素，很多有效的阻燃剂配方都含有这些元素。聚合物中含氟和硅的都不燃，热固性树脂都不燃，而聚合物中含氢、氧和硫的都可燃。氮本身不燃，但没有明显的阻燃性，不算阻燃元素。

阻燃剂的主要品种是十溴联苯醚，它的结构中含大量的溴。其次还有氯桥酸等大量含氯的化合物，卤素（溴或氯）常配合以三氧化二锑起协同作用。还有聚磷酸铵、红磷等大量含磷的化合物。氢氧化铝（或氢氧化镁）等化合物既是填料也阻燃，其机理是简单地失水形成Al_2O_3而“浇”灭火焰，这需要的量很大，所以一般要添加40%以上才有效。

卤素的阻燃效率较高（通常添加20%左右），但由于会产生有毒气体，一些国家已经禁用，无卤阻燃成为重要的研究课题，其中磷系阻燃剂由于高效而受到普遍重视。

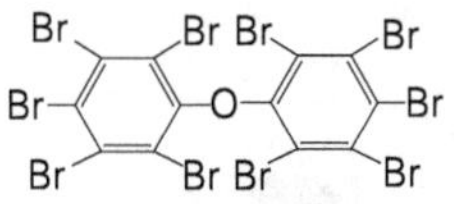

十溴联苯醚

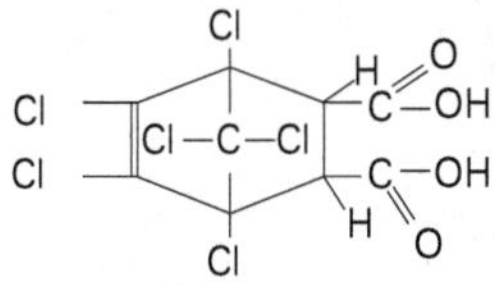

氯桥酸

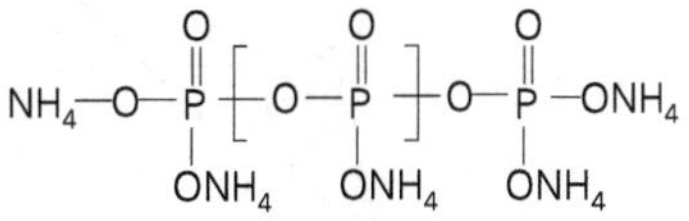

聚磷酸铵

一类较新的塑料阻燃剂是膨胀型阻燃剂。膨胀型阻燃体系由三个部分组成：酸源、炭源和气源。酸源（脱水剂），一般是无机酸或加热到一定温度后能形成无机酸的化合物，如磷酸及其酯类、三氯氧磷、聚磷酸铵、硼酸及其盐等；炭源（成炭剂），是形成泡沫炭化层的基础，主要是一些含碳量高的多羟基化合物，如季戊四醇、淀粉等；气源（氮源、发泡剂），常用有三聚氰胺、双氰胺等。

膨胀型阻燃剂的阻燃机理为：当受热时酸源分解产生脱水剂，它能与成炭剂形成酯，酯脱水交联形成炭，同时发泡剂释放大量的气体帮助膨胀炭层。厚的炭层提高了聚合物表面与炭层表面的温度梯度，使聚合物表面温度较火焰温度低得多，减少了聚合物进一步降解释放可燃性气体的可能性，同时隔绝了外界氧的进入，即隔热、隔氧、抑烟，并能防止产生熔滴，因而在相当长的时间内可以对聚合物起阻燃作用。膨胀型阻燃涂料，还适用于钢结构建筑和隧道等的防火。

天然纤维和合成纤维都是易燃的，所以织物也需要阻燃。加阻燃剂的合成纤维能实现不燃或离火自熄，但会有滴落。天然纤维不滴落，但易燃。一种称为安芙赛的阻燃纤维是由黏胶浆粕与无机矿物阻燃剂用溶胶凝胶法混合为纺丝原液，经喷丝孔后在凝固液中成型得到的，这种阻燃纤维既不燃，也没有滴落。这三种织物的燃烧情况测试见图5-106，于是安芙赛阻燃纤维有着许多应用（图5-107）。

涤纶作为第一大合成纤维，其阻燃处理也特别重要。涤纶的阻燃改性（不考虑织物在“后整理”阶段的阻燃处理）有共混改性和共聚改性两种方法。

图5-106　三种织物的燃烧情况比较

（左）添加无机矿物阻燃剂的黏胶纤维；（中）添加阻燃剂的合成纤维；（右）一般黏胶纤维

儿童玩具　　　　　　　　　　　　　交通工具

防火服　　室内装饰　　无纺布制品　　床上用品

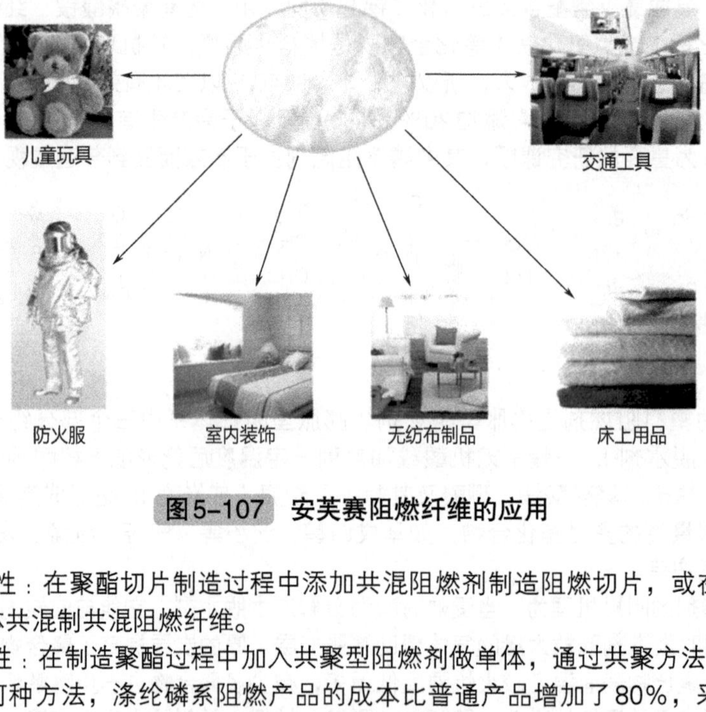

图5-107　安芙赛阻燃纤维的应用

　　① 共混改性：在聚酯切片制造过程中添加共混阻燃剂制造阻燃切片，或在纺丝时添加阻燃剂与聚酯熔体共混制共混阻燃纤维。

　　② 共聚改性：在制造聚酯过程中加入共聚型阻燃剂做单体，通过共聚方法制造阻燃聚酯。

　　无论采用何种方法，涤纶磷系阻燃产品的成本比普通产品增加了80%，采用无机粉末阻燃的成本更高。而阻燃涤纶的物理机械性能和染色性能与常规相比有所下降。因此，国外的阻燃涤纶，其性能和功能往往是多元化的，即阻燃涤纶往往还具有阳离子可染和抗起毛起球等复合功能。

5.2 塑料的加工成型

　　高分子材料的加工温度大多数低于300℃，其耗能远比陶瓷、金属等材料少得多。聚合物的加工大多数都是在液态下进行的，即用熔体或溶液加工，如热压模塑、挤出、注射、压延、吹塑、旋转、流延、真空吸塑、发泡交联和反应成型等。以下只介绍用熔体的成型方法。

5.2.1 塑料的加工成型基础

5.2.1.1 树脂

树脂是指遇热变软，具有可塑性的高分子化合物的统称。一般是透明或半透明的固体或半固体。而塑料是以树脂为主要成分，适当加入（或不加）添加剂（填料、增塑剂、稳定剂、颜料等），可在一定温度、压力下塑化成型，而产品最后能在常温下保持形状不变的一类高分子材料。

塑料与树脂的区别在于树脂是纯的聚合物，而塑料是以树脂为主成分的聚合物制品。合成树脂是生产塑料的原材料。合成树脂由化工厂生产，但塑料由塑料厂生产。一些树脂是粉末状（如从悬浮聚合法直接得到的聚氯乙烯）[图5-108（a）]；而另一些树脂的形状像大米，所以俗称为"塑料米"，它们多半是经"造粒"得到的粒料[图5-108（b）]。

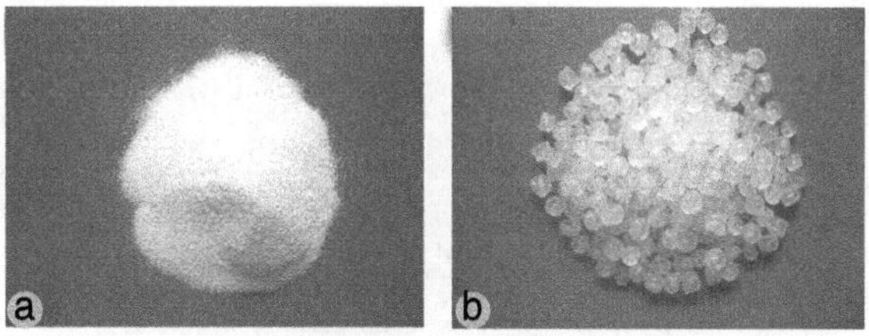

图5-108　合成树脂的形态
（a）PVC粉末；（b）PP塑料米

5.2.1.2 成型物料的配制

大多数的塑料制品除了树脂外，还需要加入各种添加剂，组成多组分体系，即所谓配方。在生产塑料制品前，首先要选定好配方，并按照配方准备好合格的原材料。

在捏合机中，一般先加入称量好的树脂，然后按配方加入增塑剂，待树脂充分吸收后，再加入其他添加剂如稳定剂、润滑剂和着色剂等，经充分捏合后最后加入填料。

捏合好的物料进一步在混炼机（包括开放式炼胶机、密闭式炼胶机）中塑炼（图5-109），通过两辊筒相对旋转，借助于物料同辊筒间的摩擦力而将预混料拉入两辊之间，反复辊轧，在热和机械力的双重作用下使粉料熔融塑化，使各组分更均匀混合。开炼机的炼成物通常是片状的，粉碎片状物的方法是将物料用切粒机切成粒料；密炼机制得的块状物料用粉碎机粉碎。

也可以不经塑炼，直接用双螺杆挤出机挤出成长条状，切成粒料，这一过程称为"造

图5-109　开放式炼胶机的结构示意图

刹车柄
水阀
循环水
开关
进水阀
后辊筒
挡胶板
前辊筒
手轮
接料盘
机座

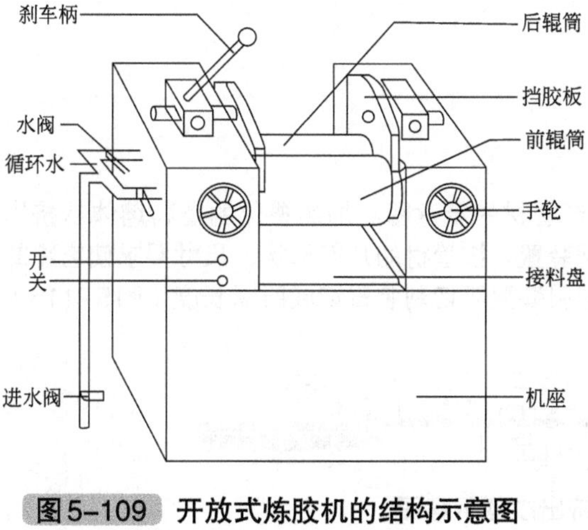

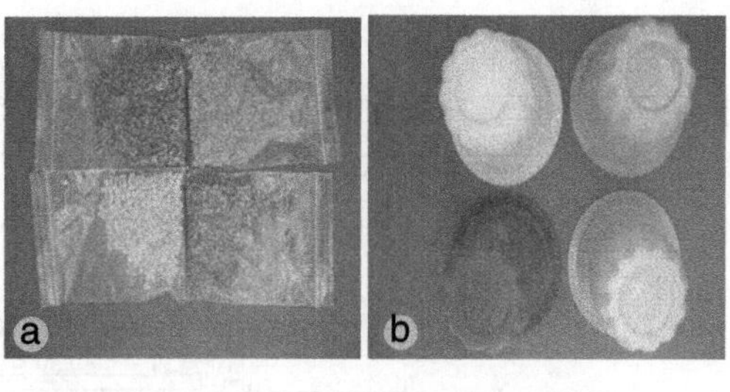

图5-110　色母粒（a）和彩色制品（b）

粒"，得到"塑料米"。有时造粒过程在树脂厂已经完成，聚乙烯就是这样，所以无需配料就可直接加工成型。

着色剂（颜料）、抗氧剂等添加剂经常先做成"母料"，即先与塑料一起挤出、造粒成高浓度的粒料，称为"色母料"和"抗氧剂母料"等，为了避免塑料厂粉尘飞扬，同时增加添加剂与塑料的相混性。图5-110（a）是一些聚丙烯色母料，颜料浓度为10%以上，而实际调色时颜料浓度只需千分之几，也就是说只需加少许色母料，就可以调出图5-110（b）中塑料杯的颜色，而调色原理与绘画很相似，从三原色就可以调出各种色彩。

金色和银色无需用真金白银，用镀铝制造银色塑料，而金色的制作更为巧妙，完全不用像一般人想象的镀铜或什么合金之类的，只需在橙色的塑料上镀铝即可，从视觉上，橙色＋银色＝金色，如图5-111所示。

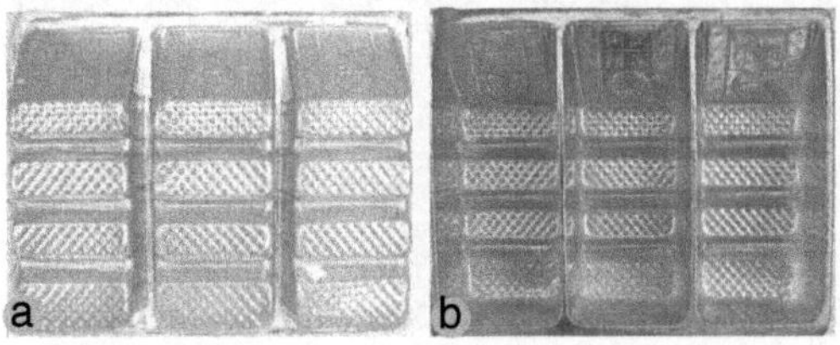

图5-111 一种本身为橙色的PET食品托盘，背面(a)镀铝呈银色，正面(b)因而呈金色

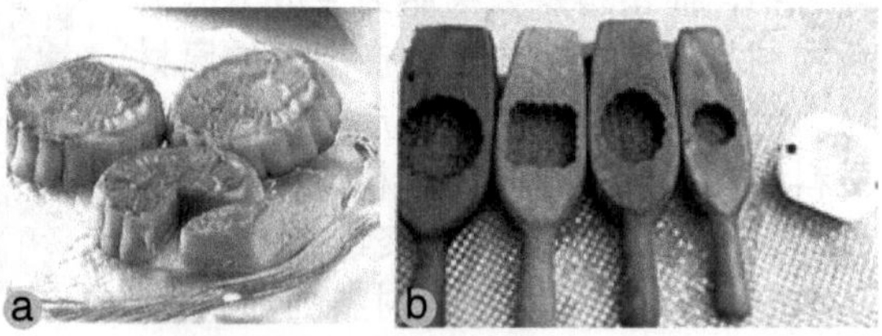

图5-112 月饼和饼模

5.2.1.3 模具

什么是模具？制作月饼的饼模就是一种模具（图5-112）。制作糖果也需要模具，但糖果很黏，用硅胶作模具可以较易脱模。

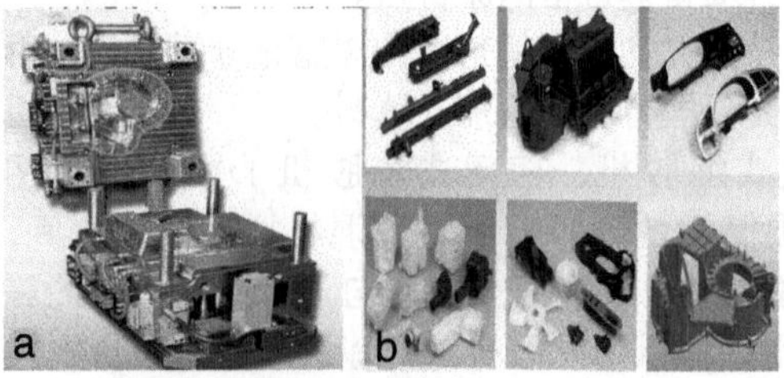

图5-113 塑料模具(a)和制品(b)

塑料模具[图5-113(a)]，是塑料加工工业中与塑料成型机配套，赋予塑料制品以完整构型和精确尺寸的工具。以注塑成型的模具为例，注塑时熔融塑料被注入成型模腔内，并在腔内冷却定型，然后上下模分开，经由顶出系统将制品[图5-113(b)]从模腔顶出离开模具，最后模具再闭合进行下一次注塑，整个注塑过程是循环进行的。

5.2.2 只需口模的成型方式

5.2.2.1 塑料管材挤出成型

图5-114和图5-115是用单螺杆挤出机生产管材的示意图。加热塑化的塑料熔体从挤出机经模头（又称口模）挤出管状物，先通过定型装置，按管材的几何形状、尺寸要求使它冷却定型。然后进入冷却水槽进一步冷却，最后经牵引装置至切割装置切成所需长度（图5-116）。

塑化　挤管　　真空定型　　喷淋冷却　　牵引　　切割　　堆放

图5-114 管材挤出成型示意图

奇·妙·的·高·分·子·世·界

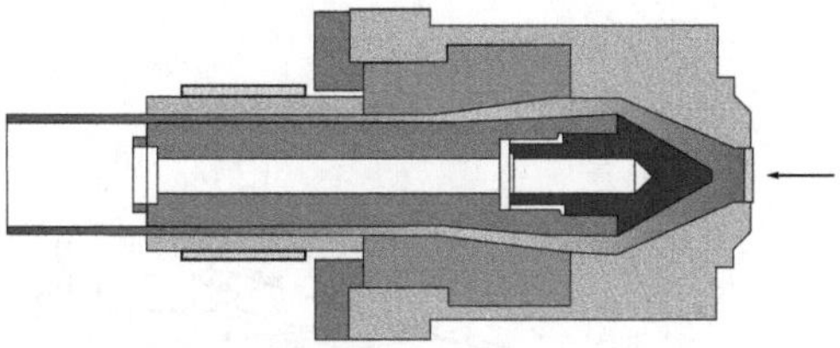

图5-115 管材挤出成型中模头附近的结构示意图

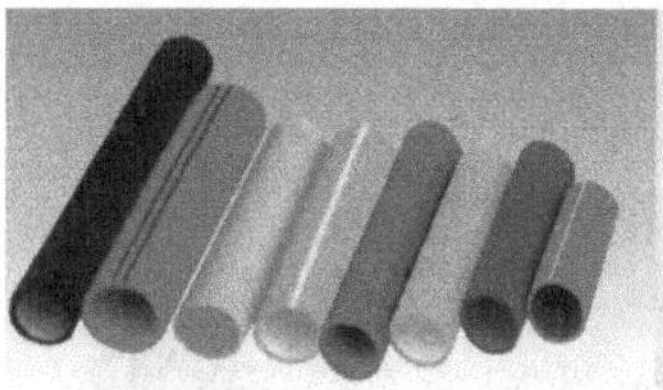

图5-116 挤出成型生产的管材

图5-117 螺杆

挤出机的关键部件是螺杆（图5-117），螺杆的作用是输送物料，同时物料在螺杆内被挤压、剪切而均匀混合，螺杆的螺槽容积逐渐减少，对物料进行“压缩”和加压挤出。

5.2.2.2 薄膜挤出吹塑成型

大多数塑料薄膜是采用挤出吹塑成型的方法生产的。将塑料熔体经机头环形口模间隙呈圆筒形膜挤出，并从机头中心吹入压缩空气，把膜管吹胀成直径较大的泡管状薄膜。冷却后卷取的管膜宽即为薄膜折径。用此法可生产厚度为0.008 ~ 0.30mm，折径为10 ~ 10000mm的薄膜。图5-118~图5-120分别是吹塑薄膜生产装置的示意图、口模附近的结构示意图和吹塑薄膜生产装置照片。

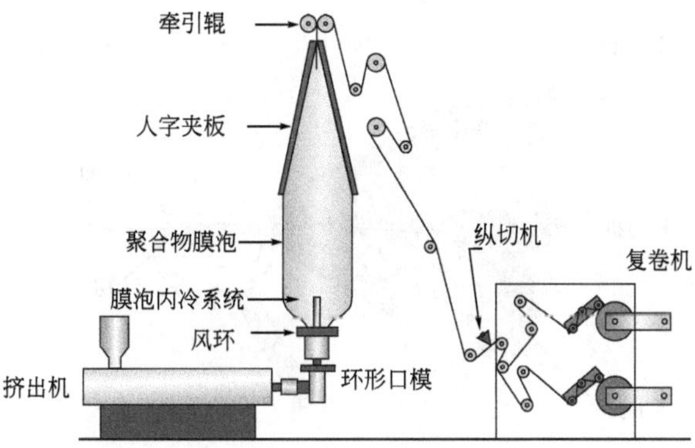

图5-118 吹塑薄膜生产装置示意图

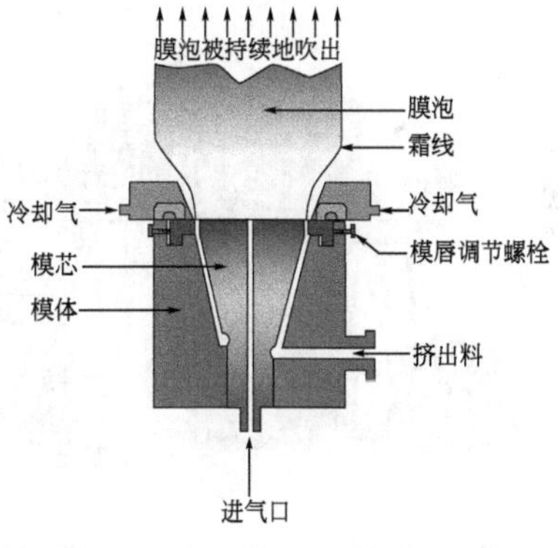

图5-119 口模附近的结构示意图

5.2.2.3 双向拉伸薄膜

薄膜的双向拉伸工艺是将由扁平狭缝机头平挤出来的厚片经纵横两方向拉伸，使分子链或结晶发生平面内双轴取向，并在拉伸的情况下进行热定型的方法。纵向拉伸比一般控制在4 ∶ 1至10 ∶ 1之间，再送到拉幅机（图5-121）上用夹具夹住两边作横向拉伸，拉伸比一般在2.5 ∶ 1 ~ 4 ∶ 1之间。薄膜经双向拉伸，显著提高了强度和模量，并改进了耐热性、透明性和光泽等。常用于双向拉伸的聚合物是聚丙烯、聚对苯二甲酸乙二醇酯和尼龙6，它们的双向拉伸薄膜简称为BOPP、BOPET和BOPA。

图 5-120 吹塑薄膜生产装置照片

挤出口模
挤出机
流延辊
张夹
冷却区

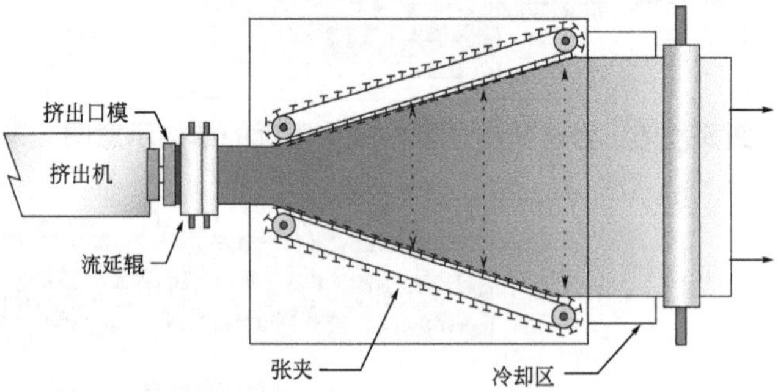

图 5-121 拉幅机的工作原理图

5.2.2.4 多层共挤出复合薄膜

多层共挤出复合薄膜是采用数台挤出机将同种或异种树脂同时挤入一个复合模头中，各层树脂在模头内或外汇合形成一体，挤出复合后经冷却定型后成为复合塑料制品，可以是复合薄膜、复合片材或复合中空制品（瓶等）。共挤出复合的特点是：多层塑料一次挤出成型，其工艺简单，节省能源，生产效率高，且成本低；层之间无需使用液态黏合剂，所以不存在残留溶剂问题，制品无异味。适用于食品、医疗用品、邮件、化工原料和产品、军械和粮食的包装。但主要缺点是废料为混合塑料，难以回收利用。多层共挤出复合薄膜的生产设备和工艺分别示于图 5-122 和图 5-123。

图 5-122 制备三层共挤薄膜要
三台挤出机

挤出机1
挤出机2
挤出机3
物料1
物料2
物料3

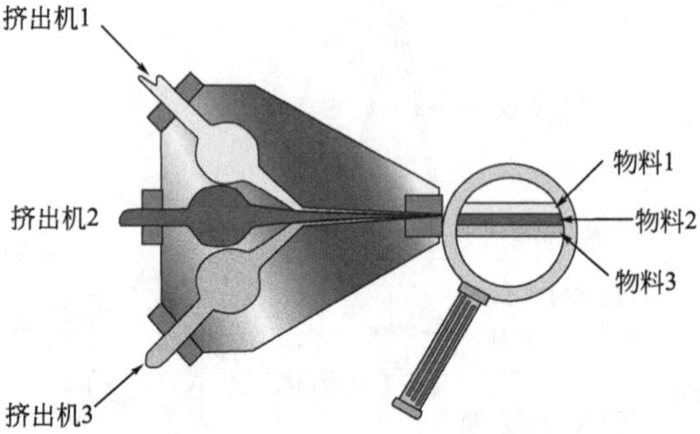

图 5-123 三层共挤薄膜的生产
工艺示意图

常见共挤出复合薄膜的层数一般为 2~7 层。如果中间层用高阻隔树脂，即为高阻隔复合膜。

5.2.2.5 挤出淋膜

1979 年，德国发明家研制的淋膜充气式活动用房一举夺得国际博览会金奖后，淋膜引起世人的广泛注意。

挤出淋膜工艺是在无纺布、纸张或其他基材上用挤出复合机（淋膜机）上为其表面涂覆上一层薄薄的聚乙烯及聚丙烯膜层，以提高基材的拉伸强度、气密性和防潮性等。

淋膜布纵横向拉伸强度最高能达 120kg，抗温能力为 -40~70℃，而且无味、无毒、耐磨、

图5-124 淋膜无纺布
(a) PE淋膜无纺布；(b) 用淋膜无纺布做的布衣柜

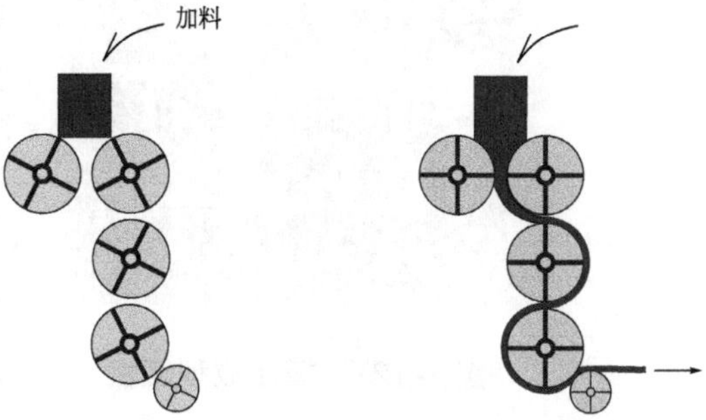

图5-125 倒L形四辊压延机示意图

耐搓，能在各种生态或物理化学环境下长期使用。淋膜不仅是大面积遮盖、活动用房的理想基材，还可用于大面积金属和非金属的隔音绝缘，掺入特殊成分的阻燃淋膜，可作为城市、街道的环境装饰用布及制成各类涂膜集装箱袋、吊装袋等。图5-124是一种布衣柜用的PE淋膜无纺布。

淋膜在纸上就是纸塑复合，各类背胶纸，铜版纸表面淋上一层透明度极高的聚合物薄膜，使之表面亮丽有光泽，同时可起到防水，防潮，防刮花等作用。淋以食品级PE膜的纸用作可防水的纸杯。照相馆用小型淋膜机在相片上淋膜一层PE薄膜用于保护相片。

5.2.2.6 压延成型

压延成型是热塑性塑料主要成型方法之一。它通过三个以上相向转动的辊筒的间隙使热塑性塑料的物料发生挤压流动变形而形成连续片状材料。主要用于生产压延薄膜、薄板、人造革、墙纸、印花刻花或复合片材等。典型产品有软质PVC薄膜、硬质PVC片材、改性PS片材、PVC人造革、PE泡沫人造革、PU人造革等。产品厚度一般在0.05~0.5mm之间，最厚可达5mm。

目前压延机以倒L形和Z形四辊为主（图5-125）。压延生产线投资较大，但产量也大。PE泡沫人造革的制造是压延工艺的一个实例。

5.2.3 有模具的成型方式

5.2.3.1 模压成型

模压成型是最古老的成型方法，塑料成型物料在闭合模腔内借助加热、加压，使其固化（凝固或交联）而形成制品（图5-126）。

这种工艺适用于热固性塑料、热塑性塑料和橡胶。以往热固性塑料和橡胶不能注射成型，只能模压；但现在也有少数液态橡胶（低分子量）和热固性树脂的可熔性预聚体可以注射成型。

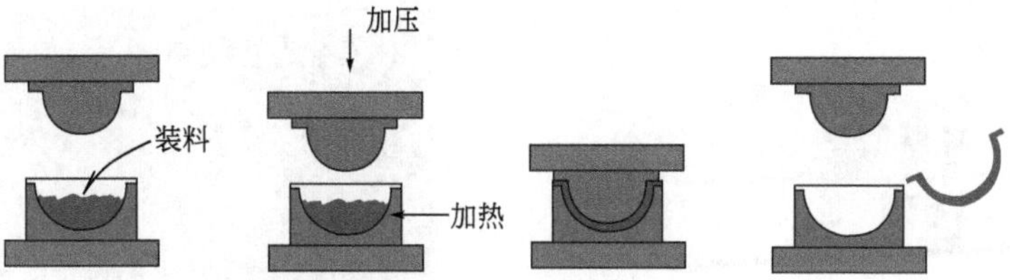

图5-126 模压成型工艺示意图

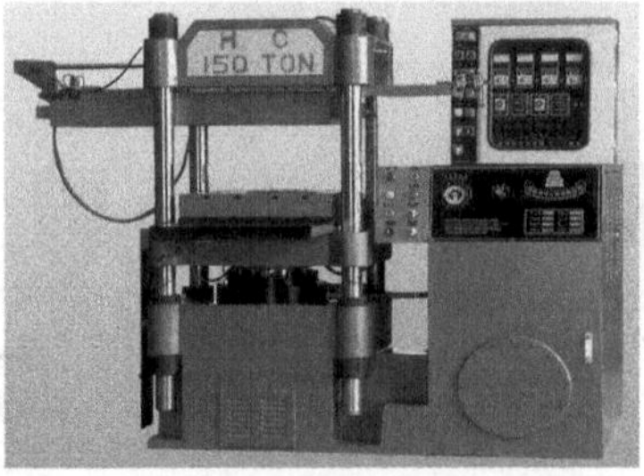

图5-127 模压成型压机

图5-128 用模压法生产的酚醛树脂电气元件

通常原材料中掺有大量的无机或有机填料。原材料用粉料或已塑化的片料。这种方法的优点是设备简单（如图5-127的模压成型压机），对热固性塑料，成型和交联一次解决，较为方便，但缺点是生产效率较低。图5-128是用模压法生产的酚醛树脂电气元件。

5.2.3.2　注射成型

注射成型是指物料在注射机加热料筒中熔融塑化后，由螺杆或柱塞注射入闭合模具腔中经冷却固化成制品的成型方法。它广泛用于热塑性塑料的成型，也用于某些热固性塑料（如酚醛塑料、氨基塑料）的成型。注射成型的优点是能一次成型外观复杂、尺寸精确、带有金属或非金属嵌件的塑料模制品，厂房占地少，生产效率高，自动化程度高。所以注射机占整个塑料机械的20%~30%。缺点是模具制造难度大，设备投资也较高。图5-129是注塑过程示意图，图5-130是注塑机。从图5-131可以清楚看到注塑件上为教学有意保留下来的浇口和流道，因此在塑料注塑制品的商品上都能找到浇口的痕迹，反过来有浇口的制品是通过注塑成型的。

近年出现的"模内注射成型"新技术，是在制造注塑电器面板等塑料件时，将印刷好的模内标签由机械手吸起放在模具内，借助树脂熔融温度，将标签背面的热熔黏合剂熔化，与塑料件融为一体。产品为三层结构，第一层为高亮度、高硬度的薄膜材料（如PET、PC、PMMA等），第二层为油墨，第三层为注射成型的树脂（如MBS、PC等）。印刷有图案的油墨层夹在透明薄膜和树脂之间，使标签耐磨损、无缝防水、不氧化、耐溶剂，长期保持色彩鲜艳。视窗区（无印刷区）有极高的透明度。产品应用在：带视窗的手机，家电中带操作按键的控制装饰

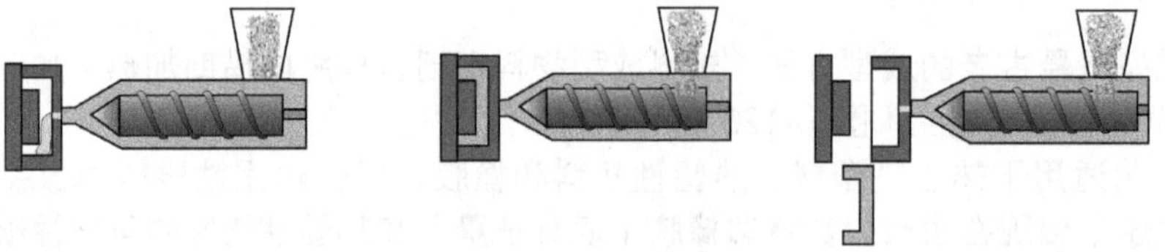

图5-129　注塑工艺过程示意图

图5-130　注塑机

图5-131　注塑件上有意保留下来的浇口和流道

奇·妙·的·高·分·子·世·界

170

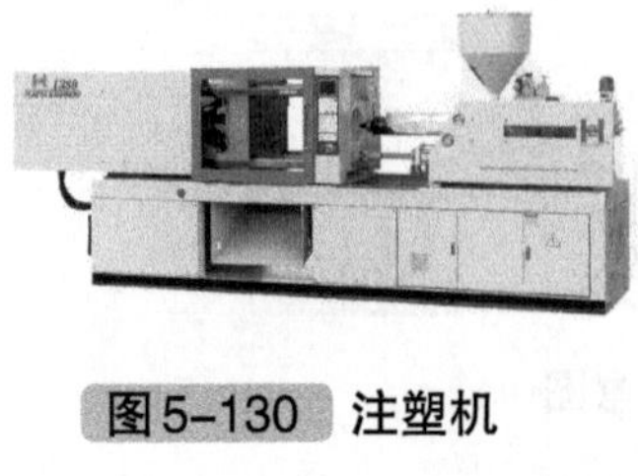

图5-132 模内注射成型的电饭锅面板（a）及其背面（b）

图5-133 太阳镜的模内注射成型基本过程

（a）偏振膜按曲率热压；（b）模内注射PC；（c）裁切后装配成墨镜

面板，MP3、MP4、DVD、数码相机、摄像机、医疗器械等的装饰面壳，汽车仪表盘、车灯外壳、标志牌等。图5-132是模内注射成型的电饭锅面板，三层结构的面层是PET，中间层是油墨，底层是MBS（甲基丙烯酸甲酯-丁二烯-苯乙烯共聚物，又称透明ABS）。图5-133表示了模内注射成型的太阳镜（墨镜）的基本过程，先将偏振膜加热按曲率压弯，再模内注射PC，最后裁切成镜片，装配成墨镜。

　　塑料的注射成型简单而快速，人们很自然想到金属粉末或陶瓷粉末能不能也用于注射成型？结论是肯定的，只不过工艺步骤要多些。下面以金属粉末注射成型为例。

　　粉末注射成型是传统粉末冶金技术与塑料注射成型技术相结合而发展起来的一种新的成型技术。其基本工艺路线如图5-134所示。首先将粉末与成型剂（例如聚乙烯）在混炼机上混炼均匀（图5-135），然后破碎造粒。经注塑机成型后得到所需形状和尺寸的成型坯。与普通塑料注塑不同的是，后面还有两个程序，一是"脱脂"，一是"烧结"。脱脂是去除成型剂，烧

粉末 ─┐
　　　├→ 混炼 → 造粒 → 注射成型 → 脱脂 → 烧结 → 产品
成型剂 ┘

图5-134 粉末注射成型的基本工艺路线

结是粉末冶金的工艺。

　　成型剂起了关键的作用。在注射过程中，成型剂给予物料黏性流动的性质，有助于模腔填充的均匀性；在脱脂时，成型剂又起到保持产品形状的作用。

　　粉末注射成型可以大批量、高效率地生产各种复杂形状的零件，而且可以突破传统粉末模压工艺在产品形状上的限制，无需或只需很少后续的机加工。制品性能优良，表面光洁度高，尺寸精度高，适用材料范围广，生产成本低。适用于铁基材料、不锈钢、硬质合金、陶瓷及金属基或陶瓷基复合材料等。广泛应用于国防和民用领域，如飞机用螺钉密封环、火箭燃料推进器、导弹尾翼、枪械零件、准星座、汽车刹车装置、电缆连接器、钻头、打印机打印头、牙齿矫形架、体内缝合针、手术剪、手表零件等。

　　粉末注射成型可以生产出小于1mm的超小零件，图5-136显示的零件尺寸比那只昆虫小得多。图5-137是难熔金属钼的高精度复杂形状的粉末注射成型品，直径只有4mm。

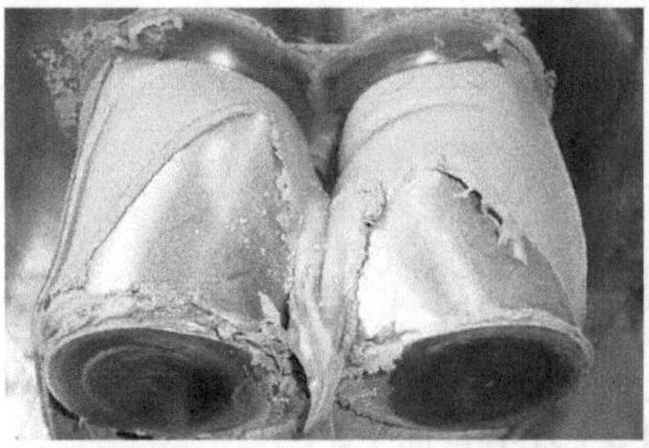

图5-135 金属粉末与聚乙烯的混炼

图5-136 粉末注射成型的零件尺寸可以比昆虫小得多

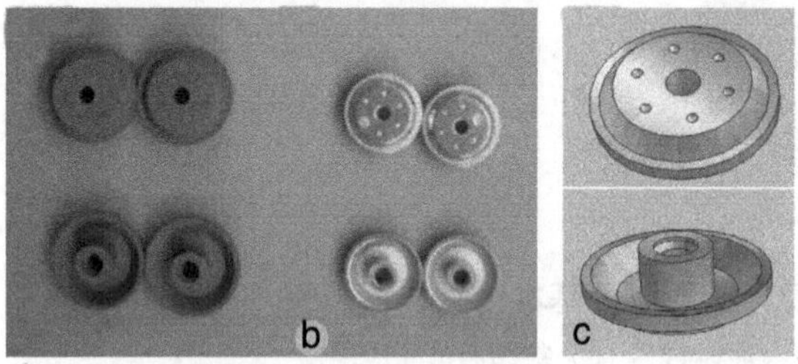

图5-137 金属钼的高精度复杂形状的粉末注射成型品

（a）成型坯；（b）成品；（c）相应的结构图

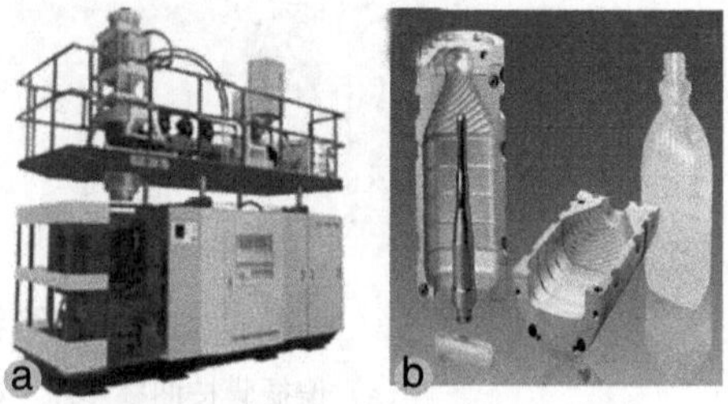

图5-138 中空吹塑成型的设备（a）和模具（b）

5.2.3.3 中空吹塑成型

由于无法取出内模，注射成型工艺无法用于制造瓶类容器。中空吹塑成型能解决这个问题。

中空吹塑成型是把熔融状态的塑料管坯置于模具内，利用压缩空气的压力使熔融管坯吹胀，贴在模具内壁，再经冷却硬化，得到与模腔形状相同的制品。此法适用的塑料有PE、PVC、PP、PS、PET、PC等。主要用于包装工业的各种中空瓶的生产。中空吹塑成型又可细分为：挤出吹塑、注射吹塑和拉伸吹塑。最普通的挤出吹塑，设备、模具示于图5-138；其工艺过程示意于图5-139。由一台挤出机在挤出一段管段后，立即被移向一个模具并切断，经闭模、吹塑、持续压力和冷却定性后，即获得中空产品（图5-140）。

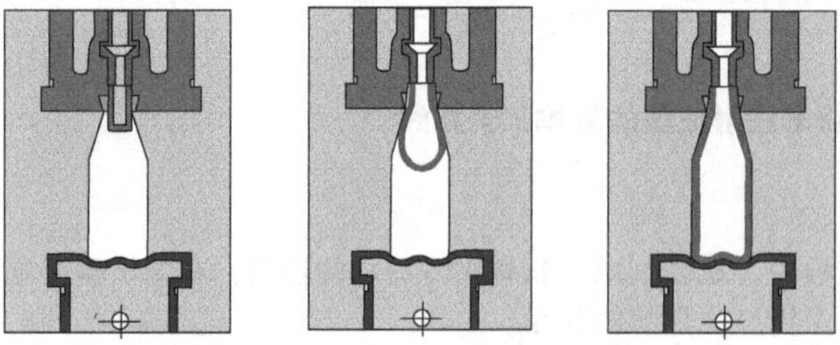

图5-139 中空吹塑成型工艺示意图

图5-140 各式中空产品

拉伸吹塑又称为“挤拉吹”，在熔体被“挤”出后，先经过“拉”伸的过程，再用压缩空气“吹”塑（图5-141）。所以拉伸吹塑制品具有双轴拉伸的效果，强度较高，但再受热时也容易发生收缩。例如矿泉水瓶就是用这种工艺制造的。

5.2.3.4 旋转成型

中空吹塑成型能用于制造瓶类容器，是因为压缩空气可以通过瓶口通入。但如果要制备无任何开口的塑料件（如海上的球形浮标），就只能用旋转成型（又称滚塑）了。

旋转成型的设备如图5-142所示。将定量的树脂放入中空模具中，然后把模具置于旋转炉中一边加热一边滚动旋转，由于离心力使熔融树脂均匀地布满模具型腔的整个内表面，待冷却固化后脱模即可得到中空制品（图5-143、图5-144）。此法可用于以PVC糊为原料的塑料的生产，如皮球、玩具等小型中空制品；也可用于以PE粉料为原料生产较大型的中空制品，如滚塑成型的PE浮箱、浮桥、浮标（图5-145）、冲浪板、耐腐储罐、公路隔离墩、集装箱（化工桶）、卧式水箱、垃圾箱等，整体无缝无焊，一体成型，耐酸碱，耐碰撞。

吹塑模具中的预制件和固定的销钉　　销钉下移拉伸预制件　　预制件被吹成容器的形状

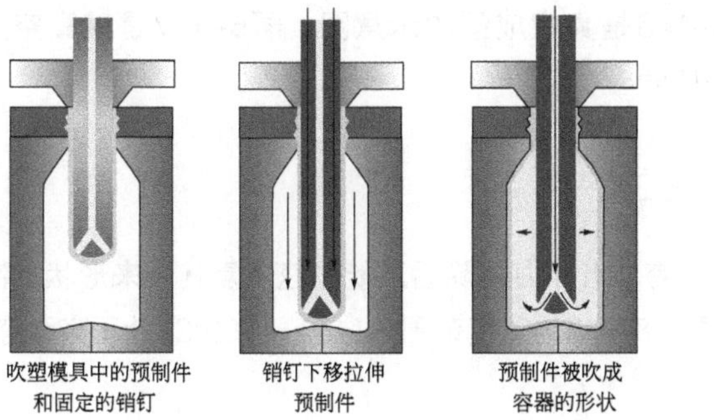

图5-141 拉伸吹塑的工艺示意图

图5-142 旋转炉

塑料粉末

(a) 装料　　(b) 加热

(c) 冷却　　(d) 脱模

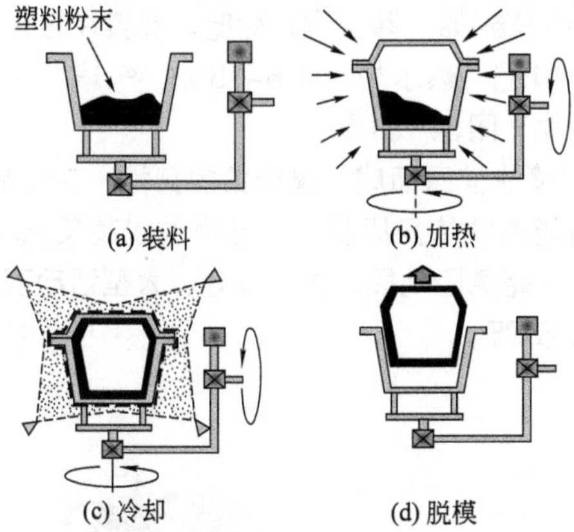

图5-143 旋转成型的原理示意图之一

加热

冷却

装料和脱模

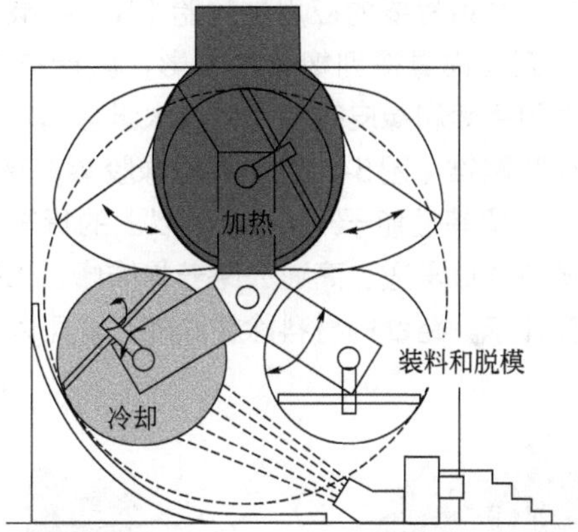

图5-144 旋转成型的原理示意图之二

图5-145 旋转成型的产品——塑料浮标（PE）

阳模抽真空成型　加热板

阴模抽真空成型

加热板

抽真空器械

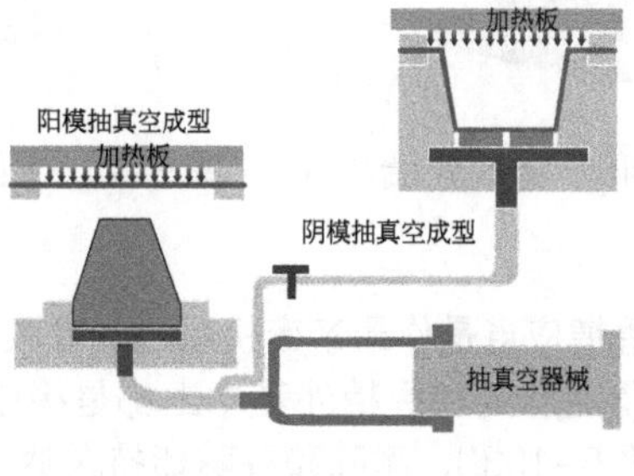

图5-146 真空成型工艺示意图

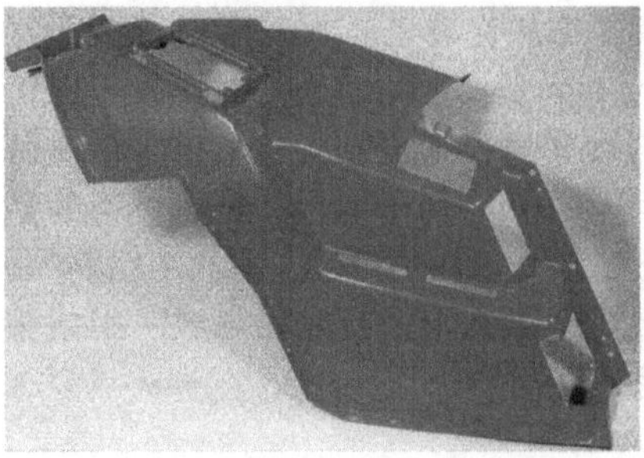

图5-147 某真空成型产品

5.2.3.5 真空或压缩成型

真空成型的方法是将片材夹在框架上，用加热器加热，利用真空作用把软化的片材吸入模具中紧贴在模具表面成型。这种方法又称为吸塑，是热成型方法的一种。另一种是从片材顶部通入压缩空气，称为压缩成型。热成型的一个主要优点是模具简单。热成型主要用于塑料泡壳、塑料餐盒、塑料天花板等的成型。图5-146是真空成型的示意图，图5-147是某真空成型的产品。

5.3 橡胶

橡胶是一种在外力作用下能发生较大的形变，当外力解除后又能迅速恢复其原来形状的高分子弹性体。橡胶与塑料的区别是前者在室温上下很宽的温度范围内(-50 ~ 150℃)处于高弹态。

5.3.1 从轮胎和口香糖讲起——天然橡胶

橡胶的最重要的应用是轮胎（图5-148），大约占60%。除了汽车轮胎，其实在日常生活中人们到处都看得到橡胶的身影，鼠标垫（图5-149）、热水袋（图5-150）、气球、胶布雨衣、医用手套和橡皮筏等，以及大量垫圈等工业零件（图5-151）。

橡胶路锥（图5-152）采用橡胶蒸汽高温硫化整体模压而成，集橡胶的韧性、轻便耐用、耐压、耐摔等性能于一身，10t以上的货车碾压后能很快恢复原状。外层再贴以高反光材料，适用城市路口车道、高速公路养护维修、人行道、道路危险地段、施工场地、大型活动现场等的隔离警示。路锥的材料除橡胶外，还可以是PVC或PE。

图5-148 橡胶轮胎

图5-149 鼠标垫（橡胶）

图5-150 热水袋（橡胶）

口香糖应当是你最亲密接触过的橡胶，相信你一定嚼过它。橡胶是口香糖的基料，口香糖除了少量甜味剂和香精外基本上都是橡胶。美国有一款叫“Trident”的口香糖是长效无糖口香糖（图5-153），甜味和香味能持久达一两个小时，这可能是甜味剂和香精已经微胶囊化了而只能在咬碎后才释放。

第2章已经介绍了天然橡胶硫化方法的发明历史。随着汽车数量的大量增加，用于制造轮胎的橡胶的需求量也变成了天文数字。如此广泛的应用使天然橡胶供不应求。面对橡胶生产的

图5-151 汽车、摩托车的橡胶配件

图5-152 橡胶路锥

图5-153 一种持香型口香糖

严峻形势，各国竞相研制合成橡胶。

人们首先想到的是用天然橡胶的结构单元——异戊二烯来制造合成橡胶。然而，异戊二烯聚合成橡胶有个根本的困难：在天然橡胶长链中，异戊二烯单元的几何结构是全顺式的；在古塔波胶长链中，异戊二烯单元的几何结构是全反式的；而人工聚合时异戊二烯单元往往是毫无规律地聚合在一起，得到的是一种既不是橡胶也不是古塔波胶的物质。这种物质缺少橡胶的弹性和柔性，用不了多久就会变黏，所以不能用来制造汽车轮胎。

在第一次世界大战期间，迫于橡胶匮乏，大约在1910~1925年，前苏联和德国转而用丁二烯作为单体，金属钠作为催化剂，合成了丁钠橡胶。他们的路子走对了，虽然不能合成出与天然橡胶一模一样的物质，但却能制造出其代用品。

$$\underset{\text{丁二烯}}{H_2C{=}CH{-}CH{=}CH_2} \xrightarrow{\text{钠}} \underset{\text{聚丁二烯}}{\left[H_2C{-}CH{=}CH{-}CH_2 \right]_n}$$

作为一种合成橡胶，丁钠橡胶对于应付橡胶匮乏而言还算是令人满意的。现在的顺丁橡胶（BR）是经配位聚合而得到的高顺式(96%~98%)聚丁二烯高分子弹性体，世界上产量仅次于丁苯橡胶的通用合成橡胶，分子结构比较规整，十分“柔软”。在合成橡胶中弹性最高、低温性能好，适用需耐磨的轮胎、鞋底、鞋后跟等。主要用于制造轮胎中的胎面胶和胎侧胶，约占80%以上；还可用于自行车外胎、鞋底、输送带覆盖胶、电线绝缘胶料、胶管、体育用品（高尔夫球）、胶布、腻子、涂漆、漆布等。

丁二烯与其他单体共聚可以改善其性能。如与苯乙烯共聚得到丁苯橡胶（1928年），它的性质与天然橡胶极其相似。事实上，在第二次世界大战期间，德国军队就是因为有丁苯橡胶，橡胶供应才没有出现严重短缺现象。 前苏联也用同样的方法向自己的军队提供橡胶。丁苯橡胶（简称SBR）是目前世界上产量最大和消耗量最大的通用橡胶，高温耐磨性好，但耐寒性较差。现在丁苯橡胶主要用于汽车零件、电线和电缆包层、胶管和胶鞋等。它是含约3/4丁二烯，约1/4苯乙烯的共聚物，其典型结构为：

$$\left[(CH_2{-}CH{=}CH{-}CH_2)_x(CH_2{-}\underset{\underset{CH_2}{\overset{\|}{CH}}}{\overset{|}{CH}})_y(CH_2{-}CH)_z \right]_n$$

美国也大力研究合成橡胶。1931年首先合成了氯丁橡胶，氯原子使氯丁橡胶具有天然橡胶所不具备的一些抗腐蚀性能。例如，它对于汽油之类的有机溶剂具有较高的抗腐蚀性能，远不像天然橡胶那样容易软化和膨胀。因此，像导油软管这样的用场，氯丁橡胶实际上比天然橡胶更为适宜。氯丁橡胶含有阻燃元素氯，所以是耐火的橡胶（图5-154）。氯丁橡胶首次清楚地表明，正如在许多其他领域一样，在合成橡胶领域，实验室的产物并不一定只能充当天然物质的代用品，它的某些性能能够比天然物质更好。氯丁橡胶的耐热性、耐候性、耐油性、耐燃性、耐磨性、耐溶剂性、气密性均优于天然橡胶，但其耐寒性较差、成本较高。广泛用于制造胶管、胶带、电线包层、电缆护套、印刷胶辊、胶板、衬垫及各种垫圈、密封胶条、输送带、胶黏剂等制品。同时可以与其他橡胶混合使用。

氯丁橡胶的结构如下：

$$\left[\text{CH}_2-\underset{\text{Cl}}{\text{C}}=\text{CH}-\text{CH}_2\right]_n$$

另一类耐油的合成橡胶是丁腈橡胶（图5-155），它是以丁二烯为主要单体和丙烯腈为辅助单体，经乳液聚合而制得的弹性体，其结构如下：

$$\left[\left(\text{CH}_2-\text{CH}=\text{CH}-\text{CH}_2\right)_x\left(\text{CH}_2-\underset{\text{CN}}{\text{CH}}\right)_y\right]_n$$

图5-154 氯丁橡胶能阻燃

图5-155 丁腈橡胶用作胶辊

图5-156 丁基橡胶用作内胎

20世纪30年代，德国法本公司在实验中偶然发现一种怪现象，这种现象很有趣，可以把参观者逗乐。在干冰温度下，将异丁烯液化，然后加入几滴三氟化硼（一种高效催化剂）。催化剂刚落在液体表面，就会产生无声的爆炸，随之产生白色的雪球，雪球越滚越大，从玻璃杯口滚出来，这就是聚异丁烯。聚异丁烯的分子链上没有双键，不能像天然橡胶那样用硫交联，于是常与少量异戊二烯进行共聚，共聚物称为丁基橡胶，由于抗透气性在所有橡胶中最好，常用作充气内胎或不用充气的轮胎的内层（图5-156）。丁基橡胶的结构如下：

$$\left[\left(\underset{\text{CH}_3}{\overset{\text{CH}_3}{\text{C}}}-\text{CH}_2\right)_x\text{CH}_2-\underset{\text{CH}_3}{\text{C}}=\text{CH}-\text{CH}_2-\left(\underset{\text{CH}_3}{\overset{\text{CH}_3}{\text{C}}}-\text{CH}_2\right)_y\right]_n$$

1955年美国人利用齐格勒在聚合乙烯时使用的催化剂（也称齐格勒-纳塔催化剂）聚合异戊二烯。首次用人工方法合成了结构与天然橡胶基本一样的合成橡胶聚异戊二烯（92%～97%为顺式结构），又称为"合成天然橡胶"，是世界上产量次于丁苯橡胶、顺丁橡胶而居于第三位的合成橡胶，是一种综合性能好的通用合成橡胶。主要用于作轮胎的胎面胶、胎体胶和胎侧胶，以及胶鞋、胶带、胶黏剂、工艺橡胶制品、浸渍橡胶制品及医疗、食品用橡胶制品等。

可是合成的聚异戊二烯的性能无论如何赶不上天然橡胶。合成的聚异戊二烯用作飞机的轮胎只能起落1次，而天然橡胶可以20~30次。天然橡胶含0.5%的杂质，可能正是这些复杂的

杂质起了作用。现在的轮胎一般都含一半左右的天然橡胶，否则强度不行。

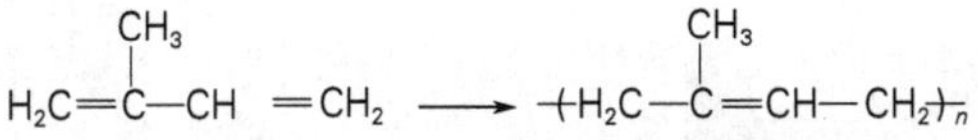

$$CH_3 \qquad\qquad CH_3$$
$$H_2C=C-CH=CH_2 \longrightarrow +H_2C-C=CH-CH_2\frac{}{}_n$$
异戊二烯 聚异戊二烯

不久，用乙烯、丙烯这两种最简单的单体制造的乙丙橡胶也获成功，现在乙丙橡胶产量居合成橡胶第四位。乙丙二元橡胶的结构，与聚异戊二烯单体单元的结构很相似。为了能用硫交联，常引入少量非共轭双键的第三单体，如1,4-己二烯、双环戊二烯等，成为乙丙三元胶，这类单体提供的双键是侧基，不进入主链，而双键进入主链的单体易使橡胶老化。因而，乙丙橡胶是通用橡胶中最耐老化的，150℃下能长期使用，阳光下曝晒三年不见裂纹。主要用于汽车零件、电气制品、工业用品、建筑材料、家庭用品和塑料改性剂等。乙丙二元橡胶结构如下：

$$CH_3$$
$$+(CH_2-CH)_y+(CH_2-CH_2)_x\frac{}{}_n$$

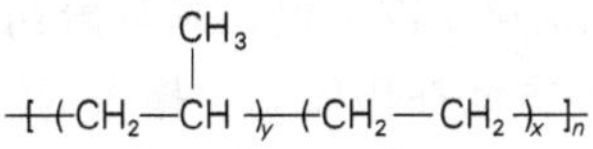

此外还出现了各种具有特殊性能的橡胶，表5-2归纳比较了橡胶家族各成员的主要特性。表5-3归纳了几种主要橡胶的玻璃化温度（均远低于室温）及使用温度范围。

表5-2 各种合成橡胶的主要特性

种 类	特 性
顺丁橡胶	高弹性、耐磨性、耐寒性好
氯丁橡胶	耐候性、耐臭氧性、耐热性、耐化学性好
丁苯橡胶	耐磨性、耐老化性、耐热性好，产量最大
丁腈橡胶	耐油性、耐磨性好，但耐寒性差
乙丙橡胶	耐老化性、耐化学性、高弹性、电性能好，最轻
异戊橡胶	与天然橡胶相似
聚氨酯橡胶	力学性质、耐油性、耐磨性好
硅橡胶	耐热性、耐寒性、力学性质、耐水性好
氟橡胶	耐油性、耐化学性好、耐热性好

表5-3 几种主要橡胶的玻璃化温度及使用温度范围

名称	T_g/℃	使用温度范围/℃	名称	T_g/℃	使用温度范围/℃
天然橡胶	-73	-50~120	丁腈橡胶（70/30）	-41	-35~175
顺丁橡胶	-105	-70~140	乙丙橡胶	-60	-40~150
丁苯橡胶（75/25）	-60	-50~140	聚二甲基硅氧烷	-120	-70~275
聚异丁烯	-70	-50~150	偏氟乙烯-全氟丙烯共聚物	-55	-50~300

生产10000t天然橡胶，需要热带70万亩土地，种植3000万株橡胶树，5万劳力，6~8年时间；而生产10000t合成橡胶，只需150个工人和很少的厂房。有人计算，一座年产8万吨的合成橡胶厂相当于145万亩橡胶园的年产量。可见，合成橡胶工业的重要意义。现在，合成橡胶的总产量已经大大超过了天然橡胶，合成橡胶弥补了天然橡胶在产量和性能方面的不足。

合成橡胶的品种很多，所以一个产品往往不止用一种橡胶，有时还与塑料结合使用，为的是得到最佳的性价比。以鞋底为例，一个普通的运动鞋底就很花俏（图5-157），内垫是EVA，底部是混合橡胶（天然橡胶＋丁苯胶），底部中段为PVC（加强硬度）。

最后，对橡胶的介绍还是要回到交通用橡胶。各种交通工具对当今的橡胶提出各种严格的要求，比如大型载重汽车的轮胎是实心的，而且光用帘子布增强还不够，中间要加钢筋（图5-158）。

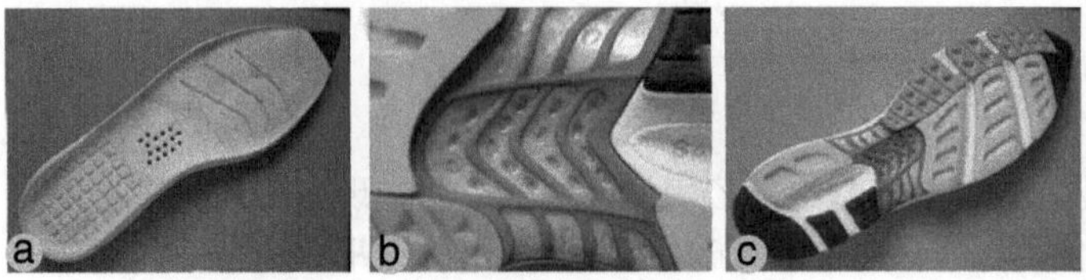

图5-157 一个运动鞋底的多种组成
(a) 内垫（EVA）；(b) 灰色的底部中段（PVC）；
(c) 底部（天然橡胶＋丁苯胶）

图5-158 厦门正新橡胶工业有限公司生产大型载重汽车轮胎

飞机轮胎的要求就更高了。以波音747为例，总重量约400t，着陆最高速度约400km/h。飞行高度的气温为-60~-50℃。一方面在极低温下橡胶的性能就像塑料；另一方面，根据高分子的时温等效原理，橡胶在极短时间内观察则成为塑料。所以，飞机上的橡胶轮胎在高速下遇到外来物体的撞击会像塑料（即处于玻璃态）一样碎掉。轮胎爆裂事故在国内外均有发生（图5-159），从网上查到的结果来看，我国的飞机大约每年发生一起，但大部分轮胎爆裂事故是在着陆时发生的，没有引起重大事故。国外比较著名的案例是2000年的协和式超音速客机空难事故（图5-160），此次空难是由轮胎爆裂，碎片击中油箱所致。

飞机轮胎外径1.4m，最大静负荷约30t。尼龙帘子线的增强层约20层。经几十至300次起落的磨耗后要换一次轮胎。

传统铁路是有砟轨道，堆满了石子道砟（图5-161）。但有砟轨道已不能满足现代动车高速行驶的需要。动车的铁轨是无砟轨道（图5-162），下面全是混凝土浇筑成的一个整体水泥块，轨道就是铺设在这种混凝土块上方，轨道与混凝土之间有一层橡胶垫，用于缓解重压对混凝土块的损坏。无砟轨道噪声小、列车时速可达300多公里。

图5-159 2004年某航空飞机轮胎爆裂，上演惊魂一幕

图5-160 2000年协和客机空难事故

图5-161 传统铁路的有砟轨道

图5-162 动车的无砟轨道

5.3.2 从鲨鱼皮、Jaked泳衣的神话谈起——聚氨酯

1974年诞生聚氨酯纤维泳衣，有效防止了泳衣伸长后从缝隙流入过多的水，从此性能得以飞速提高。后来美国一家公司研制出一种“大力士”泳衣，用超细尼龙纤维和聚氨酯纤维编织而成，整件游泳衣全重150~200g，且平滑度和伸缩性又一次提高，在水中的阻力也比以前减少了很多。悉尼奥运会又出现了鲨鱼皮泳衣，震惊体坛。北京奥运会因为有了“鲨鱼皮”而破了34项游泳世界纪录（图5-163）。2009年罗马游泳世锦赛出现了比“鲨鱼皮”更猛的高科技泳衣，被称为“偶像级”泳衣的意大利产Jaked泳衣。由于有了Jaked的高科技泳衣，打破的世界纪录数超过了北京奥运会。但这届世锦赛是“最后的疯狂”了，因为世界泳联已宣布禁用高科技泳衣。如果任其发展，有人戏称，再下去就要出现“皇帝的新衣”了。

图5-163 北京奥运会上大出风头的“鲨鱼皮”泳衣

Jaked泳衣非常昂贵，每件约人民币4000元，一般要用到第4、5次才出最好成绩。穿时要好几个人帮忙才能穿上去。这种魔幻泳衣一方面让运动员“疯狂地”打破世界纪录，另一方面也在不断地与运动员开着玩笑，频频爆裂走光。尽管如此各国运动员还是趋之若鹜。

Jaked 的材料是聚氨酯（PU），全称是“聚氨基甲酸酯”，一种新型弹性体。PU由二异氰酸酯、聚酯或聚醚多元醇以及低分子量的二元醇反应得到，反应式如下：

$$\mathrm{HO{\sim\sim}P{\sim\sim}OH + OCN{-}R{-}NCO + HOR'OH \longrightarrow}$$

$$\mathrm{{\sim\sim}P{-}O{-}\overset{\overset{\displaystyle O}{\|}}{C}{-}NH{-}R{-}NH{-}\overset{\overset{\displaystyle O}{\|}}{C}{-}O{-}R'O{-}\overset{\overset{\displaystyle O}{\|}}{C}{-}NH{-}R{-}NH{-}\overset{\overset{\displaystyle O}{\|}}{C}{-}O{\sim\sim}}$$

聚氨酯还用来做高尔夫球的外层材料，它的硬度较低。它提供了较佳的感觉，更高的巴肖尔应变能力，较高的抗张强度、撕裂强度和伸长率，更好的可玩性。

2011年高尔夫欧巡赛－约翰内斯堡公开赛上，南非名将夏尔－舒瓦特泽尔以4杆的优势赢得了个人的第六个欧巡赛事冠军。这位卫冕冠军的夺冠利器是一款One Tour D高尔夫球，是Nike公司针对那些挥杆速度从中速到快速，寻求巡回赛级别的表现力以及开球距离更远的球员而设计的。它有着无缝的聚氨酯表层、中间覆盖层以及从柔软的中心延续到坚硬外围的内核，三层结构设计使得这款球能在发球台上打出相当出众的距离。

英国《每日邮报》最近公布了一组由多层聚氨酯等极富弹性的聚合物组成的高尔夫球以时速150英里（约合241km）撞击钢板瞬间时的慢镜头照片（图5-164）。在撞击的那一刻，高尔夫球几乎被压成一个平面，高尔夫球撞击墙面的瞬间将冲力转化为弹力。

图5-164 高尔夫球

（a）由多层聚氨酯组成的高尔夫球；（b）、（c）撞击钢板瞬间时的慢镜头照片

聚氨酯还是现代足球的外层材料。1970年，墨西哥足球世界杯首次引入了专用比赛球的概念，并由德国阿迪达斯公司提供。在这届赛事上，使用的是名为“Telstar”的特别设计的足球。该足球用32小块皮革手工缝制而成，其中12块黑色的五边形与20块白色的六边形和谐交替。之后的几届世界杯都仅仅是外观上有所不同，直至1982年世界杯来到西班牙，首次采用防水缝合皮革的革新工艺，这次革新可称为是序曲，从此世界杯专用球开始改变仅是外观创新的方向，不断在材料和制造技术上获得突破。1990年意大利之夏，由聚氨酯制成的足球登场了！之后的历届世界杯比赛用球均在此材料的基础上略有创新。1998年法国世界杯，阿斯达斯公司特别推出了Tricolore（即“三色球”），外观突破以往黑白两色的传统设计，使用了法国国旗上的蓝白红三色，以这三种颜色组成的三角斜纹图案代替了传统足球的黑色。材料上，它采用的新型复合泡沫材料使得足球表面的32小块的每一处都可以具有相同的反弹力，因此提高球体对压力的敏感度。不仅球速变快，而且方向准确性更佳，空中运行更加平稳。2002年韩日世界杯比赛用球Fevernova（中文译为“飞火流星”）全部用人工合成材料制成。和1998年世界杯用球相比，“飞”的精确性提高了25%，速度提高了10%。奥秘在于足球表面那层厚度仅为3mm的合成革，由包括固化聚氨酯、透明聚氨酯涂层、“微泡混合塑料”和天然橡胶等总共多达10层组成，其设计、开发、制作全部在德国的阿迪达斯足球实验室完成。

聚氨酯的杨氏模量介于橡胶和塑料之间，拉伸强度是天然橡胶的2~3倍，伸长率随硬度的增加而减少，但比其他胶种变化要小得多，所以一般聚氨酯的伸长率较高。聚氨酯的耐磨性是高分子材料中最好的一种（见表5-4），此外还有耐油、耐撕裂、耐化学腐蚀、耐辐射、与其他材质黏合性好、高弹性好和吸震能力强等优异性能。

表5-4　各种合成材料的Taber磨耗值

材料	磨耗值/mg	材料	磨耗值/mg
聚氨酯弹性体	0.5~3.5	天然橡胶	146
聚酯薄膜	18	丁苯橡胶	177
HDPE	29	增塑PVC	187
聚四氟乙烯	42	丁基橡胶	205
丁腈橡胶	44	ABS	275
尼龙66	49	氯丁橡胶	280
LDPE	70	聚苯乙烯	324

聚氨酯也是塑胶跑道的主体材料。塑胶跑道是国际上公认的最佳全天候室外运动场地坪材料。它由聚氨酯预聚体胶液、橡胶粒（废轮胎橡胶、EPDM橡胶粒或PU颗粒）、颜料、助剂、填料组成。选择乙丙二元胶（EPDM）的原因是因为它不含不饱和双键，很耐老化。其结构与性质见5.3.1节。

塑胶跑道铺装施工工艺是采用三步施工法进行铺装的。首先在胶液中加入适量的橡胶粒，摊铺底胶厚度为8mm，待其固化后，在上面再铺装厚度为2mm的胶液，用人工均匀地撒上红色橡胶颗粒，回收多余胶粒，最后在上面喷一层胶液。

塑胶跑道具有平整度好、抗压强度高、硬度弹性适当、物理性能稳定的特性，有利于运动员速度和技术的发挥，有效地提高了运动成绩，降低了摔伤率。主要特点如下。

全天候使用：任何季节及温差，均能维持高水准的品质，雨后更能立即使用，增加利用时间，提高场地使用率。

弹性：具有适度的弹性及反弹力，可减少体力的消耗，增进竞赛成绩。

冲击力吸收：适度吸收脚部冲击力，减少运动伤害，长期练习及比赛均适宜。

耐候性：不会因紫外线、臭氧、酸雨的污染而褪色、粉化或软化，并能长期保持其鲜艳的色彩。

耐磨性：耐磨耗性小于2.5%，满足各级学校长时间，高使用频率的需要。

耐压缩性：不会因为田径器材的重压而无法恢复弹性。

抗钉力：在受力最大使用最频繁的百米起跑点，也不会受到钉鞋或起跑架破坏。

耐冲击性：具有强韧的弹性层及缓冲层，可吸收强劲的冲击，表面不会受损。

平坦性：施工时使用自流平材料，表面平坦，能符合特别平坦的比赛场地要求。

安全性：可防止跌倒所发生的运动伤害。

经济：维护方便、节省管理费用。

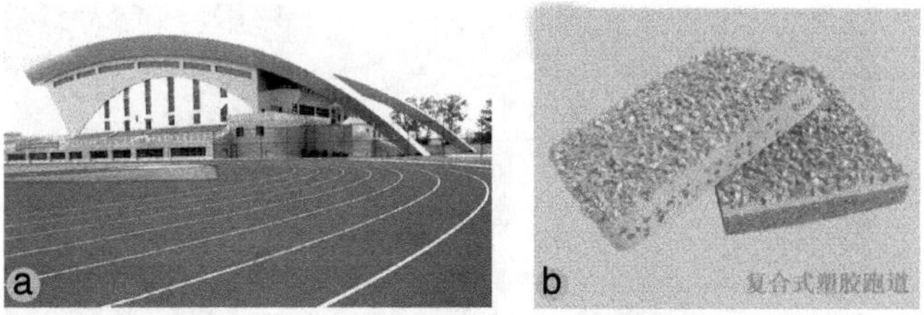

图5-165 塑胶跑道（a）及其材料（b）

塑胶跑道已广泛用于体育馆、学校操场等（图5-165）。

5.3.3 可以回炉再加工的橡胶——热塑性弹性体

交联橡胶再加热是不能流动的，与热固性塑料一样，废旧轮胎无法再加工。现在虽然已出现废橡胶脱硫再生的工艺，但再生胶的性能总是比较差的。

热塑性弹性体是一种在常温具有橡胶高弹性，高温下又能塑化成型的高分子材料。它是不需要硫化的橡胶，边角料可重新使用，被认为橡胶界有史以来最大的革命。

热塑性弹性体的典型例子是SBS树脂，用阴离子聚合法制得的苯乙烯和丁二烯的三嵌段共聚物，结构式示于图5-166。其分子链的中段是聚丁二烯，两端是聚苯乙烯，SBS具有两相结构，橡胶相PB为连续相，聚苯乙烯凝聚形成微区（孤立相）分散在橡胶相中，起物理交联作用（图5-167）。在120℃可流动，可像塑料一样注塑成型，冷到室温时，由于聚苯乙烯的玻璃化温度高于室温，分子两端的聚苯乙烯变硬，而分子链中间部分聚丁二烯的玻璃化温度低于室温，仍具有弹性，显示交联橡胶的特性。

图5-168是日本新干线铁轨用的SBS缓冲垫和该SBS的相分离结构（又称为海岛结构）

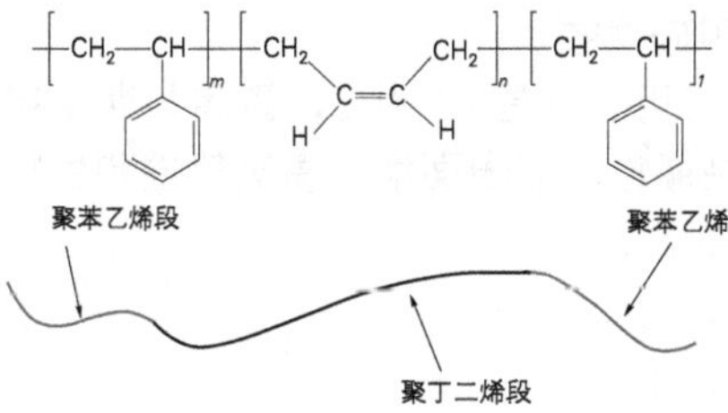

图5-166 SBS的化学结构式和分子形态示意图

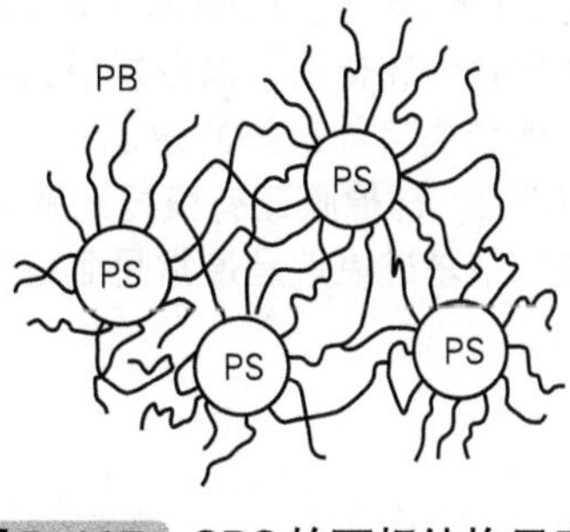

图5-167 SBS的两相结构示意图
PS为聚苯乙烯，PB为聚丁二烯

的透射电子显微镜照片。

SBS与大多数橡胶一样，主链上有双键，也易于老化。因此，工业上常把苯乙烯-二烯烃的AB或ABA型嵌段共聚物氢化，得到更稳定、耐老化的品种，例如将SBS加氢，使聚丁二烯链段的1,4加成部分氢化成聚乙烯(E)，1,2加成部分氢化成聚丁烯(B)，产物称为SEBS。SEBS仍然是热塑性弹性体，其结构式如下：

$$\left[\!\!\!\begin{array}{c}CH_2\!-\!CH\\ |\\ \phi\end{array}\!\!\!\right]_m \!\!\! \left[\!\!CH_2\!-\!CH\!\right]_n \!\!\!\left[\!\!CH_2\!-\!(CH_2)_2\!-\!CH_2\!\right] \!\!\!\left[\!\!\!\begin{array}{c}CH_2\!-\!CH\\ |\\ \phi\end{array}\!\!\!\right]_p$$
$$CH_2CH_3$$

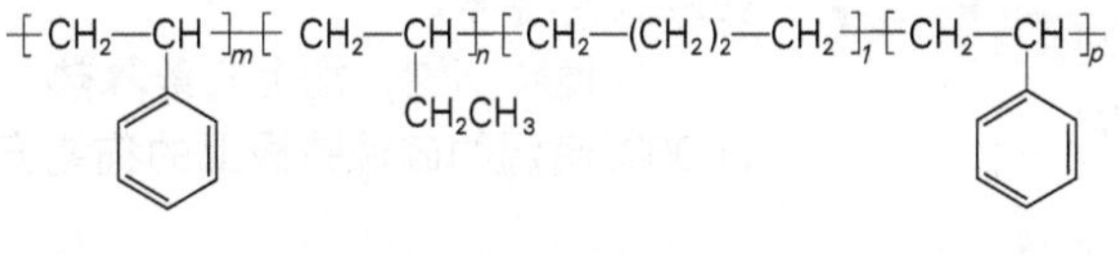

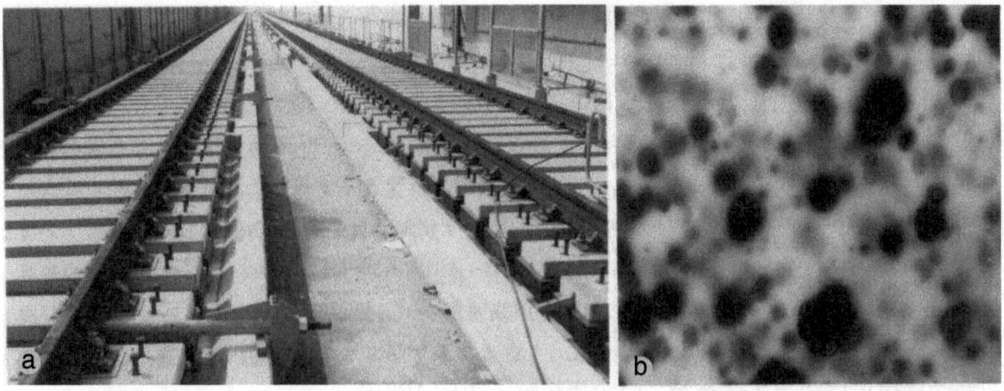

图5-168　日本新干线铁轨用SBS缓冲垫（a）和SBS的相分离结构（b）

SEBS 的应用如下。

① SEBS具有较好的紫外线稳定性、抗氧性和热稳定性，所以在屋顶和修路用沥青中也可以使用。

② SEBS与石蜡之间有比较好的相容性，因此可用作纸制品较柔韧的表面涂层。

③ SEBS/油共混物的有机溶液可替代天然胶乳制造外科手套等制品，由于SEBS不含不饱和双键且纯度较高，有以下两种优点：抗氧性、抗臭氧性较好；天然橡胶中含有蛋白质，会使某些病人产生危险的过敏反应，而这个共混物就不会。

④ 聚合物改性剂：多种热塑性塑料的增韧剂、不同塑料间的相容剂、热固性塑料的抗冲剂。

5.3.4　最耐温和耐寒的橡胶——硅橡胶

1940年G. Rochow发明了用硅和氯甲烷直接合成甲基氯硅烷的方法，开始了从实验室向工业化生产的转化。1944年美国GE公司合成了聚二甲基硅氧烷。1948年J. E. Nyde等人用有机过氧化物为硫化剂，以白炭黑为补强填料，得到实用硅橡胶。

硅橡胶是目前最好的耐温和耐寒橡胶，它的最低使用温度是−100℃，最高长期使用温度超过300℃。硅橡胶还有良好的耐老化性、优良的电绝缘性、低表面能、高透气性和生物相容性。聚二甲基硅氧烷是最常见到硅橡胶品种，结构式如下：

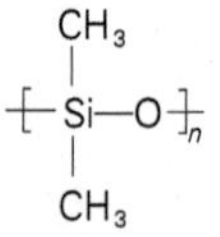

$$\left[\begin{array}{c} CH_3 \\ | \\ Si-O \\ | \\ CH_3 \end{array}\right]_n$$

实际上硅橡胶常不是均聚的聚二甲基硅氧烷，而是二甲基硅氧烷与少量（0.1% ~ 0.3%，摩尔分数）乙烯基硅氧烷的共聚物，引入乙烯基以便于交联。硅橡胶生胶是乳白色的（图5-169），通过加热模压成型。硅橡胶制品可以做成各种颜色（图5-170），不像天然橡胶制品常常要加炭黑增强而呈现黑色。还有一种硅橡胶原料是液态的，是低分子量硅橡胶，通过加成反应固化。其反应速度很快，可以注射成型，加工效率大为提高。

硅橡胶不燃，加上它能隔热，所以在短水碱被烧到2000℃高温的硅橡胶板上的猫能安然无恙（图5-171）。

图5-169　硅橡胶生胶

图5-170 多彩的硅橡胶密封圈

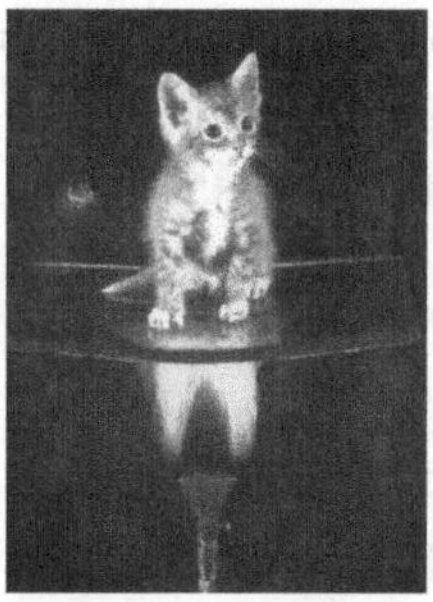

图5-171 能耐2000℃高温的硅橡胶板

图5-172 巧克力模具（硅橡胶）

图5-173 淋浴“花洒”喷头的内衬（液态硅橡胶产品）

图5-174 高级泳镜（液态硅橡胶＋PC）

图5-175 医用急救分隔式人工呼吸器（液态硅橡胶＋PC）

硅橡胶应用在要求耐热、耐寒的电气绝缘材料、耐热滚筒、密封材料、模具、生物医学材料、医疗器械、卫浴器具、高档日用品等特殊领域。人们生活中常见的是玻璃胶、手机键盘、高压锅垫圈、水管垫圈、仿真人体肤色玩具等。通常在硅橡胶和其他橡胶都能使用的情况下，硅橡胶制品的性能往往要好得多，例如硅橡胶高压锅垫圈或水管垫圈的寿命要比相应的天然橡胶产品要长很多。

以下举一些特殊应用的例子。

① 用作食品（糖果、巧克力、糕点等）模具（图5-172）。具有易于脱模、收缩率低、仿真性好、耐高低温、易清洗、使用寿命长等特点。特别是硅橡胶模具有永久脱模效果，耐220℃高温，可放在烤箱或微波炉里使用。

② 用作淋浴“花洒”喷头的内衬（图5-173）时，有自洁功能，减少飞溅和耐温耐用的优点。

③ 用作高级泳镜（图5-174）时，与皮肤的贴服性特别好，因而防水性好、感觉舒适。

④ 用作医用急救分隔式人工呼吸器（图5-175），橡胶部分是硅橡胶，塑料部分是PC。在对病人实施人工呼吸抢救时有诸多不便，口对口的直接接触容易引起交叉传染，抢救环境造成的片刻犹豫都有可能丧失抢救机会。使用该分隔式人工呼吸器医务人员可毫无顾虑及时地对病人进行人工呼吸抢救，可实现口对口的不直接接触，操作卫生安全可靠，并可阻断相互间的飞沫喷溅。

5.3.5 “没用的”硬橡皮——杜仲胶

杜仲胶是天然橡胶（又称巴西三叶胶）的孪生兄弟，它们的化学组成一样，只是化学结构不同，前者是反式－1,4加成聚异戊二烯，后者是顺式－1,4加成聚异戊二烯。第1章详细解释了这种结构差异，它导致了两者的宏观性质截然不同，天然橡胶是优良的弹性体，而杜仲胶是一种结晶性硬质材料，其工业价值与天然橡胶相比相形见绌。杜仲胶的结构式如下：

$$\left[CH_2-C=CH_2 \atop \quad\ \ CH_3 \right]_n$$

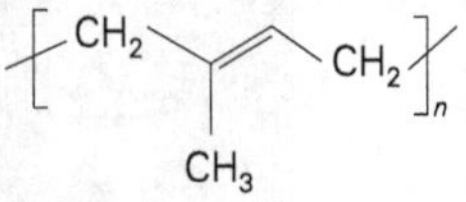

杜仲胶含于同名杜仲树中，国际上称为古塔波（Gutta-percha）胶。据史料记载，在地质史第三纪前，杜仲树曾广泛分布于欧美大陆，由于第四纪冰川期的侵袭，在这片地区消失，在我国保留下来的野生杜仲树自然分布在长江、黄河的中下游丘陵地区。杜仲树是一种地质史变化残留的被称为活化石的珍稀濒危物种，国家二级保护树种。杜仲树可以种植，种植环境也不像橡胶树那样要求苛刻，现在国内26个省市均有种植，全国种植面积已达三四百万亩，占全球杜仲资源的95％以上。因此杜仲树是我国的特有资源。

杜仲胶在未纯化脱色以前，由于含有少量色素而呈棕色（图5-176），脱色后可得白色固体。

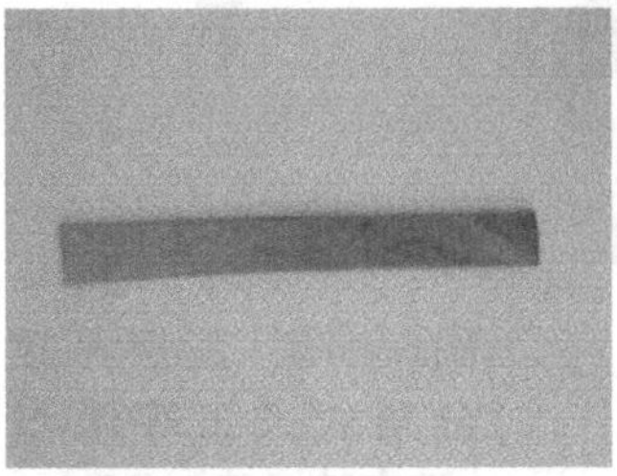

图5-176　杜仲胶生胶

所有教科书在讲天然橡胶时都会提到杜仲胶，并认为杜仲胶不能用作弹性体，没有多大用处。20世纪80年代严瑞芳在德国首创"反式－聚异戊二烯高弹性橡胶的制法"，结束了这种材料只能做塑料代用品的历史。从性质上说，杜仲胶的硬弹性介于橡胶的高弹性和塑料的硬性之间，可以把杜仲胶看成是橡胶－塑料间的过渡体。通过定量控制硫化，或与橡胶、塑料共混，可以获得从软到硬的很宽的各种材料。现在的研究发现杜仲胶有着许多特殊的用途。

杜仲胶最早的应用是前苏联将其用作海底电缆的绝缘材料，由于杜仲胶是天然物质，不像合成材料那样含催化剂等杂质，因此绝缘性能优异。同时含蛋白质少（约0.1％），因而吸水少，埋在海底20~40年没有变化。

进一步举几个应用实例。

（1）作为弹性材料——耐磨轮胎　杜仲胶轮胎耐磨性能超出天然橡胶30％以上，但由于杜仲胶价格昂贵（高出传统天然橡胶数倍），故难以推广应用。但只要在现有轮胎外面（即胎面胶）添加薄薄一层杜仲胶，耐磨性明显增强，在轿车和轻型载重子午线轮胎中应用研究已表明，如果在胎面胶中使用20~25质量份的杜仲胶，便可以使轮胎的滚动阻力降低20％，达到节油2.5％左右的效果。杜仲胶用于胎面、胎侧、三角芯或带束层等部位，可明显提高轮胎性能，具有较高的性价比。

由于反式异戊橡胶生热低、动态性和耐疲劳性能好，杜仲胶还是制造高性能节能环保轮胎、汽车减震制品的理想材料。

2002年9月，北京曾全面清理天安门广场上黏着的口香糖，近千人次工作了一个月，算下来每清除一块口香糖的费用约1元钱。新加坡是不受口香糖困扰的国家，因为新加坡1992年就颁布了进口及销售口香糖的禁令，走私口香糖的人将被处以一年的监禁和最高达1万美元的罚款。而杜仲胶用于制作环保口香糖，吐出时不会发黏。将杜仲胶，白糖或木糖醇粉，香料，葡萄糖浆或麦芽糖醇糖浆，乳化剂，抗氧化剂共混，保持温度在55~65℃，充分搅拌30~60min，即得到杜仲胶口香糖。

（2）作为热弹材料——形状记忆材料　杜仲胶具有热刺激形状记忆功能，热刺激温度低，形状恢复准确。

经过低度硫化交联加工的杜仲胶，是一种性能优秀的形状记忆功能材料。这种材料在室温下仍是硬塑料，有固定形状和刚性，但一经加热到60℃以上，就变成了柔软的橡皮筋，可以通过拉伸、压缩、扭曲等任意改变形状，这时将其冷却硬化，就获得一种新的形状。如果再行加热，它又会变软，通过橡胶本身弹性恢复到最初的形态。比如先制成一根直径为3cm的管件，在温度为60℃以上时，加力扩充为直径6cm，冷却后，就变成了6cm的管件，将其套在一个外径大于3cm，小于6cm的物体上，再一加热，它就会因企图收缩恢复原形状而给该物体紧紧包一层外套。杜仲胶的这种塑料、橡胶边缘特性和良好的形状记忆功能，使它可以作为热收缩管，广泛应用于电缆、光缆、管件的接头密封件和各种形状复杂器件的外包、内衬材料、温控开关、快速密封堵漏、保密用具等。甚至小朋友喜欢的变形金刚，都可以使用杜仲胶，让孩子发挥自己更多的想象力，创造他们心中的形象等。利用这种原理，可开发的领域究竟有多少呢？——会和你的想象力一样丰富。

（3）作为热塑材料——医用材料、运动材料等　杜仲胶具有良好的低温可塑性和随体性，可用作骨科外固定材料、矫形器具和运动材料。作为塑料，杜仲胶的软化点只有60℃左右，不会烫伤皮肤，将其在热水中浸一浸或用热风吹一吹，变软后，直接贴附在身体的伤病部位，稍刻即会冷却硬化，起到良好的固定保护作用。比之于传统使用的石膏绷带、钢木夹板，既方便卫生，又轻巧舒适，还可以随时根据病情调整形态，打开清洗换药等（只需加加热就可以了）；而且夹板上可打孔，透气性比不能打孔的石膏板好得多。对于疼痛难忍的伤病人来说，谁不希望能获得这份舒适呢？

对于肢体畸形、残疾的朋友而言，杜仲胶更是一种理想的矫形康复器具和假肢材料，它可以根据各人身体的差异，像量体裁衣一样制成最符合病人身体需要的形态，如脖托、腰托、手足内外翻转矫形护套等，使用起来就像穿衣戴帽一样方便。子弟兵战备训练、抢险救灾，为人民立下丰功伟绩，可是他们受伤的事时常发生，如果携带着杜仲胶卷材，就可以及时进行自行救护处理，再转送医院治疗，从而能尽量避免二次受伤的可能。据说美国陆战部队特种兵就每人配备有一卷杜仲胶急救材料。

再如激烈的足球比赛中，快速的奔跑、激烈的对抗，极易对运动员造成伤害，如果戴上杜仲胶制成的护具，如护腿、护腰等，轻巧合体舒适，既不会影响运动员的奔跑，又可防备万一，岂不妙哉。如此种种，杜仲胶作为医用材料的优点，尽显其中。

杜仲胶不传寒也不传热的特性，对牙龈无刺激作用，适宜作牙科材料。图5-177是用做假牙的牙龈的杜仲胶材料，颜色被调成肉色。

图5-177　用做假牙的牙龈的杜仲胶材料

第6章

4D高分子——功能高分子材料

功能高分子材料的定义是“具有特殊功能与用途但用量不大的精细高分子材料”。

看过4D电影的人都知道，所谓“4D电影”是三维立体电影的基础上再加感觉（如香味、下“雨”、椅子动感等人体感受）为第四维。因而本书把特殊功能与用途理解为高分子材料的第四维，将功能高分子材料称为“4D高分子”。

功能高分子材料大致可按以下分类。本章只举例叙述了一些较有意思的品种，并未全面涉及。

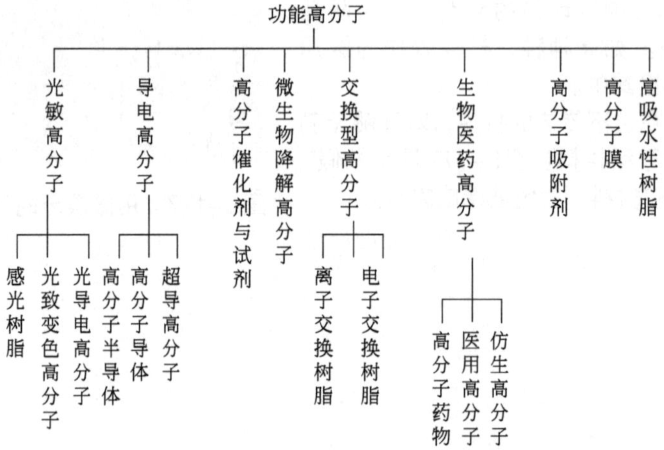

6.1 特能“喝”水的树脂——超强吸水剂

棉布、海绵、纸等均能利用毛细管原理吸水，但吸水量只有自身质量的20倍左右，且挤压时可以把水大部分排挤出来。而超强吸水剂能在短时间吸收自身质量几百倍甚至上千倍的水，而且保水能力非常高，吸水后挤压也不脱水。

超强吸水剂大多是用丙烯腈、丙烯酸、丙烯酸酯、丙烯酰胺等接枝改性的淀粉、纤维素等天然高分子。一个典型例子是丙烯腈在硝酸铈的引发下接枝淀粉，同时加入少量双丙烯酰胺为交联剂。采用硝酸铈为引发剂而不用过氧化苯甲酰等常规自由基聚合引发剂是为了避免丙烯腈的均聚反应，硝酸铈只引发接枝反应。适度的交联或分子间的氢键相互作用使分子链形成网状结构，吸水后形成水凝胶。图6-1说明了羧酸钠型超强吸水高分子的吸水原理。交联程度的控制很重要，交联程度太高时分子链撑不开，交联程度太小时又易于溶解。

超强吸水剂主要用于生理卫生用品（图6-2）、沙漠绿化、农林园艺水土保持材料、土木建筑中的止水隔水材料、工业脱水剂、人造雪、保冷剂、食品工业中的水凝胶、化工用除水剂、生物医学中的人工关节、人工肌肉、人工晶体等。超强吸水剂如果改成吸油型的，还用于海上浮油污染的清除。

一个有趣的演示实验就是超强吸水剂的凝胶化实验，只要很少量样品，加入水后一二十秒钟就会膨胀到几百倍，水完全被吸干，就像变魔术一样，特别吸引眼球（图6-3）。

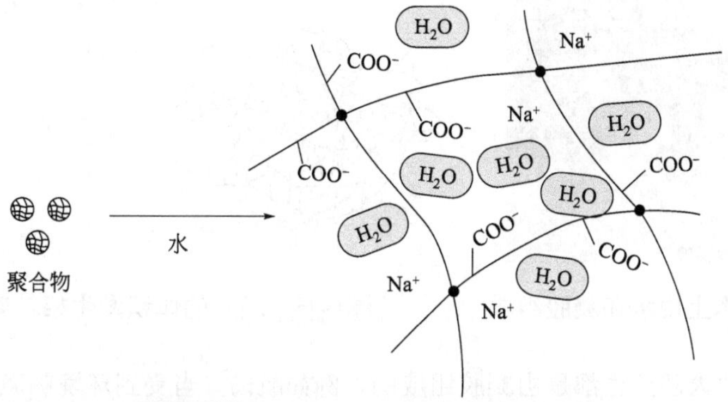

图6-1 超强吸水高分子的吸水模型

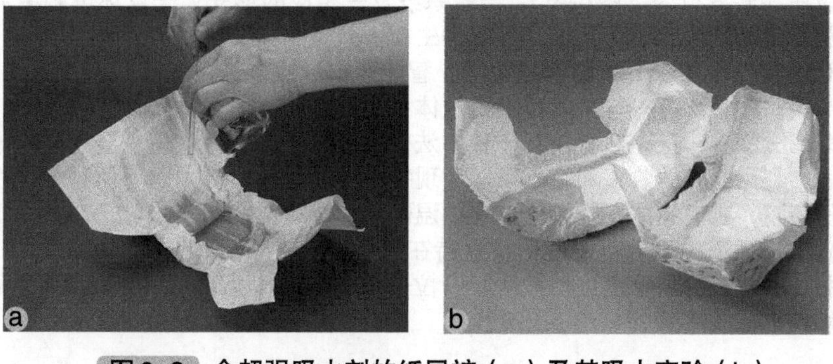

图6-2 含超强吸水剂的纸尿裤（a）及其吸水实验（b）

图6-3 纯超强吸水剂的凝胶化实验

（a）原料；（b）少量吸水后；（c）大量吸水后

凝胶是指溶胀的三维网状结构高分子，即聚合物分子间相互连接，形成空间网状结构，而在网状结构的孔隙中又填充了液体介质。简单地说，凝胶是由液体与高分子网络所组成的。由于液体与高分子网络的亲和性，液体被高分子网络封闭在里面，失去了流动性，因此凝胶能像固体一样显示出一定的形状。而智能凝胶是其结构、物理性质、化学性质可以随外界环境改变而变化的凝胶。海参是天然智能凝胶的一个典型例子（图6-4）。海参没有骨骼等硬的构造，除了极原始的器官外，其大部分都由水和凝胶组成。海参防御外敌的侵犯可有绝招：如果有谁用手去碰一下它柔软的身体，它就会一下变得像木头一样坚硬，但如果将它在手中紧捏一会，它就会慢慢地溶变成滑溜溜的液体从你手中逃走。近期科学家受到自然界现象的启示，对智能凝胶倾注了越来越多的关注，已经能在某种程度上制造合成材料，模拟像海参之类的初等动物的传感、自控功能。

图6-4　海参基本上由水和凝胶组成

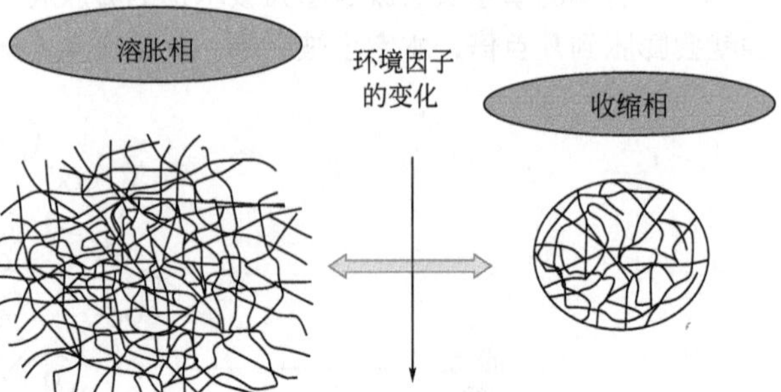

图6-5　凝胶的体积发生相转变行为的机理

高等动物体的大部分也都是由凝胶组成的，例如肌肉。当受到环境刺激（pH值、离子强度、温度、电场、磁场、特异化学物质等）时，其结构和性质（主要是体积）会随之响应，凝胶的体积会发生相转变行为（图6-5），凝胶系统发生相应的形变；一旦环境刺激消失，凝胶系统自动恢复到内能较低的稳定状态。这就是生物体肌肉收缩、松弛的分子机理。

高分子智能凝胶可在以下领域得到应用：智能药物释放体系、人工肌肉、人工触觉系统、刺激响应分离膜、化学阀等，这里以药物释放体系为例说明。

长期以来，医学界一直期望能找到一种方法，可以在需要的时候将需要的药物量投放至需要的人体器官。利用凝胶的收缩和膨胀可以实现智能药物释放，例如以下两种结构为主成分的温敏性高分子凝胶，它们的体积相转变点在体温附近。浸有药物的凝胶粒子在身体正常状态下呈收缩状态，形成致密的表层可以使药物保持在粒子内。当感受到疾病信息（体温变化）时，凝胶体积膨胀，使浸含的药物通过扩散从凝胶粒子释放出来。以下两种结构的高分子凝胶就是这种温敏智能药物释放体系。

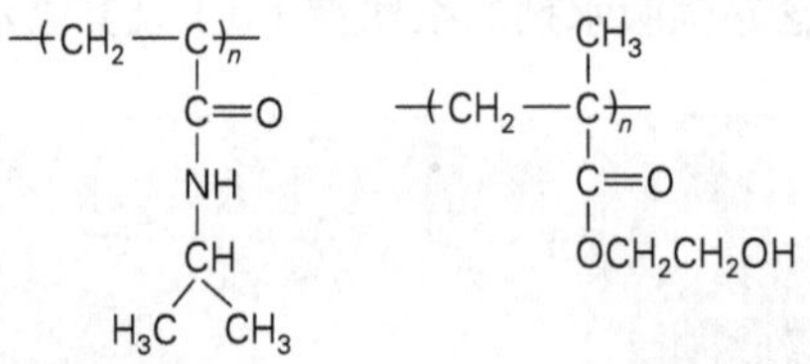

6.2 从絮凝剂到油田高分子——聚丙烯酰胺

6.2.1 絮凝剂

大家都有一个常识，要使水澄清，就加一点明矾，明矾是絮凝剂。后来发现聚丙烯酰胺的效果更好，高分子絮凝剂的作用主要是吸附机理（图6-6）。聚丙烯酰胺的化学结构式如下：

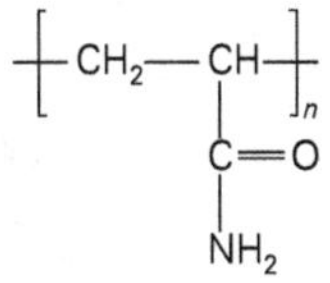

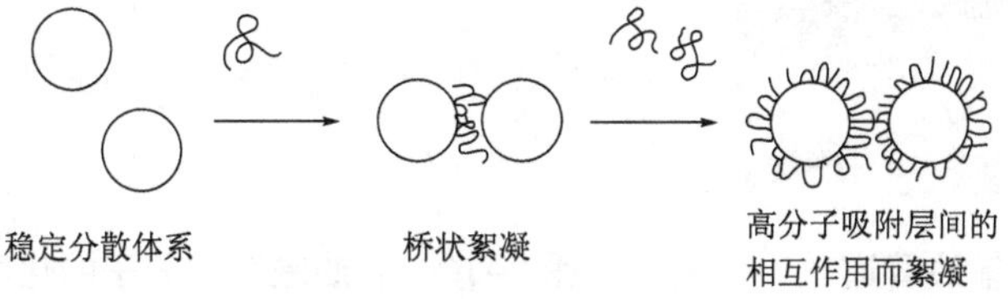

图6-6 高分子絮凝剂的作用机理

稳定分散体系　　　桥状絮凝　　　高分子吸附层间的相互作用而絮凝

水中的悬浮物质多带负电性，用阳离子型絮凝剂可以起吸附和中和的双重作用。聚丙烯酰胺的季铵盐（图6-7）是理想的絮凝剂，其作用机理见图6-8。

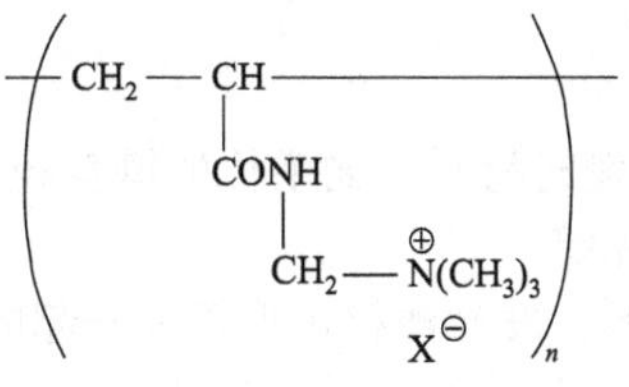

图6-7 聚丙烯酰胺的季铵盐的结构　　　图6-8 阳离子型絮凝剂的絮凝机理

阳离子型絮凝剂

胶体粒子　＋　絮凝剂　　絮凝体

6.2.2 驱油剂

油田的所谓"一次采油"是靠地下的压力自动喷出来的；而"二次采油"就需要灌水（或泥浆），把石油顶出来。但在油岩的岩隙里还有20%～30%的油出不来，这就需要一种称为"驱油剂"的物质进行"三次采油"。常用的驱油剂与上述絮凝剂是一类物质，即聚丙烯酰胺。

0.05%的微乳液聚合的超高分子量聚丙烯酰胺的水溶液能渗入油岩的岩隙，大致每用1kg驱油剂可以多出原油10桶（1590L）。

近年发展起来的聚合物溶液和表面活性剂（石油磺酸盐与醇配成的微乳液）的分段驱油，能将岩层毛细管中的原油驱替出来，收效几乎100%。

6.2.3 输油减阻剂

石油用管道运输是最经济的（图6-9），运输管道往往很长，比如从大庆到秦皇岛，因而阻力很大。大约每50km要有一个泵站加压。

石油管道中的流体流态大多为紊流，而减阻剂恰恰在紊流时起作用。减阻高分子可以在流

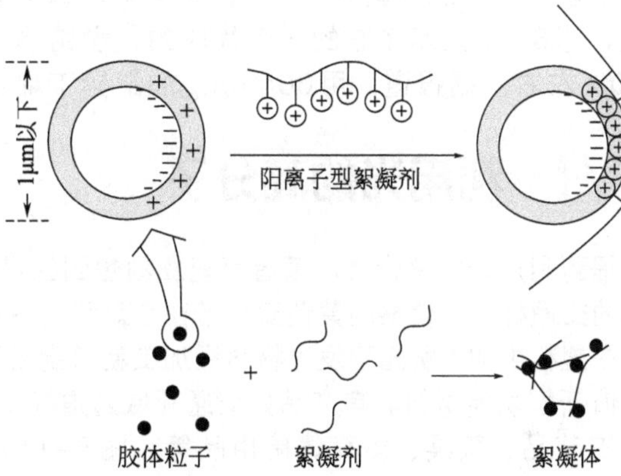

图6-9 长长的输油管道

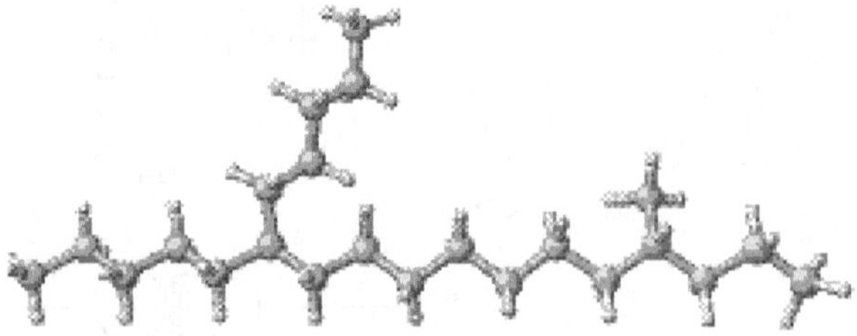

图6-10 石油减阻剂分子的化学结构示意图

体中伸展，吸收薄间层的能量，干扰薄间层的液体分子从缓冲区进入紊流核心，阻止其形成紊流或减弱紊流的程度。

聚丙烯酰胺是水的减阻剂，在水中加25mg/kg的聚丙烯酰胺或聚环氧乙烷，就能使水在管中的流动阻力下降75%。但聚丙烯酰胺不能做油的减阻剂。有效的油减阻高分子是超高分子量、非晶态的聚α－烯烃。适合的单体为C_7~C_{11}烯烃，这是一种有侧链的共聚高分子链，图6-10显示了它的一个片段的化学结构。例如在0#柴油中添加10mg/kg，减阻率为40%左右。据报道，用60mg/kg的聚异丁烯就可减阻50%~80%，非常神奇。

6.3 利用光的高分子

提到利用光的聚合物，读者可能立刻想到的是高分子发光材料，如手机的键盘夜间发光，道路的交通标志和警察的黄色安全带在车灯照射下反射荧光等。

在塑料中加入蓄光型发光材料经加工就可制成发光塑料。发光塑料是近年来兴起的一种高附加值新型功能材料。其产品如交通领域通道标识、楼梯标识、标志线、发光涂料、发光壁纸、工艺品、玩具、体育休闲用品等。图6-11是其中的两个例子，右图都是晚上的发光

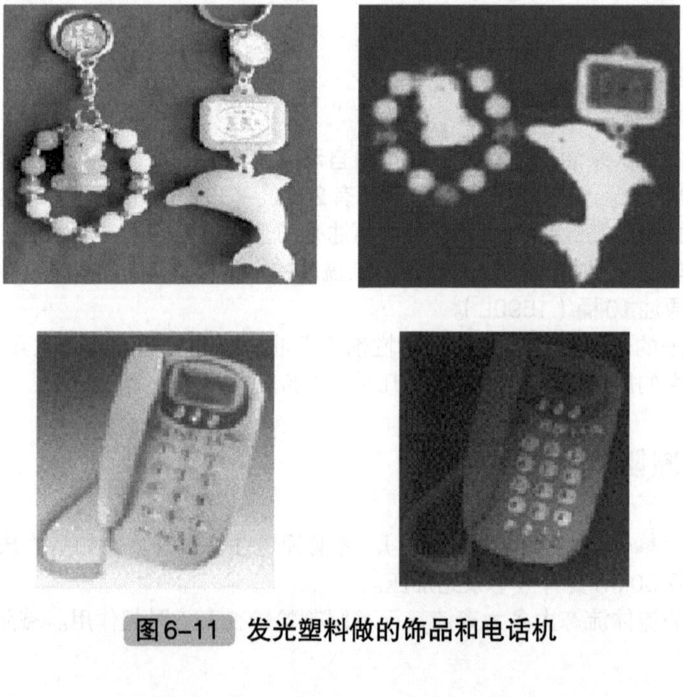

图6-11 发光塑料做的饰品和电话机

情形。

其实，高分子在光学方面最重要的应用是高分子光导纤维和激光照排印刷技术，其他还有聚合物太阳能电池、聚合物光电显示材料、光致变色高分子、非线性光学材料等。

6.3.1 高分子光导纤维

光缆，是20世纪最重要的发明之一。光缆以玻璃作介质代替铜等金属材料，使一根头发般细小的光纤传输的信息量相当于一个桌子腿般粗大的铜“线”；20根光纤组成的像铅笔芯细的光缆，每天可通话7.6万人次，而1800根铜线组成的像碗口粗细的电缆，每天只能通话几千人次。光导纤维（简称光纤）彻底改变了人类通信的模式，为目前的信息高速公路奠定了基础。发明光缆的，就是被誉为“光纤之父”的华人科学家高锟。

40多年前，电脑普及率还不高，电话也多靠铜线连接，人们想要知道太平洋那边发生的事情，还有不少“时间差”。那时，年仅33岁的高锟在英国标准电信实验室当工程师，已提出“光通信”基础理论。他自信地宣称，“将来全世界都会用光纤”，外界对此半信半疑。

1966年，高锟发表了一篇题为《光频率介质纤维表面波导》的论文，开创性地提出光导纤维在通信上应用的基本原理，描述了长程及高信息量光通信所需绝缘性纤维的结构和材料特性。简单地说，只要解决好玻璃纯度和成分等问题，就能够利用玻璃制作光学纤维，从而高效传输信息。在当时几乎无人相信世界上会存在无杂质的玻璃，而行为及思想常常出人意料的高锟却坚信自己的理论，他像传道一样到处推销他的信念，曾远赴日本、德国甚至美国大名鼎鼎的贝尔实验室。

1981年，经过他的不懈努力，第一个光纤系统终于面世。从此，比人的头发还要纤细的光纤取代了体积庞大的千百万条铜线，成为传送容量接近无限的信息传输管道，彻底改变了人类的通信模式。40多年后，遍布世界、总长度已超过10亿公里、足以环绕地球赤道2.5万次的光缆，成为互联网大容量、高速度进行远距离信息传递的基础，“大洋那边”的情况得以即时生动地呈现眼前，世界因此拉近距离，高锟的预言已成为现实。2009年高锟获得诺贝尔物理奖（图6-12）。

本来光只能直线传播。光能够在玻璃纤维或塑料纤维中传递是利用光在折射率不同的两种物质的交界面处产生“全反射”作用的原理。为了防止光线在传导过程中“泄露”，必须给玻璃细丝穿上“外套”，所以无论是玻璃光纤还是塑料光纤均主要由芯线和包层两部分组成。光纤的结构呈圆柱形，中间是直径为8μm或50μm的纤芯，具有高折射率，外面裹上低折射率的包层，最外面是塑料护套，整个外部直径为125μm，特殊的制造工艺，特殊的材料，使光纤既纤细似发，柔顺如丝，又具高强度。

由于包层的折射率比芯线折射率小，这样进入芯线的光线在芯线与包层的界面上作多

图6-12　高锟获得2009年诺贝尔物理奖

图6-13　能传输光的光导纤维

次全反射而曲折前进，不会透过界面，仿佛光线被包层紧紧地封闭在芯线内，使光线只能沿着芯线传送，就好像自来水只能在水管里流动一样。图6–13显示光能够在弯曲的光导纤维中传输。

光导纤维按材料组成可分为玻璃（或石英）和塑料光导纤维两类。与石英光导纤维相比，塑料光导纤维柔软、不易破断、高传输速率、支持宽带应用、抗电磁干扰、抗振动、易加工、质量轻、色散小、使用寿命长、成本低等许多优点。但塑料光纤的损耗大于石英光纤，所以适合用于短距离传输。图6–14显示塑料光纤的安装。

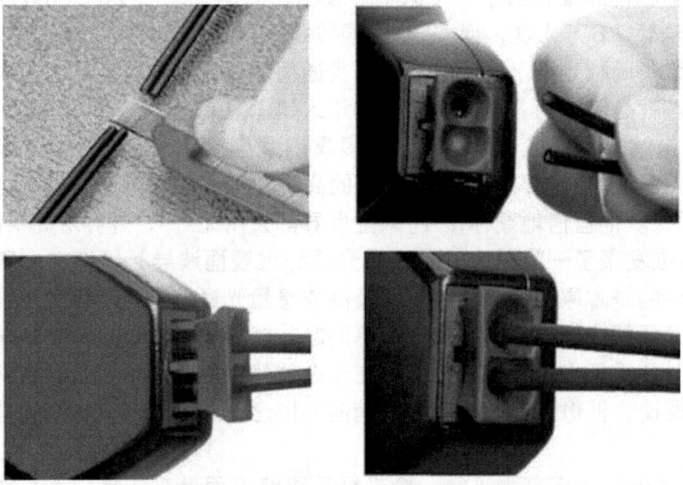

图6–14 塑料光纤和它的安装

塑料光纤制备的工艺流程：单体精制→聚合→纺丝→包层和拉伸→光缆加工。

在众多的透明塑料中，只有那些拉伸时不产生双折射和偏光的品种才适合制造光纤，还需要折射率高、非晶态、耐高温和强韧性。能用于生产芯的塑料主要有聚甲基丙烯酸甲酯、聚苯乙烯、聚碳酸酯等。

用于生产包层的塑料主要有多氟烷基侧链的聚甲基丙烯酸酯类、偏氟乙烯－四氟乙烯共聚物、有机硅树脂、尼龙以及高分子液晶等。如在聚甲基丙烯酸甲酯纤维上覆盖一层聚乙烯或聚四氟乙烯。

与普通通信电缆相比，光导纤维具有信息容量大、重量轻(塑料光纤相对密度一般仅为1左右)、占有空间小、损耗低、抗干扰能力强、保真度高、保密性强、稳定可靠、价格低、铺设方便等优点，因此光纤通信正取代电缆和微波通信，广泛地应用于通信、电视、广播、交通、军事、医疗等许多领域，难怪人们称誉光导纤维为信息时代的神经。

光纤除了可以用于通信外，还可以用于医疗、信息处理、传能传像、遥测遥控、照明等许多方面。例如，在医学上，光导纤维可以用于食道、直肠、膀胱、子宫、胃等深部探查和治疗的内窥镜（胃镜、血管镜等）的光学组件。切除癌瘤组织的外科手术激光刀，也是由光导纤维将激光传递至手术部位。

在照明和光能传送方面，利用光导纤维可以实现一个光源多点照明，可利用塑料光纤光缆传输太阳光作为水下、地下照明。由于光导纤维柔软易弯曲变形，可做成任何形状，以及耗电少、光质稳定、光泽柔和、色彩广泛，是未来的最佳灯具，如与太阳能的利用结合起来将成为最经济实用的光源。用于高层建筑、礼堂、宾馆、医院、娱乐场所、甚至家庭，也可用于道路、公共设施的路灯，广场的照明和商店橱窗的广告。此外，还可用于易燃、易爆、潮湿和腐蚀性强的环境中不宜架设输电线及电气照明的地方作为安全光源。

在国防军事上，光导纤维也有广泛的应用，可以用光导纤维来制成纤维光学潜望镜，装备在潜艇、坦克和飞机上。光纤通信的另一特点是其保密性好，不受干扰且无法窃听，这一优点使其广泛应用于军事领域。

杜邦公司的光纤有80%用于汽车工业，可用于前灯、尾灯、开关和仪表盘的照明以及制动器的监控等。目前全球已有超过100多万台汽车安装了塑料光纤，这个趋势将持续上升。德国宝马公司在2002年3月上市的BMW7系列的汽车中铺设50m塑料光纤。

汽车自动化电子化程度越来越高，设备间连接电子线路的电缆越来越多、越来越粗且复杂，布线更为困难和费用更高。为降低汽车重量和体积，提高设计自由度，汽车制造商对光纤多路数据链极感兴趣。作为传播信息的通道，汽车制造商已正式开始采用塑料光纤来构筑车内局域网（LAN）。车载机通信网络和控制系统组成一个网络，将微型计算机、卫星导航设备、移动电话、传真等外设纳入机车整体设计中（图6–15）。旅客还可通过塑料光纤网络在座位上享受音乐、电影、视频游戏、购物、Internet等服务。

图6–15　由塑料光纤构筑的车内局域网

另一方面，为了提高安全性能，汽车制造商正在加快采用气囊传感器的步伐。在基于塑料光纤的网络中，塑料光纤可用来制造一个特别的传感器，安装在车上，专用于触发安全气囊的开启。如不幸发生交通意外，可透过光纤的屈曲程度，测出是车子的哪个部分撞到行人以及撞击力的大小，然后启动引动器，以减轻对被撞行人的撞击力，从而减低在交通意外中人的死亡率和受伤的程度（图6–16）。

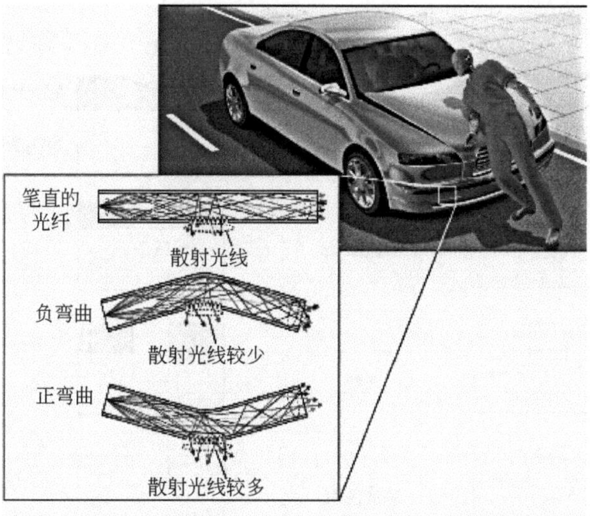

图6–16　用塑料光纤制造的触发安全气囊传感器

6.3.2 光敏高分子在印刷和电脑芯片的应用

6.3.2.1 激光照排印刷技术与光敏高分子

活字印刷术是中国人发明的，一直沿用到近代。活字印刷的排字是特别辛苦的工作，排字工人要从身边的成百上千的常用铅字中熟练地挑出需要的字，按要求排列。而现代的电脑排版配合激光照排，速度之快和印刷之精美是不可同日而语的。激光照排能够实现完全依靠一种特殊的感光性高分子——光敏高分子。

感光性高分子不仅用于印刷工业的制版，更重要的是电子工业的印刷线路板和高集成度的半导体芯片的制造等，已成为微电子技术的关键材料。例如光刻技术用于计算机CPU（中央处理器）的制造，可以说没有光刻技术，就没有当代的计算机技术。光刻成本占据了整个CPU制造成本的35%。

光刻的基本原理是利用光刻胶，即光致抗蚀剂（一种光敏高分子）感光后因光化学反应而形成耐蚀性的特点，将掩模板上的图形刻制到被加工表面上。

光刻半导体芯片二氧化硅的主要步骤是：

① 涂布光致抗蚀剂；

② 套准掩模板并曝光；

③ 用显影液溶解未感光的光致抗蚀剂层；

④ 用腐蚀液溶解掉无光致抗蚀剂保护的二氧化硅层；

⑤ 去除已感光的光致抗蚀剂层。

图6-17说明了CPU的光刻过程。左边得到的是与掩模相反的图像，又称凸版型或负片型。相反，欲得到正片型或凹版型，预涂于感光板上的树脂在光照下发生的反应则应是分解反应，如图6-17右边所示。

光敏高分子是在光的作用下，短时间发生化学反应，使其溶解性发生变化的高分子。一种最早开发的也是最典型的光敏高分子是聚乙烯醇肉桂酸酯，该聚合物受光照后双键打开，发生二聚化形成环丁烷而交联固化（图6-18）。

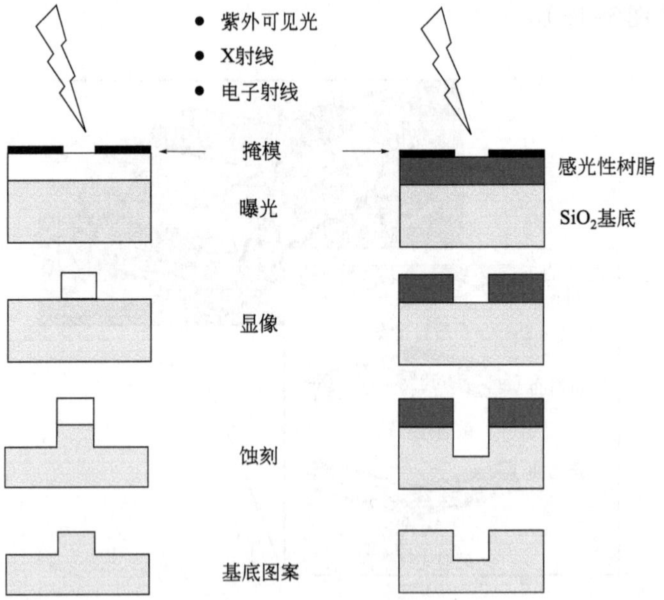

图6-17 CPU的光刻原理

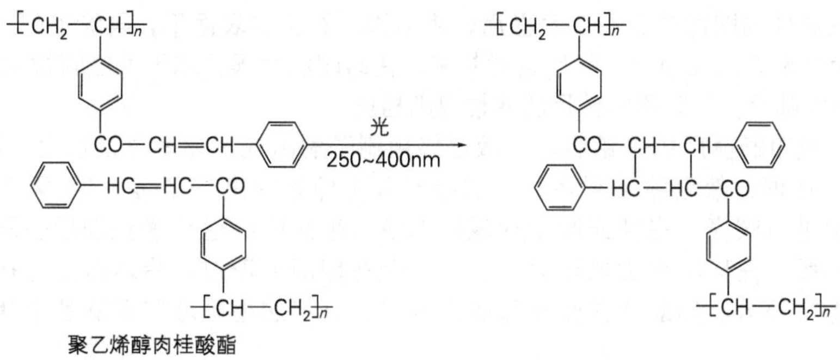

图6-18 感光性高分子聚乙烯醇肉桂酸酯的光固化反应

光刻技术的不断发展从三个方面为集成电路技术的进步提供了保证：其一是大面积均匀曝光，在同一块硅片上同时做出大量器件和芯片，保证了批量化的生产水平；其二是图形线宽不断缩小，集成度不断提高，生产成本持续下降；其三，由于线宽的缩小，器件的运行速度越来越快，集成电路的性能不断提高。

随着集成电路由微米级向纳米级发展，光刻采用的光波波长也从近紫外（NUV）区间的436nm、365nm波长进入到深紫外（DUV）区间的248nm、193nm波长。目前大部分芯片制造工艺采用了248nm和193nm光刻技术。目前对于13.5nm波长的极端远紫外（EUV）光刻技术研究也在提速前进。

半导体光刻的工艺高低，决定了在单位圆晶片上能够集成晶体管的数目。图6-19显示了在一整块300mm晶圆（硅片）上的用65nm光刻工艺制造的极其微小的晶体管。历经50年，集成电路已经从20世纪60年代的每个芯片上仅几十个器件发展到现在的每个芯片上可包含约10亿个器件。半导体技术的集成度每3年提高4倍。

6.3.2.2 平版印刷与高分子

平版印刷（有时也叫化学印刷），意思是说印刷图像与印刷版位于同一平面上。既然都是平的，那怎么印刷呢？有趣的是，它是基于“油水不相混”的原理实现印刷的，其印刷工艺过程如下。

首先，在平版上形成着墨的图像部分。图像能够直接用油性铅笔在平版上画出，也可用照相方法形成。其次，给印版供水。因为油水相斥，水被图像所排斥，所以水覆盖了印版的非图文部分。再次，给整个版面覆盖一层油墨，因为油水相斥，油墨被着水部分所排斥，所以油墨黏附到油性图像上。最后是将印版上的油墨转移到橡皮布上，再利用橡皮滚筒与压印滚筒之间的压力，将橡皮布上的油墨转移到承印物（如纸）上，完成一次印刷，所以，平版印刷是一种间接的印刷方式。

平版印刷是由波西米亚的Alois Senefelder于1798年发明的，这是凸版印刷自15世纪发明以来第一种新的印刷工艺。在平版印刷的早期年代，使用一种平滑的石灰石(Limestone)，因此平版印刷的英文名称Lithography或Lithos来源于古希腊的“石

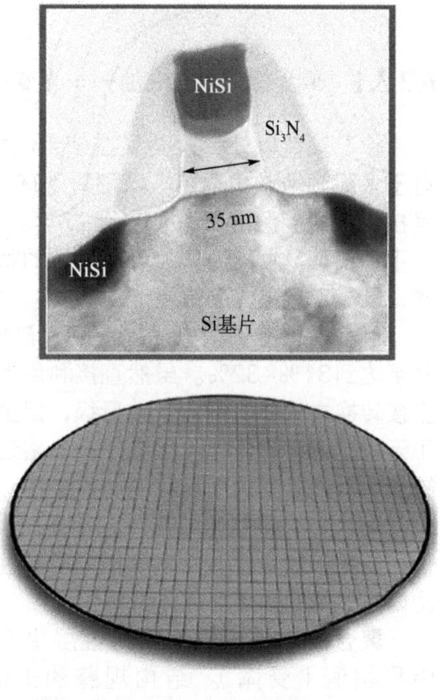

图6-19 显示了在一整块300mm晶圆上的一个65nm光刻工艺制造的晶体管（Intel提供）

头”一词。在油基的图像放到石头表面后，用酸蚀入石头的表面下，再涂上阿拉伯胶的水溶液，其只附着在无油的表面上，然后密封起来。在印刷的时候，水附着在阿拉伯树胶的表面，但不附着在油性部分，而印刷时使用的油性墨则相反。

今天，平版印刷使用的是铝版。印版已经用刷子刷出或用化学方法造出“砂目”，或称为“粗糙化”处理，然后涂上平滑的一层感光胶（即光敏高分子）。将所需图像的照相阴图放在印版上进行曝光，在感光胶上形成阳图像。感光胶经过化学处理后去除未曝光的感光胶部分。印版装在印刷机上的滚筒上，用水辊在印版上滚过，将水分附着在印版的粗糙部分或称非图文部分。然后用墨辊在印版上滚过，只将油墨附着在印版的平滑部分或称图文部分。

与凸版印刷及凹版印刷不同，平版印刷的印刷图像仅仅平置于印版表面上。在印刷过程中，纸张和图像相摩擦，图像很快就会被磨损，当印版用于高速运转的印刷机上时尤其如此。为了减少印版上图像的磨损，图像首先应被转移到橡皮布滚筒上，然后滚筒再滚过纸张，将油墨转印在纸张上。所以平版印刷通常也被称为“胶印”，即通过橡胶布的印刷。

在输入端，桌面出版的进步使得几乎每个人都能制作出专业质量的版式，照排机的发展也使印刷厂能够跳过照相制版的中间步骤；照排机能够直接从计算机的图像制成软片。21世纪以来，直接制版机又排除了软片的需要，可以直接在印版上成像。现在各种不同的平版被用于高速胶印机和小胶印机来进行印刷，工艺极为简单，且成本低廉，其产量比其他任何一种印刷方法都要多。

最新的无水印版，在设计的时候可将印版设计成选择性地吸附和排斥油墨，无需使用任何水和酒精。处理后的印版在非图文区为斥墨的硅树脂层，在图文区，硅树脂层已被去除，剩下亲附油墨的光聚合材料。

6.3.3 使光变电或电变光的高分子

6.3.3.1 聚合物太阳能电池——光变电

除了核能以外，人类现在使用的主要能源（包括煤、石油、天然气、水力、风力）都来自于太阳对地球的辐照。太阳对地球一天辐照所传递的能量就足以让这个星球上的60多亿居民按现在的能源消费速度使用27年。随着化石燃料的不断耗尽和环境污染日益严重，人们不得不寻找可再生能源作为目前能源的替代品。太阳能在地球上分布广泛，且取之不尽、用之不竭，是真正意义上的绿色能源。

目前无机硅光伏电池的最高能量转换效率已经达到24%，基于砷化镓半导体的光伏电池甚至达到31%~32%。虽然直接利用光生伏特效应的光伏电池对太阳能的转化效率比起其他非直接转换方式要高好几个数量级，但全球光伏电池的安装容量却十分有限，其原因是现有的基于无机硅或半导体的光伏电池的价格过于昂贵。此外，无机光伏电池的非柔韧性和不易加工等缺点也限制了其大面积化的应用进程。

聚合物太阳能电池在将太阳光转化为电能方面并没有硅电池高效，但它们制备工艺简单、价格低廉、重量轻、具有良好的柔韧性，易于采用涂布或印刷的方式大面积制备，已成为近年国内外研究的热点。

聚合物太阳能电池的活性层由两种材料构成，一种能够传导电子（给体），一种能够传导空洞（受体）。结构规整的聚(3-己基)噻吩(P3HT)和可溶性C_{60}衍生物PCBM是最具代表性的给体和受体光伏材料。基于P3HT/PCBM的光伏器件能量转换效率稳定达到3.5%~4.0%，使这一体系成为聚合物太阳能电池研究的标准体系。P3HT和PCBM的结构示于图6-20。

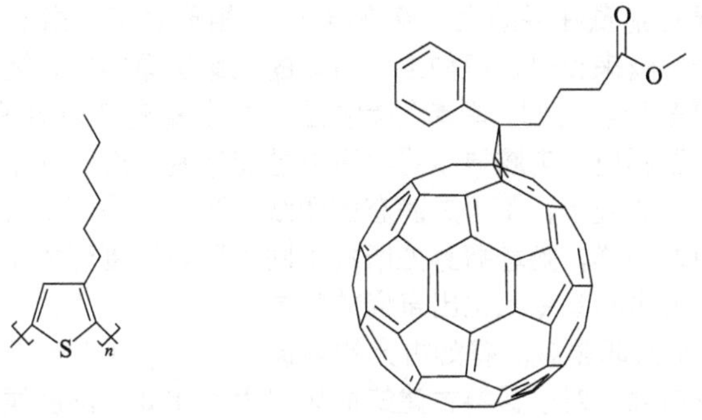

图6-20 聚合物太阳能电池的典型给体P3HT和典型受体PCBM的化学结构式

典型的聚合物太阳能电池的结构如图6-21所示，是由共轭聚合物给体P3HT和富勒烯衍生物受体PCBM的共混膜夹在ITO（氧化铟锡）透明正极和Al等金属负极之间所组成的夹心层结构。透明电极使得入射的太阳光能够被光活性层吸收，光活性层吸收光子后，在光活性层中产生电子–空穴对（激子），进而形成自由的电子和空穴。这些载流子将在阴极和阳极的内建电场作用下，传输到电极界面，电子被阳极收集，空穴被阴极收集，输送到外电路形成电流。这种半导体结构就是光伏电池，其基本原理就是光生伏特效应。图6-22显示了光活性层内P3HT/PCBM复合膜内部结构的透射电子显微镜照片，P3HT形成针状晶体，PCBM聚集体处于P3HT晶体之间。

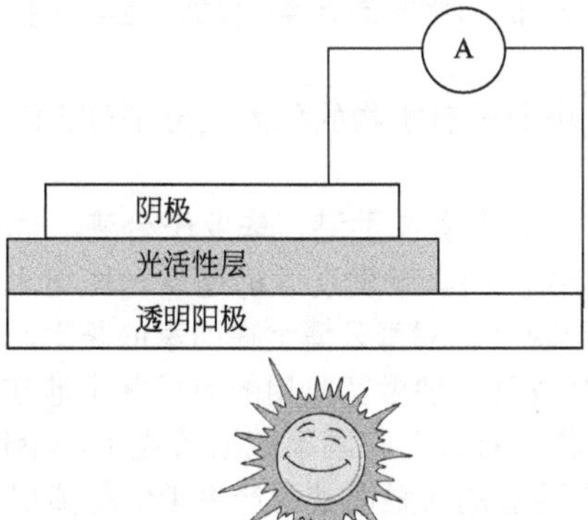

图6-21 典型聚合物太阳能电池的结构

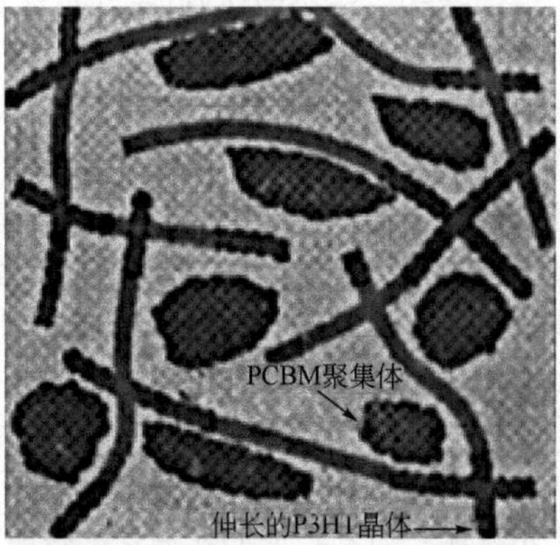

图6-22 光活性层内P3HT/PCBM复合膜内部结构的透射电子显微镜照片

聚合物太阳能电池有可能应用在从便携式计算器、手机等小规模器件到建筑屋顶、大型探测器、大面积低功率表面可弯曲的能量收集器件上。聚合物太阳能电池具有和无机硅光伏电池相同的最高理论转换效率，但目前所开发的聚合物太阳能电池转换效率普遍都比较低，均在5%以下，且性能还不稳定。如果其能量转换效率提高到接近10%的水平，就有可能大规模商业化。美国的Solarmer公司目前报道的新型聚合物太阳能电池的转换效率已达到8.13%，展示了产业化的良好发展前景。

6.3.3.2 有机（聚合物）发光材料——电变光

看过露天电影吗？挂块大幕布，支好放映机，事后银幕一卷，就可以走人了。如今，托有机发光二极管（OLED）的福，家里的彩电和计算机的显示屏也要鸟枪换炮变软变薄了，不仅能折叠、可卷曲，甚至还能戴在手腕上，穿在身上！ 相形之下，虽然现在的彩电和计算机显示器正在变得越来越轻、越来越薄，但如果与当年的电影屏幕相比，还是显得十分笨重，先别设想能不能用轻薄如纸来形容它们，单单是想把显示器折叠起来就几乎是天方夜谭了。然而，也许在不久的将来，大型彩电、电脑显示器都可以卷起来塞在房间的某个角落。当塑料军用地图打开后，已不再是简单的线条，不再是静态的图纸一张，而是活生生的战场实况；而士兵用的电脑迷彩服能像变色龙一样，随着藏身处所的不同呈现与周围环境相同的图案；甚至把电脑戴在手腕上或缝在衣服上也不会令人生出奇怪的感觉。

OLED还可以应用于照明领域。譬如古典的建筑物，既有飞檐，又有圆柱，倘若照明设施能做到取势造型、依形布局，对于保持古建筑的风格尤为重要；家庭居所的灯光可以发自天花板或墙上的壁纸，既节省了空间，又能美化居室环境，可谓两全其美。

用有机发光材料制造的显示器不仅可以变得很薄，给人们的生活带来方便，且与当今时尚的液晶显示器（LCD）相比，它还具有亮度高、节能、制造成本低等诸多优点。仅从发光机理上说，由于液晶自身不能发光，因此需要利用背光，而有机发光二极管自身可以发光，OLED显示器注定要比液晶显示器节省能源。

此外，就是与发光二极管（LED）相比，OLED也有很多优势。有机发光材料不需要制备成晶体，因此，其生产和制造过程相对简单和容易。它们可以制成极薄的单层，由于不同有机发光材料可以产生不同的颜色，只要把它们组合到基板上，就可以获得完美画质。同时，由于它们对基板的要求不高，诸如便宜的玻璃、柔软的塑料以及金属片等均可作为它的基板。

虽然OLED要在照明市场上击败LED尚需假以时日，但它在显示器方面的巨大潜力，已经引发了全球近100多家公司和企业的投资热潮。目前，OLED主要应用在低能耗小型电子产品中，继柯达和三洋公司2002年联手将其应用于数码相机和手机显示屏之后，近年又推出了15英寸电脑显示器原型机。

有机发光材料有两大类，以分子的大小来区分，小分子有机物的称为低分子OLED, 大分子的称为高分子发光二极管(PLED)。

提到OLED技术的研究，就不得不提邓青云博士。他出生在香港，毕业于台湾大学化学系。1975年加入柯达公司罗切斯特实验室从事研究工作。科学新发现大都是从一些出人意料的小事件开始，OLED的发现也不例外。1979年的一天晚上，邓青云博士在回家的路上忽然想起自己把东西忘在了实验室里。等他回到实验室后，竟发现一块做实验用的有机蓄电池在黑暗中闪闪发光！这个意外惊喜为OLED的诞生拉开了序幕。邓青云与同事范斯莱克（Vanslyke）认识到，如果能发现P型有机分子和N型有机分子，在两者的接触面就会产生类似晶体LED一样的发光现象。另外，他们还需要一种能够束缚电子的材料，易于载流子注入，而光线传播还需要接触面具有透明性能。幸运的是，广泛使用的氧化铟锡恰恰是透明导电材料，非常适合做P型接触材料。1987年，邓青云和范斯莱克采用了超薄膜技术，用透明导电膜作阳极，三（8-羟基喹啉）铝（简称Alg3）作发光层，三芳胺作空穴传输层，Mg/Ag 合金作阴极，制成了双层有机电致发光器件。

2011年，邓教授与芝加哥大学的斯图尔特·赖斯教授和卡耐基梅隆大学的克里兹托夫·马特加兹维斯基教授共同获得了由沃尔夫基金会颁发的沃尔夫化学奖，这是在化学领域仅次于诺贝尔奖的国际性大奖。邓青云教授是第一位荣获沃尔夫化学奖的华人。

OLED的典型结构非常简单：玻璃基板（或塑料基衬）上首先有一层透明的氧化铟锡阳极，上面覆盖着增加稳定性的钝化层，再向上就是P型和N型有机半导体材料，最顶层是镁银合金阴极。这些涂层都是热蒸镀到玻璃基板上的，厚度非常薄，只有100~150nm，小于一根头发丝的1%，而传统LED的厚度至少需要数微米。在电极两端加上2~10V的电压，PN结就可以发出相当明亮的光。这种基本结构多年来一直没有太大的变化，人们称为柯达型。柯达型的OLED又被称为低分子OLED。

OLED是一项基于有机薄膜的自有光源显示屏技术，其能耗非常低。与液晶相比，具有众多的优点。如超薄（厚度只有1mm左右）、超轻、广视角、自发光（不需要背光源）、刷新速度快（是液晶的1000倍）、高清晰、低能耗、低温特性优越（−40℃下性能依然良好）、制造成本低、可以实现柔性显示（屏幕可以卷曲）等，被认为是显示技术的未来。

2008年10月的CEATEC（日本高新技术博览会）上，索尼公司搞出了个炫目的超薄11英寸OLED显示屏：只有0.3mm厚（见图6-23）！可以说薄如纸。不仅对比度更强，色彩更柔和，画面更逼真，并且其制造成本也相对较低。据估计，OLED电视大量生产后的成本比液晶电视至少降低20%，势必对液晶电视和等离子电视造成极大的冲击。你已经可以想象，在不远的将来：家里的墙纸都可以看电视，手机可以卷成一团，等绿灯的时候也可以在汽车挡风玻璃上看……

2010年5月日本索尼公司又报出一款4.1英寸超薄OLED显示屏，厚度仅为80μm，拥有世界最高的清晰度，分辨率为432×240，可显示1600万色，达到100尼特亮度和1000∶1的对比度。这款可卷曲OLED显示屏最小卷曲半径仅为4mm，即使经过1000次重复卷曲及拉伸，其显示出的移动图像的品质都不会下降（见图6-24）。目前这种超薄OLED显示屏还处于研发期。

OLED具有广阔的应用前景，主要领域包括：商业领域如POS机和ATM机、复印机、游戏机等；通信领域如手机、移动网络终端等；计算机领域如PDA、商用和家用计算机等；消费类电子产品如音响设备、数码相机、便携式DVD；工业应用领域如仪器仪表等；交通领域如GPS、飞机仪表等。

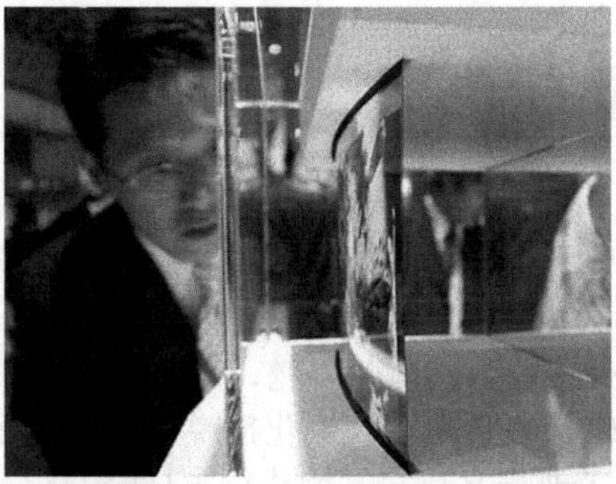

图6-23　厚度只有0.3mm的OLED显示屏

图6-24　OLED显示屏可以弯曲

第二种有机发光材料为高分子，也称为高分子发光二极管（PLED），由英国剑桥大学的杰里米伯勒德及其同事首先发现。PLED是以旋涂法形成的。旋转涂布工艺采用的原理是：在旋转的圆盘上（通常为每分钟1200~1500转）滴上数滴液体，液体会因为旋转形成的离心力而呈薄膜状分布。在这种状态下，液体凝固后便可在膜体上形成晶体管等组件。膜体的厚度可通过调节液体黏度及旋转时间来调整。旋涂之后，要采取烘干的步骤来除去溶剂。就工艺而言，旋涂法比热蒸镀法要经济，更容易实现大面积化。与柯达型低分子OLED相比，PLED有功效优势，这是由于在低压工作环境下，聚合物层具有良好的导电性能。聚合物材料热稳定性好，不易分解，器件的寿命高于小分子。聚合物材料具有优良的力学性能，可制成柔性平面发光器件，在未来可实现真正意义上的口袋电子图书。

最初PLED是由一种称为聚对苯乙烯（PPV，结构见图2-42）的聚合物夹于氧化铟锡和钙之间形成的。铟锡氧化物为载流子注入层，而钙为电子传递层。现在的PLED又增添了一层聚合物载流子注入层。PPV聚合物产生黄光，具有效率高寿命长的特点。这种PLED应用于计算机显示器，其寿命可长达10000h，相当于正常使用10年。其他的聚合物及共聚物也在开发之中，如陶氏化学公司研究开发了一种聚氟高分子。全彩色PLED也在开发中，主要是通过改变共聚物的序列长度来实现显示功能，令人遗憾的是，与PPV相比，各种全彩色聚合物的寿命不长，而蓝光聚合物始终不尽如人意。

图6-25 电视机的13英寸PLED面板

PLED技术原理是利用人工合成的高分子为发光材料，加以上下层导电膜驱动而成发光组件；其特色是具有主动发光、高亮度、广视角、低耗能、厚度超薄等优点，是极有潜力发展成为低价且多用途的携带式显示器技术。

荷兰飞利浦研究所开发成功了面向电视机的13英寸PLED面板（图6-25）。该研究所的目标是开发用于30英寸WXGA（1365×768像素）电视的PLED面板，此次试制的13英寸面板表明了实现这一目标的可能性。该面板的寿命“正常情况下为1000h”。

有人乐观地预计，五年内超薄纸电脑将风行。它的显示屏可能只是一张约10cm长的薄膜，柔韧性好得可以折叠起来放进衣兜。当阅读时，人们不会感觉正捧着一片玻璃或一堆金属。真正无纸化办公的时代即将到来，所有文件都可以转化成数字格式储存在柔性电脑里，然后把它们摞在一起，就像一摞纸一样……

6.4 小甲壳的大功效——神奇的甲壳素

甲壳素又名几丁质(Chitin的音译)、甲壳质，化学名称是(1,4)-2-乙酰氨基-2-脱氧-β-D-葡萄聚糖。甲壳素广泛存在于虾、蟹等节足类动物的外壳、昆虫的甲壳、软体动物的壳和骨骼及菌、藻类等（图6-26），是自然界含量仅次于纤维素的第二大天然高分子，其年生物合成量达100亿吨。甲壳素又是唯一大量存在的天然碱性多糖，也是除蛋白质外数量最大的含氮生物高分子。经稀酸除去碳酸钙，稀碱除去蛋白质，氧化剂脱色处理后蟹壳就变成了白色的甲壳素蟹壳了[图6-27(a)]，一般的工业产品已将其磨成粉末[图6-27(b)]。

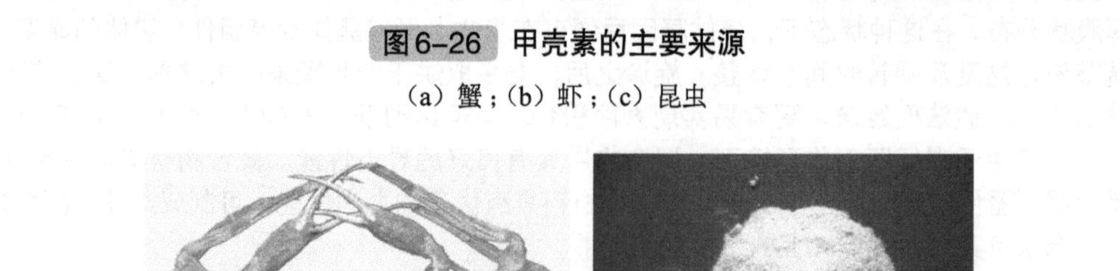

图6-26 甲壳素的主要来源

(a) 蟹；(b) 虾；(c) 昆虫

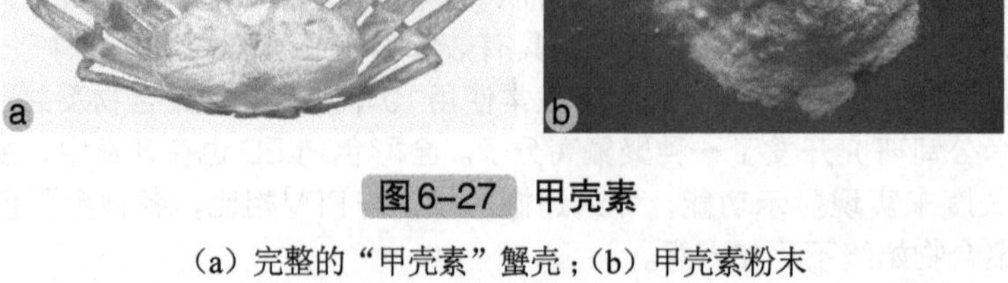

图6-27 甲壳素

(a) 完整的“甲壳素”蟹壳；(b) 甲壳素粉末

由于存在大量氢键，甲壳素分子间作用力极强，不溶于水和一般有机溶剂。人们用碱脱去2位碳上的乙酰基得到壳聚糖(Chitosan，又称甲壳胺)。壳聚糖的氨基能被酸质子化而形成胺盐，所以壳聚糖能溶于各种酸性介质，例如稀的无机或有机酸溶液(pH ≤ 6)，这就使壳聚糖得到了比甲壳素多得多的用途。从甲壳素制备壳聚糖的化学反应式表示于图6-28。

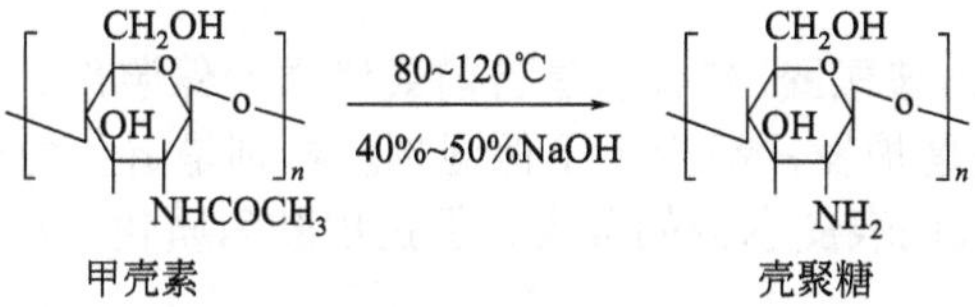

图6-28 从甲壳素制备壳聚糖的化学反应式

壳聚糖的化学结构与纤维素非常相似，只是2位碳上的羟基被氨基代替。正是由于这个氨基使其具有许多纤维素所没有的特性，也增加了许多化学改性的途径。壳聚糖已经广泛用于水处理、医药、食品、农业、生物工程、日用化工、纺织印染、造纸和烟草等领域。由于壳聚糖无毒，有很好的生物相容性、生物活性和可生物降解性，而且具有抗菌、消炎、止血、免疫等作用，可用作人造皮肤、自吸收手术缝合线、医用敷料、人工骨、组织工程支架材料、免疫促进剂、抗血栓剂、抗菌剂、抑酸剂和药物缓释材料等。壳聚糖及其衍生物是很好的絮凝剂，可用于废水处理及从含金属废水中回收金属。在食品工业中用作保鲜剂、成型剂、吸附剂和保健食品等。在农业方面用作生长促进剂、生物农药等。在纺织印染业用作媒染剂、保健织物等。在烟草工业中用作烟草薄片胶黏剂、低焦油过滤嘴等。此外壳聚糖及其衍生物还用于固定化酶、色谱担体、渗透膜、电镀和胶卷生产等。有报道，壳低聚糖（聚合度小于20）在一些应用领域里比壳聚糖的生物活性更强。

6.4.1 壳聚糖有很多“爪子”——螯合作用带来的功能

6.4.1.1 壳聚糖的絮凝作用

由于壳聚糖结构中有大量活性的氨基和羟基，可以想象壳聚糖分子就像螃蟹一样有很多爪子，对废液中的金属离子、固形物、有机物及无机物都有很好的螯合作用，是一种理想的絮凝剂。壳聚糖与传统的化学絮凝剂相比，具有投加量少，沉降速度快，去除效率高，污泥易处理，无二次污染，且具有抑菌作用等特点。壳聚糖絮凝剂在水处理中已经具有极广泛的应用，是壳聚糖最大的一项工业应用。

以造纸工业废水为例，造纸工业废水排放量大，其中含有纤维素、木素及大量的化学药品等，耗氧量大，是很受关注的污染源。造纸废水主要有蒸煮废液、洗涤废水、漂白废水、抄纸废水等，其中蒸煮废液对环境的污染最为严重。造纸废水中杂质很多，粒径分布不均匀，有的呈胶体状态，有的悬浮于水中，难以经一次处理就达到要求。目前造纸废水大多是用有机絮凝剂和无机絮凝剂的配合物进行絮凝处理，其中最主要的絮凝剂为阳离子聚丙烯酰胺类和明矾。壳聚糖分子链上分布着大量的游离氨基，在稀酸溶液中质子化可使其分子链上带上大量的正电荷，成为聚电解质，是一种典型的阳离子型絮凝剂。在水处理的应用中壳聚糖及其衍生物作为合成有机絮凝剂的有效替代品已占据了重要的地位。

由于环境污染或从事特种职业而造成砷、铅、钴、铬和汞等重金属的中毒是十分可怕的。重金属在体内的积蓄会造成神经性病变、器官功能失调等后遗症。目前尚难找到一种能有效地将重金属排出体外的药物。而壳聚糖因其分子结构的特点，具有螯合金属离子并将其排出体外的功能。在环境污染日趋严重的今天，壳聚糖有助于体内废物的排除，从而确保人体生理机能的正常运作。

此外，壳聚糖在食品工业中还用于果汁和酒中杂质的絮凝。

6.4.1.2 化妆品保湿剂透明质酸代用品的合成

透明质酸(HA，又称为玻尿酸)被公认是目前最优秀的保湿剂。保湿剂是化妆品最重要的成分之一，无论是肤护还是护发，都少不了保湿剂。特别是近代由于居住环境的变化(空调、汽车尾气污染等)加剧了人们表皮水分的散失，促进皮肤角质化，甚至导致皮肤病。透明质酸的结构如下：

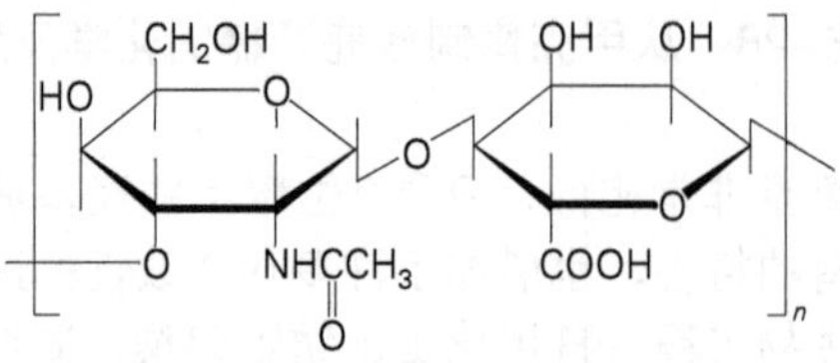

透明质酸的结构中有羧基、羟基和乙酰氨基等活泼的亲水基团，也像螃蟹的“爪子”一样能从四面八方抓住水分子，从而能吸湿、保湿。

透明质酸是从牛眼、鸡冠、人的脐带等特殊原料中提取的，近来也从某些细菌如放线菌中提取。由于资源和提取工艺的限制，使这种天然保湿剂价格昂贵。透明质酸的分子结构非常像甲壳素/壳聚糖的结构，主要差别在于前者有羧基。于是人们模仿透明质酸的结构，研制出了羧甲基甲壳素/壳聚糖，其吸湿、保湿性能已接近透明质酸。以下是*O*-羧甲基甲壳素/壳聚糖的结构式：

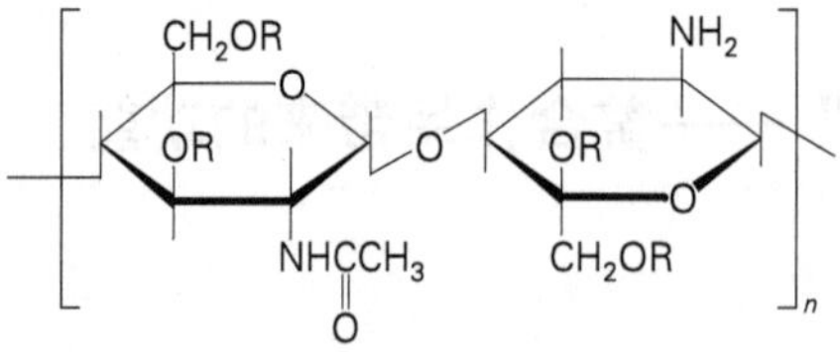

R= —CH_2COOH或H

图6-29比较了用甲壳素/壳聚糖保湿剂护发后受损头发恢复前后的电子显微镜照片，可见有很好的护发效果。同样，该保湿剂也适用于护肤品。

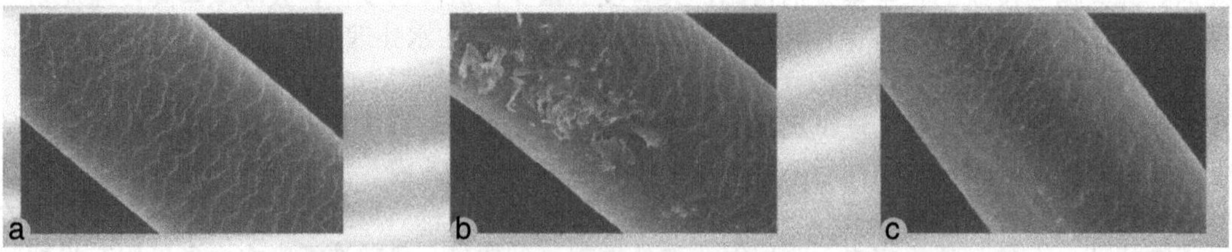

图6-29 甲壳素/壳聚糖保湿剂对头发的保湿性能

(a) 正常头发的表面结构呈鱼鳞状；(b) 受损头发；(c) 经甲壳素/壳聚糖保湿剂护发后恢复原状

6.4.1.3 处理核污染的典型实例

(1) 壳聚糖与前苏联核潜艇　日本《朝日新闻》1993年6月21日报道，1989年4月7日，前苏联“麦克”级核战略攻击潜艇“共青团”号因火灾在挪威北部海域沉没，42名官兵遇难。

这艘核潜艇上装备有两枚核攻击鱼雷弹头含10kg钚。如果这些钚全部在海中释放出来的话，估计在潮流微弱的挪威海，600年内无法捕鱼。这一事件引起了挪威政府强烈抗议。

1993年，俄罗斯政府将四年前沉没的“共青团”号核潜艇从挪威海中捞起，俄罗斯科学家们用从日本购买的大量壳聚糖制成凝胶状吸附剂填于船舱，进行防止核辐射外泄的处理，牢固地吸附了放射性物质，有效解决了问题（图6-30）。据说1kg吸附剂可吸附300g钚或铀，这是壳聚糖用于防治放射性元素（如铀、钚）污染的成功实例。

（2）壳聚糖与切尔诺贝利核电站事故 核电站事故偶有发生，国际核事故按严重程度分为零到7级。史上最严重的核事故之一是切尔诺贝利核爆炸，属7级事故。另一起是，2011年3月11日于日本发生9.0级大地震，福岛第一核电站发生的7级核事故。

1986年4月26日凌晨，位于前苏联乌克兰加盟共和国首府基辅以北130公里处的切尔诺贝利核电站的4号反应堆发生爆炸，反应堆机房的建筑遭到毁坏，同时发生了火灾，导致8t放射性物质泄漏，泄出的辐射物质据估计为美国1945年在日本广岛和长崎两地投掷原子弹所造成的辐射量总和的200倍。受到辐射的居民有611万人，被1居里以上的污染量污染的地区达500公顷，周围环境受到严重污染。

当时泄漏的放射性元素是铯137（Cs^{137}），在广泛范围内的放射污染夺去了很多人的生命。白血病、甲状腺癌、消化道肿瘤以及小孩发育障碍、异常老化、畸形等威胁着人们生命。

1992年7月开始，日本医生和乌克兰医生让遭受核辐射损失的387名患者（其中癌症患者270人）服用壳聚糖，结果说明，体内受污染的核素量有所减少，同时他们的免疫功能均有所增强，患者生活质量得到改善，收到意想不到的好效果（图6-31）。这是由于壳聚糖在体内能与放射性物质结合并排除体外，并且还有遏制放射损伤产生的大量自由基、增强免疫功能和抗感染等诸多作用。

图6-30 用凝胶状壳聚糖吸附剂填充“共青团”号核潜艇船舱

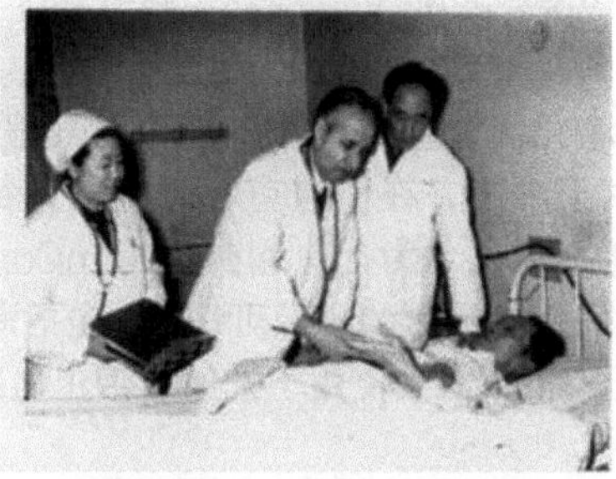

图6-31 壳聚糖用于切尔诺贝利核事故患者的治疗

壳聚糖防治放射病的独特作用，无疑对减轻癌症病人放疗时产生的毒副作用，预防或减轻从事接触射线而产生的职业病等方面都将发挥巨大的作用。

6.4.2 生命的第六要素——碱性带来的生物医学功能

6.4.2.1 减肥健身

壳聚糖能改善消化机能而有利于减肥健身。由于它在酸溶液中可形成带正电荷的阳离子基团，在人体胃液中可发生如下反应：$R—NH_2 + HCl \rightarrow R—NH_3^+ + Cl^-$。这也是自然界中唯一存在的带正电荷的可食性纤维素。这种纤维素不仅能促进肠道蠕动，保持大便通畅，减少肠内有害物质的吸收，而且由于它本身所带的正电荷易与食物中带负电荷的脂肪自动附着结合，从而阻断脂肪分解酶的作用，使得脂肪在肠道内不被吸收而直接排出体外，但它不会和作为重要营养素的蛋白质结合，不会对人体造成伤害。此外，甲壳素所带的正电荷易与血液中带负电荷的氯离子结合，抑制血管紧张素转换酶的活性，从而起到控制高血压的作用。相反还会使人增加饱腹感，减少能量摄入，达到辅助治疗肥胖症、糖尿病、冠心病的作用，维护肠道生态，保持健康长寿。

图6–32显示壳聚糖能与脂肪作用。首先将壳聚糖的酸性水溶液与脂肪/油溶液放在一个瓶子里，它们是分层的[图6–32（a）]；摇匀后脂肪被乳化[图6–32（b）]；静置后再次分层，脂肪被壳聚糖吸附，浮于上层[图6–32（c）]。

图6–32 壳聚糖与脂肪的作用

（a）壳聚糖的酸性水溶液(上层)与脂肪/油溶液(下层)；（b）摇匀后脂肪被乳化；
（c）静置后脂肪被壳聚糖吸附（上层）

6.4.2.2 消炎抑菌

《读者文摘》台湾版2008年2月号报道，自有战争以来，严重失血是造成伤兵死亡的重要原因。时至今日，在伊拉克和阿富汗，每天仍有不少士兵因失血死亡。但目前已有一种新型止血绷带面世，名为抑血绷带（HemCon），以虾蟹壳的有机物质壳聚糖制成，能促使血球凝结。一片10cm见方的绷带可在30s内把涌血的伤口止住。根据美军记录，在战场大量出血的病例中，已有九成以上使用了抑血绷带止血或减少流血。

图6–33 壳聚糖与美军“神奇的小布袋”

2003年，美军攻打伊拉克的时候，士兵的急救包里都有一块特殊的急救布，当士兵外伤的时候，把这块布在伤口轻轻一敷，血立即止住了。这个神奇的急救包被称为“神奇的小布袋”（图6–33）。

这是一块什么神奇的布呢？各国科学家和军事家千方百计打听，美国军方把它当成绝密军事机密，一直守口如瓶。伊拉克战争结束之后，这个秘密才被其他国家军事密探打听到：这是一块用高浓度的壳聚糖溶液浸泡过的布——抑血绷带。

马里兰州美军战伤救治研究中心所长凡德罗上校说：“抑血绷带有点像轮胎补漏贴片，平时没有黏着力，遇血就会贴在伤口周围把血封住。与传统绷带相比，这种新型的抑血绷带有着无可比拟的优势。”

人们认为壳聚糖具有消炎、抑菌、促进伤口愈合等作用与其碱性有关，碱性的壳聚糖能抑制细菌的生长。壳聚糖就有广谱抗菌性，能抑制大肠杆菌、金黄色葡萄球菌、绿脓杆菌、白色念珠菌等。

在医学上一直采用自体移植的方法对损伤的皮肤进行修补。但自体移植有着很大的局限性，特别是对于大面积烧伤的病人。理想的人工皮肤要有良好的气体透过性但又要防止皮肤的感染和水分的蒸发，还应有促进皮肤愈合的功能。最初是用硅橡胶薄膜，它虽有很好的透过性和人体适应性，但使用不方便。20世纪70年代骨胶原无纺布在治疗烧伤中取得了良好结果。近年来对壳聚糖性质的研究发现，这种天然的高分子化合物与人体亲和性好，又有良好的透气性能，是理想的人工皮肤材料。这种人工皮肤对创面无刺激，无过敏反应，并有消炎、抑菌、促进皮肤愈合的功能。与常规疗法相比，使用壳聚糖人工皮肤愈合速度快了3~5天。

在烧伤病人发生绿脓杆菌、金黄色葡萄球菌感染时，甲壳素和壳聚糖具有显著的抑菌作用。对于一般人体表皮存在的皮肤细菌如表皮葡萄球菌，肠细菌如大肠杆菌和人体真菌如热带白色念珠菌也是如此。表皮葡萄球菌只要用0.1%或1%的壳聚糖乙酸溶液处理就能全部被抑制。

图6-34显示了壳聚糖做成的创可贴和一种日本产的医用敷料。图6-35显示了用这种敷料治疗宠物狗的创伤过程的照片。

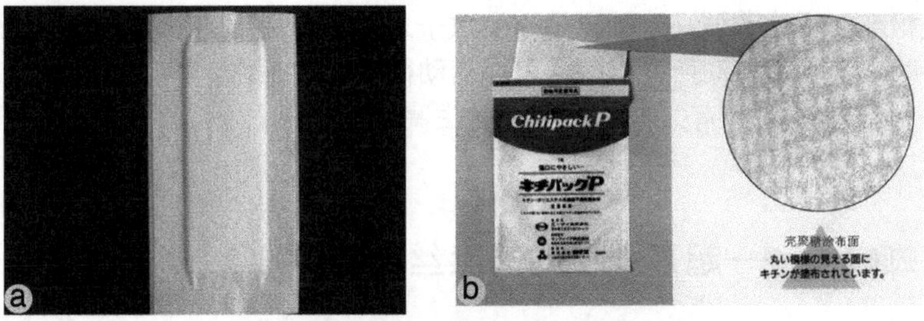

图6-34 壳聚糖在医学方面的应用

（a）创可贴；（b）医用敷料

手术前的状态　　　　放入壳聚糖敷料　　　　缝合状态

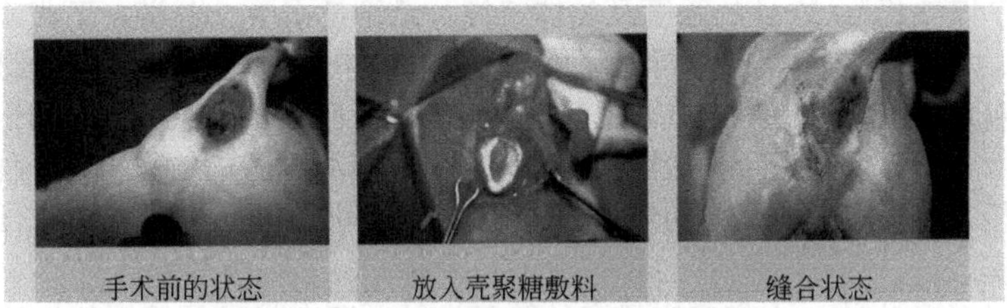

图6-35 用医用敷料治疗宠物狗的创伤

例如，我国南方人群中易患脚气病（香港脚），它也是一种真菌感染。有报道用1%壳聚糖乙酸溶液涂抹，连续五六天，就能止痒并治愈。同样，"灰指甲"也是霉菌感染，非常顽固，使用灰黄霉素都很难见效，但每天将"灰指甲"在1%壳聚糖乙酸溶液中浸泡几分钟，坚持半个月后，会逐渐好转，最后长出正常的新指甲。

壳聚糖的抑菌功能，还能用于肉类、水果和花卉的防腐、保鲜。

6.5 从生物得到的启示——仿生高分子

仿生学是模仿生物系统的原理来建造技术系统，或者使人造技术系统具有生物系统特征的科学。因此仿生学的内容极其广泛，无论是宏观或是微观只要是生物系统有明显优点，值得模

仿，都是仿生学研究的内容。

20世纪曾一架美国飞机飞越印度上空时，突然在森林中失事，美国政府派遣一个调查团调查飞机失事的过程中发现，在失事的飞机中挤满了许多响尾蛇，调查团中的生物学家对响尾蛇为什么会聚集在飞机中百思不解，于是开始了对响尾蛇的研究。

1937年，科学家发现瞎眼的响尾蛇，仍然能够攻击发热的电灯泡，证实响尾蛇并不是用眼睛看东西，它的眼睛亮而无神，它的鼻孔与眼睛之间有一个热定位器，并有大量的神经末梢，周围充满许多线粒体，神经末梢可以感受到红外线的辐射，所以响尾蛇在黑暗中可以正确地判定任何热物体的方位。实验证明，响尾蛇可以感受到外界0.001℃的温度变化。尤其对波长为1~1.5μm的红外线反应最为强烈。

模仿响尾蛇对红外线的敏感，科学家制造了各类人工红外线探测器（红外线望远镜、红外线照相机、红外线录像仪），以及红外线响尾蛇导弹。

对失去单眼的眼球甚至眼皮的患者，进行外科整形难度往往很大，虽然可为患者配备人造眼球，但现有人造眼皮，一般难以做到随着另一正常眼睛的转动而转动。而仿生眼皮不仅可以随正常眼睛的转动，美容效果也很好。

仿生眼皮由具弹性的硅胶薄膜制成，可以跟人造眼睛配合使用。仿生眼皮通过细微的聚酰胺与微型马达相连，驱动微型马达的电池，安放于人造眼球后部的微型丙烯酸胶囊中，当另一正常眼睛转动时，其肌肉转动所发出信号可以启动微型马达工作。

很多仿生材料与高分子有关，本书称为仿生高分子，下面只介绍与高分子有关的仿生学趣事。

6.5.1 仿蜘蛛丝——超高强度的天然丝

只有头发十分之一细的蜘蛛丝（图6-36），断裂强度1.3GPa，与典型的高强度钢1.3GPa相当，但密度却小得多，伸长率40%，其弹性为尼龙的三倍，因而享有"生物钢"、"超级纤维的美誉"。我国台湾学者形容"如果将蛛丝直径增加到1cm，即可拦截天上正在飞行、载运三百人的波音747飞机"。蛛丝的强度及晶体特性，无论是军事、医学、工业或研究上，都引起了学者专家的兴趣。美国太空总署正利用蛛丝晶体结构，着手研究从太空到地球建立"天梯"计划，将满足人们方便上太空旅游的梦想。有关蛛丝强度的研究，经过辐射X射线衍射后发现，一条蛛丝上同时拥有两种蛋白纳米晶体，一种是排列整齐的结晶，另一种是不规则的混乱结晶，两者相互缠绕成世界最强的纤维，研究人员不得不佩服一根细细的蛛丝，竟然蕴藏着大千世界无穷奥妙。

对于能够吐丝的生物，人们研究最多的除了蜘蛛，还有就是桑蚕。动物丝的主要成分均是纯度很高的丝蛋白。尽管不同动物丝蛋白的氨基酸组成会有所差异，但都能够在常温下通过动物独特的纺器使用很小的力纺出，"迅速地"从溶胶状的水溶性蛋白质变为非水溶性蛋白质，并形成力学性能非常优良的丝纤维。而工业上要制造高性能纤维，则必须在高温和/或苛刻的溶剂条件下纺丝，经高倍拉伸才能或获得。因此多年来人们一直热衷于研究并模仿蜘蛛和桑蚕的纺丝过程。

1991年Chistopher Viney在Nature上首先报道，在蜘蛛丝和蚕丝的纺丝过程中会出现液晶现象，并提出形成液晶的机理。此后又有不少研究，尽管对于液晶在体内形成的部位以及构象转变条件有不同观点，但一致认为在腺体内丝素蛋白分子链呈无规线团状（溶于水），而从纺器出来时在压力下已形成了β片晶（不溶于水），呈各向异性（图6-37）。由于取向而有较高强度。

有一个问题长期困扰着研究者，即蜘蛛丝和蚕丝的形成过程及它们的聚集态结构极为相似，但蜘蛛丝是自然界最强韧的纤维，而蚕丝的力学性能（断裂强度0.5GPa，伸长

奇·妙·的·高·分·子·世·界

图6-36　蜘蛛丝

图6-37　蜘蛛蛋白分子从纺器纺出前后形态的变化

上图为纺出前的无规线团；下图是纺出后的 β 片晶

率15%）却相去甚远。据说居住于深山老林的苦聪人就有用蜘蛛网做衣服的习俗，若以现代技术用蛛丝来纺纱织线，应能得到比现有的"凯夫拉"更加坚韧、舒适、有弹性的"超级纤维"。但蛛丝无法人工喂养，一个重要原因是蜘蛛会互相残食，如何获得蜘蛛丝蛋白呢？

先前对此现象较为直接的理解是蜘蛛丝蛋白和蚕丝蛋白本身的一级结构（氨基酸残基的序列）之间存在差异。生物学家在"基因工程"制备重组蜘蛛丝蛋白等方面进行了大量的工作，以期制得性能优异且产量充足的类动物丝纤维以投入应用。国际上研究蛛丝最具成果的是加拿大一家生物科技公司，他们联合美国陆军研究单位，将蛛丝强度最大的人面蜘蛛的基因移植到山羊的乳腺细胞，第二代转基因山羊的乳汁有三分之一可以分离出高含量的蜘蛛丝蛋白。通俗地说这是一种"借腹生子"的办法。蜘蛛丝蛋白经过抽丝后即可成为纺织品，制成蜘蛛衣或其他商品（图6-38）。

邵正中等通过仔细的观察和分析认为，蛋白质一级结构并非动物丝独特力学性能的唯一决定条件。桑蚕的8字形吐丝并结茧的自然行为（图6-39）导致茧丝中存在较多力学缺陷，取向程度远低于蜘蛛丝。邵正中等作了一个很有趣的实验，将桑蚕固定住，在桑蚕受迫吐

蜘蛛制造蛛丝的基因被注入山羊的胚胎中

成年后的山羊在产仔后分泌出的乳汁中含有蜘蛛基因

蜘蛛丝蛋白过滤后成为可用于纺丝的原液

原液从针管挤出形成丝线。这些丝线被拉紧以获得高强度

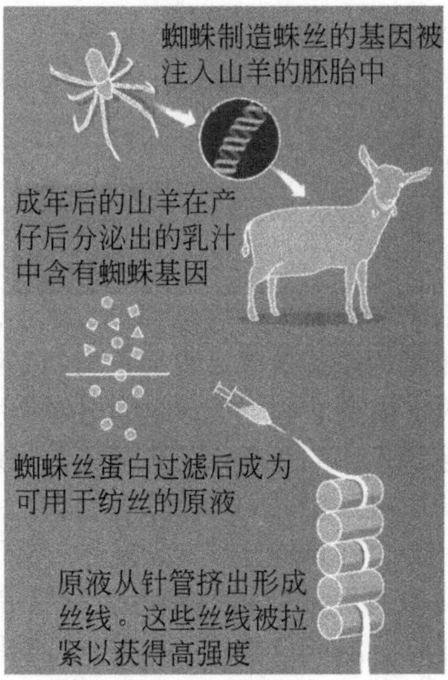

图6-38　"基因工程"制备重组蜘蛛丝蛋白纤维的流程

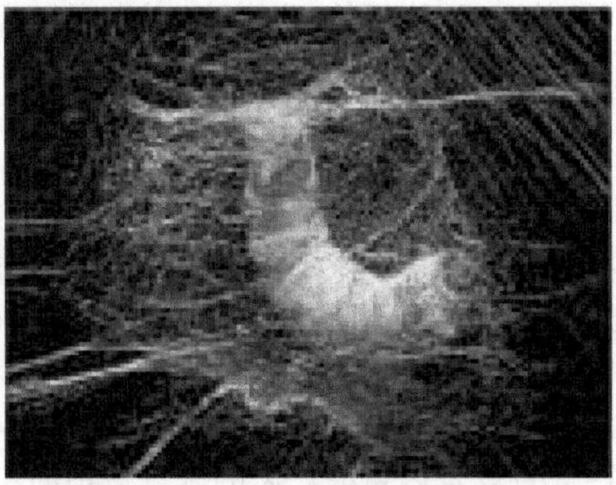

图6-39　桑蚕的8字形吐丝并结茧的自然行为

丝时给予一定的牵引取向，实验表明其强度会大为提高，较强的丝段则与蜘蛛丝相当（图6-40）。这一发现使得蚕丝有可能出现在超级纤维行列中，而且相比蜘蛛丝而言更具有简易性和可行性。

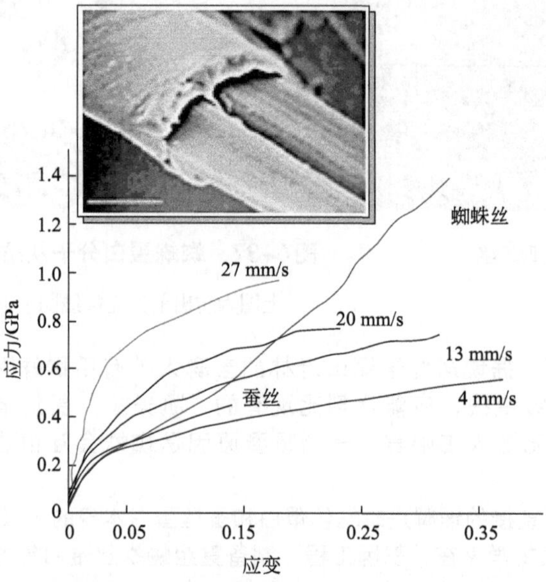

图6-40 桑蚕与蜘蛛丝力学性能的比较

曲线上的数据为桑蚕的拉伸速率；图上照片是桑蚕丝的扫描电子显微镜照片

6.5.2 仿贻贝——超强黏合剂

手术后使用胶黏剂，可快速止血，减少用缝线缝合的麻烦和缝口的感染。目前用得较多的是 α-氰基丙烯酸酯类，可在室温2min左右固化。固化机理是阴离子聚合，微量水所解离的 OH^- 就足以引发聚合。

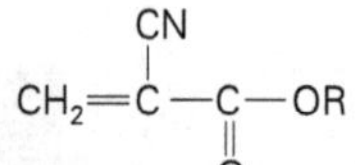

α-氰基丙烯酸酯类

海洋软体动物（如贻贝，牡蛎等）可以坚实牢固地附着在岩石、船底和海洋设施上，人们需要花很大力气才能清除或防止它们附于船底，以提高船舶的航运效率。贻贝足丝的黏结强度高达196MPa，而且这种高强度胶黏剂是在自然环境下的水中完成固化的，这正是医用胶黏剂所需的性能。受此启发，一种海洋生物蛋白质胶黏剂引起了人们的兴趣，已弄清紫贻贝黏合蛋白质的结构是（Ala-Lys-Pro-Ser-Tyr-4-Hyp-4-yp-Tbr-Dopa-Lys）75。Dopa是少见的3,4-二羟酚基丙氨酸。总的来说蛋白质中富含羟基，每10个残基中含约9个羟基。其固化机理十分复杂，可能是贻贝分泌出儿茶酚氧化酶氧化Dopa成为醌式结构，然后再与钙等络合。这种胶黏剂可望用于骨外科、齿科、眼科等有水存在下对骨、肌肉、神经、血管、视网膜、牙齿等软、硬组织的黏结、固定或填充。

另一方面，各类贝壳本身就是天然的复合材料。所谓“复合材料”，是指由两种以上的材料组合而成的具有新的功能的材料。自然界大量存在有机－无机复合材料，如骨骼、牙齿、贝壳、蛋壳等，经过亿万年的进化，形成优化的形态和结构。

以水稻为例，水稻从地里的水中吸取微量硅，然后在由碳水化合物和蛋白质组成的细胞壁内析出。这样在水稻中分散存在约20%的非晶硅。硅的作用是：① 使叶和茎得到力学补强；② 它的光散射效果促进光合作用；③ 在气孔附近析出，抑制水分蒸发提高保水性或耐盐性。而动物多利用碳酸钙，碳酸钙是一种像粉笔一样极易碎裂的化合物，但主要由它构成的贝壳却能承受成千上万次的敲击而不会碎裂。研究人员用显微镜对它作了观察，发现贝壳具有三层结构，外侧是角质层，中层为棱柱层，内侧是具有美丽珍珠光泽的珍珠层。外层由甲壳素和碳酸钙构成，有防止碳酸侵蚀的作用。内层是非常规则的厚度约为0.5μm的叠片状霰石（碳酸钙）结构，这是$CaCO_3$在常温常压的温和条件下结晶，晶轴沿规整的蛋白质基质取向排列的结果。叠片状结构排列得十分致密有序，中间有蛋白质黏结。珍珠层的片层结构令光发生干涉，从而出现美丽的珍珠光泽（图6-41）。中层对强度起了很大的作用，如果负荷较重，具有韧性的中层可防止贯穿壳体的裂纹产生，这一层的强度源于矿物的特殊排列，其基本标准结构部件为由蛋白质包裹的碳酸钙晶体组成的矩形梁，这些梁又组合成了一个稍大的中型梁，中型梁再堆积成为更大的结构。贝壳的这种结构使其弯曲强度高达180~200MPa，成为又薄又轻，强度又大的保护材料。

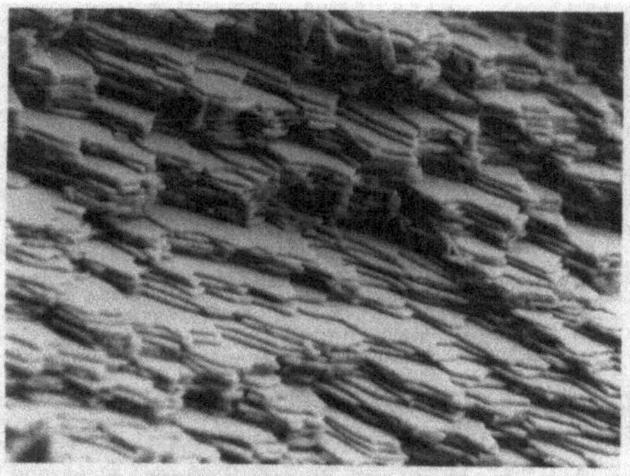

图6-41 贝壳的珍珠层

模仿在有机高分子本体中原位析出无机质的方法，可以制备一些特殊功能和高性能的材料。例如修补缺损骨骼的“骨水泥”或人工骨，如果单纯用羟基磷灰石（骨的主要成分）强度不够，单纯用聚乳酸或壳聚糖的生物活性不如羟基磷灰石，因而复合是一个好方法，例如有报道研究了以牡蛎壳粉末为原料，与消旋聚乳酸复合制备人工骨。

6.5.3 壁虎胶带

公元前350年，古希腊哲学家亚里士多德在撰写不朽的科学著作《动物的历史》一书时，就对壁虎的墙上攀登爬行能力大感惊讶。生物学家称壁虎是“最能爬墙的动物”，它能够自如攀墙，倒挂悬梁，几乎能攀附在各式各样的材料上面，甚至垂直的光滑玻璃板，所经之处不留任何痕迹。壁虎脚上的“功夫”真可称得上是“自然的杰作”。壁虎爬墙的奥秘自古以来一直是个谜。

科学家在显微镜下发现(图6-42)，壁虎脚趾上约有650万根亚微米级的刚毛，以几何阵列方式排列，每根刚毛长度为30~130μm，直径约为0.2~0.5μm，约是人类毛发直径的1/10，与紫色光的波长相当。每根刚毛前端有100~1000个类似树状的微细分叉，每个分叉的前端有细小的肉趾，能和接触的物体表面产生很微小的分子间作用力。一个肉趾的作用力虽然很小（10^{-7}N），但是当壁虎脚上所有的刚毛与固体表面充分接触时，它们所产生的总黏着力（$10N/cm^2$）就会超过许多黏合剂能够产生的力量。壁虎脚上650万根刚毛全部附着在物体表面上时，可吸附住质量为133kg的物体，是其本身体重的400倍强，相当于两个成人的质量。壁虎之所以具备藐视地心引力的能力归功于脚趾上的微毛。微毛能够增大接触面，形成一种“单向黏合剂”。壁虎每爬行一部都可产生这种黏力，但只要朝其他方向移动，黏力便消失。

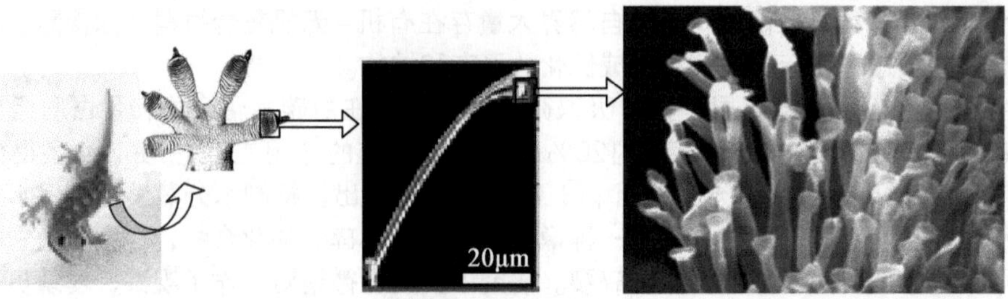

图6-42 壁虎腿上单根刚毛和它上面近千个直径为0.2~0.5μm的细分叉

2000年，Autumn等在Nature上报道了精确测定的单根壁虎脚足刚毛的黏合力，指出壁虎依靠了脚足刚毛与物体表面间的范德华力而黏附在物体表面，揭示了壁虎轻松快速行走的秘诀是依靠范德华力的迅速形成和消失。2003年，Geim等在Nature Materials上报道，模拟壁虎脚足上刚毛的干型高分子黏合剂——壁虎胶带已研制成功。他们仿照壁虎脚上刚毛的几何排列构造，以氧等离子干蚀刻法等方法在5μm厚的聚酰亚胺薄膜上制作了长度约2μm、直径约500nm、以1.6μm周期排列的微突起（相当于壁虎刚毛上的细分叉），见图6-43。测定结果表明，平均每个微突起的黏合力约70nN，一块$1cm^2$大小的这种壁虎胶带能产生3N的黏合力，因此一块$0.5cm^2$的胶带就可以轻而易举地让“蜘蛛人”玩具（高15cm，重40g）单手粘在水平玻璃天花板上（如图6-44所示），并且可以在不同的物体表面实现多次黏结和剥离，反复使用。如果双手覆盖上$200cm^2$这种仿壁虎胶带就能把具有平均体重的人粘在墙上，成为名副其实的“蜘蛛人”。

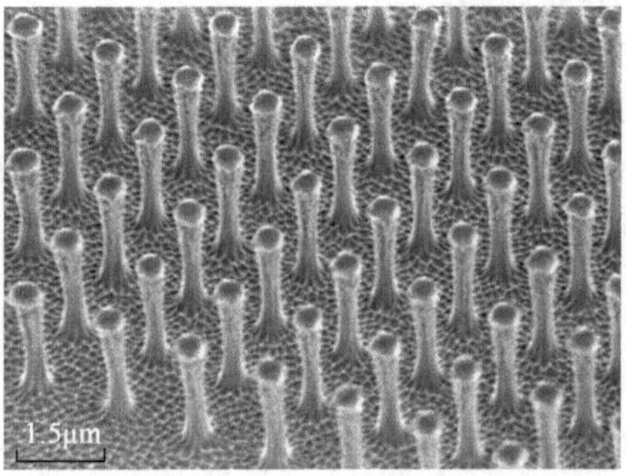

图6-43 模仿壁虎足上刚毛的聚酰亚胺“微突起”结构的SEM照片

图6-44 单手(覆盖$0.5cm^2$壁虎胶带)粘在水平光滑玻璃天花板上的蜘蛛人玩具

经过不懈努力，美国加利福尼亚州斯坦福大学的研究人员最终开发出一种类似橡胶的材料，上面覆盖数千根微小的聚合物纤维用以模拟壁虎的微毛。这种材料据说拥有较高强度并且可以重复使用，同时不会留下任何残留或造成损伤。目前，这种材料已在机器壁虎“Stickybot”身上成功测试[图6-45（a）]，Stickybot外形犹如一只壁虎，也“长”着四只脚，每只脚的尺寸与小孩子的手相当。测试中，机器人顺利在玻璃、金属等光滑表面攀爬。现在，科学家正在研制这种材料的“人用版”，正开发新型织物打造蜘蛛侠式衣服，允许人类拥有与壁虎一样的攀爬能力，即借助这种材料支撑整个身体[图6-45（b）]。

虽然壁虎在干燥环境下拥有超强黏着力，但这一能力在水下环境中却大打折扣。2007年，

图6-45　机器壁虎“Stickybot”（a）和蜘蛛侠式衣服（b）

美国西北大学材料学家Messersmith在Nature杂志上报道了兼具壁虎和贻贝优点的“壁贻胶带”（Geckel胶带）。人们早就注意贻贝分泌的蛋白在水下的吸附能力超乎寻常，Messersmith模仿贻贝蛋白质工作原理制成了特殊黏合剂，在模拟壁虎足底刚毛的硅树脂柱上涂上一层薄薄的这种合成胶水。结果“壁贻胶带”的附着力约是壁虎在水下的15倍，尽管只是贻贝在天然环境下的附着力的几分之一。这种胶带在重复使用1000次后仍有效。

6.6 生物医用高分子

约40%的高分子材料领域的论文在研究高分子材料的生物化，可见生物医用高分子的重要性，更何况是与我们自身密切相关的一类材料。

生物医学材料的起步很早，早在公元前5000年就已经用人工牙植入口腔来修复牙齿。最早用于假牙的高分子材料是聚甲基丙烯酸甲酯，称为“牙托粉”。现在牙科医用黏结材料、口腔用印模材料、活动义齿的树脂基托、各种树脂类的充填体、修复体等都离不开高分子材料。以牙髓塑化疗法的治疗为例，目前广泛采用的方法是将间苯二酚－甲醛树脂的单体导入髓腔中，使其充满主根管，并渗透到侧支根管、牙本质小管内，这种酚醛树脂常温聚合后变为固体并将其包埋、固定，成为无害物质存留于髓腔中，且严密封闭了根管系统，从而预防和治疗根尖周病。聚合前渗透和抑菌作用较强，聚合后仍有抑菌作用，细胞毒性明显较低，不具有致突变性和致癌性。聚合后的酚醛树脂在密闭的根管中不发生体积改变。图6-46是牙髓塑化疗法的治疗步骤示意图。

现在人体除仅1.5kg的大脑外，其他一切器官均可用高分子材料代替（图6-47）。硬件有骨骼、关节、牙齿等；软件有皮肤、肌肉、角膜、血管、心脏、肾、肝、血液、食道、胆道、脾、眼球晶状体、人造乳房等。这里所说的生物医用高分子，还不包括塑料针筒、合成纤维纱布、绷带、输血袋、输液瓶、导管等一次性医用材料。以下是一些聚合物的医学应用例子，看

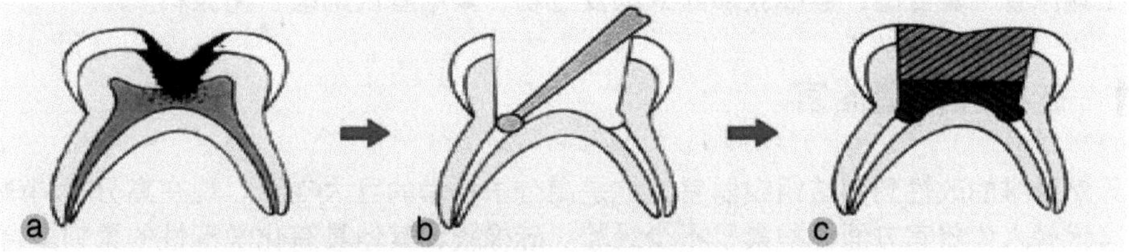

图6-46　牙髓塑化疗法的治疗步骤示意图

（a）穿髓孔；（b）根管准备；（c）置塑化剂间苯二酚-甲醛树脂并修复

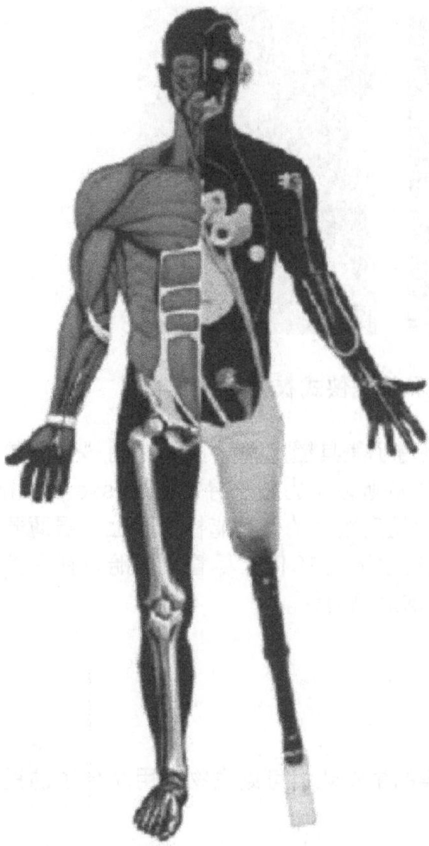

图6–47 除大脑外，人体一切器官均可用高分子材料代替

看是否涵盖了全身。

人工瓣膜：聚氨酯、聚四氟乙烯、低温同性碳、硅橡胶、聚酯纤维。

人工脏及心脏辅助装置：聚氨酯、聚氯乙烯、硅橡胶、天然橡胶、Aveothane–51。

心脏补片：聚四氟乙烯、聚酯纤维。

人工血管：聚酯纤维、真丝、膨体聚四氟乙烯、聚氨酯。

人工血浆：羟乙基淀粉、聚乙烯基吡咯烷酮、聚*N*–羟丙基丙基烯酰胺。

人工血红蛋白：全氟三丁胺、全氟三丙胺、环氧乙烷与环氧丙烷共聚物乳胶。

人工玻璃体：硅橡胶海绵、聚四氟乙烯海绵、骨胶原。

人工晶状体：甲基丙烯酸甲酯、甲基丙烯酸羟乙酯共聚物、聚丙烯、聚有机硅氧烷凝胶。

人工角膜：甲基丙烯酸酯类共聚物水凝胶、共聚涤纶、硅橡胶。

人工泪管：硅橡胶、聚甲基丙烯酸酯。

隐形眼镜：聚甲基丙烯酸羟乙酯及其与乙烯基吡咯烷酮的共聚物、硅橡胶、聚氨基酸、甲壳素衍生物 。

耳鼓膜：硅橡胶。

人工中耳骨：聚四氟乙烯与碳纤维复合物Froplest、聚甲基丙烯酸乙酯与羟基磷灰石共混物Geravial、甲基丙烯酸甲酯与苯乙烯共聚多孔骨水泥、聚乙烯。

人工食道：硅橡胶涤纶复合物、聚乙烯、聚四氟乙烯、天然橡胶。

人工喉：硅橡胶涤纶复合物、膨体聚四氟乙烯、聚氨酯、聚乙烯、尼龙、聚甲基丙烯酸甲酯。

人工肾：醋酸纤维、铜氨纤维素、聚丙烯腈、聚甲基丙烯酸甲酯、聚乙烯醇、乙烯–乙烯醇共聚物、聚碳酸酯、丙烯腈苯乙烯共聚物、聚氨酯、聚四氟乙烯、聚氯乙烯、硅橡胶、吸附树脂、炭化树脂、火胶棉。

人工肝：活性炭、炭化树脂、吸附树脂、聚丙烯胺、环氧氯丙烷交联琼脂糖、火胶棉、白蛋白、硅橡胶、聚四氟乙烯、聚丙烯。

人工肺：聚氯乙烯、硅橡胶、聚丙烯空心纤维、聚砜空心纤维。

人工胰：海藻酸、聚丙烯腈、聚氨基酸、聚氨酯。

人工胆道：聚氨酯、硅橡胶。

人工输尿管：聚氨酯、硅橡胶涤纶织物复合物、聚甲基丙烯酸乙酯涂料。

6.6.1 硅橡胶人造器官

从天然纤维的改性到创造组织器官，这是高分子科学的巨大飞跃。现在高分子科学在设计人造器官代替人体器官方面已积累了不少经验。硅橡胶和其他具有化学惰性的柔韧聚合物已成功地用来制造多种多样的人造器官，如人造眼角膜、人造心瓣膜等，甚至包括人工肺。硅橡胶在美容方面有广泛的应用，由硅橡胶制成薄膜口袋，里面装满硅凝胶，它们可以代替乳房里的脂肪。硅橡胶具有与软组织类似的弹性，所以可以用作人工心脏的肌肉或假鼻子假耳朵里的软

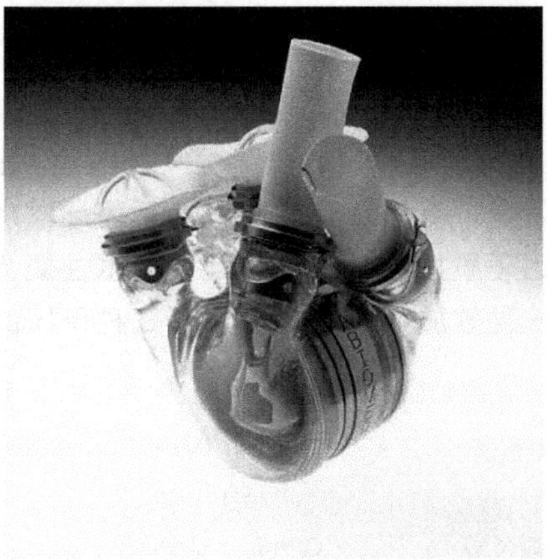

图6-48　硅橡胶人工心脏

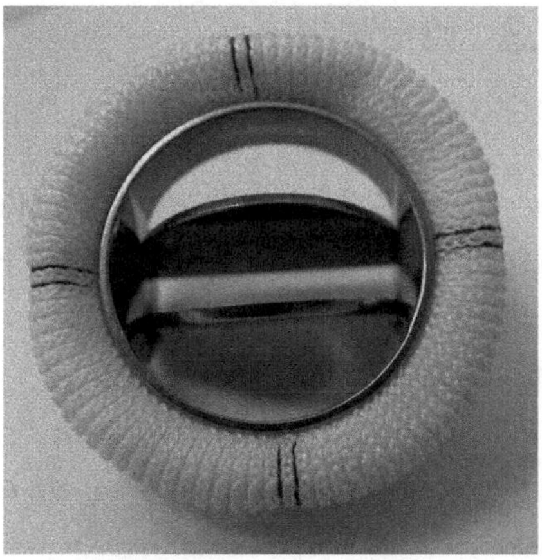

图6-49　人工心脏瓣膜

骨。用人工心脏能够代替有病的心脏，它不会造成血凝固，而且经久耐用。图6-48 是主要由硅橡胶制成的人工心脏的照片，图6-49 是由多种高分子材料制成的人工心脏瓣膜。

6.6.2 人工血管

最初采用聚酯血管，但在设计时候并未考虑应用时的要求，因此存在生物兼容性的问题。例如，聚酯血管植入物只能在直径大于6mm 的血管才可使用，否则因材料接口与血管发生生物反应而阻塞。

现聚四氟乙烯管广泛用于外科手术中血管的代替材料（图6-50），但当管子内壁的直径小于6mm时，仍容易被血块堵塞。为了减少血小板在聚四氟乙烯管壁上的黏附，Zhu 等将壳聚糖交联到聚四氟乙烯管壁上，表面用肝素(Hp) 处理，与全血接触后，PTFE/CS/Hp 材料上基本没有细胞吸附，有效避免了血小板在聚四氟乙烯管壁上的黏附，表明PTFE/CS/Hp 材料具有良好的血液相容性（图6-51）。

图6-50　聚四氟乙烯人工血管

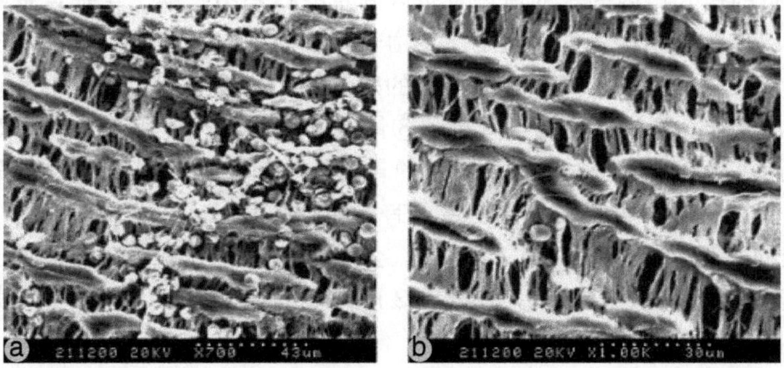

图6-51　用肝素处理的壳聚糖/聚四氟乙烯管壁对血小板黏附情况扫描电子显微镜照片

（a）PTFE；（b）PTFE/CS/Hp

6.6.3 隐形眼镜

1950年，人们逐渐开始配戴材质是聚甲基丙烯酸甲酯（PMMA）的隐形眼镜（图6-52），具有优越的光学特性，又能矫正角膜性散光，但是不太舒适。1960年，捷克学者利用十年的时间发明了软性隐形眼镜的材料，就是一直沿用至今的聚甲基丙烯酸羟乙酯（HEMA）。软接触镜能紧密地贴在角膜上，因而比硬质接触镜舒服，是由亲水性聚合物如聚甲基丙烯酸羟乙酯等的水凝胶制成的。例如，一种软质接触镜是由以下三种单体的共聚物制得的。

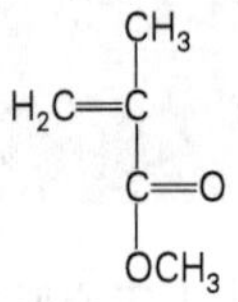

甲基丙烯酸甲酯　　　　　甲基丙烯酸羟乙酯　　　　　乙烯基吡咯烷酮

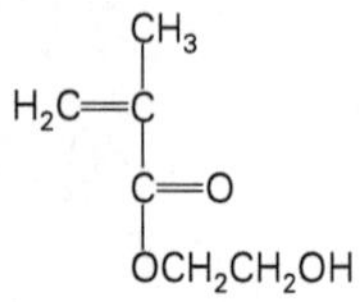

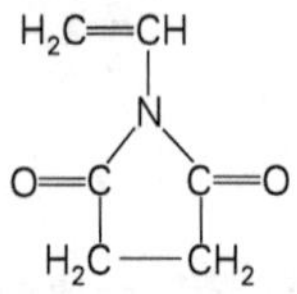

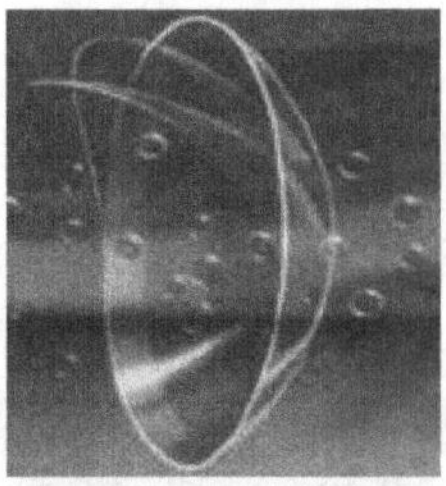

角膜的代谢过程是十分特殊的，由于角膜没有血管，角膜是通过泪液直接从大气中吸收氧气的，软质接触眼镜与角膜贴合紧密，泪液难以通过，所以软质接触眼镜的氧气透过性显得十分重要。隐形眼镜是由凝胶制作而成的，能很好满足透气性和亲水性的要求。凝胶是指溶胀的三维网状结构高分子，即聚合物分子间相互连接，形成空间网状结构，而在网状结构的孔隙中又填充了液体介质。简单地说，凝胶是由液体与高分子网络所组成的。由于液体与高分子网络的亲和性，液体被高分子网络封闭在里面，失去了流动性，因此凝胶能像固体一样显示出一定的形状。所以隐形眼镜摘下后要保存在液体中，以免干掉。

图6-52 隐形眼镜

6.6.4 骨内固定材料

我国的骨折用具年市场总量为130万～140万付之间。随着机动车数量激增和人口老龄化进程的加速，骨折用具市场的增长态势仍将延续。

因外伤骨折的病人作内固定的传统骨折内固定材料是不锈钢、钴基合金或钛合金等材料。但金属材料作为内固定物的缺点是：①由于金属与骨质之间的不相容性及膨胀系数不同等原因，或产生免疫反应，病人会有不适的感觉；②金属内固定物过于坚硬，由于应力遮挡可形成骨质疏松、延迟愈合和再骨折；③骨折愈合后必须做第二次手术取出金属物。

现可以使用可降解高分子材料作为临时的骨骼胶黏剂，代替金属对骨折部位进行固定。典型的用作内固定材料的可吸收聚合物主要有：聚乳酸（PLA）、聚乙醇酸（PGA）、聚乳酸与聚乙醇酸的共聚物和聚噁二酮（PDS），但价格较贵，每枚骨钉价格高达数千元。

比如用聚乳酸制成的骨板或骨钉（图6-53）不仅强度高，而且与人体相容性好，能在体内分解而被吸收。

$$HO-\overset{CH_3}{\underset{H}{C}}-\overset{O}{\overset{\|}{C}}-OH \longrightarrow \left[\overset{CH_3}{\underset{}{C}}H-\overset{O}{\overset{\|}{C}}-O\right]_n \longrightarrow nHO-R-COOH \longrightarrow CO_2 + H_2O$$

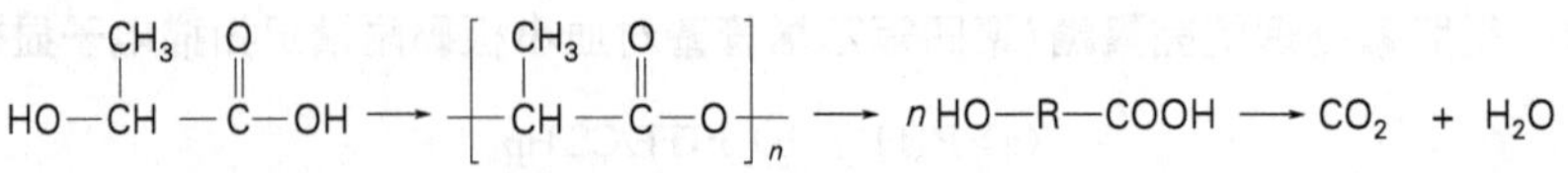

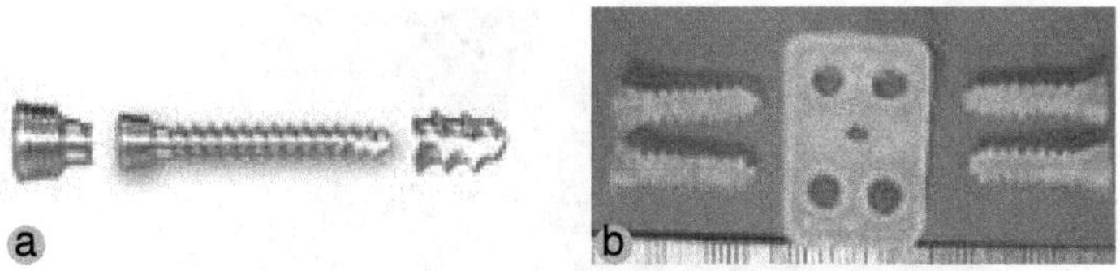

图6-53 金属骨钉（a）和聚乳酸制成的骨板或骨钉（b）

由于分解产物（乳酸）的酸性有时会引起非菌性炎症，如与碱性的天然高分子壳聚糖共混制备，效果会更好。

6.6.5 人造关节

人工关节是取得进展较快的医用材料之一，20世纪50年代使用的是金属-金属人工关节，患者常有疼痛的感觉。1963年，Charnley等用金属人工骨和聚甲基丙烯酸甲酯或聚四氟乙烯为髋关节臼组成的人工关节取得成功，但耐磨性不够理想。超高分子量聚乙烯的摩擦系数小、耐磨耗低是理想的人工臼材料，80年代初由陶瓷人工骨与超高分子量聚乙烯人工臼组成的人工关节投入市场，这种人工关节与人体适应性好、耐磨、耐腐蚀，植入人体后可长期使用（图6-54）。

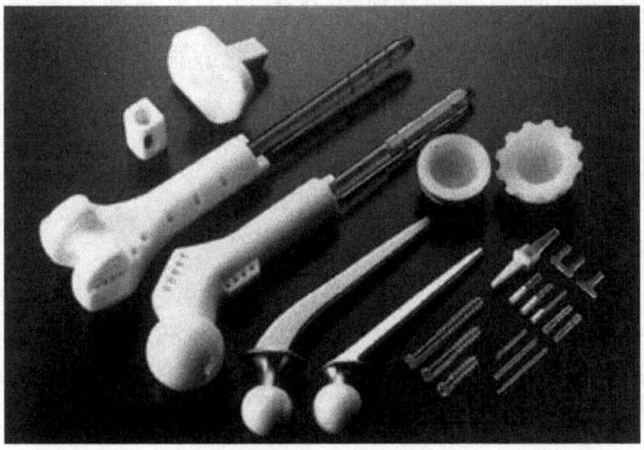

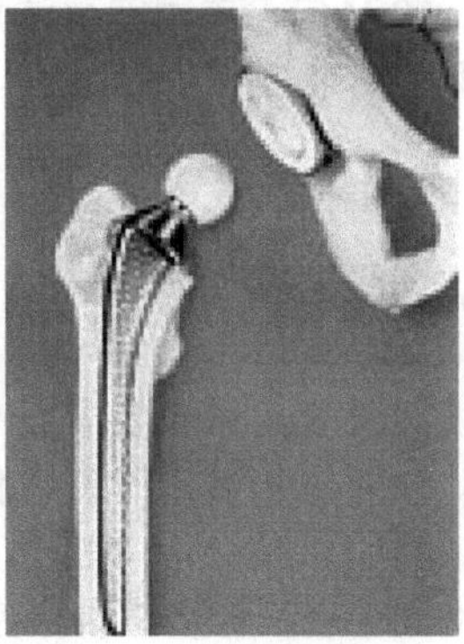

图6-54 陶瓷人工骨与超高分子量聚乙烯人工臼

6.6.6 人造皮肤

对烧伤患者来说，真皮移植可谓痛上加痛——医生需要从他们身体其他部位取下一块完好的皮肤，重新植入烧伤部位。这样一来，已经受伤的患者身上还要平添一处伤疤。

“人造皮肤”是利用工程学和细胞生物学的原理和方法，在体外人工研制的皮肤代用品，用来修复、替代缺损的皮肤组织。

医学家到处寻找代替皮肤的材料，先是从别人身上取下的皮肤，再是胎盘上的薄膜，结果都很少能成功，不出几天，全会被身体里的保卫系统一一销蚀掉。1981年，一位名叫波克的医学家，想出了个好主意：制造人造皮肤。到目前为止，许多科学家已从生物高分子材料或合成高分子材料中制造出了一二十种人造皮肤。他们把这些材料纺织成带微细孔眼的皮片，上面还盖着一层层薄薄的、模仿“表皮”的制品。

20世纪80年代后，科学家先后研制出多种人工真皮，如海绵状胶原膜、透明质酸膜、聚乳酸膜、聚乙醇酸膜等（图6-55），其基本特点是可诱导自体的组织细胞浸润生长，形成新的、结构规则的真皮样组织，从而重建真皮层。

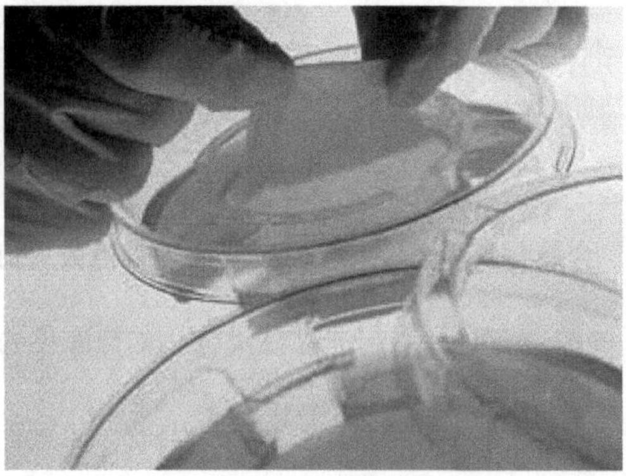

图6-55 美国器官生成公司出品的聚乙醇酸（PGA）人造皮肤

6.6.7 人造血液

聚乙烯吡咯烷酮作为血浆增量剂得到了广泛应用。但是后来发现这种聚合物会被肝脏、脾脏等吸收，长期残留，所以目前已停止使用。Clahke偶然发现一只实验用小鼠掉进全氟烃中过了一些时候竟还活着，由此得知全氟烃化合物具有很高的氧溶性，有着类似血红蛋白输送氧的功能。1984年，美国宾夕法尼亚大学医学研究院开发了乳化全氟烃人工血液，这种人工血液无血型区别可使用于任何人，而且无需冷冻储存，可大量制造，特别适宜于战地或事故抢救时需要。

6.6.8 人工肾

透析膜主要用做人工肾。肾脏是人体的废品处理厂，其功能是过滤和消除血液中的代谢产物。当肾功能衰竭时，人体内存毒物质不能排泄体外，造成尿毒症而导致死亡。

人工肾脏［25cm × Φ5cm，图6-56（a）］内装有约1万根直径为200μm左右、壁厚为7~16μm的中空纤维，这种中空纤维型的分离膜由铜氨纤维素等制成。血液在中空纤维的内侧，而透析液在外侧通过。人工肾脏的结构示意于图6-56（b）。渗析膜孔径为1~10nm，只能让血液中分子量为500~50000之间的尿毒素透过，但不会让分子量较大的血液成分流失。为防止血栓的形成，需要在血液中添加抗凝血剂。

图6-57 是所用中空纤维表面的电子显微镜照片，显示微孔结构。

6.6.9 神经再生导管

在运动损伤及神经断裂再植的医疗中，为恢复机体功能，对损伤的神经必须修复，对于较轻的损伤，可采取直接缝合，但发生较大面积或较大长度的损伤时，则必须采取神经移植

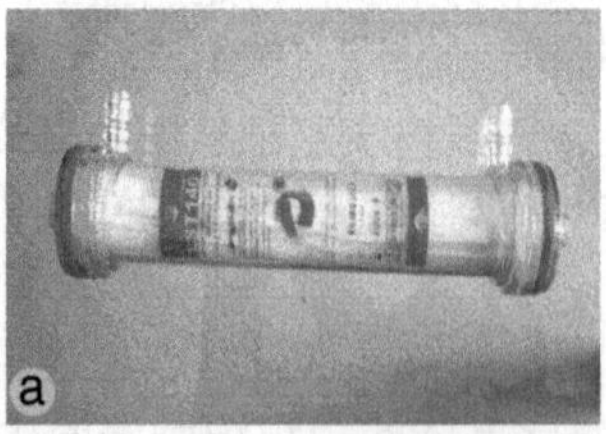

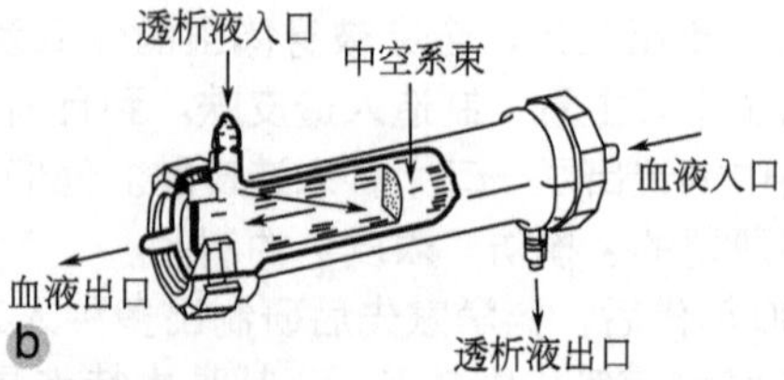

图6-56 人工肾脏实物及其结构示意图

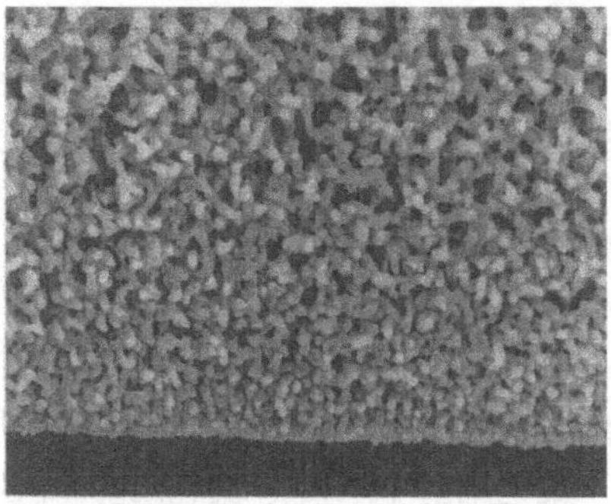

图6-57 人工肾脏的中空纤维表面的SEM照片

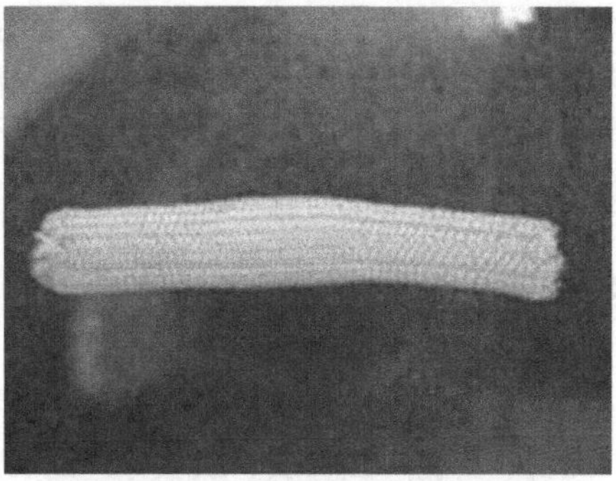

图6-58 聚乳酸神经再生导管

手术。但人体可供采取的神经组织是非常有限的，于是，需用人工导管以促进和保护神经组织再生。

神经断后能够再生，但如果没有神经再生导管的引导，则两头神经可能长偏了而接不上（错位对接）。神经再生导管具有促进神经沿导管内生长和阻隔软组织生长的作用。

神经再生导管必须由对神经细胞有良好的亲和性，能被机体吸收并促进神经再生的材料制成。欧美的一些科学家报道用胶原蛋白和聚乳酸来制作神经导管（图6-58），实践证明，前者机械强度较差而后者生物活体适应性较差。日本科学家利用螃蟹壳的内膜研制出新型的神经导管，研究表明，螃蟹内膜和肌腱的物质与一般甲壳素不同，它是在长度方向规则排列的甲壳素微纤，制作成壳聚糖后，具有极好的生物活体适应性，是促进神经细胞再生的促进物质。我国一些研究者则报道利用丝素和壳聚糖结合制备神经再生导管。

6.6.10 组织工程与高分子

20世纪80年代中期，生物医用材料被视为无生命材料，80年代之后随着生物技术科技的发展，科学家已经开始将生物技术应用于研制生物医用材料。在材料结构及功能设计中引入活性细胞，利用生物要素和功能去构建所希望的材料，而有了组织工程的概念。

例如，将聚四氟乙烯、聚甲基丙烯酸甲酯等植入体内，这样不可避免地受到生物体免疫系统的排斥。新兴的组织工程利用分解性的材料作成三维支架，使生物体的细胞在其表面繁殖或生长，形成或长出相应的组织或器官，材料在完成这一任务之后就自然分解消失。如此可巧妙解决异体排斥的问题。在材料表面可以固定一些活性因子(如生长因子等)，对细胞生长、分化、增殖引起促进作用。

随着组织工程的发展，在骨组织工程方面，已经可以在分解生物材料三维之支架上种植细胞，在体内或体外培养，然后将它植入缺损部位，进行骨组织的修复和再生。

软骨没有血管，一旦损坏不容易修复，20世纪80年代已经将软骨细胞殖于高分子模板之上，成功获得透明软骨；目前已能从骨膜中分离出骨细胞，在三维支架中进行培养，它们能很好地增殖。图6-59显示聚乙醇酸组织工程支架和依附在上面生长的活细胞。

可以想象将来的某一天，一位老人被告之他的心脏正在急速衰竭，需要更换左心室。主治医师将他

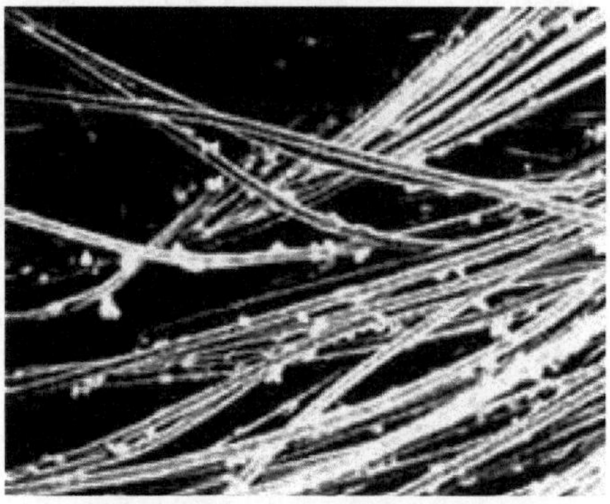

图6-59 PGA组织工程支架和依附在上面生长的活细胞

健康的心脏细胞组织切片送到一家组织实验室，即人造器官工厂。研究人员利用组织切片和特殊聚合物制造出代用的左心室。三个月后，代用左心室被冷冻、包装并送往医院。医生将代用品换到老人的心脏内。由于代用品相当于老人自己的器官，手术之后自然不会发生任何排斥反应，老人的生命因此而得到延续。

6.6.11　药物助剂

可以毫不夸张地说，当今任何一种剂型的药物都需要利用高分子材料。从利用天然高分子如淀粉、多糖、蛋白质、胶质等，到利用合成高分子聚乙烯醇（PVA）、聚乙二醇（PEG）、聚乙烯基吡咯烷酮（PVP），作为黏合剂、赋形剂、助流剂、润滑剂、助溶剂、稳定剂、助悬剂、乳化剂等（图6-60）。聚乙烯基吡咯烷酮是水溶性高分子，结构式如下：

$$\left[CH_2-CH\right]_n$$

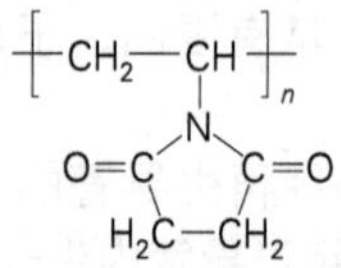

一般的给药方式（如数小时一次），使人体内的药物浓度只能维持较短的时间，血液中或是体内组织中的药物浓度上下波动较大，有时超过病人的药物最高耐受剂量，有时又低于有效剂量，这样不但起不到应有的疗效，而且还可能产生副作用（图6-61）。因此，制备能够缓慢释放药物成分的缓释性长效药品在治疗中经常是非常需要的。要制备缓释长效药品，关键是要制备能使被承载的药物缓慢释放的载体材料。

高分子缓释药物有三种，一种是将水溶性的高分子如聚乙烯醇、聚乙二醇等同药物均匀地混合在一起，制成药片，服用时，药物的释放由高分子在体内的溶解速度控制；一种是将药物包裹在高分子膜或微胶囊中而缓慢释放，例如用聚羟基丁酸酯包裹安定；还有一种是将低分子药物键合到高分子上，以达到长效、低毒的目的。青霉素是一种抗多种病菌的广谱抗菌素，应用十分普遍。它具有易吸收，见效快的特点，但也有排泄快的缺点。利用青霉素结构中的羧基、氨基与高分子反应，可得到疗效长的高分子青霉素。例如将青霉素与乙烯醇-乙烯胺共聚物以酰胺键相结合，得到水溶性的药物高分子，这种高分子青霉素在人体内的停留时间为低分子青霉素的30~40倍。

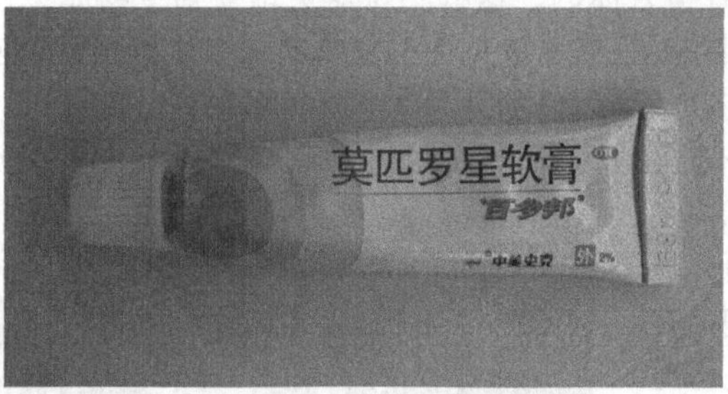

图6-60　聚乙二醇用作莫匹罗星软膏的赋形剂

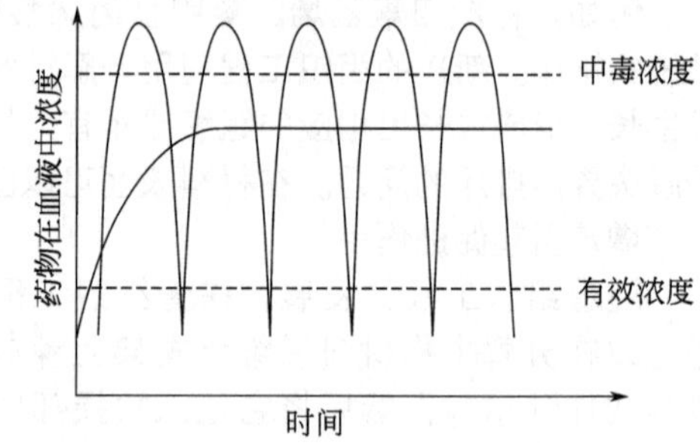

图6-61　服药过程中药物在血液中浓度的变化

第7章

高分子杂谈

7.1 世博高分子

2010年5月1日~10月31日在上海举办的世界博览会举世瞩目，参观人数创纪录地达到7000万，主题是“城市，让生活更美好”(Better City，Better Life)。各国的展馆五彩缤纷，在选用材料方面各有特色，下面重点介绍上海世博会上展现的高分子材料。

7.1.1 中国馆

2010年上海世博会最引人瞩目的无疑是中国馆，这个形似古帽的“东方之冠”呈正红色，与之相呼应的是馆周围大片红木色的地板（见图7-1）。这些地板既有木材的质感，也有木料的纹路，但事实上这些地板并不是木头制成的，而是名叫“塑木”的新型环保材料。塑木的颜色是可以根据配方调整的，此次选用的红木色庄重大气，映衬了中国馆的风格。

世博园区的高架人行步道、世博轴的景观大道、中国馆“东方之冠”的户外休闲区域，这些世博会期间人流量最密集的户外区域，统一铺设上这种新型的塑木地板。

塑木是指以经过预处理的植物纤维或粉末（比如木屑、花生壳、椰子壳、亚麻、秸秆等）为主要成分，与树脂和各种助剂复合而成的一种新型材料。

塑木最大的特点是有着天然木材的外观和质感，但摒弃了自然木材有节疤、易龟裂、易变形、怕水怕火和易腐蚀的缺陷。而且，塑木的使用成本大约是木材的1/4~1/3，但平均使用时间却要比木材使用时间长5倍以上。

图7-1 中国馆周围的塑木地板

塑木复合材料与传统木材相比，最大的优势就是对环境贡献大，塑木是一种专门“消化”废木料、废塑料的环保材料，节省木材有利于保护生态环境。塑木制品不怕水，不需要油漆，避免了对环境的污染；在10年左右的使用周期结束报废后，还可以回收再利用，不产生二次污染。塑木主要用于室外园林景观和亲水景观。

7.1.2 英国馆

英国馆（图7–2）是上海世博会最光彩夺目的展馆之一，接待了超过700万游客。

图7–2 英国馆

（a）“种子殿堂”外观；（b）从内部看，每一根亚克力杆里都有不同种类、形态各异的种子

英国馆最大的亮点是由6万根蕴含植物种子的透明亚克力（聚甲基丙烯酸甲酯）杆组成的巨型“种子殿堂”——这些触须状的“种子”顶端都带有一个细小的彩色光源，每根向外延伸7.5m。夜间，触须内置的光源可照亮整个建筑，可以组合成多种图案和颜色。所有的触须会随风轻微摇动，使展馆表面形成各种可变幻的光泽和色彩。白天，完全通过触须采光，触须会像光纤那样传导光线来提供内部照明，营造出现代感和震撼力兼具的空间。整个外观像一个巨型蒲公英。

进入“种子殿堂”之后，参观者会发现6万根亚克力杆的每一根里都含有不同种类、形态各异的种子。它们可能是一颗松果、一粒咖啡豆，也可能是你叫不上名字的种子……这些种子来自英国皇家植物园和中国科学院昆明植物研究所合作的“基尤千年种子银行项目”，共有2000多种，26万颗种子。这些植物种类繁多，有观赏植物、药用植物、粮食作物、水果蔬菜、油料作物等。大部分来自中国，其中昆明植物研究所精心挑选了890多种植物的种子，包括中国特有的珍稀植物，如珙桐、银杏等。

7.1.3 西班牙馆

西班牙馆最大的亮点是由美国好莱坞用硅橡胶制作的巨婴“小米宝宝”，它是一座高达6.5m的会动会笑的机器人娃娃，眼睛一眨一眨，长长的睫毛和湛蓝色的眼睛十分讨人喜欢。小米能做20个动作70种表情，眨眼、抬头、微笑、皱眉（图7–3）。

当初从西班牙200个婴儿中选出原型，标准并不是选最漂亮最健壮的宝宝，而是最憨厚、动作表情丰富的，能让大家被他的热情所感染。找到了“小米”时，他当时只有8个月大，可爱极了。

虽然是一座巨型硅橡胶雕塑，但是细节无不考究，头发是用马的鬃毛一根一根做出来的，连指纹也是惟妙惟肖的，而硅橡胶提供了极佳的仿人体的质感。

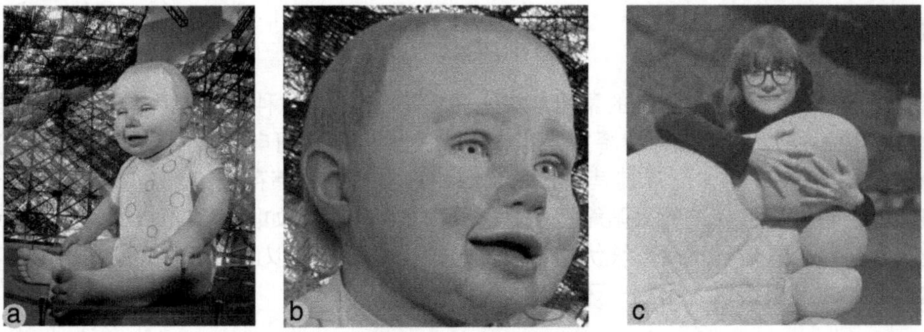

图7–3 西班牙馆

（a）巨婴小米宝宝；（b）可爱的表情；（c）巨大的脚丫子的指纹也是惟妙惟肖的

7.1.4 韩国馆

整个韩国馆（图7–4）的外立面由合成树脂做成，为的是不污染环境。在上海世博会结束后，这些树脂外立面被全部拆除下来，“变废为宝”，制成环保袋，分发给上海市民。同时世博韩国企业联合馆也在世博闭幕后拆除，并用其建筑外围材料——波纹布回收再次加工成环保手提袋，制作完成之后向社会发放。

图7–4 韩国馆

（a）由合成树脂做成外立面；（b）世博韩国企业联合馆；（c）由韩国企业联合馆建筑外围材料制成的环保袋

7.1.5 日本馆

日本馆（图7–5）又称为紫蚕岛馆，是太阳能超轻“膜结构”的太空堡垒。一个半圆形穹顶，闪着金属光泽的紫色表面，被覆盖了透光性高的双层塑料膜，配以内部的太阳电池，节能环保。

图7–5 日本馆是“膜结构”的太空堡垒

7.1.6 瑞士馆

瑞士馆的一大亮点是其闪光的幕帷外墙［图7-6（a）］，这种新型的幕帷用大豆纤维制成，幕帷材料在展出结束后能被天然降解。11000块包含敏化太阳电池的圆形红色生物树脂［图7-6（b）］像1万多个小太阳悬挂其上，每个都能独立产生和储存能量，并以LED灯的形式将其利用，展现着世界最先进的太阳能技术。当展馆周围有能量如阳光或相机的闪光时就会一闪一闪地发光，整个外墙呈现此起彼伏的动态闪光的视觉效果，以此展示能源的利用。这种新颖独特的构思，意在表现瑞士馆的“环境意识”。

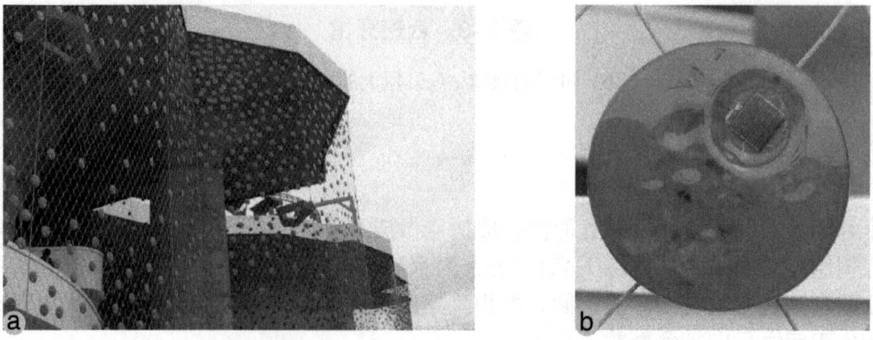

图7-6 用大豆纤维幕帷装扮的瑞士馆

7.1.7 意大利馆

意大利馆（图7-7）的墙壁由“透明水泥”或称“透明混凝土”制成，因此太阳光可透过墙壁到达室内，晚上可以从外面透过墙壁看到室内的灯光和屋内人们的身影。“透明水泥”减少室内灯光的使用，节约了能源。

开发出这种透明水泥的是意大利水泥厂商“Italcementi Group公司”。虽然没有公布材料的详情，不过已经得知其制造方法是在不用水的情况下，使透明的热塑性树脂和氧化铝等无机材料凝固后形成的。

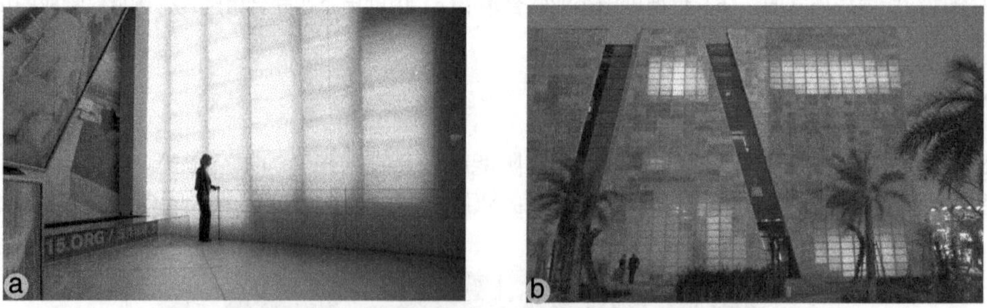

图7-7 意大利馆的外墙是含热塑性树脂的“透明水泥”

（a）白天室内的效果；（b）晚上室外的效果

7.1.8 芬兰馆

名为“冰壶”的芬兰馆（图7-8）的鳞片状外立面，是用25000块雪白的“冰块”拼装而成。这些“冰块”其实是一种新型的特殊环保建材，是由废纸和塑料制作而成的。

7.1.9 石油馆

石油馆里的碳纤维自行车仅重4kg左右（图7–9）。碳纤维强度高，重量轻，密度不到钢的四分之一，拉伸强度却是钢的7~9倍，是军民两用新材料，主要应用在航空、化工、医学领域。

图7–8 芬兰馆的外墙是一种由废纸和塑料制作而成的特殊环保建材

图7–9 石油馆里的碳纤维自行车

7.1.10 长椅和垃圾桶

遍布世博园区入口和场馆周围的长椅，以及造型别致的分类垃圾桶，都是由废弃牛奶盒“变身”的。

因食品行业对制造工艺有极高要求，牛奶、咖啡、豆奶等越来越多的饮品采用“软包装”（又称利乐包），其真正名字叫“复合纸包装”，由75%纸浆、20%塑料以及5%铝复合而成。同时，这些包装里的纸浆、塑料和铝都须具备极高的质量。因此，当它被当成垃圾扔进垃圾桶时，其实是放错了地方。利用水力再生浆技术、塑木技术、彩乐板技术和最新的铝塑分离技术，这种复合材料可以100%再资源化利用。其中，回收来的牛奶饮料纸包装经过清洗、粉碎、热压等几个步骤，无需分离即可加工成经久耐用、防水防潮的“彩乐板”。这种板材具有经久耐用、防水防潮的特性。彩乐板通常情况下使用寿命为5年。

世博环保长椅是72万多上海市民齐力构建低碳世博的见证之一。2009年6月5日世界环境日之际，上海世博会事务协调局联合利乐公司和《新民晚报》发起了“绿色世博‘椅’我为荣”牛奶饮料纸包装社区回收大行动，以“为世博奉献环保长椅”为目标，动员广大市民将饮用后的牛奶盒压扁回收，并让这些回收包装发挥“余热”，为世博服务。这项活动得到了共青团上海市委员会、上海市环境保护局、上海市绿化和市容管理局等组织和机构的大力支持，同样也得到了社区居民的热烈响应。截至2010年4月，共回收了1716t，若按1t等于10万个250mL容量的空牛奶盒计算，相当于已有1.7亿多个牛奶盒得到资源回收。

世博园区的1000条环保长椅（图7–10）完全由牛奶盒包装制成，这种由“彩乐板”制成的环保长椅的外观有细碎的花纹，酷似大理石，整体造型美观大方。每条长1.2m、宽0.4m的凳子，要耗费856个250mL牛奶盒。

园区内4000多只垃圾桶（图7–11），也是由近10万个牛奶盒做成的。这种垃圾桶，造型更新颖，标识更清晰，寿命也比传统材质的垃圾桶更长，与世博会倡导的绿色、低碳理念相吻合。除了环保长椅和塑木垃圾桶，牛奶饮料纸包装还可以再生制成其他的生活和工业用品，许多都已在低碳世博中精彩亮相，比如再生纸节目单、环保卷筒纸等。

图7-10 世博会上由废弃牛奶盒变身的环保长椅

图7-11 世博会上废弃牛奶盒变身的垃圾桶

7.2 高分子材料的简单鉴别方法

7.2.1 塑料薄膜的简单鉴别法

普通人都知道，辨别PVC和PE塑料膜的方法是“一看二撕三火烧”。“一看”PVC膜的透明性比PE膜更好，由于PVC膜没有结晶。“二撕”是PVC膜的韧性更大、不易撕裂；听抖动时的声音也能分辨，聚乙烯薄膜抖动时声音发脆，而聚氯乙烯薄膜则较柔软，抖动时无发脆声音。“三火烧”则是PVC膜在用火烧时冒黑烟、有刺鼻气味、不会滴油，离开火焰会自动熄灭。PE膜在用火烧时无烟、无气味、会滴油，离开火焰会继续燃烧。

由于聚氯乙烯在安全性方面存在问题，需要一种简便又灵敏的鉴别含氯塑料的方法，这里介绍铜焰法。找一根铜线，以及一个通风良好，或具有抽风设施的地方。手持铜线的一端，用纸包住，以免烫手！将铜线在火焰上烧红，用烧红的铜线接触欲检测的塑料，再将铜线放入火中燃烧。出现亮绿色的火焰[图7-12（a）]，代表该塑料制品含氯（如PVC）材质，这是由于氯化铜挥发产生的；出现一般火焰颜色[图7-12（b）]表示该塑料并非含氯材质。

市面上塑料袋中PVC塑料袋已经很少见了，基本上都是PE塑料袋。需要鉴别的是HDPE塑料袋、LDPE塑料袋或再生塑料袋。HDPE塑料袋为乳白色半透明状，拉伸强度较高；LDPE塑料袋较为透明，拉伸强度较低。这两种塑料袋装食品是安全的。再生塑料袋一般都染成红色、黑色、黄色等，这是为了掩盖再生塑料中的杂质，只要对着光就可以看到有不均匀的黑点，这种塑料袋装食品的安全性没有保证。

其他塑料薄膜有没有简单方法鉴别呢？这里给出一个不需要实验室设备和药品的塑料薄膜鉴别流程（图7-13），方便而实用。

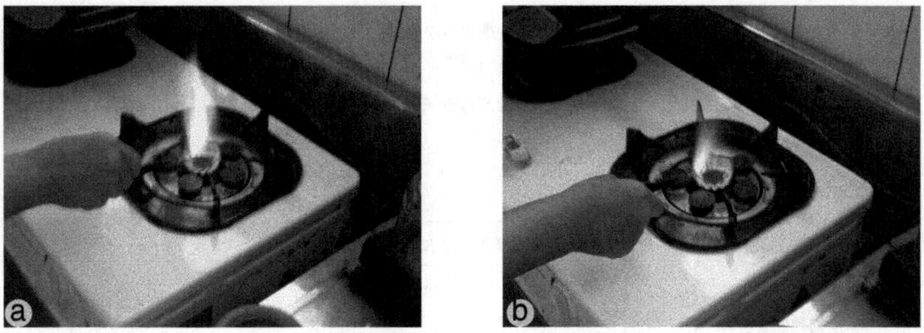

图7-12 铜焰法鉴别PVC

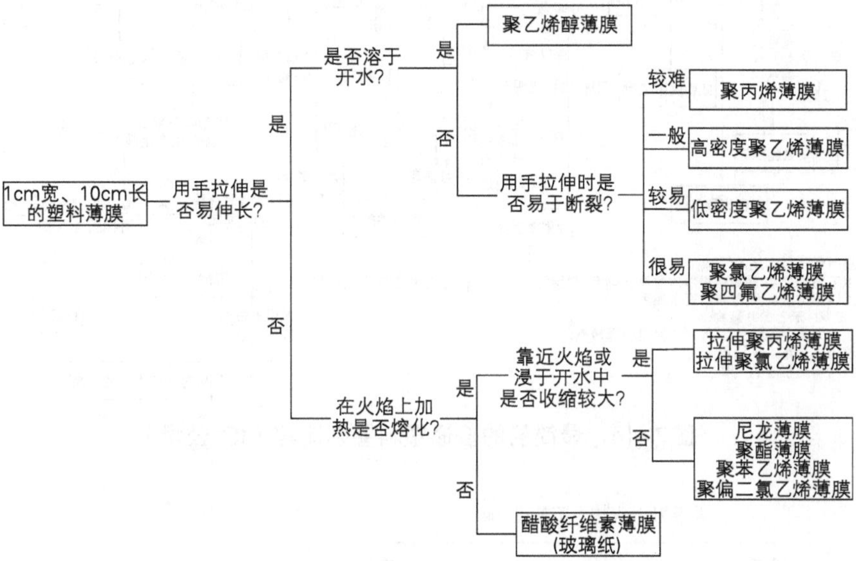

图7-13 塑料薄膜的简单鉴别流程

要注意，塑料薄膜与三维的塑料制品很不相同。由于其形状特殊，在简单定性分析中有时有异常现象。比如密度测定时塑料薄膜由于表面张力而常使结果偏低，溶解性实验由于接触面积大而更显得易溶，燃烧时首先发生收缩等。

7.2.2 最简易的普通塑料鉴别流程

先介绍一种无需实验室专用设备和药品，而只需要钉子、水和煤气炉等家庭用品的塑料鉴别流程（图7-14），每个人都可以成为“鉴定专家”，方法极为简单。这种流程结合了外观、燃烧、密度和个别特殊实验，能辨别多达20种常见的塑料，对于一般用途已经足够了。

另外，再分别介绍普通塑料鉴别的单纯燃烧法（图7-15）和单纯溶解性法（图7-16）的流程供参考，也很简单。

7.2.3 纤维的简单鉴别法

人们经常会碰到这样的问题，需要辨别衣料的材质。比如如何鉴别衣料是真丝，还是人造丝？如何鉴别毛线是纯毛的，还是化纤的或棉的（图7-17）？

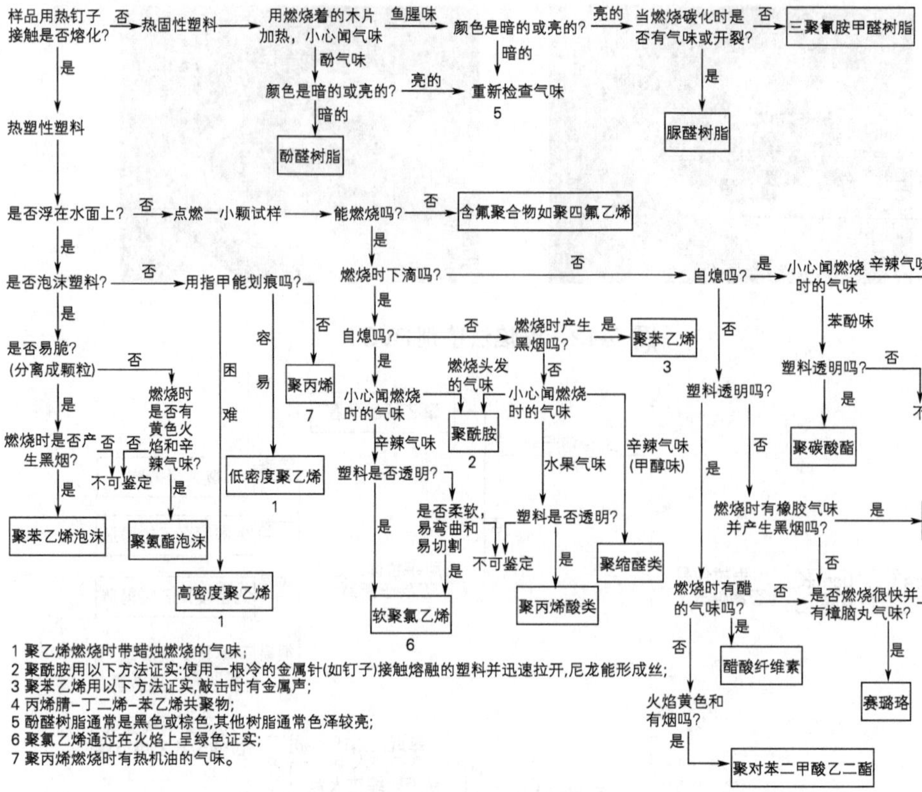

图7–14 最简易的普通塑料鉴别流程(ICI公司)

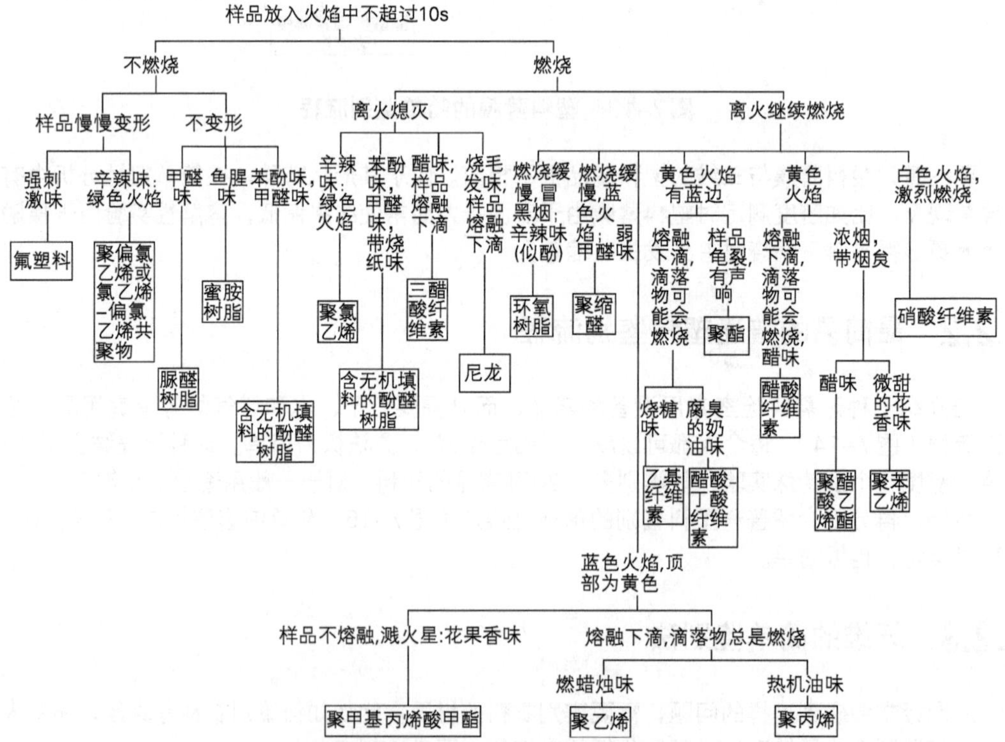

图7–15 燃烧法鉴别塑料的流程

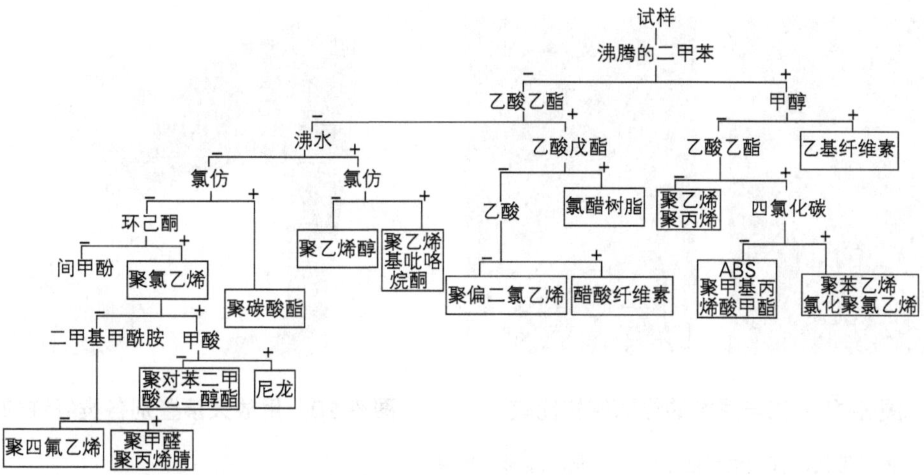

图7-16 溶剂法鉴别塑料的流程（正号表示可溶，负号表示不溶）

图7-17 你的毛线是真毛，还是假毛的？

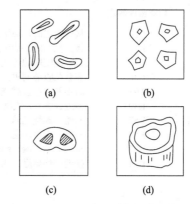

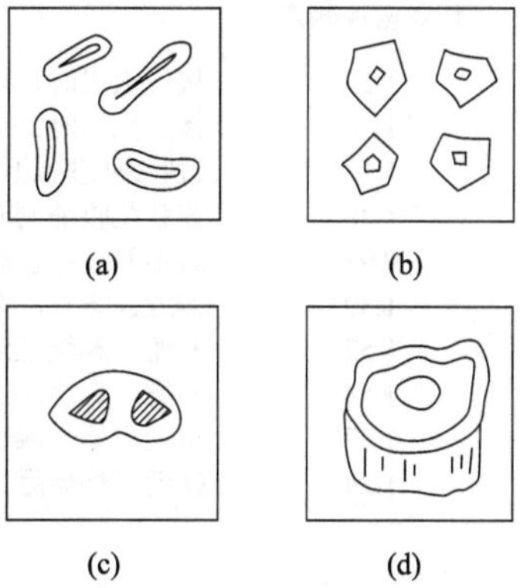

图7-18 四种常见天然纤维的断面结构示意图

（a）棉；（b）亚麻；（c）丝；（d）羊毛

简单鉴别方法有形态观察（表7-1和图7-19）和燃烧法（表7-2）。形态观察有时需要借助放大镜或显微镜（图7-20）。

纤维名称	横截面形态	纵面形态
棉	腰圆形、有中腔	扁平带状、有天然蜷曲
麻（苎麻、亚麻、黄麻）	腰圆形或多角形，有中腔	有横节，竖纹
羊毛	圆形或近似圆形，有些有毛髓	表面有鳞片
兔毛	哑铃形，有毛髓	表面有鳞片
桑蚕丝	不规则三角形	光滑平直、纵向有条纹
黏胶纤维	锯齿形，皮芯结构	纵向有沟槽
醋酸纤维	三叶形成不规则锯齿形	表面有纵向条纹
氯纶	接近圆形	表面光滑
腈纶	圆形、哑铃形或叶状	表面平滑或有条纹
氨纶	不规则形状，有圆形、土豆形	表面呈不清晰骨形条纹
涤纶、锦纶、丙纶	圆形或异形	平滑
维纶	腰圆形、皮芯结构	1～2根沟槽

第**7**章 高分子杂谈

227

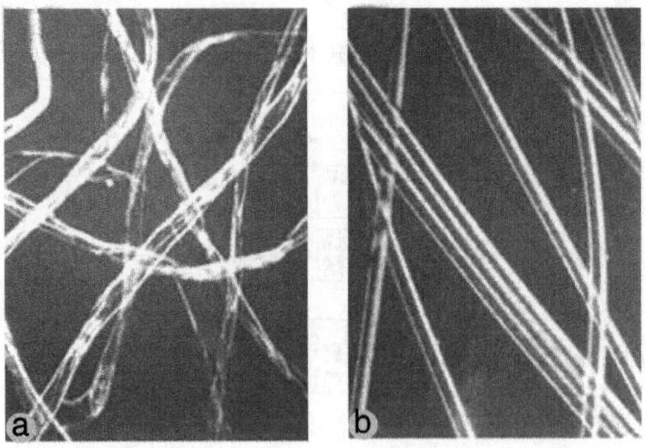

图7–19 棉与尼龙的纵面结构比较

(a) 棉，扁平带状，有天然卷曲；(b) 尼龙，圆形，平滑

图7–20 用放大镜鉴别各类纤维的形态

表7–2 纤维的燃烧法和密度鉴别

项目 品种	相对密度测定	燃烧试验 （燃烧过程及灰烬状态）
锦纶	1.14	接近火焰时，边熔融边缓慢燃烧，有酰胺类气味，灰烬为褐色玻璃球状
涤纶	1.38	接近火焰时，边熔融边冒黑烟燃烧，有芳香气味，灰烬为黑褐色玻璃球状
腈纶	1.17	边收缩熔融边燃烧，有特殊气味。灰烬为脆而不规则的黑色块状
维纶	1.28	在软化收缩同时，缓慢燃烧，有聚乙烯醇燃烧的特有气味，灰烬黑褐色不规则状
丙纶	0.91	边熔融边缓慢燃烧，有石蜡气味，无灰烬，但燃剩的部分为透明球状
氯纶	1.39	接近火焰时，收缩熔融，很难燃烧。有氯化氢的刺激气味，灰烬呈不规则黑色块状
黏胶纤维	1.52	易燃，燃烧迅速，有烧纸的气味，残留少量灰烬
棉花	1.54	易燃，燃烧迅速，有烧纸的气味，残留少量灰烬
羊毛	1.32	接近火焰熔融、燃烧；有烧毛发的气味。灰烬黑色，膨胀易碎的颗粒
蚕丝	1.34	接近火焰熔融、燃烧；有烧毛发的气味。灰烬黑色，膨胀易碎的颗粒

7.2.4 橡胶的简单鉴别法

橡胶根据其外观很易与塑料和纤维相区别。橡胶的种类不多，分辨橡胶的品种也可以用较为简单的燃烧、密度等方法，详见表7–3。

表7–3 橡胶的简易鉴别方法

铜焰法①	燃烧试验		无机酸浸渍试验		密度 /(g/cm^3)	相当的种类
	燃烧性	气味及其他	浓硫酸	热硝酸		
绿焰	不燃	盐酸味	硬化	分解	1.25	氯丁橡胶
无	不燃	盐酸味，软化	无变化	不分解	1.5～1.85	氟橡胶
无	易燃	烧蜡味，软化	无变化	不分解	0.85～0.87	乙丙胶
无	易燃	石油气味	无变化	不分解	0.91	丁基橡胶
无	易燃	特殊臭味	硬化	分解	0.94～1.05	丁腈橡胶
无	易燃	苯乙烯味，黑烟	硬化	分解	0.93～1.05	丁苯橡胶
无	不燃	有白烟	软化，溶解	分解	1.0	硅橡胶
无	易燃	亚硫酸味	软化，溶解	分解	1.37	聚硫橡胶
无	易燃	黏性	软化，溶解	分解	0.92	天然橡胶
无	易燃	黏性	软化，溶解	分解	0.95	合成聚异戊二烯
无	易燃	黏性	软化，溶解	分解	0.90	聚丁二烯

① 铜焰法是用铜勺装样品在火上燃烧，参见图7-12。

密度的准确测定一般是需要仪器的，但这里介绍一种不需仪器的简单方法。准备以下四种溶剂（或溶液），后两种溶液的配置无需称量，加氯化镁或氯化锌直至得到饱和溶液即可。由于氯化锌易水解，必须加入少量盐酸。

① 乙醇（密度为0.79g/cm^3）；

② 水（密度为1g/cm^3）；

③ 饱和氯化镁溶液（密度为1.34g/cm^3）；

④ 饱和氯化锌溶液（密度为2.01g/cm^3）。

四种液体分别装在四个烧杯里，将试样裁成小块经浸润后放入第一种液体中，观察是沉下、悬浮，还是浮起。然后改变液体，从而定出试样的密度范围。从沉下或浮起的速度还可以大致判断密度差值的大小。表7-4列出主要高分子材料的大致密度范围。

表7-4 从密度区别高分子材料

密度/（g/cm^3）	可能的高分子材料
<0.8	泡沫塑料、泡沫橡胶
0.8～1.0	聚乙烯、聚丙烯、聚丁烯、天然橡胶、丁苯橡胶、丁基橡胶、丁腈橡胶
1.0～1.34	其他
1.34～2.01	聚酯，酚醛树脂，脲醛树脂，纤维素衍生物，含氯、氟、硫的聚合物，加填料的聚合物
>2.01	聚三氟氯乙烯、聚四氟乙烯、$F_{4,6}$

7.3 高分子材料与环保

地球的环境污染已经非常严重，直接威胁人类的生存。世界卫生组织认为，“全世界每年死亡的4900万人中，约有75%的死者与环境破坏和水源污染的患病有关”。

现在我们有了许多各种性质的高分子材料，它们具备天然材料根本不具备的功能。即使天然材料也有这些功能，但是价格却比较昂贵。聚合物的发展和广泛使用虽然给日常生活和工农业等发展带来巨大效益，但随之而来的合成材料废弃物的污染也成为大问题。因为人造的聚合物没有经过自然过程，生物体不含有分解它们的必要的酶，也就是说，绝大部分合成材料在自然条件下不能像其他材料那样被微生物分解消化。正因为如此，废弃的聚合物就意味着是一种环境污染，如废弃的农用薄膜残留在农田中会破坏土壤结构，使农作物的产量下降。废弃高分子材料造成了所谓“白色污染”严重地威胁着人类的生态环境。

所谓“白色污染”，是人们对塑料垃圾污染环境的一种形象称谓。它是指用聚乙烯、聚苯乙烯、聚氯乙烯、聚丙烯等高分子化合物制成的各类生活塑料制品使用后被弃置成为固体废物，由于随意乱丢乱扔，它们又难以降解处理，以致造成城乡环境严重污染的现象。

“白色污染”的主要来源有塑料袋、食品包装、泡沫塑料填充包装、快餐盒、农用地膜等。塑料垃圾的数量极大，北京市生活垃圾的3%为废旧塑料包装物，上海市生活垃圾的7%为废旧塑料包装物。它的危害如下。

（1）视觉污染　影响城市、风景点的整体美感，破坏市容、景观。

（2）污染空气和水体　河、海水面上漂浮着的塑料瓶和饭盒，水面上方树枝上挂着的塑料袋、食品包装袋等，不仅造成环境污染，而且如果动物误食了塑料垃圾会伤及健康，甚至会因其绞在消化道中无法消化而活活饿死。北京曾从一只死亡的奶牛的胃中清出累积的塑料薄膜达13kg。据估计，每年至少有数百万只海洋动物误食塑料、废弃的渔具等死亡。而焚烧会污染空气。

（3）侵占土地，造成土壤板结　废旧塑料包装物进入环境后，由于很难降解，造成长期的、深层次的生态环境问题。以往填埋是垃圾的主要处理方式，但掩埋不是安全的办法。如20世纪40年代发生在美国的洛夫运河事件。当时胡克化学公司把一段废弃的水电运河作为倾倒垃圾的场所，倾倒了2万多吨有毒废物，加上附近的垃圾处理，共倾倒废物3亿吨。几十年之后，由于堆放场产生的污染物向地下水转移，而进入饮用水系，人们发现该地区成为各种疾病的高发区，癌症、畸形胎儿的发病率上升。

塑料被认为是20世纪对人类生活影响最大的发明之一，随着塑料袋在全球泛滥成灾，塑料又被媒体批评为20世纪最糟糕的发明之一。到底塑料（包括塑料袋）是利大于弊，还是弊大于利？让我们分4个观点逐步进行分析讨论。

7.3.1 我国防治"白色污染"的方法和存在的问题

在行政方面，我国在治理"白色污染"方面主要有两次行动。

（1）禁止使用一次性泡沫快餐具 我国的国家经贸委1999年发布了第6号令，要求一次性非降解发泡塑料餐具的淘汰期限为2000年底以前。杭州是我国最早（1995年）禁止使用一次性泡沫快餐具的城市。

（2）塑料袋是"白色污染"的重点 2008年1月8日，国务院办公厅下发《关于限制生产销售使用塑料购物袋的通知》（即"限塑令"），从当年6月1日起，在全国范围内禁止生产销售使用超薄（厚度小于25μm）塑料购物袋，并实行塑料购物袋收费。

在技术方面，颁布禁令的城市都要求用纸制品或可降解塑料制品代替原来的难降解的泡沫塑料制品。即鼓励：① 采取以纸代塑；② 采用可降解塑料。

通过采取上述措施，在一定范围、一定程度上减轻了"白色污染"的危害。2011年5月底中央台报道，"限塑令"颁布3年来，减少使用塑料购物袋700亿个，节约石油360万吨，减少CO_2排放1000多万吨。但没过多久，中央台又报道，"限塑令"如一纸空文，农贸市场仍然大量使用。

7.3.1.1 关于一次性泡沫快餐具的说法

一次性泡沫快餐具是最早提出的"白色污染"问题。由于人们随意丢弃，在铁道两旁、江河两岸往往堆满白花花一片的泡沫快餐盒。据报道，我国光是每年扔弃在铁路沿线的塑料快餐盒就达8亿多只，有人戏称我国有两座万里长城，一为古长城，二为白色长城，指的是我国铁路沿线到处是白色的饭盒和塑料袋。由于城市快餐业的发展，每年塑料快餐盒废弃量达100亿只之多，其中80%以上未经回收，被大量的散落在环境中，重量在8万吨以上。据报道，我国七大水系均受到塑料废弃物的污染，如长江上漂浮的垃圾就令人触目惊心（图7-21），塑料垃圾的阻塞使葛洲坝水力发电厂的落差减少，有时还要停机清淤，平均每天要少发电200万千瓦时。

虽然我国一次性发泡塑料餐具已被禁止使用，但现状如何？国家发改委主管的中国经济导报社、北京现代循环经济研究院、北京帕克茵（PKI）包装有限公司组成了一次性快餐具市场现状调查组，历时4个月，先后考察了北京、上海、浙江、江苏及广东等经济发达的5个省份。调研结果表明，PS发泡塑料餐具禁而不止。目前PS发泡塑料餐盒为86亿只，占一次性快餐盒年用量的71.67%，与6号令发布初期相比年总销售量有增无减。有人说"禁白"成了"白禁"。

实际上市场一部分代之以其他塑料，如聚酯（PET）或聚丙烯（PP）一次性餐具和食品托盘，但大部分仍然被丢弃没有回收。为了降低成本，一些生产企业不顾消费者利益，在配方中随意加大碳酸钙、滑石粉用量，形成标有"环保餐盒"却是"有毒餐盒"的现状。

有两种不同的观点。

图7-21 长江岸边的"白色污染"

奇妙的高分子世界

（

（1）PS发泡餐具“有毒论” 一次性泡沫快餐盒主要成分聚苯乙烯（PS）有害表现在：第一，不易回收，造成“白色污染”；第二，不可降解，即使深埋在土壤里上百年时间仍保持原状；第三，焚烧会产生大量有害气体；第四，当温度达到65℃以上，有害物质将渗入食品中，会对人的肝脏、肾脏、生殖系统、中枢神经系统造成损害。

最新研究表明，对于苯乙烯的毒性评价与以前截然不同。1996年，世界卫生组织（WHO）的国际癌症研究小组对苯乙烯进行深入的研究后得出结论，苯乙烯的确有致癌作用。呼吸苯乙烯气体会使人产生淋巴瘤、造血系统瘤和非瘤疾病，尤其是中枢神经系统的疾病，后者具有潜伏性。随着呼吸苯乙烯气体时间的持续和剂量的积累，致使危险性更大。

（2）PS发泡餐具有利用价值 禁用PS发泡餐具的政策与市场规律相左的直接后果就是资源、设备和投资的巨大损失。首先是被禁对象——PS发泡塑料餐具生产企业部分倒闭转产；其次是国家扶持的各种替代产品——环保餐具生产企业，由于产品在性能和价格上的劣势，无法与PS发泡塑料餐具竞争而关闭或转产；三是已经建立起来的回收废弃PS发泡塑料餐具生产线，由于6号令的实施而被迫停止运行。

中国环境科学学会绿色包装分会也就此问题向国家质检总局执法督察司执法办案督察处、国家质检总局打假办公室求证，得到明确答复：符合国家相关产品标准的PS发泡塑料餐具，属于安全无毒无害产品，可以放心使用。

① PS发泡餐具“有毒论”不属原国家经贸委制定6号令的依据。卫生部及技术监督部门未曾发布过PS发泡餐具有毒而禁止使用的文告。将PS发泡餐具的问题步步升级，由“白色污染”上升到“环境灾害”继而上升到“有毒论”，主要出于某些人的商业操作、媒体跟风误报所致。

② PS发泡餐具“有毒论”可归纳为三种情况。

a.子虚乌有、无稽之谈。关于PS发泡餐具有毒的问题最早见于1999年10月北京晚报一名实习记者的一篇报导“泡沫饭盒与您拜拜”，该文提到PS餐盒65℃以上高温使用，就会产生强致癌毒性“二噁英”，以后又有媒体报导PS发泡餐盒含有双酚A，会导致生殖机能失常的问题。这完全是一种子虚乌有，毫无科学根据的虚假报导。因为“二噁英”产生的主要条件之一是在270~400℃高温条件下，含苯环物质和含氯（溴）有机物同时存在。而PS发泡餐具生产和使用过程不具备上述条件，因此其与“二噁英”无关。PS发泡餐具根本不含双酚A，会导致生殖机能失常的问题简直是无从说起。

b.严格执行国家标准，不存在苯乙烯单体残存量超标的问题。不少报道中提出PS餐具中含有残存苯乙烯单体或65℃以上使用时会释放出苯乙烯单体致毒的问题。这也是不实和不科学的误导。我国PS生产中，关于苯乙烯残存量的国家标准为$<1000mg/kg$，远低于美国、日本（$<5000mg/kg$）的标准。因此，正规PS生产厂家严格执行国家标准不可能存在单体含量超标的问题。即使标准内存在的微量单体，在生产过程中也被气化释放排出。关于65℃以上使用会释放出苯乙烯单体的问题也是毫无科学根据的，因PS降解温度需高达280℃以上。美国环保局已将过去被认为属致癌物的苯乙烯从“致癌物”名单中勾销了。美国国家癌症研究机构对此曾做出过：“尚无足够证据证明苯乙烯单体对人类或实验的动物具有致癌性”的结论。

过去一直认为苯乙烯的毒性比苯小，虽然在浓度为5×10^{-6}时就会感到不快，却尚无毒害作用。随着苯乙烯浓度的升高，刺激性增强，大量吸入可引起头晕头痛、食欲减退、乏力、红细胞和血小板减小，但还不致造成慢性中毒。其原因是苯乙烯在生物体内被氧化成苯甲酸、苯乙酸、苯基甘醇等，进一步反应生成马尿酸或葡萄糖酸酯而被排出体外。空气中最高容许浓度为$420g/m^3$，因此在工业和实验室中的短时接触，没有特别危害。

c.工艺已经改进，对大气臭氧层已不会造成破坏作用。PS发泡餐具的制造工艺过去曾采用氟利昂为发泡剂。但我国近百条PS发泡生产线中，大部分为台资和外资企业，其生产工艺均早已淘汰氟利昂，而采用丁烷发泡剂替代。因此事实上也不存在PS发泡餐具生产过程会对大气臭氧层造成破坏的问题。

因而，PS发泡塑料餐具有望东山再起。媒体报道，中国轻工业信息中心高级工程师唐赛珍认为，根据国内外多年实践经验和研究结果表明，PS发泡塑料餐具不是“白色污染”的元凶，它本身无毒无害，卫生安全，可以回收利用。从资源、能源、应用、卫生性能、回收利用和降解性能及价格等综合分析评价，除原料不是来自可再生资源，用后难降解外，其他各项均优于各类一次性快餐具，即其性价比是各类一次性餐具中最优的。

其实，美国就有过一次禁而不止的经历。美国纽约州、缅因州等地曾在零售业中禁用聚苯乙烯泡沫塑料，经过几年在价格因素的作用下回潮的力量远大于推广的力量，又不得不取消或用回收代替。

从一次性快餐具的生命周期评价，PS发泡塑料餐具是属于符合3R原则的绿色环保产品。因此，在当前替代产品技术、经济问题尚未完全解决，应用、卫生性能还存在不少问题而市场又有较大需求的情况下，PS发泡塑料餐具无疑应是当前一次性快餐具的首选产品。

目前，广东、浙江等PS发泡塑料餐具的消费大省正在准备对PS发泡塑料餐具解禁，走回收利用之路。在回收网络十分健全的上海市，上海PS发泡塑料餐盒的占有率为95%以上。2013年2月国家发改委解除了对其的禁令，已从淘汰产品的目录中删除。

7.3.1.2 塑料购物袋的话题

我们先从媒体的一幅漫画开始（图7-22），人类似乎已被困在塑料袋而无法自拔了。果真如此吗？一般老百姓以为“限塑令”就是“禁塑令”，禁止一切塑料袋，甚至禁止一切塑料包装物。

图7-22 人类被困在塑料袋里了吗？

在讨论这个话题之前，我们得弄清塑料袋到底包括哪些种类。塑料袋应包括：

① 购物袋（俗称“背心袋”）——超薄（小于25μm）；中等厚度（25~60μm）；厚（大于60μm）；

② 食品包装袋——厚、中、薄；

③ 非食品包装袋——厚、中、薄。

食品包装袋和非食品包装袋是必需的，一般厂家生产时就已包装好的，显然如果用铁盒、木盒、玻璃瓶等材料包装一定更加浪费。用轻便的塑料袋简易软包装节省资源应当是人类的一大进步，现在应当提倡的是不要过度包装（如月饼的包装），而不是禁止包装。

“限塑令”的内容是针对购物袋，而不是针对所有的塑料袋，这个概念要清楚。“限塑令”的内容是很具体的，即禁止超薄购物袋（小于25μm），对中等厚度以上购物袋（25μm以上）要求收费。我国禁止超薄购物袋还有一个原因，我国的超薄塑料袋几乎都来自废塑料的再利用，是由小企业或家庭作坊生产的，它们是利用废弃塑料桶、盆、工业废料、一次性针筒等加工的，往往都染成彩色的，用来包装食品是有害的。

但“限塑令”在农贸市场和小型超市推行困难自有其现实原因：湿漉漉、血淋淋的鱼、肉，不宜混装的豆腐、凉粉，不宜磕碰的鲜果等农产品，如果没有塑料袋包装，如何带回家？同时，忙于工作的上班族多在上下班途中随机购物，总不能身边常挎个篮子。所以在超市，没被禁止的高密度聚乙烯手撕袋（即便是超薄的）的用量大增[图7-23（a）]，菜市场仍然提供超薄塑料袋，小贩的车上挂着成沓的塑料袋[图7-23（b）]。“限塑令”数年后，超薄塑料袋还在用，只不过那些以废塑料为原料生产的黑色、红色“背心袋”较少见，代之以无色半透明的高密度聚乙烯塑料袋为主，倒是使用安全了，但成本提高了。目前，农贸批发市场或者小店铺超薄塑料袋的使用水平又基本恢复到“限塑令”执行前的水平。

图7-23 顾客用超市的手撕袋当购物袋，以及菜市场成沓的超薄塑料袋

另一方面厚塑料购物袋又如何呢？对超市而言，“限塑令”似乎又变成了“卖塑令”，人们对超市收费也已从抵制变为接受。结果是，一方面减少了厚塑料袋的用量，促进了厚塑料袋的反复使用；另一方面商家的收入增加，成本却转嫁给了广大消费者。对农贸市场而言，不能用薄塑料袋，那么合格的塑料袋只有厚塑料袋了，但如果提倡大量使用它装鱼肉蔬菜，岂不是比薄塑料袋更不环保吗？

国际食品包装协会常务副会长、“限塑令”的发起人之一董金狮也表示，“限塑令不是禁塑令”，消费者毕竟离不开塑料袋。但是通过“限塑令”的潜移默化的影响，消费者可以尽量做到“不用、少用、重复利用、循环使用”。

解决人们的思想认识和不良习惯，不是“一限就灵”、“一禁了之”那么简单，应是“疏堵并举”。为人们方便出行购物，总要寻求替代品。

7.3.1.3 以纸代塑的问题

（1）以纸代塑的问题更大。主要问题如下。

① 需要砍伐树木，消耗宝贵的木材资源。世界上仅报纸和杂志每年就消耗掉2 500万棵大树，已使自然界很难承受。我国森林覆盖率仅为13.92%，人均占有森林面积只相当于世界人均水平的17.2%，居世界112位，我们更浪费不起。

② 生产纸的过程会带来更为严重的含碱废水污染。

③ 纸制餐具成型后需立即烘干，这就需要耗费大量能量。即使把纸袋循环再利用，其能耗为塑料的4~30倍。

④ 相对于塑料袋，废弃不用的纸袋会占据更大的空间。

⑤ 纸袋的性能远不如塑料袋。

⑥ 价格是塑料的2~7倍。

⑦ 在垃圾掩埋处理法中，它和大多数东西一样难以降解。

（2）以一次性纸杯为例（纸袋也大致如此），一次性纸杯有三类。

① 白卡纸杯。装薯条、爆米花等干燥食品。

② 涂蜡纸杯。防水，但食品温度要低于40℃，不防油。

③ 纸塑杯。内层为PE，防水，防油。

（3）不合格纸杯的主要毒物来源是什么呢？

① 使用再生废纸，如报纸，带入有毒油墨（含芳烃等）。

② 大量荧光漂白剂，使细胞变异，有致癌危险。

③ 添加有碳酸钙和石蜡。碳酸钙的危害也在于其生产过程中需要添加石蜡，而石蜡中含有的多环芳烃被世界卫生组织明确列入致癌物质目录中。如遇到油性物质时，危险物质会渗透进食品。

图7-24 一次性纸杯更环保吗？

④ 用回收废塑料做内层。废塑料甚至有可能来自医疗垃圾和化学品包装袋。这样还不如使用直接看得到透明性的一次性塑料（聚乙烯或聚丙烯）杯安全。

那么，为什么要排斥聚乙烯/聚丙烯塑料杯，而提倡用纸杯（图7-24）呢？

7.3.1.4 可降解塑料的问题

什么是可降解塑料？主要有以下两大类：光降解型（添加光敏降解剂）和生物降解型。生物降解型又分部分生物降解型，主要是淀粉基的；完全生物降解型，聚乳酸（玉米塑料）等。完全生物降解应当定义为直至分解为 CO_2、CH_4 和 H_2O，再进入生物循环链。

（1）光降解塑料　聚合物制品在室外使用，受阳光照射会发生光降解和光氧化反应，使材料老化。在光谱中紫外光的能量最强，因而也最易降解塑料。

纯净的饱和聚烯烃不易发生光降解，但其中含有少量羰基、不饱和双键、芳烃、引发剂残基等，则会明显诱发聚烯烃光降解和光氧化反应的发生。聚氯乙烯中往往含有加工过程中就会产生少量羰基和双键，它在紫外光照射下也容易脱去HCl而产生双键，结果是大量共轭双键使颜色变深、双键若交联又使材料变硬。亲水性的聚乙烯醇在某些微生物存在下较易降解。不饱和的橡胶分子链受日光照射，降解和交联同时发生，而发黏变硬。所有酯类聚合物都较易降解，涤纶在紫外光作用下降解成CO、H_2 和 CH_4。

从分子结构来说，光降解有两种机理，Norrish I 反应（产生自由基）和 Norrish II 反应（不产生自由基）。以下是被氧化而含羰基的聚乙烯光降解方程式。

$$\sim\!\!\sim CH_2\!-\!CH_2\!-\!\underset{\underset{O}{\|}}{C}\!-\!CH_2\!-\!CH_2\!\sim\!\!\sim \quad \xrightarrow[\text{Norrish II}]{\text{Norrish I}} \quad \begin{array}{l} \sim\!\!\sim CH_2\!-\!CH_2\!-\!\underset{\underset{O}{\|}}{C}\!\cdot\ +\ \cdot CH_2\!-\!CH_2\!\sim\!\!\sim \\[3mm] \sim\!\!\sim CH_2\!-\!CH_2\!-\!\underset{\underset{O}{\|}}{C}\!-\!CH_3 + CH_2\!=\!CH\!\sim\!\!\sim \end{array}$$

由于聚合物对太阳光辐射的吸收速度慢，量子产率低，因而光降解的过程一般相当缓慢。为了加快聚合物的光降解（包括光氧化降解），可加入吸收光子速度快、量子产率高的光敏剂，通过光敏剂首先吸收光子被激发形成激发态，再与聚合物反应生成自由基。最常用的光敏剂是

二苯甲酮、N, N-二丁二硫代氨基甲酸铁、乙酰苯酚等。

如果埋在土壤里没有受光，塑料照样是难降解的，又有谁把废弃塑料拿去暴晒等着它降解呢？单纯光降解塑料用作一次性塑料用品对于环保意义不大，而且由于含有特殊的添加剂而使塑料难以回收利用，反而更加浪费。

光降解塑料主要用于两个领域：一是用于需要利用其光降解性能的功能性产品，例如农药和化肥的微胶囊化壁材，随着光降解微胶囊壁破坏，农药和化肥逐渐被释放出来；二是用后难以回收的材料，如聚乙烯农用地膜，将降解时间设计在育秧完成之后，这样避免了回收的麻烦。

（2）完全生物降解塑料　由于合成聚合物的历史很短，还不足以在自然界驯育出能降解它们的微生物，至今还尚未发现能切断C—C键的酶。虽然主链含杂原子（O、N、S等）的高分子相对较易生物降解，但也是非常缓慢的。

目前能够真正实现生物降解的合成材料尚不多，只有脂肪族聚酯（或碳酸酯）中的酯键容易被微生物产生的酯酶分解，能真正降解到CO_2、H_2O和/或CH_4，如聚乳酸。

$$\left[\begin{array}{c} CH_3 & O \\ CH—C—O \end{array}\right]_n \longrightarrow n\ HO—R—COOH \longrightarrow CO_2 + H_2O$$

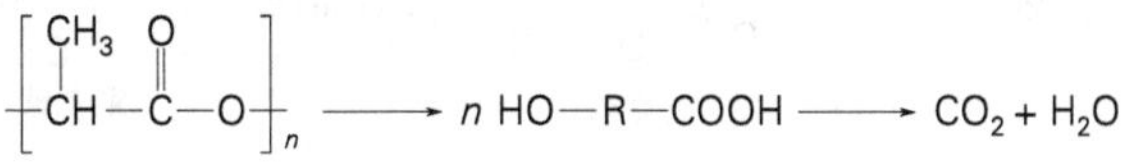

研究较多的主要有三类。

① 微生物聚酯　微生物合成的聚酯主要是聚羟基丁酸酯，是真氧产碱杆菌在好氧状态下以糖发酵而产生的聚酯，可完全分解。

1925年法国的Lemoigne发现由巨大芽孢杆菌 *Bacillus megatherium* 体内以细颗粒存在的一种称为P(3HB)的微生物聚酯（图7-25）。现已发现许多微生物可以生物合成这种聚酯作为碳和能源的储备物质。P(3HB)颗粒为$0.2\sim0.5\ \mu m$，外面被一层由脂类和蛋白质组成的膜包裹。P(3HB)的含量可高达细胞干重的80%，分子量约5×10^9，当被提出后，其分子量变小，为$10^3\sim10^6$。其结构式如下：

$$\left[\begin{array}{c} CH_3 & O \\ O—CH—CH_2—C \end{array}\right]_n \quad 聚(3-羟基丁酸)$$

P(3HB)是热塑性高分子，由于它能被酶所降解，所以已广泛用作生物降解型的农用薄膜、渔网、包装膜、瓶和容器等（图7-26）。

英国ICI公司开发的产品的商品名是Biopol，其成分是3HB和3HV（3-羟基戊酸）的共聚物（PHBV），可用现有塑料设备加工，柔韧性很好，已用于医用自吸收缝合线。

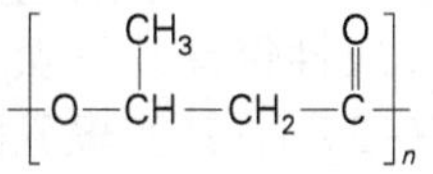

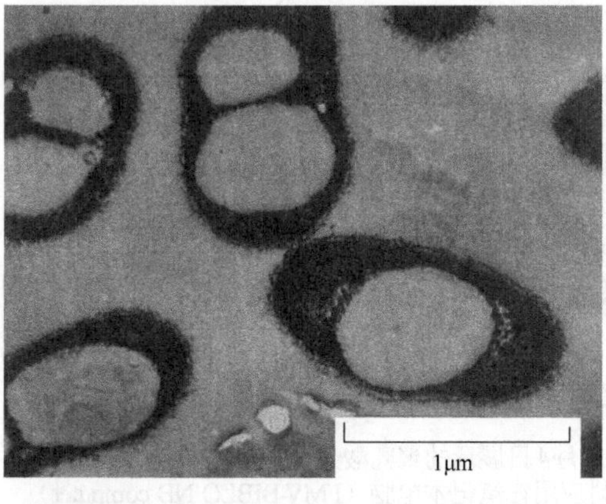

图7-25　能制造和储存塑料的微生物

图7-26　P(3HB)一次性快餐盒

② 人工合成的脂肪族聚酯

a.聚乙醇酸　常由乙醇酸的二聚体乙交酯开环聚合而成，又称聚羟基乙酸。

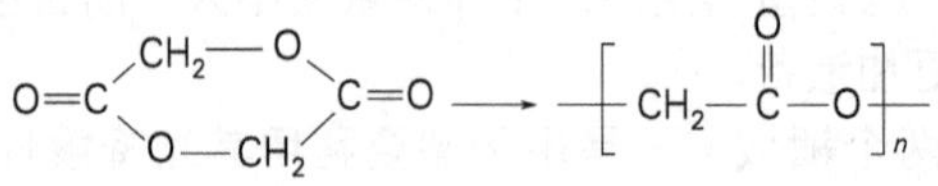

$$O=C-CH_2-O \atop O-CH_2-C=O \quad \longrightarrow \quad \left[CH_2-\overset{O}{\underset{}{C}}-O \right]_n$$

b.聚羟基丙酸　常由丙交酯开环聚合而成，又称聚乳酸（PLA）。聚乳酸的合成过程如下：

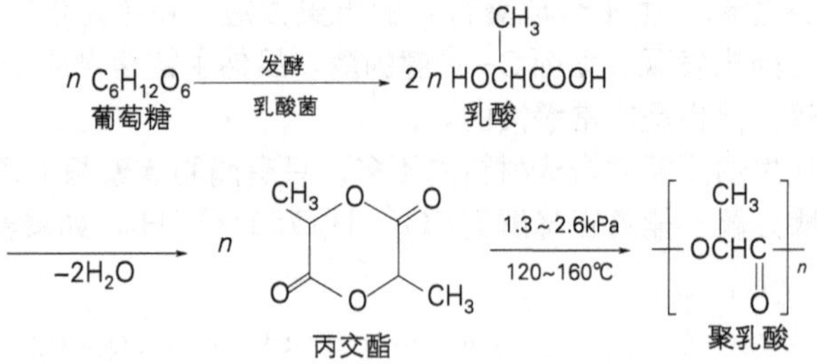

$$n\ C_6H_{12}O_6 \xrightarrow[\text{乳酸菌}]{\text{发酵}} 2n\ \underset{\text{乳酸}}{HOCHCOOH}$$
葡萄糖

$$\xrightarrow{-2H_2O} n\ \underset{\text{丙交酯}}{\text{（丙交酯结构式）}} \xrightarrow[120\sim160℃]{1.3\sim2.6kPa} \left[\underset{\text{聚乳酸}}{O-CH-C} \right]_n$$

c.聚己内酯　环酯类开环聚合而成。

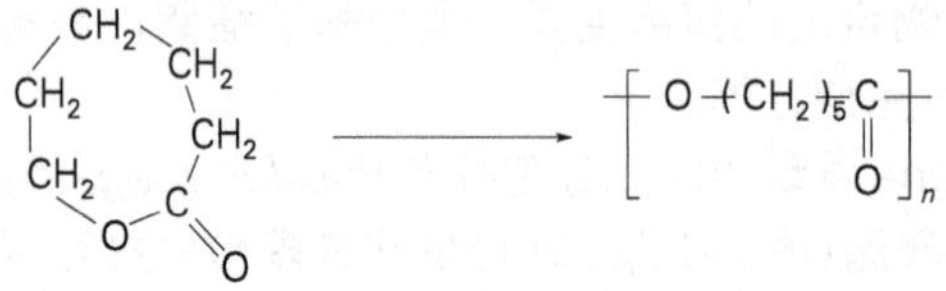

$$\underset{\text{（环酯结构式）}}{} \longrightarrow \left[O-(CH_2)_5-\overset{}{\underset{O}{C}} \right]_n$$

　　由于价格较高，它们主要用于医用材料，美国95%用于可吸收外科手术缝合线，其余用于骨科固定材料和牙科。

　　合成聚乳酸的原料是玉米淀粉，所以又被称为"玉米塑料"。聚乳酸的应用广泛，某些农用薄膜、日用品、方便食品的包装、一次性餐具、一次性输液用具等已经使用了这种"玉米塑料"，甚至用于某些电子产品（图7-27）。其实聚乳酸的原料不仅仅是玉米，其他多种作物如甜菜、土豆、山芋等以及有机废弃物如玉米芯或其他农作物的根、茎、叶、皮等都可以用于制取乳酸，因此把聚乳酸称为"生物质塑料"更为恰当。

　　聚乳酸的优点如下：

　　a.非石化系统，原料来源生生不息。

　　b.生产过程消耗能源少，如制造1kg PLA只需58MJ能源，但通用塑料则需耗能80~85MJ。

图7-27　聚乳酸产品

（a）日用品；（b）日本Pioneer公司研究人员2004年11月4日展示的聚乳酸光盘，DVD的储存容量多达25GB；（c）2002年6月富士通第一次将生物质塑料应用在笔记本电脑（FMV-BIBLO NB computer）外壳上，2004年已全面使用

c.CO_2排放量少，生产1kg聚乳酸会产生1.8kg CO_2，但聚酯则会产生3kg CO_2。

d.水量使用少，生产1kg聚乳酸用水量约50kg，但聚苯乙烯则需150kg。

e.可生物分解，国家标准是180天可降解60%。废弃物对环境冲击低。

所以聚乳酸是真正的环境友好材料（图7-28）。

但如果聚乳酸用于制作大量的“玉米塑料袋”，除了价格贵以外，其缺点也是明显的。

a.玉米塑料袋比普通塑料袋脆一些，用手一拉，会变白。

b.不耐热，软化温度为60℃左右。

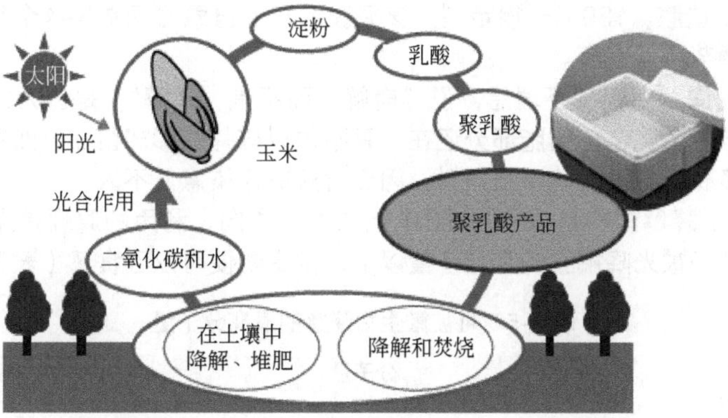

图7-28 玉米塑料在自然环境中的循环

c.以玉米等粮食加工工业品的方法不可取。大概4t玉米可生产1t塑料袋，玉米深加工造成玉米价格猛涨，造成与民争食的问题。国际上，美国等还以玉米制备生物柴油，已造成粮食价格的暴涨。2007年9月20日，国家发改委下发了《关于促进玉米深加工业健康发展的指导意见》，原则上不再核准新建玉米深加工项目。

③ 脂肪族聚碳酸酯　脂肪族聚碳酸酯（APC）是由二氧化碳和环氧化合物（环氧乙烷、环氧丙烷等）催化聚合形成的。世界二氧化碳来源和储量丰富，以二氧化碳为原料生产合成树脂和塑料，节约化石类原料资源，同时降低温室气体的扩散。

早在20世纪20年代末，美国科学家就开始进行脂肪族聚碳酸酯的聚合研究，但由于制得的共聚物熔点低，在多种溶剂中易溶解及热稳定性差，没有实用价值。60年代末，日本科学家开始进行脂肪族聚碳酸酯作为降解塑料的研究，发现二氧化碳和环氧丙烷在催化剂作用下共聚得到的脂肪族聚碳酸酯具有良好的可降解性。美国空气产品与化学品公司(Air Products and Chemicals，Inc.)通过购买日本专利技术并改进催化剂后，于1994年生产出二氧化碳可降解聚合物商品。20世纪90年代中期至今，美国、日本、韩国、俄罗斯等国家均在该领域进行了大量的研发工作，经过10余年的发展，脂肪族聚碳酸酯技术已取得实质性进展，工业化进程不断向前推进。目前，美国、日本、韩国以及我国已建成数百至数千吨工业化/半工业化生产装置，一些万吨级的装置也开始建设或计划建设。

脂肪族聚碳酸酯树脂的用途包括：聚氨酯工业的原料、陶瓷工业的黏合剂、食品工业的包装材料、橡胶工业的添加剂、医药领域的药物缓释剂、缝合线等。

目前脂肪族聚碳酸酯在一次性包装材料方面的应用还很有限，除了价格因素（价格为通用树脂的1.5~2倍）外，缺点还有耐热性不好（熔点多在60℃以下）、溶解度较大、亲水、力学强度较低。

（3）部分生物降解塑料　我国目前生产的生物降解塑料大多属填充型淀粉塑料和双（光/生物）降解塑料。

填充型淀粉塑料又称“生物崩解塑料”，利用淀粉的生物降解性，将合成树脂（聚乙烯等）与其共混，制备添加型的生物降解塑料。填充型淀粉塑料源于20世纪70年代英国L.Griffin的专利技术，其配方至今仍是填充体系的典型模式，组成为天然淀粉（或聚硅氧烷处理）、油酸乙酯、油酸与低密度聚乙烯，通过开炼出片、切粒等工艺制成母料。该技术首先由英国Coloroll公司商品化，供制造购物袋。

我国的淀粉塑料用在生产农用薄膜，一个配方的例子如下。

淀粉50%~60%，聚氯乙烯16%，甘油16%~22%，甲醛1%~3%，氯化铵2%，水适量。混合后，95℃造膜，130℃干燥定型。该薄膜的户外自毁时间是3~4个月。加入甲醛可有杀菌作用而用于调节降解速度。

但是这种生物崩解塑料并不理想，说“崩解”而不是“降解”，是因为共聚物中的天然高分子部分被生物分解后，合成树脂部分还在，只不过以碎片的形式留在自然界中。这种共混物在土壤中积累过多有何负面影响尚难预料，因而对解决污染意义不大。

双（光/生物）降解塑料是20世纪90年代的主攻方向，利用的原理是光降解与生物降解相继发生，当高分子被光降解到一定分子量以下，微生物便可以吞食了（表7-5）。

表7-5　可被微生物降解的最高分子量

聚合物	分子量	细菌（酶）
聚乙烯	5×10^3	细菌
聚乙烯醇	$(20\sim90)\times10^3$	各种细菌
聚苯乙烯	400	产碱细菌
聚氨酯	$(1\sim8)\times10^3$	各种真菌
聚乙二酸乙二醇酯	850～3000	真菌，脂肪酶
聚乙二醇	$(400\sim20)\times10^3$	各种细菌

美国、瑞士、英国、加拿大等国都有商品化，主要产品形式是购物袋、垃圾袋、地膜、餐具和食品瓶等。由于主要采用光敏剂和淀粉，其可控性、完全降解性等效果尚不理想，未能大规模生产。我国在火车上推广的（光/生物）降解塑料聚丙烯快餐盒与聚苯乙烯泡沫快餐盒比较，实用性较差，质软、热装食品易变形，重1~2倍，价格高50%~80%。

后来，一些公司转而研究全淀粉热塑性塑料（淀粉占60%~70%），其他组分也采用可降解材料。但由于亲水性和价格过高（比聚乙烯贵4~8倍），也不易推广。

上述可降解塑料袋普遍存在如下问题。

① 色泽暗淡发黄，透明度低，给人一种不够清洁和难看之感，用起来不放心。

② 承重能力低，不能满足顾客多装东西和反复使用的要求。

③ 价格高，据美国塑料行业的统计显示，生产一个普通塑料袋需要1美分，生产一个纸袋需要4~5美分，而生产一个可生物降解的塑料袋则需要8~10美分。

北京地区已有19家研制或生产可降解塑料的单位。试验表明，大多数可降解塑料在一般环境中暴露3个月后开始变薄、失重、强度下降，逐渐裂成碎片。但如果这些碎片被埋在垃圾或土壤里，则降解效果不明显。

总之，使用可降解塑料（袋）仍不能完全消除“视觉污染”；由于技术方面的原因，使用可降解塑料（袋）不能彻底解决对环境的“潜在危害”。迄今为止，从综合性能和成本考虑，所有的降解材料均无法取代现行塑料。目前在世界上降解塑料还远远没有得到大规模使用。开发使用降解塑料也只能作为解决白色污染的辅助措施。

由于检测周期长，费用高，目前国内市场上“可降解塑料袋”假的比真的多。可降解塑料袋上还必须要有一个中国环境标志（图7-29）。中国环境标志图形是一个由清山、绿水、太阳及十个环组成的绿色标志。如果是食品用塑料袋，则还需要印有一食品安全许可QS标志，并标注“食品用”标志。

为人们方便出行购物，人们一直在寻求替代品。现在市面上一种被称为“环保购物袋”的非织布袋（图7-30）已广泛使用。环保购物袋（reusable shopping bags）是可重复使用购物袋，布袋（多半为化纤）、非织布袋、厚塑料袋都属于这一类。它们是值得提倡的，因为可以大大减少薄塑料袋的用量。

图7-29 中国环境标志

图7-30 被称为“环保购物袋”的聚丙烯非织布袋

但有三点说明：

① 环保购物袋≠可降解购物袋。环保购物袋的材质主要是聚丙烯，本质上还是塑料袋，而聚丙烯不可自降解。生产厂家纷纷宣传其在极短的时间内就能完全分解且无残留，实际上大多数环保购物袋做不到。

② 环保袋是聚丙烯的“纺粘非织（造）布”，它的优点是能反复使用。实际上越经用就应当是越环保，并不一定是能降解才环保。买一个购物袋来，是希望它只用3个月，还是3年？显然是后者。

③ 厚塑料袋反复使用也是很环保的，只要不随意丢弃。有人说“塑料袋埋在土里300年不分解”。为什么要把它埋在土里而不回收？金属、陶瓷埋在土里照样不降解！再则塑料历史才100年，聚乙烯的历史更短，如何得出300年不分解的结论？据日本橡胶协会报道，日本大武义有等将LDPE、PS、PVC、UF（脲醛塑料）等膜片埋入微生物活性较高的土壤32 ~ 37年，研究结果表明，PS、UF没有变化；PVC外观没有变化，表面增塑剂减少并发生氧化作用，性质变劣；LDPE伴随有发白现象，与土壤接触部分均成碎片。有严重破坏和分解现象，但失重仅约15%。以此计算，厚度60μm的LDPE薄膜要达到完全生物降解将需要300年。因为降解发生在表面，因而与厚度有关，不能根据这一实验就简单推论所有塑料300年不分解。比如对于25μm以下厚度的超薄塑料袋，可能几十年就降解了；而一些很厚的塑料日用品，说不定要几千年才降解。

降解与老化，是一个纠结的问题。其实研究塑料降解的目的更多的是为了避免降解与老化，延长使用寿命，而不是希望它快点降解。比如你的手机外壳，没人希望它尽快降解，不是吗？有统计表明，约55%塑料日用品未用满5年即被丢弃，如果能使它们更长寿并不被随意丢弃，塑料垃圾的数量就会大为减少。

7.3.2 发达国家采取的措施

早在1985年，美国人均消费包装塑料量已达23.4kg，日本为20.1kg，欧洲为15kg，而我国到1997年人均消费包装塑料量仅13kg。2009年我国塑料消费总量超过6000万吨，约占世界消费总量的1/4，是世界第一大塑料消费国。同时，我国人均消费量也首次超过了世界平均水平。2009年，世界人均塑料消费量为40kg，中国人均达到了46kg。

发达国家较早地意识到“白色污染”的危害。由于几十年的宣传教育，人们已把随便抛弃塑料垃圾视为与随地吐痰一样的缺乏教养的不道德行为，乱扔垃圾的人是很难被社会容忍和被周围人所尊重的。同时政府采取回收和替代双管齐下的方式防治，基本上消除了“白色污染”的危害。

7.3.2.1 美国

20世纪80年代以前，处置废塑料主要方式是填埋，后来发现塑料长期不降解，90年代以后，转而走回收利用的路子。

美国还未出台联邦法律禁止塑料袋使用。但旧金山、奥克兰和纽约三个城市限制超市顾客使用塑料购物袋。纽约市议会通过一项法案，要求纽约大型超市配备塑料购物袋专用回收桶。法案还要求这些超市在塑料购物袋上印上“请把这只袋子送回参与回收的超市”语句。此外，超市还必须向政府汇报所收集塑料袋数量和重量。

在美国加州一些大的超级市场里，顾客自带购物袋，在收款台结账的时候，收银员就会给顾客5美分的优惠，并明确地列在购物小票上。对于这笔钱，顾客可以选择委托超市捐给慈善机构或环保机构，也可以保存好购物单据，等年底上税的时候作为捐赠抵税。

赫赫有名的美钞是世界著名的纸币，其实原料竟是废弃物。1979年春美国财政部向全国招标造币用纸。出人意料的乃是一家名不见经传，小得不能再小的，兼收垃圾的克兰造币公司，以其成本低廉、币型光洁、薄厚均匀、受潮不变形、坚固耐磨等诸多优点中标。20年来击败众多强大对手，四次中标稳拔头筹。

原来克兰公司造币材料有两个来源，一是纺织业织物碎片零头，纤维丝团；二是家庭丢弃的衣物棉纤维，皆是垃圾。既省木材，又净化环境，变废为宝，降低成本，连美国华尔街的证券币也要求克兰公司提供全球通用的证券币。富有的美国，票中之王的“美钞”竟是垃圾所造，真是发人深省。

7.3.2.2 德国

德国环保部官员表示，德国现在和以后都不会考虑禁用塑料袋。据统计，德国每年生产约40亿个塑料袋，每人每年平均使用约50个塑料袋。但是这些袋子却没有造成白色污染。这是为什么呢？

德国在《循环经济法》中明确规定，谁制造、销售、消费包装物品，谁就有避免产生、回收利用和处置废物的义务。1991年出台的《包装条例》为遏制塑料袋提供了法理基础，将回收、利用、处置废旧包装材料的义务与生产、销售、消费该商品的权利挂钩，把回收、利用、处置的义务分解落实到商品及其包装材料的整个生命周期的各个细微环节，因而具有较强的操作性和实效性。在实际生活中，塑料袋没有造成白色污染主要归功于三个方面。

① 因为德国塑料袋本身就是环保型塑料袋。这些塑料袋主要是聚乙烯塑料袋，在生产与焚烧过程中都只会产生二氧化碳和水。

② 德国有着严格的垃圾分类系统，使塑料袋回收和再利用的比例几乎达到100%。

③ 德国对塑料袋的消费采取控制措施。在德国超市，塑料购物袋主要用于食品等商品的包装，只能自带或者购买，售价为每个0.6欧元至1欧元不等。另外，德国百姓出门一般都会自带布袋，民众的自律也为遏制塑料袋增长起到了重要作用。

7.3.2.3 日本

（1）立法　日本在《再生资源法》、《节能与再生资源支援法》、《包装容器再生利用法》等法律中列专门条款，以促进制造商简化包装，并明确制造者，销售者和消费者各自的回收利用义务。

（2）对商家使用塑料包装设限　日本政府规定，一年内容器包装材料使用量超过50t的超市、便利店等零售店铺，如仍不改进，环境大臣有权命令其按上报的削减计划执行，必要时可处以50万日元以下的罚款。

（3）把白色饭盒（即托盘）送回超市　在超市里买走用白色的塑料饭盒装着的东西后，使用完毕还要洗干净把这饭盒交回来。这已经成为了一种习惯。

对于企业来说是否愿意进行饭盒回收呢？位于东京附近的茨城县，这里有一家目前规模比较大的饭盒加工工厂。饭盒工厂负责人说：一次性饭盒会造成污染，消费者会抵制使用这种材料，如果这种情况发生，消费量要降低，这样工厂就可能破产。为了自己的企业的长期生存，必须去回收饭盒。

最开始是制造饭盒的企业出于对自身存亡的担忧开始回收饭盒，企业间的竞争又令更多的企业开始投身参与饭盒回收工作。最后形成消费者、企业、环境间的良性循环。工厂负责人告诉我们，其实生产一个回收饭盒的成本要比生产一个新饭盒的成本还要高。但是日本政府并没有对饭盒回收有硬性地规定和要求。全都是企业在自主地做这件事情。

目前在日本，大概5个饭盒里就有一个是回收的环保饭盒。这些使用过的饭盒经过循环处理，非但没有变成“白色污染”，而且还能重新流通到超市被人们再次利用。

（4）上门拆货　日本不少生产销售大型电器的企业，在送货上门、开箱验证后就请人把外包装和充垫物，一并带回本店，再转回本厂。一部分包装物可以直接重复使用，至少可以再生利用。例如“松下电器”实行这种办法，效果极显著，一年通过此举节省下来的包装费在三十亿日元在上。为顾客省力、为自己省钱，还为社会节省了大量资源和处理环境污染的费用，何乐而不为?

（5）严格的垃圾分类制度　初到日本的外国人，对其垃圾分类都会叹为观止。首先垃圾分类极为细致，大类分为可燃物、不可燃物、资源类、粗大类、有害类，这几类再细分为若干项目，每个项目又可分为若干子项目。如资源类：报纸、书籍、塑料饮料瓶、玻璃饮料瓶；不可燃类：废旧小家电、衣物、玩具、陶瓷制品、铁质容器。

倒垃圾除了要分类，还要定时。这种规定十分苛刻，若是你一时忘记了，垃圾车必定扬长而去，你只能几天后再来倒。又比如你特别积极，提前一天晚上把垃圾拿去了，第二天很可能小区居委会的人就会堵着门，客客气气地来提醒你了。

有时候，一切都对了，仍可能发现你的垃圾被扔在原地，因为日本规定垃圾必须装入透明或半透明的塑料袋。假如你用其他颜色，对不起，垃圾公司不收，你还得拎回家。所以，在日本不知道怎样倒垃圾是一件很严重的事情，它很可能会让你家垃圾成堆。

在日本任何一个城市的任何一个街道居住，每年都会收到一本挂历，图文并茂地详细登载本居住辖区垃圾回收处理信息（图7–31，图7–32）。在小区的垃圾站，也会有一张告示详细规定各类垃圾的回收时间表（图7–33）。

7.3.2.4 英国

英国主要大型连锁超市目前既提供免费塑料袋，也提供可重复使用的购物袋，售价10便士到20便士不等。大型连锁超市TESCO通过奖励积分的方式鼓励顾客不用塑料袋或重复使用购物袋，这种做法颇有成效。

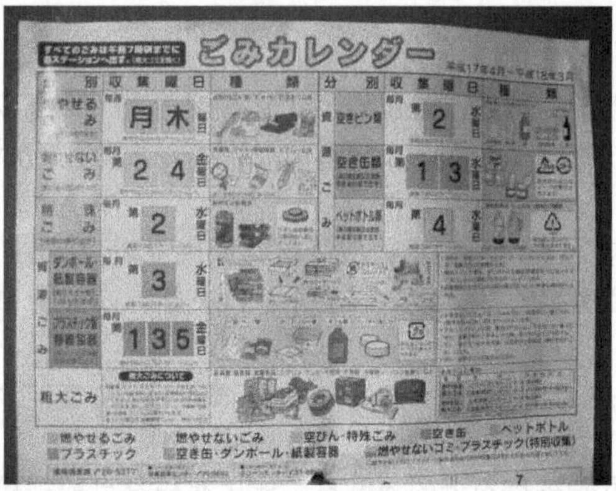

图7-31 这张挂历告诉居民各类垃圾的回收时间

图7-32 这张挂历告诉居民当天回收什么垃圾（各颜色对应于什么垃圾见图7-31）

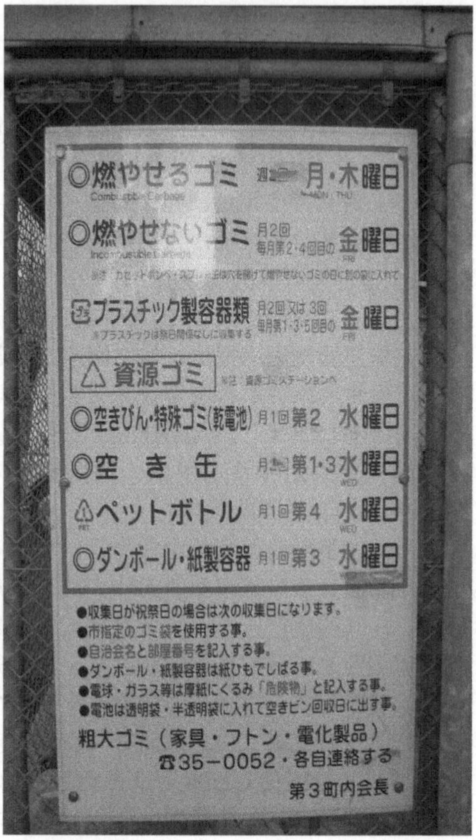

图7-33 小区的垃圾站的分类垃圾回收时间表

近日媒体报道英国弥尔顿凯恩斯市议会开出一张天价罚单，因为“乱扔垃圾”，一名50岁名为鲁斯的女子被处5万英镑（约合人民币50多万元）的罚款，而且面临入狱劳教的命运。但这名女子却一直喊冤，原来她扔废塑料桶时，垃圾桶已经满了，她就顺手把废塑料桶扔在垃圾桶旁，没想到被当成乱扔垃圾的典型给抓个正着（图7-34）。

7.3.2.5 瑞士

在这方面做得比较好的国家当属瑞士，自称“没有白色污染”。塑料袋在很多国家被限制使用，但在瑞士，却被应用得相当广泛，超市内的生鲜柜台会把商品用塑料袋再包装一层；面包架旁也有带气孔的小袋子供免费使用，甚至在垃圾箱旁也会有免费塑料袋，这是供狗主人及时清理狗粪用的。可是，在瑞士的公共场所，你绝不会看到一只被丢弃的废塑料袋，更谈不上塑料袋“满天飞舞”、挂在树上、被动物吞吃塞住了胃的事情发生，这说明塑料袋被合理化使用了。

图7-34 鲁斯乱扔垃圾被处5万英镑

垃圾回收很细，至少分“可回收”、“废旧纸张”、“厨余”。一些地方甚至连不同颜色的玻璃瓶都不能放在一起。废品再循环的利用率很高。据统计，70%的废纸、95%的废玻璃、71%的废塑料瓶、90%的铝罐都回收。

7.3.2.6 意大利

政府对塑料袋生产商实行“课税法”，征以重税，以遏制塑料袋的生产。据统计，实行该政策后，意大利国内的塑料袋使用明显下降了。

媒体曾大加报道的印有“我不是个塑料袋”英文字的帆布包（图7-35），设计师是英国的安雅辛德玛奇，产地就是意大利。

图7-35 “我不是个塑料袋”帆布包

7.3.2.7 比利时

（1）免费以旧换新　比利时政府并未限制使用塑料袋，但自2004年以来，环境保护部门已开始推动鼓励措施，呼吁超市等购物场所不再免费提供塑料购物袋，同时顾客首次购买的塑料袋用坏后，超市可免费回收旧袋，同时更换新袋。这些鼓励措施已为越来越多的民众所接受，许多人逐渐养成了购物自带塑料袋习惯。

（2）既重环保也重便民　对于那些带有少量泥土的新鲜蔬菜、散装的水果等，比利时大部分超市仍会在一旁放置免费取用的白色小塑料袋，特别是对于可能漏出血水的新鲜肉类，收银员还会主动帮顾客放进一个小袋内，以避免沾染其他商品。不少店主表示，这些袋子只备不时之需，顾客往往都随身携带背包，只要能放得进去，很多人就会主动不要塑料袋。

（3）垃圾回收配套齐全　对大多数当地居民来说，质量较好的塑料袋通常用来暂时存放垃圾，而无法再次使用的塑料袋当地居民也不会随意丢弃，因为垃圾入袋、分类、回收系统已非常普及。同时那些质量很好的大型塑料垃圾袋70%都是采用可回收塑料生产的。

难怪有比利时专家认为，其实塑料袋本身无毒无害，只是一旦被人乱扔就变成了“白色污染”。

7.3.2.8 新加坡

人们随手乱扔废物是环境污染“万恶之源”。新加坡或许是立法杜源方面做得最严的国家。该国家法律规定，谁要是任意把废弃物抛向地面、水面，就要被处以500新币（约等于2500元）的罚款；要是此人第二次被发现有此类行为，他就可能在被再处同等数目的罚款外，再加劳役，而且极可能被报纸、电子传媒“正面曝光”。

7.3.2.9 中国现状

相比之下，中国的分类垃圾箱完全形同虚设，往往流于形式，虎头蛇尾。居民们的生活垃圾仍然未加分类地随意丢进垃圾箱，清洁工也是把它们混在一起运走。另一方面，由于没有广泛宣传，人们不知道废塑料是可回收垃圾而不是有害垃圾，也不知道废电器是有害垃圾而不是可回收垃圾。

国内首部城市生活垃圾分类管理办法2011年4月1日起在广州实施。其实早在2000年，北京、上海、广州、深圳、杭州等被列为首批生活垃圾分类试点城市，然而，10年过去了，尽管各城市都在进行探索实践，但大多徘徊不前、无疾而终。2011年广州市采取的是先宣传后处罚的措施，也就是4月份对于垃圾分类执法都将以宣传教育为主，但到了5月份，如果违规个人或者单位屡教不改、三次劝告无效，就会严格执行规定予以处罚，最高罚款额达到3万元。

按照暂行规定，将生活垃圾分为四类：可回收物、餐厨垃圾、有害垃圾、其他垃圾，并规定了各类垃圾的标志和收集容器颜色（图7-36）。规定对各类垃圾都举了详细的实例，例如其中可回收物包括废纸类、废玻璃、废塑料、废金属等。

图7-36 广州实施垃圾分类

以厦门市为例，力争在3年内在厦门本岛全面建立和完善垃圾分类回收和分选处理系统。设立“可回收垃圾”、“有害垃圾”和“其他垃圾”三种垃圾箱。垃圾站的垃圾将分类转运。在2011年6月建立的垃圾分拣中心，进一步通过机拣和人工分拣分类。到2015年底，力争全市生活垃圾分类收集达到100%。要实现这点，需要从意识培养、法律强制、政策扶持、典型示范、市场诱导、公众参与等多方面着手。

7.3.3 塑料（包括塑料袋）符合环保3R原则

复旦大学江明院士2010年8月28日说：“谈到高分子材料，公众的认识存在误区，认为高分子几乎等于白色污染。其实，高分子材料正在对节能环保作出贡献。”确实没错，而且高分子本身就是最符合环保3R原则的材料。

什么是环保3R原则？即Reduce（减量、节约），Reuse（重复使用）和Recycle（回收循环）。以下以日本为例，说明如何实现环保3R原则。

在Reduce方面，日本政府和公司号召职员简装上班，不要着西服领带，以减少空调消耗，减轻温室效应。家里尽量少开空调，一家人一直待在一个屋里，使用一个空调。垃圾收集车上写着“请尽量减少你家的生活垃圾，共同营造一个美丽的地球”。去超市购物，如果你用的是自己的购物袋，不要超市提供塑料袋，就会得到一些诸如打折之类的奖赏。众所周知的抽水马桶上“大”和“小”的分类冲洗，就是来自日本的发明。而且抽水马桶的进水龙头安装在外面（上方）先用来洗手。

在Reuse方面，日本人的生活习惯则更叫人大开眼界了。日本人大多喜欢泡澡，而且通常是在淋浴过后泡澡，因此泡澡过后的水是相当干净的，于是他们就使用这个水来洗衣服。每天晚餐吃剩的饭菜可通过屋后的转换器在几天内转变成土壤，成为屋子前后几十盆盆栽的美味佳肴。一般的日本市民如果有自己不需要的东西，如小孩的衣服玩具之类的，都会选择送到旧货店或在跳蚤市场出售。

有一次，某留学生在一个面向留学生的跳蚤市场花100日元（相当于人民币6元多）买了一床九成新的棉被。卖主告诉说在出售之前，他花了1000多日元来清洗。这在很多人看来不可思议的事情，但很多的日本人觉得，他们对这个社会付出责任，是一件非常光荣的事情。总之，他们尽量使每一份资源得到十二分的利用。

而Recycle方面，日本人的细致也让人惊奇。就说饮料瓶的回收，饮料瓶拧下盖之后还不能直接就分类，他们会使用一把特制的剪刀剪下瓶口上的一圈塑料环。因为他们知道，这一塑料环的材质与瓶体不一样。由此可见他们平时的Recycle做得有多细致了。日本的办公室用纸许多都是再生纸，非常黄。日本的大多数出售的卫生纸，都是来自牛奶盒的再生纸。深度处理的中水作为景观用水或者卫生间冲水再利用。污水处理厂的污泥也可以通过各种技术做成建筑材料、土壤修复材料或者园艺用肥。

塑料是典型的资源节约型、环境友好型材料，有如下几条理由。

① 塑料的加工是非常省能源，塑料的流动温度只有200多度。加工塑料比纸张、布、金属、陶瓷、水泥等材料容易得多。

② 塑料袋重量轻，节省资源。塑料袋成本低，本身就证明它少用资源。

③ 塑料加工很少污染，不产生废水废渣，很少废气。比纸张、布、金属、陶瓷、水泥等的生产污染少。

图7-37 厚塑料袋可以反复使用

④ 厚塑料袋可以反复使用，不易脏，易清洗。（图7-37）

⑤ 纸张只能回收利用2~3次，而且回收再加工过程有严重污染。而塑料袋回收得当，最多可以回收重新加工利用7次。聚酯（PET）瓶（又称宝丽瓶）可重复灌装使用25次之多，其清洗流程如下：

水洗—酸洗—碱洗—水洗—亚硫酸氢钠浸泡—水洗—蒸馏水洗—50℃烘干—再用。

此外还可以用各种方式裂解成化工原料，例如，利于化学降解原理，可通过加过量乙二醇将废聚酯瓶碎片醇解成单体对苯二甲酸乙二醇酯。聚酯、聚氨酯、聚碳酸酯和尼龙等都是比较容易水解、醇解或胺解的，反应式见图7-38。废塑料（PE、PP等）也可催化裂解生成汽柴油。到最后，还可以燃烧回收能源。

可能有人会说，塑料是要消耗不可再生的石油等资源的。是的，现在的大部分生产和生活资料都在消耗不可再生资源，但塑料使用后还可以循环利用，它比其他材料更节省资源。据

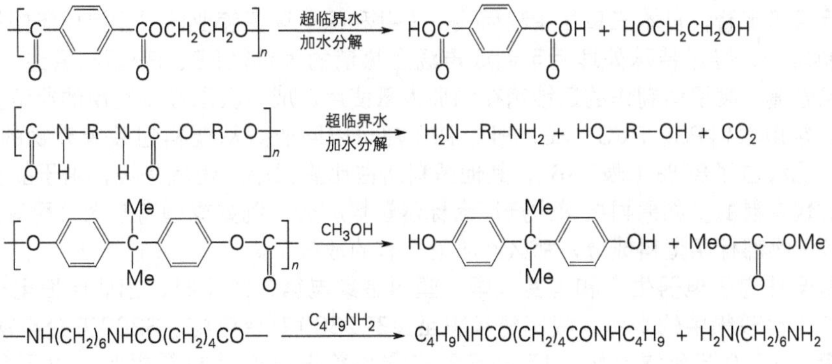

图7-38 从聚合物裂解生产化工原料的反应式

从上到下分别是聚酯、聚氨酯、聚碳酸酯和尼龙的水解、醇解或胺解

统计，全世界的石油资源只有4%是用来做塑料制品。中国塑料加工工业协会会长廖正品说："塑料的大量使用，不仅节约了能源、资源，还在节材、节水、节地、保护环境、循环再生方面为社会文明昌盛、经济技术发展、人们生活水平提高发挥着重要作用。"

7.3.4 "白色污染"难题的化解

影响城市美观的"白色污染"是人们"扔"出来的（图7-39）。一个典型的例子是现在动车、高铁发展以后，铁道两旁就难见"白色污染"了，主要原因很简单，车窗封闭了，人们没法从车窗扔东西了。

解决人们的思想认识和不良习惯，还需要做更加细致的工作，要从娃娃的教育抓起。主要是两个方面：① 提高公民的素质，不要随意丢弃塑料，尽量重复使用；② 养成垃圾分类回收的习惯。

在发达国家，塑料袋没有构成白色污染，要归功于完备的法律、高效的循环经济体系、严格的垃圾分类和民众的自律。所以根本性的方法如下。

① 建立相关法律，提高国民的环保意识和道德意识，改掉随手乱扔的生活习惯，从源头上减少生活垃圾。

其实在中国，塑料袋的使用并非一次性，许多老百姓将它当着垃圾袋、食物袋、杂物袋的替代品，不可能取消老百姓的这些需求。如果忽视对环保意识的引导，"限塑令"只会让过去使用薄的塑料袋变成使用更厚的塑料袋，并加大消费支出和污染，这样便与最初目的南辕北辙了。

图7-39　塑料袋要重复利用，不要乱扔

（说了多少遍了，塑料袋是拿钱买的，不要再乱扔了！）

塑料袋的任何替代产品都可能造成污染。例如，纸质手提袋的大量使用，会对森林资源造成浪费，布袋需要经常洗涤，浪费大量水资源，而且用洗涤剂也会造成新的环境污染。简单禁用塑料袋不是解决问题的好办法。

② 垃圾分类模式是一种最环保最经济的处理方式。

一方面，采取"使用收费"与"回收奖励"政策，双管齐下，减少使用量。另一方面，对于塑料包装垃圾进行有效的分类回收，重新加工，尽可能反复利用。

从国际经验来看，日本三重县废料巨头——共和绿色环保管业株式会社用废塑料袋、塑料瓶这些塑料垃圾，经过特殊处理后可制成市场上热销的大口径PE、PP塑料管道，替代水泥、铁铸、陶瓷管道。废塑料制作的运钞箱在深圳大量使用，成为我国废物利用的典范。

其实，常用塑料PS、PVC、PE、PP、PET都可以回收。从塑料包装废弃物的组成来看，上述的五大品种占了85%（表7-6），其他塑料所占比重很小。也就是说，由于品种少，分类回收是相对较容易的。如果再要求生产厂商标示塑料成分，例如德国有些大公司对包装1kg以上的塑料包装物都标明塑料成分，那么回收就更有的放矢了。

中国是全球电子电器生产和消费大国，塑料是家电第二大用材，因此废旧电子电器产品是废塑料产生比较集中的来源。我国每年将至少有2600万台电脑、3200万台电视机、1500万台电冰箱、1760万台洗衣机、1500万台空调和数千万部手机要报废。以每台电脑使用3kg塑料计，电视机以4kg塑料计，电冰箱以每台使用5kg塑料计，洗衣机以每台使用5kg塑料计，空调以每台使用5kg塑料计，手机每台以100g计，上述电子产品每年产生废旧塑料在50万吨以上，如果这些材料能够加以充分再利用，则国家每年可以节省大量石油资源并节约大量的能源。

表7-6　我国塑料包装的成分及其比例

聚合物	比例	聚合物	比例
LDPE	33%	PET	7%
HDPE、PP	31%	PVC	5%
PS	9%	其他	15%

电器外壳使用塑料较为单一，最常见、用量最大的是苯乙烯类塑料如HIPS、ABS等。在回收过程中，也不易受污染。因而重新加工成型，或进行复合加工都是易行的。比如采用废弃电视机外壳的塑料回收料作为电视机的原材料，一次合格品率达到99.6%。以四川长虹为例，若其生产800万台电视机，将消耗2.4万吨HIPS塑料，如全部使用回收专用料，每年将节约3600万元。

2011年4月25日我国发布了住建部等16部委《关于进一步加强城市生活垃圾处理工作意见的通知》。明确提出，到2015年，全国城市生活垃圾无害化处理率达到80%以上，直辖市、省会城市和计划单列市生活垃圾全部实现无害化处理；2030年全国城市生活垃圾基本实现无害化处理，垃圾处理接近发达国家水平。

最后回到塑料被媒体指为20世纪最糟糕的发明之一的话题。对于20世纪最糟糕的十大发明，一种说法是：塑料袋，原子弹，人造卫星，导弹，电脑，克隆，因特网，航天飞机，手枪，抗生素。另一种说法是：汽车，塑料袋，快餐盒，电池，氟利昂，口香糖，香烟，味精，电子游戏，毒品。

其实，任何科学都有两面性。不能因为居里夫人发现放射性元素，而将她与2011年“3·11”日本福岛核电站重大核泄漏事故的危害联系在一起，或认为核电站是最糟糕的发明一样，塑料（包括塑料袋）没有错。俗话说，事在人为，只要我们善用塑料，它还将造福人类。

世博会城市环境主题馆的口号是“减少使用塑料”（图7-40），准确地说，应当是减少使用塑料包装物，特别是一次性塑料用品（其实任何材质的一次性用品都应当少用），并建立有效的回收机制，这是减少所谓“白色污染”的根本途径。

图7-40　世博会城市环境主题馆的宣传口号“减少使用塑料”

7.4　食品安全与拗口的化学名词

俗话说“民以食为天”，可见食品的重要性。中国塑料加工工业协会工程塑料专业委员会李青说：“在过去几千年来，人们习惯于春夏秋冬对果蔬生长的限制，暂时吃不完的食品只能靠风干或腌制的方法来保存。随着社会文明的发展，食品出产的时间和寿命都能通过科技手段来改变，在这方面塑料立下汗马功劳。有了塑料大棚，我们一年四季都能吃上新鲜水果和蔬菜；有了ABS塑料板材作为内胆的冰箱，炎热的夏季食物也不会腐烂；有了PE保鲜膜和PP保鲜盒，水果和蔬菜不易脱水变干，食物也不会串味；有了各种耐清洗又耐高温杀菌的塑料餐具，我们不用再担心瓷碗的碎片划伤手；有了无毒的塑料食品包装袋，才会有超市货架上琳琅满目的小食品；有了透明的PET塑料瓶，各种饮料、瓶装水让人们在喝开水和鲜果汁之外有了更多选择。”塑料与食品有了不解之缘。

7.4.1　塑料都有毒吗?

媒体报道：一个老太太听了某讲解后恍然大悟，说：“我才知道我们天天接触的塑料有这么毒”。某中学教师指导学生做环保实验：用坩埚钳夹起一块泡沫塑料，直接在酒精灯上点燃。

可观察到：在燃烧过程中产生了大量浓重的、有刺激气味的黑烟。燃尽后生成不规则的块状黑色固体。用于教育学生，塑料易燃烧，且放出大量有污染的气体，不环保。

其实，一般地说，绝大多数塑料是没有毒的，使用按标准生产的塑料用品对人体也不会造成伤害。一概不使用塑料是大为不必的，实际上塑料无处不在，也避免不了。至于泡沫塑料燃烧产生刺激气味的黑烟，并不能说明室温使用有害，烧头发（蛋白质）也会产生难闻气味的黑烟，不能说蛋白质有害。当泡沫塑料（聚苯乙烯）燃烧不完全时，会释放有毒气体。烟和残渣是黑色的，是因为生成了炭黑，不是黑就代表有毒。聚苯乙烯的组成只有碳和氢，如果燃烧完全，会完全变为二氧化碳和水。现代的焚烧处理技术（达1200℃）可以做到接近完全燃烧。

但话说回来，要慎用装食品的塑料容器和包装物，少数塑料有潜在危害。以下讨论几个例子。

7.4.1.1 聚氯乙烯（PVC）

自2005年10月13日上海《第一财经日报》记者李秀中报道“日韩致癌保鲜膜大举进入超市”以后，国内一些报刊很快转载，并做了相应报道，一时间全国上下掀起轩然大波。各种媒体对PVC保鲜膜危害人体的议论颇多，主要是有毒、致癌等用语引起了社会各界的警觉。

最早的问题出现在20世纪60年代中期，从事PVC树脂制造的工人常常会得到一种称为“肢端骨溶解症”的怪病，这些工人手指前段的骨头会慢慢溶化掉。70年代越战后的美国参战士兵接触生活用品、野战帐篷、汽车装饰、特别是医疗用品中的PVC制品后，身体产生了许多不良反应。更可怕的是，一些PVC生产厂中发现有人患一种极少见的肝癌——肝脏血管肉瘤。由此开始怀疑与PVC的氯乙烯单体有关。2003年，意大利研究发现氯乙烯厂的工人有较高的死亡率，罹患肿瘤、肺癌、淋巴瘤、血癌、肝硬化的比例也较高。随着PVC合成技术的提高，PVC中残存氯乙烯单体含量从10mg/kg降低到1mg/kg（我国卫生部有关标准中氯乙烯单体的指标与国际标准一致）。但相关的问题仍存在，遂开始进一步研究PVC加工用助剂的安全性。稳定剂中的铅会使小孩产生神经失调，妇女则会有生殖方面的问题，根据美国环保署的说法，可能会致癌；镉可能会导致肺癌，也会影响肾功能；锡会伤害神经细胞等。因而在稳定剂品种中，限制使用含铅、镉、锡、钡等重金属元素的盐类，转而用毒性很低的锌、钙、镁、铝盐类代替。

根据现有的认识，聚氯乙烯树脂本身是无毒的，但由于制品中残留单体，以及增加了添加剂如增塑剂、稳定剂、紫外吸收剂和着色剂等，可能造成一些毒害作用。其中添加剂以增塑剂的用量最大，特别是软制品，可占制品35%左右。主要的增塑剂（图7-41）有三种，分别是：① 邻苯二甲酸二（异）辛酯（DOP），又称邻苯二甲酸二（2-乙基己）酯（DEHP）；② 邻苯二甲酸二丁酯（DBP）；③己二酸二（异）辛酯或己二酸二(2-乙基己)酯（DOA或

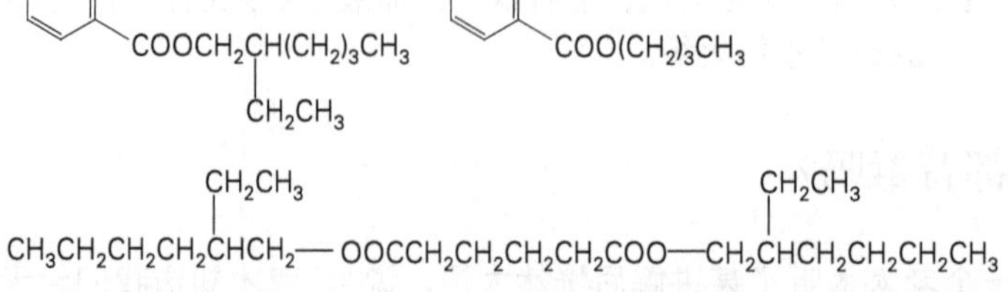

图7-41 邻苯二甲酸二辛酯、邻苯二甲酸二丁酯和己二酸二辛酯的结构式

DEHA)。聚氯乙烯的毒性主要来源于残留单体和增塑剂。

20世纪80年代起，欧盟和美国就不断有研究报道，证明主增塑剂DEHP对动物具有致癌性和对内分泌系统的破坏作用。所以，欧盟、日本，首先在食品包装、医疗用品、儿童玩具及其他与人体密切接触的PVC用品上，对使用DEHP（即DOP）、DBP等进行限制。近几年来，对原来认为无毒的DEHA通过毒理实验，发现也能使动物致癌，以及对发育中的男性生殖系统有很大的影响，并可能会形成血栓、微血栓，并毒害肝和肺。所以相继在许多PVC用品上被限制使用。许多国家的实验证明，三种增塑剂的综合毒性大小顺序为：DBP>DOP>DOA。DBP的危害大是它的分子量较DOP小，更易于迁移出塑料。

但日本政府已经于1998年将DOA列为67种对内分泌系统有较大破坏作用的物质之一（列第45位），法律上已经禁止使用。韩国食品药品安全厅也将在生产食品包装用的塑料膜时使用的DOA列为环境激素怀疑物质，从2005年5月1日用其他安全的增塑剂来生产保鲜膜。目前美国仍允许使用增塑剂DOA来制保鲜膜。对于一些化学物质的毒害性，美国国家环保署（EPA）和环保积极分子对这些问题看法与美国食品药品管理局（FDA）经常意见相左。

目前我国的现状是，国家标准GB9685—2003《食品容器、包装材料用助剂使用卫生标准》还允许使用邻苯二甲酸类增塑剂。列出的第1种为DOA，最大用量为35%；第2种为DBP，最大用量为10%；第3种为DOP，最大用量为40%。由于DOA生产成本较高，比DBP、DOP价格高出50%~70%，所以国内PVC保鲜膜的生产企业绝大部分用DOP、DBP为主增塑剂，这样生产出来的保鲜膜，尤其是用在含脂肪较高的肉类制品上，或者用它包裹食品在微波炉中加热时，其增塑剂迁移入被包食物的机会将更多，对人类健康造成潜在的危害。但是，用在蔬菜，特别在食用前或制作食品前要进行清洗的品种上，相对就安全些。

聚氯乙烯作为一种塑料材料除了在使用中对人体健康的直接危害之外，还存在另外一个问题，就是废弃物对环境以及人体健康的影响。这主要表现在助剂中的有毒重金属，如铅对地下水的影响，以及PVC在燃烧中产生的氯代烃，特别是其中一类剧毒致癌物质二噁英对环境以及人体健康的影响。环保部门对PVC的处理一直存在很大的争议，因此，许多国家的环保部门都在禁止或限制PVC的大量使用。

有关专家对此有几点意见。首先，PVC是一种性能十分优良的树脂，用它加工的保鲜膜成本较低、粘贴性好、伸展性强，透明度高、防雾性好、热合性好、使用方便。PVC制品有其独特的性价比，是世界上产量最大的聚合物之一，目前国外仍普遍使用。值得一提的是，保鲜膜仅是PVC制品应用的一个方面，在与人类医疗、生活相关的领域中应用也很广，很难用其他材料来全部取代。如乳胶手套，血浆袋，一部分输血、输液、呼吸用具，儿童玩具，人造革（用作服装、鞋料、手提包、沙发面料等），PVC制品占有很大比例。国外已对这些产品中使用的增塑剂和其他助剂都有严格的规定或相应的建议，而我国的医用手套、血浆袋的主增塑剂仍为DOP，对输血或手术病人来说，他们受到的可能危害就会大大高于保鲜膜对人体的危害。随着国民经济的发展，人民生活水平不断提高，瓶装饮料和食品（如啤酒、酱菜、玻璃水果瓶罐头等）的发展每年以两位数递增，由于技术和成本上的原因，许多瓶装饮料和食品仍以玻璃瓶为主，其瓶盖密封圈以PVC为主。有些塑料饮料瓶的瓶盖中的密封圈也有用PVC的。以啤酒为例，95%以上为玻璃瓶装，这些玻璃瓶的盖子里面的密封圈就是用了PVC糊（即较低分子量的PVC）加增塑剂制造的，只有极少量用的是PE。这样全国去年大约就有500多亿个瓶盖子用PVC密封圈做啤酒的包装。全国用在瓶盖密封圈的PVC粒料总量约50000吨左右，所用的主增塑剂均为邻苯二甲酸酯（主要是DOP）。与PVC保鲜膜相比，瓶盖PVC密封圈对人体健康的影响更大。全改用PE做密封圈还有一定的难度，主要是玻璃瓶口的生产要求需提高。

国外正在大力推广相对无毒或低毒的环保增塑剂。如DIHCN（环己烷二羧酸二异壬酯）、EBN和BET（异辛酸和苯甲酸的多元醇混合酯）增塑剂、己二酸和多元醇缩合的聚酯型增塑剂等。我国有条件大量生产的柠檬酸酯，如柠檬酸三丁酯（TBC）、柠檬酸三辛酯（TOC）、乙酰柠檬酸三丁酯（ATBC）、乙酰柠檬酸三辛酯（ATOC），都认为是最安全的增塑剂，可以用于

PVC的各种制品，但它在使用时较DOP易析出，且目前国内产量小（年产量5000吨左右）。

其实聚氯乙烯的安全问题比较多，根本的方法是逐步减少聚氯乙烯的生产和应用，用更安全的塑料品种代替它。

7.4.1.2 聚碳酸酯（PC）

2006年，美国政府在一次全国营养调查中发现，被调查者的尿液中含有较高含量的双酚A，他们大部分来自塑料制品，与心脏病有很大关系。而将“双酚A”推上风口浪尖的，是近日来自欧盟方面的一纸生产禁令。欧盟认为，“双酚A”在加热时能析出到食物和饮料当中，它可能扰乱人体代谢过程，对婴儿发育、免疫力有影响，甚至致癌。基于此，欧盟从2011年3月1日起全面禁止企业生产含“双酚A”的塑料奶瓶，6月1日起禁止任何“双酚A”塑料奶瓶进口到成员国。

欧盟在“禁用双酚A”的报告中指出，“如果含有双酚A的容器经过高温加热，少量双酚A能从容器中释放出来，游离到它们所携带的食物中”。

英国国家儿童生育基金会首席执行官贝兰达·菲普斯对此补充解释道：“虽然双酚A类似于雌激素，但是没有雌激素的积极作用，它会打乱内分泌系统。”

事实上，欧盟并不是第一个对“双酚A”亮起红牌的市场。早在2008年，加拿大就成为世界第一个宣布在所有食品包装和容器（包括奶瓶）上禁用“双酚A”的国家。2010年7月1日，澳大利亚也开始逐渐淘汰含“双酚A”的婴儿奶瓶；之后，美国多个州和大型零售商，包括沃尔玛在内采取了同样的步骤。但美国食品和药品管理局却迟迟没有做出定论。我国卫生部发函规定于2011年6月1日起，禁止双酚A用于婴幼儿食品容器生产和进口，自2011年9月1日起，禁止销售含双酚A的婴幼儿食品容器。

我国卫生部还表示，虽然风险评估结果显示，双酚A的膳食暴露水平不会对健康造成危害，但考虑到双酚A的潜在低剂量效应以及动物实验的不确定性，鉴于婴幼儿属于敏感人群，为防范食品安全风险，决定禁止双酚A用于婴幼儿食品容器。除婴幼儿奶瓶外，双酚A允许用于其他食品包装材料、容器和涂料，加热后的析出量应符合国家标准。PC除了奶瓶外其实还广泛用在太空杯、豆浆机、榨汁机、热得快、桶装水的水桶等日常生活用品。

双酚基丙烷（BPA），简称双酚A（图7–42），是合成聚碳酸酯PC的单体。

原来PC奶瓶是市场的主流。由于PC奶瓶不易摔碎、耐高温，且价格较低，大约是玻璃瓶或其他材质塑料瓶的一半价格，几乎占去了奶瓶市场的半壁江山。奶瓶市场长期鱼龙混杂。如果使用的是合格的PC材料，一般双酚A就不会超标。但如果奶瓶使用回收的废旧光盘、手机按键等工业塑料来“回炉炼就”，就很容易导致双酚A超标。

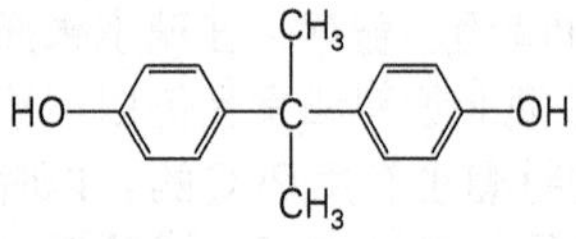

图7–42 双酚A的结构式

一直以来，塑料奶瓶中含有“双酚A”是否有害？该不该禁止？是国内奶瓶生产消费行业争执的焦点问题。目前国内奶瓶年销售额约16亿~17亿元，其中塑料奶瓶占了八成市场份额。现在PC奶瓶被禁，但不应把塑料瓶“一棍子打死”。塑料奶瓶可以用的还有聚丙烯、聚醚砜或聚亚苯基砜奶瓶（图7–43），它们都不含“双酚A”，其中聚丙烯奶瓶价格便宜，安全可靠，缺点是不太透明。

聚醚砜（PES，Polyether sulfone），为工程塑料，透明琥珀色，长期使用温度180℃，价格比PC贵一倍左右。聚醚砜的结构式如下：

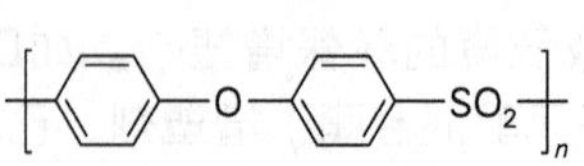

聚亚苯基砜，或称聚苯砜（PPSU，Polyphenylene sulfone），也是工程塑料，透明浅黄色，

耐热温度207℃，无论从安全性、耐温性、耐水解性和耐冲击等方面都是奶瓶材料中最好的。但目前市面上较少见。聚亚苯基砜的结构式如下：

$$\left[\!\!-\!\!\left\langle \!\!\!\bigcirc\!\!\! \right\rangle\!\!-\!\!SO_2 \right]_n$$

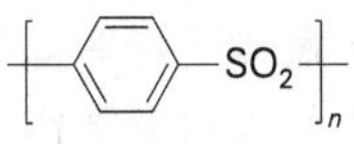

7.4.1.3　聚四氟乙烯（PTFE）

聚四氟乙烯的商品名是特氟龙、特富龙或铁氟龙（Teflon），具有最佳的耐热性和耐化学性，显示了独特的不粘性和润滑性，被美誉为"塑料之王"。

由于氟元素的电负性极强，导致化合物很稳定，一般加热温度下不会分解，所以它本身对人没有毒性。

特氟龙高性能特种涂料是以聚四氟乙烯为基体树脂的氟涂料，是一种独一无二的高性能涂料，结合了耐高温、低温、自润滑性、化学稳定性和优异的绝缘稳定性，具有其他涂料无法抗衡的综合优势，它应用的灵活性使得它能用于几乎所有形状和大小的产品上。含氟树脂（包括聚四氟乙烯、聚全氟乙丙烯及各种含氟共聚物）已广泛用于不粘炊具、防水透气材料（如防水衣物）、皮革、汽车部件，及微波炉爆玉米花袋等。其中日常生活常见的是不粘锅的涂层，PTFE（聚四氟乙烯）不粘涂料可以在260℃连续使用，最高使用温度290~300℃，具有极低的摩擦系数、良好的耐磨性以及极好的化学稳定性。

"不粘锅"的问世，给人们的生活带来很大的方便，采用"不粘锅"后，人们不必为煮肉时一不小心烧煳了锅或者煎鱼时鱼皮黏在锅壁上而担心，煎荷包蛋时甚至可以不用油（图7-44）。因为这种不粘锅是在普通锅的内表面涂了一层聚四氟乙烯，利用聚四氟乙烯优异的热性能、化学性能和易清洁性能，制成的"不粘锅"不会粘结食品，因而深受大家的欢迎。但聚四氟乙烯"不粘锅"被指有两方面问题。

一是全氟辛酸铵（PFOA）的问题。聚四氟乙烯由四氟乙烯经自由基乳液聚合而生成。工业上的聚合反应是在大量水存在下搅拌进行的，乳化剂为全氟型的表面活性剂，例如全氟辛酸或其盐类。化学性质稳定的PFOA进入自然环境和人体后，会长期存在，而不是很快分解。研究表明，低剂量PFOA不仅出现在河流、海洋和土壤中，也存在于人们的血液中。由于这种人工化合物在动物实验中被证实有致癌作用和其他不良后果，若广泛存在于自然环境和人体内，后果令人担忧。但杜邦公司认为其产品特氟龙炊具不含有全氟辛酸铵，因为全氟辛酸铵在炊具生产过程中已经通过高温加热挥发了。随着美国环境保护署作出决定，勒令美国杜邦公司等8家化学公司逐步减少直至停用制造特富龙涂料所需的核心成分全氟辛酸铵。至此，持续了3年的"特富龙之争"终于定下了官方基调。根据EPA要求，在2010年要削减95%的PFOA使用

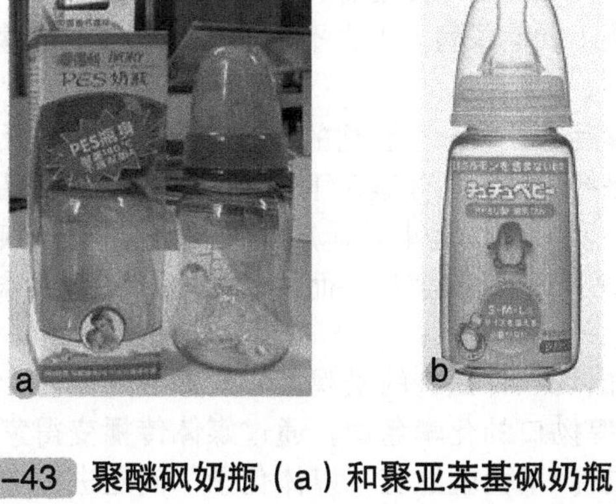

图7-43　聚醚砜奶瓶（a）和聚亚苯基砜奶瓶（b）

图7-44　特氟龙"不粘锅"

量，到2015年要全面禁用。世界卫生组织（WHO）的专家建议，人们应该选择安全、对健康有益的中国铁锅。

二是全氟异丁烯的问题。聚四氟乙烯加热至415℃后开始缓慢分解，会释放出十几种有害气体，其中含剧毒的副产物氟光气和全氟异丁烯等。研究发现，特氟龙在高温下，导致一些呼吸道敏感的动物死亡。但这些气体对人体的毒害作用还没有确定。虽然在全氟碳化合物中碳－碳键和碳－氟键的断裂需要分别吸收能量346.94kJ/mol和484.88kJ/mol，但聚四氟乙烯解聚生成1mol四氟乙烯仅需能量171.38kJ。所以在高温裂解时，聚四氟乙烯主要解聚为四氟乙烯。

聚四氟乙烯在260℃、370℃和420℃时的失重速率（%）每小时分别为1×10^{-4}、4×10^{-3}和9×10^{-2}。可见在使用不粘锅时不能干烧，在250℃以下才是安全的，并防止聚四氟乙烯接触明火。

不粘锅使用条件除了温度限制外，还不能用来制作酸性食物。1990年5月1日，卫生部批准实施国家强制性标准《食品容器内壁聚四氟乙烯涂料卫生标准》，该标准规定了食品容器内壁聚四氟乙烯涂料的卫生要求，“本标准适用于以聚四氟乙烯为主要原料，配以一定助剂组成聚四氟乙烯涂料，涂覆于铝材、铁板等金属表面，经高温烧结，作为接触非酸性食品容器的防粘涂料，使用温度限制在250℃以下”。不粘锅为何不能制作酸性食物？聚四氟乙烯有一个先天缺陷，就是它的结合强度不高，不粘锅不是完全覆盖聚四氟乙烯涂层，总有些部位裸露着金属表面。酸性物质容易腐蚀金属机体，机体一旦被腐蚀就会膨胀，从而把涂层胀开，导致涂层大面积脱落。涂层主要用于防粘，只是喷了薄薄一层，再加上结合不牢靠，用铁铲炒菜是肯定不行的。

有报道说，某环保人士称他从来不用塑料。这不仅不可能做到，而且也没有必要，完全无须谈塑料色变。仅仅是皮肤接触，所有塑料都没有特别的毒性，只要是符合标准生产的塑料用品是可以放心使用的。作为食品容器和包装，则要更慎重一些，上述的一些被质疑的塑料应慎用。

7.4.2 有机高分子与食品安全

“食品添加剂就是不好的东西”其实是一种误解。只要严格按照国家批准的品种、范围、计量使用添加剂，安全是有保障的，限量的添加剂是可以通过人体自然代谢排掉的。我国食品卫生法规定：食品添加剂是指为改善食品品质和色、香、味以及为防腐和加工工艺的需要而加入食品中的化学合成或天然物质，食品营养强化剂也属于食品添加剂。用这个定义来看，我们过去发面用的水碱，蒸包子用的酵母都是食品添加剂。因为它们能改善食品品质和食品加工工艺。另外保持、提高食品的营养价值也是食品添加剂的一个重要作用。还有，随着技术的发展人们也研究出了不少新的食品添加剂，而这些大多是对人体无害、有的甚至有保健功能，比如硒多糖、曲红等。另外，为了满足特殊人群需要（如糖尿病人）也不得不加入一些木糖醇等食品添加剂。

可以这样说，没有食品添加剂就没有现代食品工业。一个合格的食品添加剂要经过反复试验论证后才能被投入使用，而其用量范围也都是经过试验后才确定下来的。现在中国食品安全形势这么严峻，并不是食品添加剂本身的问题，而是人为地非法添加非食品用材料或者超量、超范围添加食品添加剂。按食品行业的一句话说“过量即是毒”。而为了牟取暴利甚至添加一些明知有害的物质更是犯罪行为。

由于中国的食品安全问题屡有发生，于是出现一种独特的景观，一些本该专业人士才知道的化合物名称，如苏丹红、孔雀绿、柠檬黄等拗口的化学名词，通过媒体传播变得家喻户晓。但普通老百姓其实是一知半解，或疑惑重重。下面就这些“媒体化学”问题进行专业知识的解答。

7.4.2.1 三聚氰胺与毒奶粉

"三聚氰胺"一时成为人人皆知的化学名词，尽管对"胺"的读音还很不一致，有读一声，也有读四声的。三聚氰胺怎么会与奶粉、肾结石婴儿联系在一起？话得从三鹿奶粉事件开始说起。

2008年9月，中国爆发三鹿婴幼儿奶粉受污染事件，导致食用了受污染奶粉的婴幼儿产生肾结石病症，其原因是奶粉中含有三聚氰胺。问题奶粉还吃出"大头娃娃"，头大、嘴小、浮肿、低烧。罪魁祸首竟是本应为他们提供充足"养料"的奶粉。一度泛滥安徽阜阳农村市场，由全国各地无良商人制造的"无营养"劣质婴儿奶粉，已经残害婴儿六七十名，至少已有13名婴儿死亡。继而，2008年产自大连的鸡蛋在香港被检出三聚氰胺超标88%，多数专家怀疑是鸡饲料中被加入过量三聚氰胺。

牛奶和奶粉添加三聚氰胺，主要是因为它能冒充蛋白质。食品都是要按规定检测蛋白质含量的。要是蛋白质不够多，说明牛奶兑水兑得太多。但是，蛋白质太不容易检测，生化学家们就想出个变通的办法：因为蛋白质是含氮的，所以只要测出食品中的含氮量，就可以推算出其中的蛋白质含量。蛋白质主要由氨基酸组成。蛋白质平均含氮量为16%左右，而三聚氰胺的含氮量为66%左右。常用的蛋白质测试方法"凯氏定氮法"是通过测出含氮量乘以6.25来估算蛋白质含量，因此，添加三聚氰胺会使得食品的蛋白质测试含量虚高。三聚氰胺的结构式如下：

$$H_2N \quad N \quad NH_2$$
$$NH_2$$

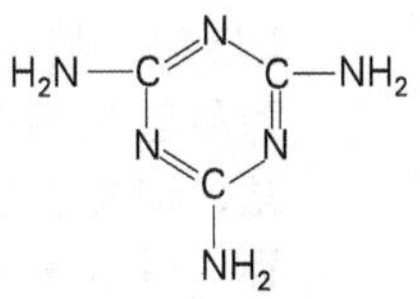

由于中国采用估测食品和饲料工业蛋白质含量方法的缺陷，三聚氰胺本来不是食品添加剂，但常被不法商人掺杂进食品或饲料中，以提升食品或饲料检测中的蛋白质含量指标，因此三聚氰胺也被作假的人称为"蛋白精"。三聚氰胺作为一种白色结晶粉末，没有什么气味和味道，所以掺杂后不易被发现。为了降低成本，用的是化工厂流出的三聚氰胺废渣。三聚氰胺工业废渣的出厂价格600~800元/吨，包装成"蛋白精"后市场上的流通价格最高时可以达到4000元/吨。现在事件已经处理，但留给人们很深的思索。

三聚氰胺（俗称蜜胺）与高分子有密切的关系，因为它是三聚氰胺–甲醛树脂（又称蜜胺树脂，MF）的单体。市场上大量塑料餐具和厨房用具是用蜜胺树脂制作的（图7–45）。蜜胺树脂耐热，不易摔破，可制成仿瓷制品。

三聚氰胺的LD_{50}=3.248g/kg（ORL–RAT，一种实验老鼠）。LD_{50}即半数致死量是使实验动物一次染毒后，在14天内有半数实验动物死亡所使用的毒物计量。食盐为3.000g/kg（ORL–RAT），也就是说，盐吃多了也会死的。所以说三聚氰胺的急性毒性不大。但是，三聚氰胺的遗传毒性、亚慢性毒性和慢性毒性是致命的。动物长期摄入会造成生殖、泌尿系统的损害，膀胱、肾结石，并可进一步诱发膀胱癌。鉴于此，不建议将蜜胺餐具用于微波炉，由于过高温度可能引起蜜胺树脂降解。

7.4.2.2 过氧化苯甲酰与漂白面粉

国内的面粉，越来越白，甚至"像瓷一样白，让人不敢吃"。随之，假冒伪劣也越来越多，一白遮百丑，出现了以次充好。面粉增白剂的有效成分过氧化苯甲酰（BPO），过氧化

图7-45 蜜胺树脂餐具

苯甲酰在面粉中水和酶的作用下，发生反应，释放出活性氧来氧化面粉中极少量的有色物质达到使面粉增白的目的，同时生成的苯甲酸，能对面粉起防霉作用，同时加快面粉的后熟。面粉增白剂目前是许多国家普遍使用的一种食品添加剂，也是我国面粉加工业普遍使用的品质改良剂。

对于是否要禁用面粉增白剂，我国支持方与反对方的争论多年未曾停止。坚持禁用方认为该添加剂对人体有害，并以欧盟早已禁用为据。坚持使用方认为该添加剂被国际组织认可是无害的，且以美国可不限量使用为据反驳。

卫生部等部门正式发布公告，自2011年5月1日起，禁止生产、在面粉中添加这两种物质。认为尽管过氧化苯甲酰按规定使用未发现安全性问题，消费者也普遍要求小麦粉能保持其原有的色、香、味和营养成分，尽量减少化学物质的摄入，普遍不接受含有过氧化苯甲酰的小麦粉。同时，在国家标准规定的添加限量下，现有加工工艺很难将其添加均匀，容易造成含量超标，带来质量安全隐患。过氧化苯甲酰、过氧化钙已无技术上的必要性，撤销过氧化苯甲酰和过氧化钙作为食品添加剂（图7-46）。

图7-46 禁用面粉增白剂过氧化苯甲酰

过氧化苯甲酰在高分子化学中可大有用处，它是自由基聚合的最重要的引发剂之一，它的结构和生成自由基的反应式如下：

$$\langle \bigcirc \rangle - \overset{O}{\underset{\|}{C}} - O - O - \overset{O}{\underset{\|}{C}} - \langle \bigcirc \rangle \xrightarrow{\triangle} 2 \langle \bigcirc \rangle - \overset{O}{\underset{\|}{C}} - O \cdot \longrightarrow \langle \bigcirc \rangle \cdot + CO_2 \uparrow$$

7.4.2.3 甲酰胺与泡沫拼图地垫

现在几乎大部分有孩子的家长都会在自己家里铺上塑料泡沫拼图地垫，许多幼儿园也在使用。它颜色好看、价钱便宜、好清洗，还能防止孩子摔伤。

但2010年塑料泡沫拼图地垫在比利时和法国明令禁售，原因是其会释放有毒物质危害儿童健康。比利时负责消费者权益保护的气候与能源部长近期宣布，比利时将全面禁售泡沫拼图垫，理由是"几乎所有的塑料泡沫拼图地垫都会释放包括'甲酰胺'在内的有毒物质"。对儿童的眼睛和皮肤有直接毒害，如果被吸入或者吞咽也会造成伤害。

塑料泡沫拼图地垫（图7-47）的材料是乙烯-醋酸乙烯酯共聚物（简称EVA）。塑料发泡

常使用一种称为偶氮二甲酰胺（简称AC，或ADC）的化学发泡剂。加热时AC发泡剂分解成氮气、二氧化碳和水汽用来使塑料发泡，反应式如下：

$$H_2N-\overset{O}{\underset{}{C}}-N=N-\overset{O}{\underset{}{C}}-NH_2 + 2O_2 \longrightarrow 2N_2\uparrow + 2H_2O\uparrow + 2CO_2\uparrow$$

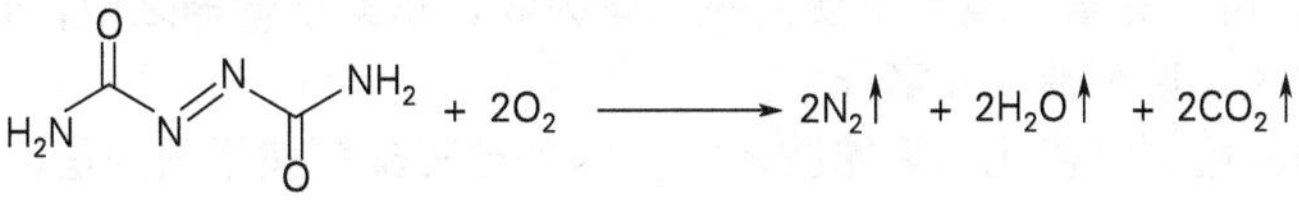

但媒体报道，EVA塑料泡沫制造过程要添加"甲酰胺"，说是软化剂或发泡剂，可能是误解了。甲酰胺是一种液态的有机溶剂，不是发泡剂，也不是AC发泡剂的分解产物。欧盟禁用的是甲酰胺类发泡剂（主要是偶氮二甲酰胺，即AC发泡剂），它在高温下分解产生气体发泡，同时生成有毒物质盐酸氨基脲（Semicarbazide，简称SEM），具有潜在的弱毒性及致癌性。欧盟在2003年10月9日，发出关于SEM有害人体健康的警告。2004年1月6日，发布了2004/1/EC指令，规定在2005年8月2日后禁止使用AC发泡剂用于玻璃瓶装食品金属盖的聚氯乙烯密封垫片中。盐酸氨基脲的结构式如下：

$$H_2N-\overset{O}{\underset{}{C}}-\underset{H}{N}-NH_2 \cdot HCl$$

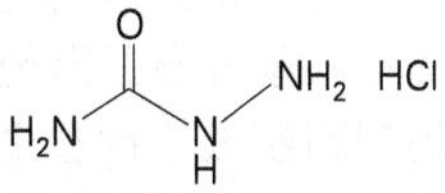

但目前我国没有禁用塑料泡沫拼图地垫。到底残存SEM如何析出？以及对人体有何影响？现在还没有更多的研究结果报道。AC占据发泡剂市场80%以上的份额，大量用于聚乙烯、EVA、聚氯乙烯等塑料的发泡。如果有问题，涉及面就很广了。鉴于儿童是敏感人群，而且可能会啃食泡沫地垫，建议慎用塑料泡沫拼图地垫。

7.4.2.4 皮革水解蛋白粉与"皮革奶"

2011年2月，"致癌皮革奶惊现市场"，"皮革奶比三聚氰胺奶更惊人"，"皮革奶长期食用可致人死亡"，"皮革奶再现，中国奶的信任危机"，类似的文章在互联网上大量地出现。皮革奶是什么？皮革奶是添加皮革水解蛋白生产出来的乳制品，这是一种类似于三聚氰胺的物质，加入到乳制品中的目的是人为地提高了牛奶中的蛋白质含量检测指标（图7-48）。

皮革水解蛋白粉就是利用皮革下脚料甚至动物毛发等物质（类似于又黏又稠半透明状液体），经水解而生成的一种粉状物。因其氨基酸、明胶或者说蛋白含量较高，故人们称之为"皮革水解蛋白粉"。严格来讲它对人体健康并无伤害，其前提条件是所用皮革必须是未经鞣制、染色等人工加工处理过的。然而，这样的"皮革水解蛋白粉"是不存在的，因为经过鞣制、染色等人工加工处理过的皮革直接制作成"蛋白粉"利润要高得多，因而"皮革水解蛋白

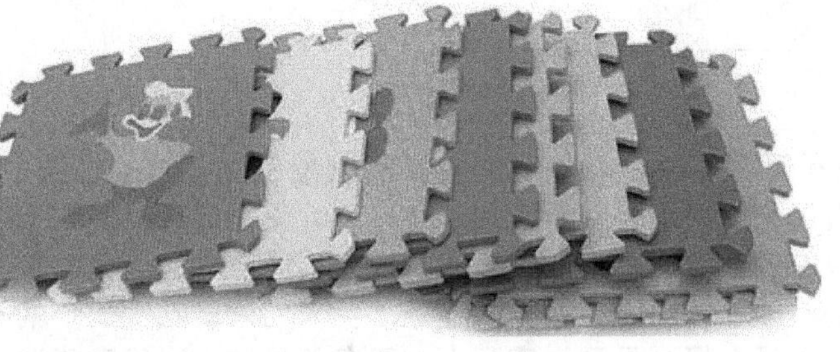

图7-47　塑料泡沫拼图地垫（EVA）

图7-48　严禁"皮革奶"

粉”多用皮革厂制作服装、皮鞋后的下脚料来生产，自然这种“蛋白粉”中混进了大量皮革糅制、染色过程中添加进来的重铬酸钾和重铬酸钠等有毒物质。如果长期食用含有“皮革水解蛋白粉”的食物，“铬”等重金属离子便会被人体吸收，积累于骨骼之中，长期积累便会中毒，使人体关节疏松肿大，甚至造成儿童死亡。

皮革水解蛋白的检测难度比三聚氰胺还大，因为与三聚氰胺不同的是，它本身就是一种蛋白质。

7.4.2.5 海藻酸钠与人造鸡蛋

关于人造鸡蛋，中央台播音员有一段有趣的描述："先有鸡，还是先有蛋，这是一个问题，是一个让人纠结的问题。但是说鸡蛋是鸡下的，这一点恐怕不会有人怀疑。如果有人告诉你，现在有一种技术可以做出和真鸡蛋一模一样的人造鸡蛋。掌握了这门技术，母鸡都可以下岗了。这说法您信吗？假如母鸡都下岗了，那么上岗的又是谁呢？”

人造鸡蛋技术是从香港，经深圳、广州流入内地，2005年前后曾在北方一些城市出现。实际上，早在1985年，就有报道美国市场上出现了一种人造塑料鸡蛋，其外型和色泽都与普通鸡蛋一样。外壳用一种无毒的塑料制成，比普通鸡蛋薄，但有弹性，不易破碎。蛋黄用玉米面、牛奶、维生素和人体所需要的矿物质混合而成的。这种人造鸡蛋营养齐全，老年人及有心脏病的患者食用都有益处。按这个标准，这哪是“人造鸡蛋”啊，就是一种“鸡蛋状的人造营养食品”。

但在中国，“人造鸡蛋”就不再是上述概念。根据《致富新技术——人造鸡蛋》的广告，不用机电，手工操作，总投资60元，每个成本0.06元，最低售价0.2元，每人日加工1500个以上，日获利200多元。

1992年底，就有湖北农民在看到河南某科研所的“致富广告”后，购进材料制作了1800个“人造鸡蛋”，并导致了千余名消费者集体呕吐的事件。

所谓“人造鸡蛋”，其主要成分就是水（97.4%）。其他添加剂如海藻酸钠、食用明胶、葡萄糖酸内脂、赖氨酸、白矾、食用色素等。各项添加剂成分均超过国家卫生标准2 ~ 200倍，基本不具备营养成分，而且有害。长期食用这样添加剂超标的食品，会导致人的思维和智力下降，中青年早衰，老年痴呆等症 。

主要成分海藻酸钠（Sodium alginate, SA）是从海带、马尾藻等藻类植物提取的多糖，一种天然高分子。它可与Ca^{2+}等多价金属离子络合形成不溶性凝胶，用于布丁、果酱、番茄酱及罐装制品的增稠剂；冰淇淋的稳定剂；代替琼胶制成具有弹性、不粘牙、透明的水晶软糖；药物缓释等。食品级海藻酸钠本身无害，但若用工业级海藻酸钠就可能重金属超标。海藻酸钠的结构式如下：

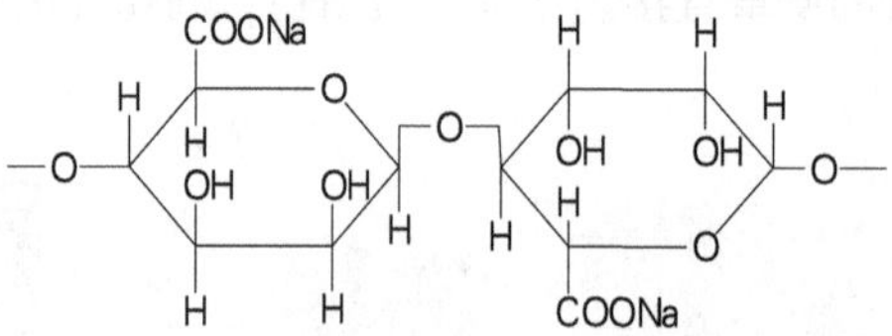

人造鸡蛋（图7-49）就是利用海藻酸钠与氯化钙形成海藻酸钙水凝胶的性质，“蛋黄”与“蛋白”的基本成分没有区别，只是“蛋黄”加了黄色素，蛋壳则用碳酸钙和明胶做成。人造鸡蛋“基本上属于果冻的配方，那么做出来的东西也就像果冻那一类的东西”、“咬起来是非常脆的，有点像蜇皮”。与真鸡蛋相比口感差远了。人们只要吃了一个就不会再吃第二个，很难有市场，现在市场上极少见到。实际上，更多的是有人利用卖所谓“致富技术”骗钱。

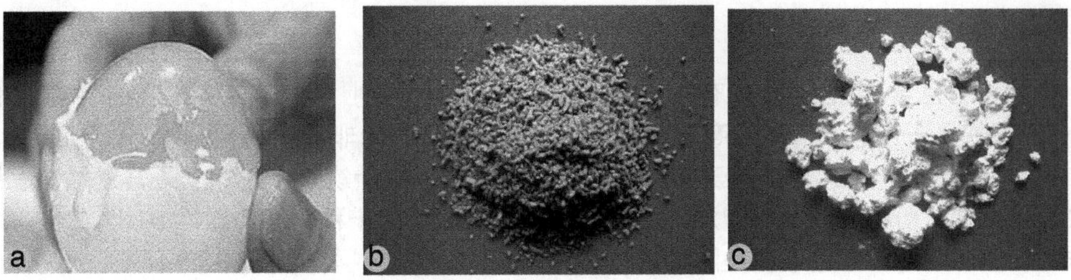

图7-49 人造鸡蛋及其原料

7.4.2.6 二噁英与动物饲料

二噁英（Dioxin，直译为“戴奥辛”）是一类剧毒化合物的名称，有上百种异构体，都含有氯和苯环。其中毒性最大的结构示于图7-50。

噁是含氧杂环的化学名称，与罪恶之“恶”本来毫无关系。二噁英也不应写成二恶英。但专业名称“噁”不被一般民众认识，打字也难，所以媒体都干脆写成“恶”，含义也还贴切。

只要一盎司（28.35g）二噁英，就可以杀死100万人，相当于氰化钾的1000倍，这是迄今为止化合物中毒性最大且含有多种毒性的物质之一，有“世纪之毒”之称。万分之一甚至亿分之一克的二噁英就会给健康带来严重的危害。二噁英有极强的致癌性，国际癌症研究中心已将其列为人类一级致癌物。此外，还具有生殖毒性和遗传毒性，直接危害子孙后代的健康和生活。因此，二噁英污染是关系到人类存亡的重大问题，必须严格加以控制。

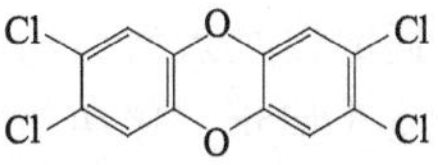

图7-50 二噁英的结构式

要产生二噁英，必须要有含氯的化合物，并且在高温下才能形成。PVC含有57%的氯，而且PVC广泛使用。因此，火灾、露天燃烧塑料废弃物以及焚化垃圾（焚烧温度低于800℃，未完全燃烧）的时候，都有可能燃烧到PVC而产生二噁英。都市固态废弃物中的氯含量有38%～66%来自PVC，因此可以认为PVC是现今二噁英产生的最大来源。美国与其他国家输出了许多电子垃圾到中国等发展中国家，这些电子垃圾含有PVC的电缆线等，它们被露天燃烧而产生大量二噁英。

自20世纪60年代起，全球共生产了300百万吨的PVC，其中一半已送到焚化炉或掩埋场，另一半则还在使用中。目前只有0.1% 的PVC被回收，因为PVC与其他塑料的回收并不兼容，要把它与其他塑料分开来的费用又很高，而且PVC的回收只能制成次级品，且须添加额外的稳定剂。PVC问题的唯一解决之道是减少生产，逐步使用无氯的塑料如聚烯烃或者PET替代。

要说明的是，一般使用PVC制品不会产生二噁英，其他不含氯的塑料燃烧时也不会产生二噁英。在一般环境中，从空气中摄入二噁英是非常微弱的，不会造成伤害。但如果食品受二噁英污染，情况就很严重了。

2008年12月9日葡萄牙检疫部门在从爱尔兰进口的30t猪肉中检测出二噁英。葡萄牙食品安全部门已回收这批猪肉中的21t，但有一些已经售出。

2011年1月，德国多家农场传出动物饲料遭二噁英污染的事件，导致德国当局关闭了将近5000家农场，销毁约10万颗鸡蛋。这次污染事件发生在德国的下萨克森邦，德国北部的一家公司出售了约3000t受到包含二噁英等工业残渣污染的脂肪酸。这些脂肪酸是制造鸡饲料的主要原料。对饲料厂样品进行的检测结果显示，其二噁英含量超过标准77倍多。卫生人员对这些农场生产的鸡蛋进行实验室检验发现，38次检验当中，有5次不合格。大量德国鸡蛋疑似受到有毒化学原料二噁英的污染。

7.4.2.7 塑化剂与毒饮料

2011年5月台湾昱伸香料有限公司制售的食品添加剂“起云剂”被查出含有塑化剂DEHP，很快另一家起云剂供应商宾汉香料化学公司也被曝光非法添加另一种塑化剂DINP（邻苯二甲酸二异壬酯）。这些“起云剂”已用于运动饮料、果汁饮料、茶饮、果酱或果浆、果冻及胶囊、锭状、粉状食品的生产加工，涉及几百个厂商和上千种食品（图7-51）。起云剂本是合法的食品添加剂，常见原料是阿拉伯胶、乳化剂、棕榈油或葵花油等，而不法企业制造起云剂时用非食品添加剂的塑化剂取代成本贵5倍的棕榈油，以图牟取暴利。该事件与工业酒精勾兑、三聚氰胺事件类同，是极其恶劣的制假行为和台湾史无前例的严重食品安全事件。

（1）有关名词的三点解释

① 塑化剂　台湾称为“塑化剂”的物质，在大陆称为“增塑剂”。增塑剂主要用在聚氯乙烯的加工过程中，作用是软化聚氯乙烯，增强其柔韧性。另一个作用是降低黏流温度，使聚氯乙烯能够正常加工。最常用的增塑剂是邻苯二甲酸酯类化合物。

② 起云剂　台湾称为“起云剂”的物质，在大陆则称为“食品乳化稳定剂”（又名浑浊剂、乳浊剂、增浊剂）。是指将具有一定香气强度的风味油，以细微粒子的形式乳化分散在由阿拉伯胶、变性淀粉和水等组成的水相中形成的一种相对稳定的水包油体系。用于浑浊型果汁、饮料和奶类制品中，起乳化和增加浑浊作用。说得通俗一点，就是让饮料避免水油分离或看起来呈浑浊均匀状，最典型例子就是牛奶。天然牛奶中含有蛋白质、磷脂等天然乳化剂，才可以呈乳白色均匀状。乳饮料中既含有大量水，又含有乳脂肪，放置时间长了，肯定会出现脂肪上浮，这是消费者不愿看到和接受的。因此，有必要通过机械搅拌均质，减小脂肪球的粒径。同时，加入食品乳化稳定剂，也有助于乳类液体食品的稳定。

③ DEHP　化学名全称为“邻苯二甲酸二（2-乙基己）酯”，简称“邻苯二甲酸二辛酯”（DOP）。所以DEHP与DOP是同一化合物，不存在某些报道所说的DOP比DEHP更毒的问题。DEHP不仅用作增塑剂，还广泛应用于化妆品等领域。DEHP的化学结构式见7.4.1节。

以下还是采用大陆对这些专业名词的称呼，而不用台湾的称呼，以避免混淆，并保持本书前后的一致。

（2）DEHP不是食品添加剂

DEHP绝对不是食品添加剂，就像三聚氰胺不是牛奶的添加剂一样，将DEHP加到饮料中无异于投毒。

DEHP的性质很像棕榈油，沸点相近，都无特别的味道。现在棕榈油很昂贵，所以不法厂商才会用DEHP来代替棕榈油用作食品乳化剂。现在随着农产品价格的接连攀高和化工产品的价格走低，植物油贵于合成油脂。但在20世纪70、80年代时是反过来的，合成油脂贵于植物油，于是那时人们用大豆油（或环氧大豆油）做无毒的增塑剂。

现在DEHP价格便宜，已代替植物油用于许多领域。

① 化妆品和洗涤用品。香水、定型水、指甲油、唇膏、粉底液、香波、清洁剂、喷雾剂等。北京疾控中心的数据显示：绝大部分香水都添加了邻苯二甲酸酯，在所检的样品中检出率达92%，其次是护肤类化妆品47%，洗涤护发类化妆品30%。在这里DEHP的作用不是增塑剂，而是作为定香剂，保持香料气味，或者是乳化剂。

② 印油。现代的印章已越来越多地使用原子印章（又称渗透型印章）。利用开孔型海绵橡胶具有吸收液态印油的特点做成渗透型印章的印面材料。这种印章的最大优点是不必反复盖印泥，吸饱一次印油能盖印数千次之多，而且不沾手、章文清晰、文明卫生、使用方便、提高工作效率、适合现代办公的需要。印油的颜色多样，有红色、绿色、蓝色等，这种印章还用于儿童的玩具印章、上海世博会的各场馆纪念印章等。其印油的主要材料就是邻苯二甲酸酯（常用DBP）。

所以，DEHP也不简单等于增塑剂。否则人们会错误得到“香水含有塑化剂”或“香水含有塑料”这样奇怪的想法。

（3）DEHP的危害　从医学角度讲，DEHP是一种和雌激素相同的环境激素，早在1995年，就被世界卫生组织公布为环境荷尔蒙或内分泌干扰物，可直接对人体和动物的生殖系统造成危害。国内外已经有很多动物实验显示，暴露于含有一定剂量的DEHP环境下，可导致动物睾丸病变和精子数量下降。

2005年，美国和丹麦的科学家对134名男婴进行观察研究后发现，产前暴露于DEHP环境下会影响男婴的生殖器发育。2006年，一项北欧的研究证实，DEHP会导致男婴的生殖激素水平下降。对女孩同样危害很大，会导致性早熟。

中国疾病预防控制中心营养与食品安全所研究员刘兆平说，邻苯二甲酸酯类作为一种环境激素，普遍存在于日常生活的方方面面，空气、土壤和水中都有DEHP的存在。微量DEHP对人体健康没有明显影响。根据对动物实验的观察数据，可发现在猴子体内的微量DEHP在24~48h内可以排出体外。

对于生活用品中邻苯二甲酸酯的使用大家也不必过于恐慌。在大多涉及邻苯二甲酸酯的物品中，因为邻苯二甲酸酯的性质稳定，且挥发性很低，在严格按照操作流程以及规章制度制作的洗发水、清洁剂等中含量也较小，对人体的危害可以降到最低。由于人体有代谢功能，可在24~48h内会随尿液或粪便排出体外，这样微小的量还不足以带来危害。目前，世界卫生组织对塑化剂DEHP规定的每日耐受摄入量为0.025mg/kg。专家解释说："这意味着，体重60kg的人，如果终生每天摄入1.5~8.5mg，才可能导致明显的健康损害。"

但若添加到食品当中，则隐患很大。大量摄入DEHP可能干扰内分泌，影响生殖和发育。因此，DEHP禁止用于食品，也不可用于脂肪性食品以及婴幼儿食品的包装材料。

（4）常见塑料中只有聚氯乙烯含DEHP　一般民众有个误解，以为塑料都含有增塑剂。其实需要加增塑剂的通用塑料只有聚氯乙烯，因为聚氯乙烯不加增塑剂就做不了软制品，即使是聚氯乙烯硬制品（通常为灰色的）也要加约5%以提高成型加工性。而聚乙烯、聚丙烯等绝大多数塑料加工时一点都不需要增塑剂，也不存在DEHP的污染问题。不能因为聚氯乙烯而把所有塑料都妖魔化。

目前食品包装用的塑料主要是聚乙烯、聚丙烯、PET、聚碳酸酯等，均不含增塑剂。

在日常生活中会遇到的聚氯乙烯有保鲜膜、塑料软管、水瓶、油桶、塑料袋和玩具等。聚氯乙烯供水管已经越来越少了，聚氯乙烯塑料购物袋在市场上也几乎绝迹，聚氯乙烯水瓶也相当少见，聚氯乙烯油桶也被PET油桶所代替，随着人们环保意识的增强，这些PVC商品已逐渐退出市场。目前，聚氯乙烯保鲜膜仍然被允许使用，但建议不要接触脂肪类食品，也不要在微波炉中加热。尽量使用更为安全的聚乙烯保鲜膜。

食品生产企业也应当注意聚氯乙烯增塑剂的危害问题，不宜选择聚氯乙烯用作食品包装袋、食品托盘等直接与食品接触的包装材料。例如方便面检出有DEHP，可以推断方便面的包装（比如酱料包、油包）用了聚氯乙烯，如果用聚乙烯，就肯定不会有DEHP。

由于婴儿常会啃食玩具，所以婴儿玩具也应当避免用PVC制作。

图7-51　有关台湾塑化剂事件的漫画

参考文献

[1] 竹内茂彌，北野博已. ひろがる高分子の世界. 東京：裳華房，2000.
[2] 横田健二. 高分子を学ぼぅー高分子材料入门. 京都：化学同人，1999.
[3] 大澤善次郎. 入门高分子科学. 第5版. 東京：裳華房，2000.
[4] 增井幸夫，嶋田利郎. 日常生活の物质と化学. 東京：裳華房，1999.
[5] 江伟. 高分子浅谈. 北京：科学出版社，1979.
[6] 平郑骅，汪长春. 高分子世界. 上海：复旦大学出版社，2001.
[7] 应礼文. 走向高分子时代. 南宁：广西教育出版社，2000.
[8] 闻建勋. 奇妙的软物质：材料物理与化学. 上海：上海科技教育出版社，2002.
[9] R A A Muzzaralli. Chitin. Oxford: Pergamon Press,1977.
[10] 钱保功，王洛礼，王霞瑜. 高分子科学技术发展简史. 北京：科学出版社，1994.
[11] 高分子学会，高分子科学の基礎. 第二版. 東京：東京化学同人，1994.
[12] [日]高分子学会. 高分子科学基础. 习复，沈静姝，谢萍译. 北京：化学工业出版社，1983.
[13] 妹尾学，栗田公夫，矢野彰一郎，澤口孝志. 基础高分子科学. 東京：共立出版，2000.
[14] 荻野一善，中條利一郎，井上祥平. 高分子化学——基础与应用（第2版）. 東京：東京化学同人，1998.
[15] 宮田幹二等. 高分子化学. 東京：朝倉書店，2005.
[16] 潘祖仁. 高分子化学. 第三版. 北京：化学工业出版社，2003.
[17] 何曼君，陈维孝，董西侠. 高分子物理. 第三版. 上海：复旦大学出版社，2006.
[18] 施良和，胡汉杰. 高分子科学的今天与明天. 北京：化学工业出版社，1994.
[19] 何天白，胡汉杰. 海外高分子科学的新进展. 北京：化学工业出版社，1997.
[20] 何天白，胡汉杰. 功能高分子与新技术. 北京：化学工业出版社，2001.
[21] 周其凤，胡汉杰. 高分子化学. 北京：化学工业出版社，2001.
[22] 江明，府寿宽. 高分子科学的近代论题，上海：复旦大学出版社，1998.
[23] 顾宜. 材料科学与工程基础. 北京：化学工业出版社，2002.
[24] 田中文彦. 高分子の物理学. 東京：裳華房，1994.
[25] 小出直之，坂本国辅. 液晶ポリマー. 東京：共立出版，1988.
[26] C Hall. Polymer Materials, an Introduction for Technologists and Scientists. London: Macmillan Press, 1981.
[27] SRosen. Fundamental Principles of Polymeric Materials. New York: John Wiley &Sons,1982.
[28] H G Elias. Macromolecules. Vol.1 Chemical Structures and Syntheses. Weinheim: Wiley-VCH, 2005.
[29] H G Elias. Macromolecules. Vol.2 Industrial Polymers and Syntheses. Weinheim: Wiley-VCH, 2007.
[30] H G Elias. Macromolecules. Vol.3 Physical Structures and Properties. Weinheim: Wiley-VCH, 2008.
[31] H G Elias. Macromolecules. Vol.4 Applications of Polymers. Weinheim: Wiley-VCH, 2009.
[32] 董炎明. 高分子材料实用剖析技术. 北京：中国石化出版社，1997.
[33] 董炎明. 高分子分析手册. 北京：中国石化出版社，2004.
[34] 董炎明，熊晓鹏，郑薇，杨柳林. 高分子研究方法. 北京：中国石化出版社，2011.
[35] 董炎明，张海良. 高分子科学简明教程. 北京：科学出版社，2008.

[36] 董炎明，朱平平，徐世爱.高分子结构与性能.上海：华东理工大学出版社，2010.

[37] 董炎明.第2章 甲壳素/壳聚糖的化学与物理基础，于"甲壳素化学"（主编：王爱勤），科学出版社，2008.

[38] 何曼君，陈维孝，董西侠.高分子物理(修订版).上海：复旦大学出版社，1990.

[39] A.鲁丁.(徐支祥译).聚合物科学与工程学基本原理.北京：科学出版社，1988.

[40] 王公善.高分子材料学.上海：同济大学出版社，1995.

[41] R J Young. Introduction to Polymers. London: Chapman and Hall, 1981.

[42] 高俊刚，李源勋.高分子材料.北京：化学工业出版社，2002.

[43] 张留成，瞿雄伟，丁会利.高分子材料基础.北京：化学工业出版社，2002.

[44] 张克惠.塑料材料学.西安：西北工业大学出版社，2000.

[45] 励杭泉.材料导论.北京：中国轻工业出版社，2000.

[46] 何天白，胡汉杰.功能高分子与新技术.北京：化学工业出版社，2001.

[47] 甘道初.化学奇观.武汉：湖北少年儿童出版社，1989.

[48] 陈玉芳，梁金茹，吴清基，许树文.甲壳素·纺织品.上海：东华大学出版社，2002.

[49] 李仲谨.包装废弃物的综合利用.陕西科学技术出版社，1998.

[50] 增田房義.高吸水性ポリマー.東京：共立出版，1987.

[51] 木村磐，砂川诚.高機能接着剤·粘着剤，東京：共立出版，1990.

[52] 砂本顺三，森文男.高分子医藥，東京：共立出版，1989.

[53] K Autumn, Y A Liang, T Hsieh, et al.Adhesive force of a single gecko foot-hair. Nature, 2000,405:681-685.

[54] A K Geim, S V Dubonos, I V Grigotieva, et al.Microfabricated adhensive mimicking gecko foot-hair. Nature Materials, 2003,6(18):1-3.

[55] 朱平平，杨海洋，何平笙.微制造技术与仿生壁虎腿，化学通报，2004，（7）：506-510.

[56] H R Allcock, F W Lampe, J E Mark. Contemporary Polymer Chemistry, 3rd Ed Upper Saddle River: Pearson Education Inc.,2003.

[57] C P Paul, M C Michael. Fundamentals of Polymer Science, an Introductory Text, Boca: CRC Press, 1997.

[58] F R Joel. Polymer Science and Technology, 2nd edition, Upper Saddle River: Pearson Education Inc.,2003.

[59] Zhengzhong Shao, Fritz Vollrath. Surprising strength of silkworm silk. Nature, 2002, 418, 741.

[60] M.R.Kessler. Self-heating: a new paradigm in materials design, Proc. IMechE Vol.221 Part G: J.Aerospace Engineering, 2007, 479-495.

[61] S.R.White, N R Sottos, P H Geubelle, et al. Autonomic healing of polymer composites, Nature, 2001,409, 794-797.

[62] G E Larin, N.Bernklau, M R Kessler, et al. Rheokinetics of ring-opening metathesis polymerization of norbornene-based monomers intended for self-healing applications, Polymer Engineering and Science, 2006, 1804-1811.

[63] A P Zhu, M Zhang, J Shen. Blood compatibility of chitosan/heparin complex surface modified ePTFE vascular graft, Applied Surface Science, 2005, 241,485-492.

[64] S D Bergman, F Wudl. J. Mater. Chem., 2008, 18, 41-62.

[65] 冯永增，徐华梓，彭磊等.三维多孔牡蛎壳/消旋聚乳酸复合人工骨的研制及其相关性能的检测，中国生物医学工程学报，2009, 28，1,90-95.

[66] 黎立桂，鲁广昊，杨小牛，周恩乐.聚合物太阳能电池研究进展.科学通报，2006，51，21：2457-2468.